全国交通土建高职高专规划教材

Gonglu Gongcheng Shiyan Yiqi Shiyong yu Weihu

公路工程试验仪器使用与维护

李玉珍　余素萍　编著

张翠玉　主审

人民交通出版社

内 容 提 要

本书为面向21世纪交通版高等职业技术教育教材。本书从提高试验检测质量出发，对公路工程试验检测常用仪器的原理、构造、检校、使用、维护方法及仪器的选择作了系统介绍。全书分为十章，分别介绍了土工、砂石材料、水泥、水泥混凝土、沥青、沥青混合料类试验仪器，还介绍了天平、压力机、工程测量仪器、道路和桥梁工程质量检测等仪器。全书内容简明扼要、深入浅出、注重实用。

本书可作为公路与桥梁专业及监理与检测专业教材，以及试验检测培训用书，也可供土建类相关专业师生和从事试验室建设的工程技术人员参考。

图书在版编目（CIP）数据

公路工程试验仪器使用与维护 / 李玉珍，余素萍编著.
北京：人民交通出版社，2004.8（重印 2008.6）
ISBN 978－7－114－05141－8

Ⅰ.公...　Ⅱ.①李...②余...　Ⅲ.道路工程－试验－仪器－高等学校：技术学校－教材　Ⅳ.U416.03

中国版本图书馆 CIP 数据核字（2004）第 064616 号

书　　名： 全国交通土建高职高专规划教材
公路工程试验仪器使用与维护
著 作 者： 李玉珍　余素萍
主　　审： 张翠玉
责任编辑： 卢仲贤　王霞
出版发行： 人民交通出版社
地　　址： （100011）北京市朝阳区安定门外外馆斜街3号
网　　址： http://www.ccpress.com.cn
销售电话： （010）59757973
总 经 销： 人民交通出版社发行部
经　　销： 各地新华书店
印　　刷： 北京盈盛恒通印刷有限公司
开　　本： 787×1092　1/16
印　　张： 17.5
字　　数： 470千
版　　次： 2004年8月　第1版
印　　次： 2015年1月　第1版　第4次印刷
书　　号： ISBN 978－7－114－05141－8
印　　数： 6001－7000册
定　　价： 30.00元

全国交通土建高职高专规划教材编审委员会

总　　序

针对高职高专教材建设与发展问题，教育部在《关于加强高职高专教材建设的若干意见》中明确指出：先用2至3年时间，解决好高职高专教材的有无问题。再用2至3年时间，推出一批特色鲜明的高质量的高职高专教育教材，形成**一纲多本、优化配套**的高职高专教育教材体系。

2001年7月，由人民交通出版社发起组织，15所交通高职院校的路桥系主任和骨干教师相聚昆明，研讨交通土建高职高专教材的建设规划，提出了28种高职高专教材的编写与出版计划。后在交通部科教司路桥工程学科委员会的具体指导下，在人民交通出版社精心安排、精心组织下，于2002年7月前完成了28种路桥专业高职高专教材出版工作。

这套教材的出版发行，首先解决了交通高职教育教材的有无问题，有力支持了路桥专业高职教育的顺利发展，也受到了全国各高职院校的普遍欢迎。

随着高职教育教学改革的深入发展、高职教学经验的丰富与积累，以及本行业有关技术标准、规范的更新，本套教材在使用了2至3轮的基础上，对教材适时进行修订是十分必要的，时机也是成熟的。

2004年8月，人民交通出版社在新疆乌鲁木齐召开了有19所交通高职院校领导、系主任、骨干教师共41人参加的教材修订研讨会。会议商定了本套教材修订的基本原则、方法和具体要求。会议决定本套教材更名为“交通土建高职高专统编教材”，并成立了以吉林交通职业技术学院张洪滨为主任委员的“交通土建高职高专统编教材编审委员会”，全面负责本套教材的修订与后续补充教材的建设工作。

2005年6月，编委会在长春召开了同属交通土建大类、与路桥专业链接紧密的“工程监理专业、工程造价专业、高等级公路维护与管理专业”主干课程教材研讨会，正式规划和启动了这三个专业教材的编写出版工作。

2005年12月，教育部高等教育司发布了“关于申报普通高等教育‘十一五’国家级规划教材”选题的通知(教高司函[2005]195号)，人民交通出版社积极推荐本套教材参加了“十一五”国家级规划教材选题的评选。

2006年6月，经教育部组织专家评选、网上公示，本套教材中有十五种入选为“十一五”国家级规划教材，2008年1月，又有六种教材在“十一五”国家级规划教材补报中列选，共计21种，标志着广大参与本套教材编写的教师的辛勤劳动得到了社会的认可、本套教材的编写质量得到了社会的认同。

2006年7月，交通土建高职高专统编教材编审委员会及时在银川召开会议，有24所各省区交通高职院校或开办有交通土建类专业的高等学校系部主任、专业带头人、骨干教师以及人民交通出版社领导共39位代表出席了本次会议。会议就全面落实教育部“十一五”国家级规划教材的编写工作进行了研讨。与会代表一致认为必须以入选的十五种国家级规划教材为基本标准，进一步全面提升本套教材的编写质量，编审委员会将严格按照国家级规划教材的要求审稿把关，并决定本套教材更名为**“全国交通土建高职高专规划教材”**，原编委会相应更名为**“全国交通土建高职高专规划教材编审委员会”**。以期在全国绝大多数交通高职院校和开办有交通土建类专业的高等院校的参与、统筹、规划下，本套教材中有更多的进入“十一五”国家级规划教材行列。

2007年5月，编委会在湖南长沙召开工作会议，就“十一五”国家级规划教材主参编人员的确定和教材的编写原则作出了具体安排，全面启动“十一五”国家级规划教材的编写与出版工作。

2008年4月，编委会在广东珠海召开工作会议，研讨了**“工学结合”**高职高专教材编写思路，决定在“十一五”国家级规划教材编写过程中，注重高职教学改革新方向，注重工程实践经验的引入，倡导**“工学结合”**。

本套高职高专规划教材具有以下特色：

——顺应交通高职院校人才培养模式和教学内容体系改革的要求，按照专业培养目标，进一步加强教材内容的针对性和实用性，适应学制转变，合理精简和完善内容，调整教材体系，贴近模块式教学的要求；

——实施开放式的教材编审模式，聘请高等院校知名教授和生产一线专家直接介入教材的编审工作，更加有利于对教材基本理论的严格把关，有利于反映科研生产一线的最新技术，也使得技能培训与实际密切结合；

——全面反映2003年以来的公路工程行业已颁布实施的新标准、规范；

——服务于师生、服务于教学，重点突出，逐章均配有思考题或习题，并给出本教材的参考教学大纲；

——注重学生基本素质、基本能力的培养，教材从内容上、形式上力求更加贴近实际；

——为加强学生的实际动手能力，针对《工程测量》、《道路建筑材料》等课程，本套教材特别配套有实训类辅导教材；

——为方便教学，本套教材配套有《道路工程制图多媒体教材》、《公路工程试验实训多媒体教材》、《路基路面施工与养护技术多媒体教材》、《桥涵设计多媒体教材》、《桥涵施工技术多媒体教材》、《现代道路测量仪器与技术多媒体教材》等。

本套教材的出版与修订再版，始终得到了交通部科教司路桥工程学科委员会和全国交通职教路桥专业委员会的指导与支持，凝聚了交通行业专家、教师群体的智慧和辛勤劳动。愿我们共同向精品教材的目标持续努力。

向所有关心、支持本套教材编写出版的各级领导、专家、教师、同学和朋友们致以敬意和谢意。

全国交通土建高职高专规划教材编审委员会
人民交通出版社
2008年5月

前　　言

随着我国公路建设事业的迅速发展，对工程质量管理、监督检测工作提出了高要求，对试验检测人员的业务素质与技术水平也提出了更高的要求。为满足路桥专业实用型人才对试验检测仪器的基本知识和基本操作技能的需要，根据交通职教路桥工程学科委员会高职教材联络组2002年8月西宁会议的决议，编写了本书。本书注意到职业教育的特点，内容以"实用、实际、实效"为原则，重点突出，主次分明，同时紧密追随公路工程检测技术的发展，具有很强的针对性与先进性。同时也充分考虑到教学规律，以方便作为教材使用。

本书由南京交通职业技术学院李玉珍、广东交通职业技术学院余素萍编著，湖北交通职业技术学院张翠玉主审，第七、八章由湖北交通职业技术学院田文审。第一、二、五、六、十章由李玉珍编写；第三、四、七、八章由余素萍编写；第九章由南京交通职业技术学院王道峰编写。

本书审稿会于2004年4月21日~4月23日在南京交通职业技术学院举行，参加审稿会的有：浙江交通职业技术学院金仲秋，安徽交通职业技术学院俞高明，人民交通出版社卢仲贤、王霞，南京交通职业技术学院陆春其，山西交通职业技术学院张美珍，贵州交通职业技术学院金桃，宁夏交通学校孙元桃。

本教材配合教学总课时数约64学时，其中技能性实训不少于32学时，附录给出了本课程的教学大纲，供读者参考。

该教材从无到有，填补了交通高等职业技术教育公路与桥梁专业教材之空白，亦可用于土建类高等职业教育教学，同时满足了全国各相关专业试验室建设和相关人员培训的需要。

值本书出版之际，向关心、帮助本书编写的有关领导和专家、附于本书末的主要参考文献作者们致以最诚挚的感谢！

由于作者水平有限，书中谬误和疏漏之处在所难免，敬请读者给予批评指正。

编者

2004年5月

目　录

第一章 绪 论

[重点内容和学习要求]

本章重点讲述研究试验检测仪器的目的和意义、仪器的分类和组成；公路工程各种资质等级试验室的仪器配置、工地试验室的仪器配置、试验室衡器和力计两类通用设备的选择。

通过学习，要求学生理解研究试验检测仪器的重要性，了解仪器的分类和组成，根据试验要求和精度，掌握选择通用衡器和力计的方法。

第一节 研究试验检测仪器的目的和意义

在公路工程建设中，质量是工程建设的关键，任何一个环节、任何一个部位出现问题，都会给工程的整体质量带来严重后果，直接影响到公路的使用效率。因此，加强公路工程试验检测工作，是公路工程质量管理的重要内容。它不仅是质量监督的重要手段，而且也是控制工程质量的重要技术保证。客观、准确的试验检测数据，是公路工程实践的真实记录，是指导、控制和评定工程质量的科学依据。

随着我国公路建设事业的迅速发展，我国高等级公路建设技术的不断发展以及相应标准规范体系的不断完善，试验检测技术也在不断向前发展，试验检测仪器不仅品种多，而且越来越先进，使用频率也越来越高。

对公路工程建设中使用的原材料、半成品、构配件的性能及工程的结构质量进行控制，要保证检测结果的准确性和一致性，除检测人员的素质、环境条件、检测方法等应符合有关规定外，正确地选择、使用、调整和校核仪器，对提高试验数据的准确性、试验检测精度、工作效率及降低建设成本，有着至关重要的作用。

通过本课程的学习，可以了解和掌握一些机械、电子、液压传动、光学等方面的基本知识。熟悉公路工程常用仪器的构造、性能，能更好地使用仪器、保养仪器、延长仪器的使用寿命，有助于正确地判断和排除仪器的故障，确保提供准确与可靠的数据，力争消除人为误差，切实提高试验检测工作的质量和水平。及时提供真实可靠的检测数据，为指导、控制和评定公路工程质量提供科学的检测结论，以促进公路工程试验检测技术迈上新台阶。

第二节 公路工程试验检测仪器的分类与组成

一、仪器的分类

(一)按试验检测方法分类

1.无损类试验检测仪器：如全站仪、回弹仪、核子密实度仪、连续式平整度仪、非金属超声波检测仪等。

2.有损类试验检测仪器：如压力机、沥青延度仪、取芯机、马歇尔仪、含蜡量测定仪、水泥净浆搅拌机等。

(二)按试验检测对象分类

1.土工类:如土的液塑限测定仪、电动击实仪、土的直剪仪和固结仪。

2.砂石类:摇筛机、磨耗机、砂当量测定仪、切割机等。

3.水泥、水泥混凝土类:如水泥净浆搅拌机、水泥胶砂振实台、水泥混凝土振动台、水泥胶砂抗折试验机等。

4.沥青、沥青混合料类:针入度仪、软化点仪、马歇尔击实仪、沥青混合料搅拌机、含蜡量测定仪等。

5.测量类:水准仪、光学经纬仪、全站仪等。

6.检测类:回弹仪、弯沉仪、摩擦系数测定仪、核子密度仪、连续式平整度仪、非金属超声波检测仪等。

7.钢材类:压力机、万能压力机等。

二、仪器的组成

试验检测仪器虽然品种繁多、形式多样、用途各异,但都可以归纳为由三个主要部分组成,即控制部分、显示部分和工作装置。

1.控制部分:是仪器设备动力的来源,由它进行能量转换。如电机接通电源,将电能转换为旋转的机械能,再由链条、齿条、连杆等使试验检测设备的某个部分实现旋转、直线运动或往复运动。

2.显示部分:由它将数据显示在荧光屏上或度盘上。例如烘箱上显示器,能将要设置的温度或箱内的当前温度显示出来;压力机工作时,刻度盘上能将试件所受的荷载显示出来;马歇尔击实仪工作时,显示器能将当前的击实次数显示出来。

3.工作装置:例如水泥胶砂振实台的偏心夹紧机构、土工电动击实仪试模定位机构、水准仪的望远镜、钻孔取芯机的钻头等,这一部分的结构形式完全取决于仪器设备的本身用途。

第三节　公路工程试验室仪器配置

一、公路工程试验检测机构资质等级条件

为加强对公路工程试验检测机构资质的管理,规范公路工程试验检测工作,提高试验检测工作质量,交通部公路司公监字[1997]162号文件,发布了《公路工程试验检测机构资质管理暂行办法》。在该办法中,主要对不同等级资质试验室的试验检测人员资历和人员配备、主要试验检测项目、与之相配套的仪器设备等内容提出了具体的要求,详细内容见表1-1。

二、公路工程工地试验室应配备的仪器设备

为确保公路工程试验检测的质量,工地试验室不仅应当具备相应的技术力量、环境状况和管理水平,仪器设备也要满足与之承担工程相适应的试验检测项目的需要。下面为各种工地试验室所配备的仪器设备。

不同等级资质试验室的配置要求　　表 1-1

	交通部甲级	交通部乙级	交通部丙级
资历和试验检测人员配备	1.熟悉掌握公路工程试验检测的标准、规范、规程及仪器设备的原理、性能和操作等，具有多年的从事公路工程综合试验检测工作经历和良好的工作业绩； 2.有各类专业技术人员 20 名以上，其中高级技术职称不少于 3 人，中级技术职称不少于 6 人，从事试验检测工作 5 年以上者不少于 10 人； 3.技术负责人和质量负责人应具有高级技术职称，熟悉试验检测工作，具有 10 年以上负责试验检测工作的经历； 4.试验检测人员持证上岗率达到 90%	1.熟悉掌握公路工程试验检测的标准、规范、规程及仪器设备的原理、性能和操作等，具有一定的从事公路工程综合试验检测工作经历和良好的工作业绩； 2.有各类专业技术人员 10 名以上，其中高级技术职称不少于 1 人，中级技术职称不少于 3 人，从事试验检测工作 5 年以上者不少于 5 人； 3.技术负责人具有高级技术职称，熟悉试验检测工作，有 10 年以上负责试验检测工作的经历； 4.试验检测人员持证上岗率达到 85%	1.熟悉掌握公路工程试验检测的标准、规范、规程及仪器设备的原理、性能和操作等，具有一定的从事公路工程综合试验检测工作经历和良好的工作业绩； 2.专业技术人员 5 人以上，中级以上技术职称者不少于 2 人； 3.技术负责人具有中级以上技术职称，试验检测人员持证上岗率达到 75%
主要试验检测项目	1.土工试验（筛分、容重、含水量、液塑限、击实、颗粒分析、三轴试验）； 2.集料、石料（筛分、压碎值、磨耗、石料硬度、加速磨光）； 3.水泥软炼试验、石灰试验（有效钙镁含量）、粉煤灰试验； 4.水泥混凝土（稠度、坍落度、抗压强度、抗折强度、劈裂试验、抗冻、抗渗）、砂浆强度试验、配合比设计； 5.沥青指标试验（针入度、延度、软化点、粘附性、薄膜烘箱和老化试验）； 6.沥青混合料试验（抽提试验、马歇尔试验、劈裂、抗压）、沥青混合料配合比设计； 7.路面基础材料试验（击实、无侧限抗压强度、灰剂量、配合比设计）； 8.路基、路面、构造物几何尺寸； 9.路基路面（压实度、厚度、平整度、弯沉，路面构造深度、摩擦系数，路基 CBR、回弹模量）； 10.砌石工程常规试验检测； 11.地基承载力； 12.钢材物理、力学性能，焊接； 13.桥梁构件强度、桩基完整性、桩基承载力； 14.混凝土无破损检测； 15.岩土工程（地基、基础）； 16.桥梁荷载试验； 17.外加剂； 18.钢绞线、预应力锚具、橡胶支座	1.土工试验（筛分、容重、含水量、液塑限、击实、颗粒分析）； 2.集料、石料（筛分、压碎值、磨耗）； 3.水泥软炼试验、石灰试验（有效钙镁含量）； 4.水泥混凝土（稠度、坍落度、抗压强度、抗折强度、劈裂试验、抗冻、抗渗）、砂浆强度试验、配合比设计； 5.沥青指标试验（针入度、延度、软化点、粘附性、薄膜烘箱和老化试验）； 6.沥青混合料试验（抽提试验、马歇尔试验、劈裂、抗压）、沥青混合料配合比设计； 7.路面基础材料试验（击实、无侧限抗压强度、灰剂量、配合比设计）； 8.路基、路面、构造物几何尺寸； 9.路基路面（压实度、厚度、平整度、弯沉，路面构造深度、摩擦系数，路基 CBR、回弹模量）； 10.砌石工程常规试验检测； 11.地基承载力； 12.钢材，焊接； 13.桥梁构件强度、桩基完整性； 14.混凝土无破损检测	1.土工试验（筛分、容重、含水量、液塑限、击实）； 2.集料、石料（筛分、压碎值）； 3.水泥混凝土（稠度、坍落度、抗压强度、抗折强度、劈裂试验、抗冻、抗渗）、砂浆强度试验、配合比设计； 4.沥青指标试验（针入度、延度、软化点）； 5.沥青混合料试验（抽提试验、马歇尔试验）、沥青混合料配合比设计； 6.路面基础材料试验（击实、无侧限抗压强度、灰剂量）； 7.路基、路面、构造物几何尺寸； 8.路基路面（压实度、厚度、平整度、弯沉）； 9.砌石工程常规试验检测； 10.地基承载力

续上表

	交通部甲级	交通部乙级	交通部丙级
主要仪器设备	完成以上试验检测项目所需的各类仪器设备、主要应包括： 1.万能试验机(1000kN、600kN)； 2.压力机(2000kN)； 3.三轴仪； 4.全站仪； 5.光电液塑限测定仪； 6.金属探伤仪； 7.加速磨耗机； 8.取芯机、摆式摩擦仪； 9.沥青试验设备； 10.沥青混合料车辙试验机； 11.沥青抽提仪、马歇尔试验仪、自动击实仪、沥青混合料自动搅拌机、成形机； 12.水泥软炼试验设备； 13.混凝土抗渗仪； 14.洛氏硬度仪； 15.超声波混凝土探伤仪； 16.桩基完整性检测设备； 17.桩基承载力检测设备； 18.桥梁动、静载试验设备； 19.公路几何线形检测设备； 20.自动弯沉测试设备； 21.养护箱、恒温箱、标养室； 22.物理、化学试验设备	完成以上试验检测项目所需的各类仪器设备、主要应包括： 1.万能试验机(1000kN、600kN)； 2.压力机(2000kN)； 3.石料磨耗机； 4.沥青试验设备； 5.水泥软炼试验设备； 6.沥青抽提仪、马歇尔试验仪、电动击实仪、沥青混合料自动搅拌机、成形机； 7.公路几何线形检测设备； 8.取芯机、摆式摩擦仪； 9.桩基完整性检测设备； 10.超声波混凝土探伤仪； 11.光电液塑限测定仪； 12.弯沉测试设备； 13.养护箱	完成以上试验检测项目所需的各类仪器设备、主要应包括： 1.压力机或万能试验机； 2.沥青抽提仪、马歇尔试验仪； 3.经纬仪、水准仪； 4.弯沉测试设备；

(一)路基工程

1.土壤液塑限联合测定仪。

2.标准击实仪。

3.路基密实度检测设备(灌砂、环刀法)。

4.简易化学分析设备(灰剂量测定、有效氧化钙及氧化镁含量测定等)。

5.天平(万分之一、千分之一、百分之一)。

6.烘箱。

7.标准土工筛、摇筛机。

8.三米直尺。

9.弯沉仪。

10.水准仪。

11.经纬仪(或全站仪)。

(二)路面基层

1.土壤液塑限联合测定仪。
2.标准击实仪。
3.路基密实度检测设备(灌砂、环刀法)。
4.简易化学分析设备(灰剂量测定、有效氧化钙及氧化镁含量测定等)。
5.天平(万分之一、千分之一及相应托盘和台秤)。
6.烘箱。
7.标准土工筛、砂石筛、摇筛机。
8.三米直尺。
9.弯沉仪。
10.水准仪。
11.经纬仪(或全站仪)。
12.标准养护箱。
13.路面材料强度试验仪。

(三)水泥混凝土路面

1.水泥混凝土拌和物稠度、坍落度测定仪。
2.水泥混凝土标准养护设备。
3.水泥混凝土抗折试验机。
4.钻孔取芯机。
5.针片状规准仪。
6.集料压碎值试验仪。
7.标准砂石筛、摇筛机。
8.水泥净浆搅拌机、稠度仪、水泥砂浆搅拌机、胶砂抗折试验机及水泥其它相关项目试验仪器设备。
9.烘箱。
10.路面纹理深度测试设备。
11.三米直尺。
12.水准仪。
13.经纬仪(或全站仪)。
14.压力机。

(四)沥青路面

1.沥青针入度、延度、软化点测定仪。
2.沥青混合料马歇尔试验仪。
3.沥青混合料抽提仪。
4.沥青路面抗滑性能测试设备。
5.标准筛(方孔)。
6.集料压碎值指标试验仪。
7.沥青混合料马歇尔试件击实仪。
8.沥青混合料拌和机。
9.烘箱。
10.连续式平整度仪。

11.三米直尺。

12.弯沉仪。

13.水准仪。

14.经纬仪(或全站仪)。

15.电子天平。

(五)桥梁工程

1.万能试验机(1000kN 或 600kN)。

2.压力机(2000kN)。

3.水泥净浆搅拌机、稠度仪、水泥砂浆搅拌机、胶砂抗折试验机及水泥其它相关项目试验仪器设备。

4.水泥混凝土振动台和搅拌设备。

5.针片状规准仪。

6.石料压碎值测定仪。

7.标准筛(圆孔)。

8.烘箱。

9.标准养护箱。

10.标准养护室。

11.三米直尺。

12.水准仪(或全站仪)。

三、试验室衡器、力计两类通用设备的配置

通用设备的配置要综合考虑经济性和适用性,下面就从衡器、力计两个方面来分析如何科学地选配通用设备。

(一)衡器的配置

衡器是试验室中用得最为广泛的仪器,几乎每个试验都离不开,而且不同的试验对衡器都是有不同的称量和精度范围要求,为保证每个试验的精度要求,必须充分了解各个试验所规定的天平或台称的称量和感量,表 1-2 是现行规范对试验室常规检测项目的衡器技术指标要求汇总。

试验项目对衡器的技术指标要求汇总表　　表 1-2

<table>
<tr><th colspan="2">试 验 项 目</th><th>最大称量(kg)</th><th>感量(g)</th><th>采 用 标 准</th></tr>
<tr><td rowspan="2">含水量</td><td>细粒土</td><td>>0.1</td><td>0.01</td><td>T 0801—94/T 0103—93/T 0921—95</td></tr>
<tr><td>粗粒土</td><td>>2</td><td>1.0</td><td>T 0921—95</td></tr>
<tr><td colspan="2">标准击实</td><td>10 ~ 15</td><td>5</td><td>T 0131—93/T 0804—94</td></tr>
<tr><td colspan="2" rowspan="2">无侧限强度</td><td>10</td><td>5</td><td rowspan="2">T 0805-94</td></tr>
<tr><td>(0.2)</td><td>0.01</td></tr>
<tr><td colspan="2" rowspan="2">EDTA</td><td>0.5</td><td>0.5</td><td rowspan="2">T 0809—94</td></tr>
<tr><td>0.1</td><td>0.1</td></tr>
</table>

续上表

试验项目		最大称量(kg)	感量(g)	采用标准
石灰钙镁含量		0.2	0.0001	T 080913—94
		(0.1)	0.1	
压实度	环刀	(1)	0.1	T 0923—95
	灌砂	10～15	1	T 0921—95
	钻芯	(2)	0.1	T 0924—95
粗集料	筛分	10	1	GB/T 14685—2001
	密度	1.5	≤0.75	T 0304—1994
		1	≤0.5	
	含水率	5	≤5	T 0305—1994
	压碎值	10	5	T 0315—1994
		2～3	1	T 0316—2000
	针片状		≤0.1%称量值	T 0311—2000
			≤1	T 0312—2000
	坚固性	5	≤1	T 0314—2000
细集料	筛分	1	≤0.5	T 0327—2000
		1	1	GB/T 14684—2001
	密度	1	≤1	T 0328—2000
		1	0.1	GB/T 14684—2001
		0.1	≤0.1	T 0329—2000
		1	≤1	T 0330—2000
	含泥量	1	≤1	T 0333—2000
		1	0.1	GB/T 14684—2001
	砂当量	1	≤1	T 0334—2000
水泥	细度	0.1	≤0.05	GB 1345—91
	安定性	≥1	≤1	GB/T 1346—2001
	胶砂强度	2	±1	GB/T 17671—1999
沥青	试样准备	2	≤1	T 0602—1993
		0.1	≤0.1	
	密度	0.2	≤0.001	T 0603—1993
	薄膜加热	0.2	≤0.001	T 0609—1993

续上表

试验项目		最大称量(kg)	感量(g)	采用标准
沥青混合料	击实	(3)	≤0.5	T 0702-2000
		(1)	≤0.1	
	马歇尔稳定度	(2)	≤0.1	T 0709-2000
	最大理论密度	≥5	≤0.1	T 0711-93
		≤2	≤0.05	
	矿料级配	(2)	≤0.1	T 0725-2000
	沥青含量	(0.2)	≤0.01	T 0722-1993
		(0.2)	0.001	
		(2)	≤0.1	
	密度	≥10	5	T 0705-2000
		≥3 (5)	≤0.5	
		≤3	≤0.1	

注:①某一试验中包含另一试验时,如对仪器设备没有特殊要求的,不再在表中列出;

②( )中数据为规范未明确规定,根据正常试验的经验值取定的适合称量范围;

③同一试验不同规范有不同要求时,取用较高要求,如灌砂法试验 T0921-95 规定用称量 10~15kg,感量不大于 1g 的天平或台称,而 T0111—93 规定采用称量 10~15kg,感量 5g 的台称;

④同一试验有多种方法时,采用常规试验方法的设备,如环刀法测量压实度有内径 70mm 和 100mm 两种环刀,取常用的 70mm。

从表 1-2 中可以看出,工地试验室中需要用到衡器的感量分别是 0.0001g、0.001g、0.01g、0.05g、0.1g、0.5g、1、5g,同一种感量要求的最大称量也存在差别,但由于感量要求具备向上兼容性,即可以用感量 0.1g 的衡器去称感量要求为 0.5g 甚至 1g 的质量,因此实际设备配置可以进行合并。为了保证试验检测工作的正常进行,最少应达到表 1-3 的配置要求。从表 1-3 中可以看出,0.01g、0.1g、1g 感量的衡器的使用范围和使用频率较高,因此在实际使用时,这一部分设备最好选择电子式的,称量起来比较方便快捷,同时还可以根据工程量和工程项目的具体情况,选配一些称量 10~15kg 感量 5g,称量 3~5kg 感量 1g 的台称以及称量 1~3kg 感量 0.1g、称量 200g 感量 0.01g 的架盘天平作为备用,这些价格相对比较便宜,但使用起来比较繁琐。

衡器最少配置表

表 1-3

最大称量(kg)	感量(g)	用途
50	10	水泥混凝土配合比试拌
15	1	灌砂法测定压实度、粗粒土含水量、标准击实、粗粒土无侧限抗压强度以及除密度外的粗集料常规试验等
5	0.1	环刀法及钻芯法测定压实度、细粒土无侧限抗压强度、水泥试验(除理论密度和沥青混合料试验、集料试验)等
2	0.01	细粒土含水量、水泥细度、沥青混合料的沥青含量和最大理论密度试验等
0.2	0.001	沥青试验、测定石灰土的灰剂量试验
0.2	0.0001	石灰钙镁含量

(二)力计的配置

试验室使用的广义力计包含测力环、万能试验机、压力试验机等。力计的选用主要是考虑合适的量程,一般情况下,应使被测量值处于力计量程的20%到80%范围内,此时测量值的可靠性最高。因此在量程选择上,应根据测量值波动的上限来控制量程的下限,根据波动下限来控制量程的上限,即选定量程要满足两个条件:一是量程的80%值应大于测量值的上限,二是量程的20%值应小于测量值的下限。

(1)测力环

一般的试验室需要配置无侧限抗压强度试验用的测力环,专指为无侧限抗压强度仪(路面材料强度试验仪)而配置的测力环,而用于校准万能试验机的测力环不在此讨论之列。目前公路上应用较多的基层材料是二灰碎石和水泥稳定碎石,底基层材料是石灰、粉煤灰稳定土(二灰土)。根据力计量程选用的原则以及基层、底基层材料无侧限抗压强度的正常波动范围,具体的测力环量程计算及选用见表1-4。从表中可以看出,一般情况下,工地试验室只需要选用两个测力环即可。

测力环选用配置表　　表1-4

试验项目	试件尺寸(mm)	龄期	波动下限(MPa)	波动上限(MPa)	压力下限(kN)	压力上限(kN)	测力环最大量值(kN)	测力环最小量值(kN)	选用测力环(kN)
二灰土	50	7	0.5	1.1	0.981	2.159	4.9	2.7	5
二灰碎石	150	7	0.8	1.6	14.130	28.260	7.8	3.9	8
水稳碎石	150	7	3	6	52.988	105.975	9.4	14.7	20
水泥土	50	7	1.5	3.5	2.944	6.869	14.7	8.6	10

(2)万能试验机的配置及量程选用

万能试验机主要用于普通钢筋的力学性能试验和水泥胶砂抗压强度试验以及砂浆抗压强度试验等。工地常用的普通钢筋主要有$\phi 8$、$\phi 10$的热轧盘圆条(Q235)和$\phi 10 \sim \phi 36$的热轧带肋钢筋(HRB335),根据钢筋的截面积、强度波动的范围以及力计量程的选择原则。万能试验机选择组合见表1-5。

万能试验机选用量程分析表　　表1-5

项目	直径(mm)	面积(mm^2)	下限强度(MPa)	上限强度(MPa)	荷载下限(kN)	荷载上限(kN)	量程下限(kN)	量程上限(kN)	选用量程(kN)	选用试验机器
普通钢筋拉伸	8	50.27	410	480	20.6	24.1	103.1	30.2	60	300型
	10	78.54	410	480	32.2	37.7	161.0	47.1	60/120/150	300或600型
	10	78.54	490	530	38.5	41.6	192.4	52.0	60/120/150	
	12	113.1	490	530	55.4	59.9	277.1	74.9	120/150/200	300或600或1000型
	14	153.9	490	530	75.4	81.6	377.2	102.0	120/150/200/300	
	16	201.1	490	530	98.5	106.6	492.6	133.2	150/200/300	
	18	254.5	490	530	124.7	134.9	623.5	168.6	200/300/500/600	
	20	314.2	490	530	153.9	166.5	769.7	208.1	300/500/600	
	22	380.1	490	530	186.3	201.5	931.4	251.8	300/500/600	
	25	490.9	490	530	240.5	260.2	1202.65	325.2	500/600/1000	300或1000型
	28	615.8	490	530	301.7	326.4	1508.6	407.9	500/600/1000	
	30	706.9	490	530	346.4	374.6	1731.8	468.3	500/600/1006	
	32	804.2	490	530	394.1	426.3	1970.4	532.8	600/1000	
	36	1018	490	530	498.8	539.5	2493.8	674.3	1000	1000型

从表 1-5 中看出，一般试验室用于钢筋力学性能试验用的万能试验机主要有三种型号两种组合，即 300 型（最大量程 300kN，通常还包含 150kN 和 60kN 两个量程）、600 型（最大量程 600kN，通常还包含 300kN 和 120kN 两个量程）以及 1000 型（最大量程 1000kN，通常还包含 500kN 和 200kN 两个量程）三种型号，300 型、1000 型以及 300 型、600 型两种组合，后一种组合仅适用于钢筋最大直径为 32mm 的试验室，或 32mm 以上钢筋用量不大，可以进行外委试验的试验室。

公路工程常用的水泥有硅酸盐水泥、普通硅酸盐水泥和复合硅酸盐水泥，其 3 天和 28 天的胶砂抗压强度波动范围见表 1-6，根据试件受压面积以及力计量程选择原则，水泥胶砂抗压强度一般选择 300 型万能试验机就可以了。

万能试验机选用量程分析表　　表 1-6

项目	龄期(d)	强度等级	强度(MPa)		荷载(kN)		量程(kN)		选用量程(kN)	选用
			下限	上限	下限	上限	下限	上限		试验机
水泥胶砂抗压	3	32.5	11	16	17.6	25.6	88	32	60	300 型
		42.5	16	21	25.6	33.6	128	42	60/120	300 或 600 型
		52.5	17	22	27.2	35.2	136	44	60/120	
		32.5R	21	26	33.6	41.6	168	52	60/120	
		42.5R	22	27	35.2	43.2	176	54	60/120	
		52.5	23	28	36.8	44.8	184	56	60/120	
		52.5R	26	31	41.6	49.6	208	62	120/150/200	300 或 600 型
		52.5R	27	32	43.2	51.2	216	64	120/150/200	
		62.5	28	33	44.8	52.8	224	66	120/150/200	
		62.5R	32	37	51.2	59.2	256	74	120/150/200	
	28	32.5	32.5	41	52.0	65.5	260	82	120/150/200	
		42.5	42.5	51	68.0	81.6	340	102	120/150/200/300	
		52.5	52.5	61	84.0	97.6	420	122	150/200/300	
		62.5	62.5	68	100	108.8	500	136	105/200/300	
砂浆	28	7.5	7	12	35.0	60.0	175	75	120/150	300 或 600 型
		10	10	16	50.0	80.0	250	100	120/150/200	300 或 600 型

注：表中水泥胶砂抗压强度以硅盐酸、普通硅酸盐以及复合硅酸盐水泥为计算基础，如需要采用矿渣、火山灰质或粉煤灰硅酸盐水泥，结果相差不大，对量程选择几乎没有影响。

公路工程常用的水泥砂浆为 M7.5 和 M10 的砌筑砂浆，根据其强度波动范围和受压面积以及量程选用原则，一般选用 300 型的万能试验机就可以满足要求。

综上所述，一般试验室运用最广泛的万能试验机是 300 型，胶砂抗压和水泥砂浆试件均只需要 300 型，用 300 型的万能试验机做钢筋拉伸试验，最大可以达到 22mm，因此在万能试验机的选择上，300 型的是必备的，辅以 600 型或 1000 型的就可以完成一般试验室几乎所有的常规力学性能试验。

(3)压力试验机

压力试验机主要用于混凝土试件的抗压试验、混凝土抗压弹性模量等试验，通常用的压力试验机为 2000 型（含 800kN 和 2000kN 两个档位），已经基本满足上述试验的要求。预应力混凝土弹性模量试验要综合使用 800kN 和 2000kN 的量程；工程常用的混凝土立方体试件的强度在 15 ~ 50MPa 之间，选用 2000 型的压力试验机已经能够完全满足试验要求，一般设计强度在 20MPa 以下的混凝土试件可采用 800kN 的量程，20MPa 以上的需要采用 2000kN 的量程。

复习与思考题

1. 按试验检测对象，仪器分为哪几类？
2. 试验检测仪器主要由哪几部分组成？各部分的主要作用是什么？
3. 公路工程工地试验室，仅承担路基工程时至少要配哪几种天平？
4. 水泥胶砂抗压强度试验，宜选用何种型号的试验机？

第二章 量具和天平

[重点内容和学习要求]

本章重点讲述游标类量具和百分表的读数原理、分类和使用方法；机械双盘杠杆式天平构造、安装和调整、使用与维护；电子天平的校准目的和方法、正确使用与维护。

通过学习，要求学生必须会用游标卡尺准确测量出试件或试模的内外尺寸、高度和深度等，掌握百分表的使用；能正确地安装机械双盘天平的横梁、左右称盘、环形砝码、吊耳等零件，掌握天平不平衡的调整方法；掌握电子天平的校准和使用方法。

第一节 游标类量具

一、用　途

游标量具应用很广泛，可用它来测量沥青混合料马歇尔、石灰稳定土等试件尺寸；自检水泥混凝土及其它试模的内外尺寸、高度和深度等。游标量具的分度值有 0.1mm、0.05mm 和 0.02mm三种。按用途和结构，游标量具有游标卡尺、高度游标尺、深度游标尺等多种。

二、与常用量具有关的基本术语

1.分度值与示值

(1)分度值

分度值是计量器具标尺上对应两相邻标尺标记的两个值之差。也可理解为每一分度间距所代表的被测量值，分度间距是指相邻两刻线中心之间的距离。如图 2-1a)游标 1 上的分度值就是 0.02mm。

(2)示值

示值是计量器具指示的被测量值。

2.分值范围、测量范围与量程

(1)分值范围

分值范围是计量器具所能显示或指示的最低值到最高值的范围。

(2)测量范围

测量范围是在允许的误差限内，计量器具所能测量的被测量值的范围。

(3)量程

量程是标称范围两极限(上限值和下限值)之差的模。

三、游标量具的读数原理和方法

游标量具是利用尺身(主尺)1 和游标 2 上的刻线间距差及其累计值来细分读数的。游标可沿尺身移动。

图 2-1 为分度值为 0.02mm 游标卡尺刻度线的基本形式。尺身与游标的刻线间距分别为 1mm 和 0.98mm,游标刻线共 50 格,总长为 49mm。当刻尺对准零位时,游标最右一条刻线与尺身的 49mm 刻线对齐,如图 2-1a)所示。当游标从零位沿尺身向右移动 0.02mm、0.04mm、0.06mm……时,游标刻线 1,2,3……将分别与尺身 1,2,3……对齐。图 2-1b)的读数示例为 64.18mm。

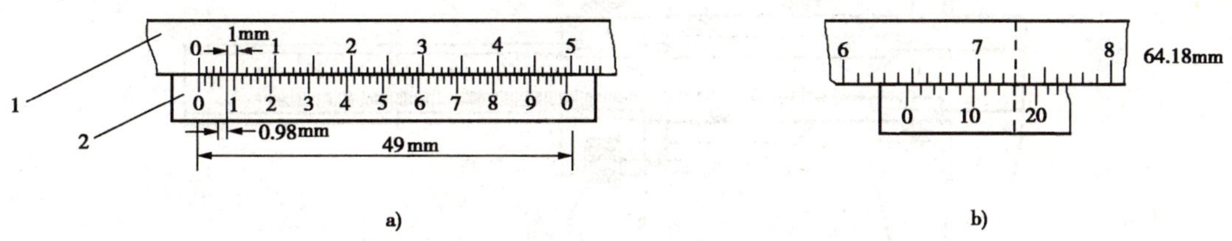

图 2-1 分度值为 0.02mm 的读数原理图

1-尺身;2-游标

四、游 标 卡 尺

(一)主要结构

游标卡尺是游标量具中数量最多、使用最广泛的一种量具。其结构类别较多,常见的有以下几种。

1.三用游标卡尺(图 2-2)

三用游标卡尺的测量范围一般有 0 ~ 125mm 和 0 ~ 150mm 两种。用外量爪 8、9 可测外尺寸;用刀口内量爪 1、2 可测内尺寸,测深尺 7 可测深度和高度。量爪 1,9 与主尺 6 为一整体,量爪 2,8 与尺框 3 为一整体,游标 5 用螺钉固定在尺框 3 上。带游标的尺框能沿尺身移动,并可用螺钉 4 固定在尺身的任何位置上。尺框上方内侧与尺身之间安有一簧片(图中未画出),它可使尺框与尺身始终保持单面的可靠接触,使尺框沿尺身移动时保持平稳。

深度尺 7 的一端固定在尺框内,能随尺框在尺身背面的导向槽内移动。为了减少测深度时与被测件的接触面,以提高测量深度,深度尺 7 的测量端特做成楔形。

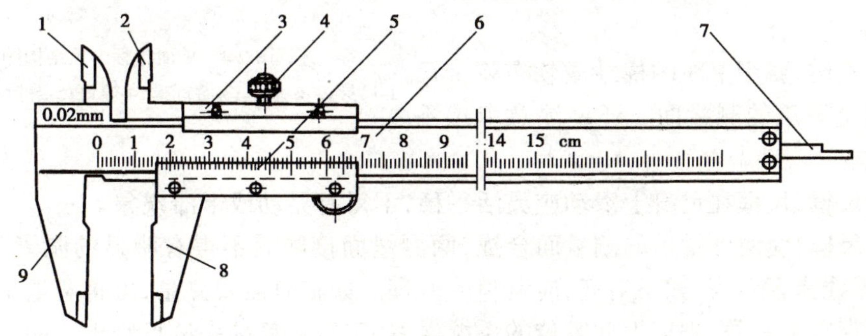

图 2-2 三用游标卡尺结构图

1、2-内量爪;3-尺框;4-螺钉;5-游标;6-主尺;7-深度尺;8、9-外量爪

2.两用游标卡尺(图 2-3)

两用游标卡尺的测量范围一般有 0 ~ 200mm 和 0 ~ 300mm 两种。图 2-3 中 7 为主尺,4 为游标。与三用游标卡尺比较是不带测深尺,另外在尺框旁有微动装置 6,当拧紧螺钉 5 再旋转螺母 8 时,可通过细螺杆 9 左右微动尺框 2(要先松动螺钉 3),这样可使测力平稳适当,以提高

测量精度。刀口内量爪 1 和外量爪 10 与三用卡尺相同。图 2-3 中,游标卡尺的示值范围为 300mm,测量范围为 0~300mm,量程为 300 mm。

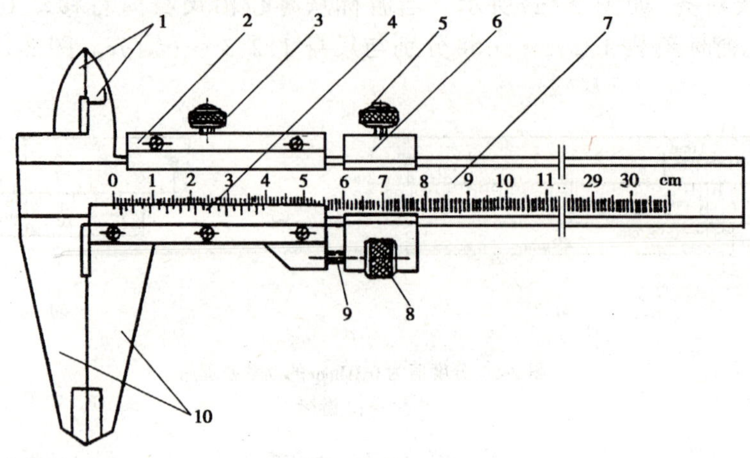

图 2-3 两用游标卡尺结构图

1-内量爪;2-尺框;3、5-螺钉;4-游标;6-微动装置;7-主尺;8-旋转螺母;9-细螺杆;10-外量爪

3.单面游标卡尺(图 2-4)

与双面游标卡尺比较,单面游标卡尺是没有上量爪,下量爪可测内外尺寸。其测量范围有 0~200mm、0~500mm 直至 1000mm,适用于较大尺寸的测量。

在以上游标卡尺结构的基础上,还发展了机械式的带表卡尺和电子式的数显卡尺,都是以新的读数原理代替了传统的游标读数方法。这两种卡尺后面还要介绍。

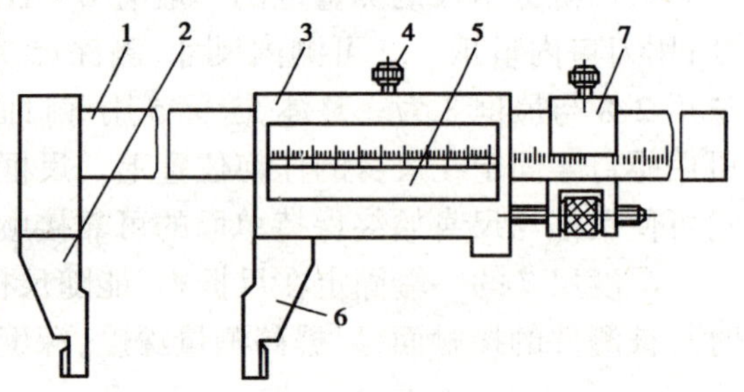

图 2-4 单面游标卡尺结构图

1-尺身;2,6-量爪;3-游标框;4-螺钉;5-游标;7-微动装置

(二)游标卡尺的正确使用

游标卡尺虽不是高精度的计量器具,但使用时也应注意正确操作,以保证应有的测量精度。

1.使用前的检查

(1)如有不洁,要用干净的棉纱或软布将卡尺擦干净,特别是测爪的测量面。还要注意卡尺不能受磁化影响。

(2)拉动尺框,尺框在尺身上滑动应灵活平稳,不得有晃动或卡滞现象。

(3)轻推尺框,使两外量爪的测量面合拢,两测量面接触后不得有明显的漏光。同时检查尺身与游标零线是否对齐,如不对齐,应调整或修理。如临时需要测量,可将两量爪闭合数次,如不对零,但误差值一致,则记下此零位的系统误差值,对测量结果进行修正。如误差不一致,则需修理。

(4)用紧固螺钉固定尺框时,游标卡尺的读数不应发生变化。

不能满足以上要求的游标卡尺,不得使用,而应交付修理或处理。

2.使用方法

(1)正确使用量爪

游标卡尺外尺寸的外量爪测量面有刀口形和平面形两种。测圆柱形件和平端面易用平面形量爪;测沟槽和凹形弧面易用刀口形量爪。内量爪有刀口形和圆柱形两种,用以测量各种内尺寸。

(2)找准测量位置

测量时,当两量爪与被测工件接触后,应再稍微移动一下量爪,测外尺寸时找最小尺寸位置,见图 2-5a);测内尺寸沿径向找最大尺寸,沿轴向找最小尺寸,见图 2-5b)和 c)。

用测深尺测深度时,要使卡尺端面与测件上的基准平面贴合,同时深度尺要与该平面垂直,见图 2-5d)。

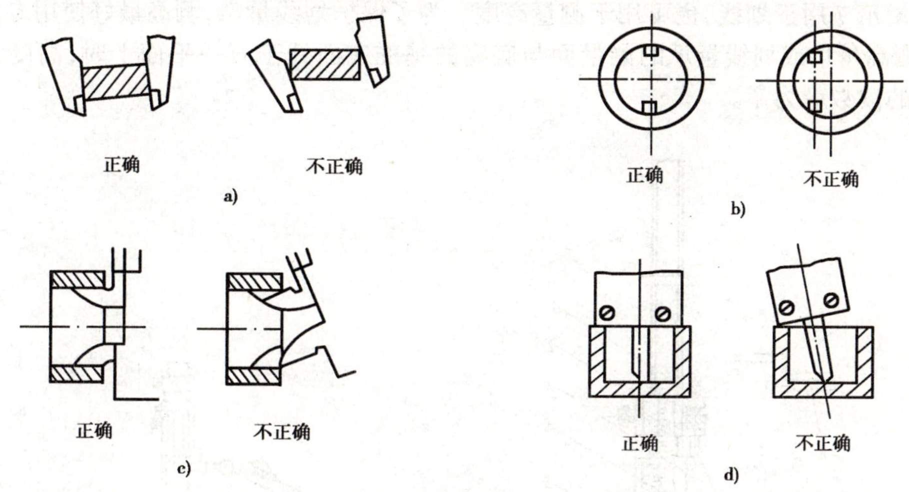

图 2-5 测量位置图

(3)防止量爪磨损

量爪特别是刀口形量爪容易磨损,磨损后将直接影响使用质量和测量精度。量爪进入工件的测量部位时,测外尺寸两量爪的距离要先大于被测尺寸;测内尺寸要小于被测尺寸。测量时,先让固定量爪接触工件,再让与尺框相连的活动量爪接触工件并进行测量。测量完毕后,一定要先移动尺框,使量爪与工件脱离接触并离开一定距离后,再拿开卡尺,决不可从工件上猛力抽下卡尺。

绝对不能用游标卡尺去量运动中的工件,这样不但会严重磨损量爪,还易发生安全事故。游标卡尺不应与硬杂物混放在一起,以免碰损。

(4)适当控制测力

游标卡尺(包括其它游标量具)没有控制测量力的机构,测力主要靠测量者的手感来控制。如果用力过大,会使尺框倾斜而产生误差。

(5)正确读取读数

游标卡尺刻线密集(尤其是分度值为 0.05mm 和 0.02mm 的卡尺),读数时一定要仔细,特别要注意尺身刻线与游标刻线的对齐情况,必要时可借助放大镜来观察,以免发生错误。对游标刻线棱边有一定厚度的卡尺,读数时视线一定要垂直正视刻线,视线偏斜将出现视差。

(三)游标卡尺的保养

游标卡尺用完后,应平放入木盒内。如有较长时间不使用,应用汽油擦洗干净,并涂一层薄的防锈油。卡尺不能放在磁场附近,以免磁化,影响正常使用。

五、高度游标卡尺

(一)主要结构

高度游标卡尺的外形与结构如图 2-6 所示。有毫米刻线的尺身 1 紧固在底座 6 上，并与底座的底平面垂直。尺框 3 可沿尺身上下移动，快速移动时要先松开尺框的紧固螺钉 5 和尺框上方的微动装置 2 的紧固螺钉，尺框可用紧固螺钉 5 固定在尺身的任一位置。微动装置的作用和结构与游标卡尺相同。

划线量爪 7 用于划线，也可用于测量高度。为了保护划线量爪，测高最好使用专用的测高量爪 8。测高量爪或划线量爪的测量面与底座的基准底面处于同一平面上时，高度游标卡尺上游标 4 的读数应为零。

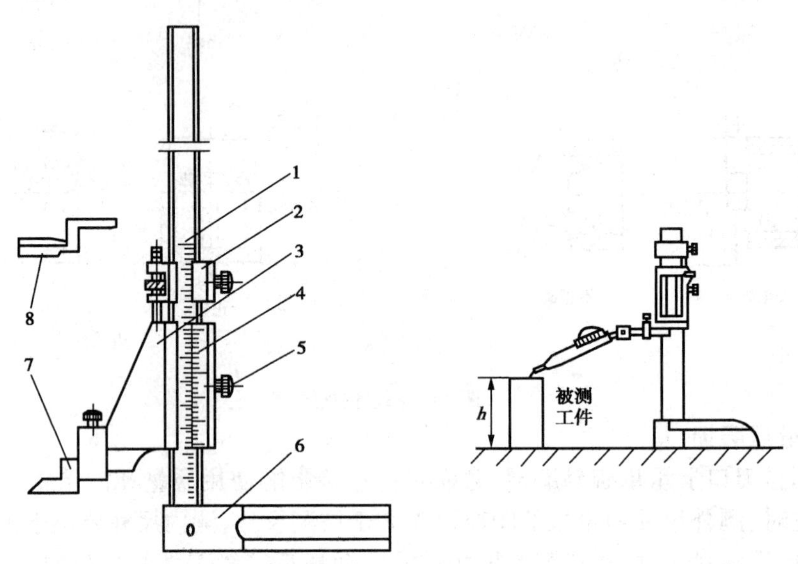

图 2-6　高度游标卡尺结构图

1-尺身；2-微动装置；3-尺框；4-游标；5-螺钉；6-底座；7-划线量爪；8-测量量爪

高度游标卡尺的分度值也是有 0.02mm、0.05mm 和 0.1mm 三种，测量范围一般有 0～200mm，0～300mm，0～500mm 和 0～1000mm 等多种。

(二)仪器的正确使用

1.使用前的检查

检查底座底面和安放高度卡尺的平板是否清洁、有无毛刺及影响使用的划痕等。检查尺身与尺框的刻线“零位”是否对准，方法是将量爪下降到测量面与底座底面同时与平板接触后再观察。

2.使用方法

(1)测量高度尺寸时，先将尺框上量爪的测量面提高到稍大于工件被测的高度尺寸，再利用微动装置使量爪测量面与工件被测面接触好，然后读数。要注意控制测量力，测力过大将产生测量误差。

(2)搬移高度游标卡尺时，应握持底座，不要用力抓尺，以免尺身变形。高度游标卡尺的读数及其它使用方法，与普通游标卡尺相同。

六、深度游标卡尺

深度游标卡尺是用以测量阶梯形表面、盲孔和凹槽等深度及孔口、凸缘等的厚度。分度值也是有 0.02mm、0.05mm 和 0.1mm 三种，测量范围分为 0 ~ 200mm，0 ~ 300mm 和 0 ~ 500mm 三种。

(一)主要结构

深度游标卡尺的外形结构如图 2-7 和图 2-8 所示。当尺框和尺身的测量面都处于同一平面上时(如平板上)，游标的读数值应为零。图 2-7 与图 2-8 不同的是尺身带有弯头，可用来测量工件孔口或凸缘的厚度，另外还带有微动装置(一般深度游标卡尺多不带微动装置，因为使用时主要靠手感接触)。

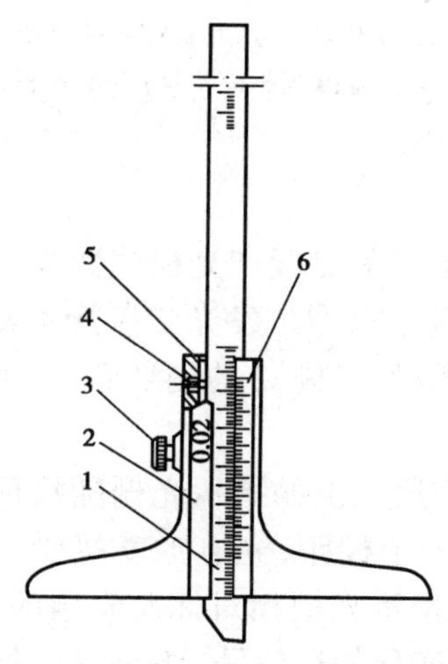

图 2-7　直头深度游标卡尺结构图
1-尺身；2-尺框；3-紧固螺钉；
4-调整螺钉；5-弹簧片；6-游标

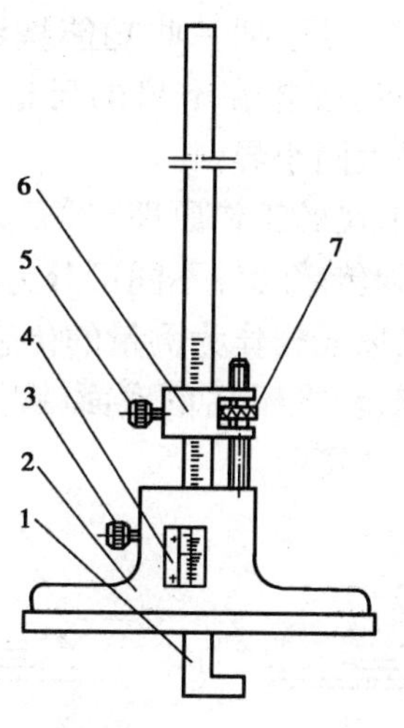

图 2-8　弯头深度游标卡尺结构图
1-尺身；2-尺框；3、5-紧固螺钉；4-游标；
6-测微装置；7-微动螺母

(二)仪器的使用方法

1.使用前的检查

量前，应检查深度尺的零位是否正确。由于尺框测量面较大，使用前一定要保证测量面清洁，无油污、灰尘、毛刺及锈蚀等影响测量精度的缺陷。

2.使用方法

测量时先将尺身 1 上拉，让尺框 2 的测量面与工作被测深度的顶面(测量基准面)贴合好之后，再将尺身下推，直到尺身测量面与被测深度部位手感接触(如有微动装置，注意不要过量接触，以致使尺框的测量面脱离正常贴合)，此时即可读数，也可用紧固螺钉固定尺框，取出深度尺再进行读数。

深度游标卡尺的其它使用方法和普通游标卡尺相同。

七、数显卡尺

数显卡尺是将位移量通过光栅或容栅传感器转换为电信号，再经处理后由数字显示测量结果。它还有简单的运算功能,所以已远不属游标量具之列。但由于它也是在游标测尺的基础上发展起来的,而且机械部分外形与游标测尺相近,主要是尺框结构不同。由于数显卡尺可以直接读出数据,使用方便,目前在试验室已广泛地被使用。

(一)主要结构

数显卡尺的分度值为 0.01mm,测量范围有 0 ~ 150mm,0 ~ 200mm,0 ~ 300mm 和 0 ~ 500mm 多种。其典型的外形结构如图2-9所示。这是一种三用卡尺,可测内、外尺寸和深度。和普通游标卡尺一样,数显卡尺因机械结构不同另有两用数显卡尺(无深度尺,有微动装置,参看图 2-3)、双面和单面卡尺(参看图 2-3、2-4)。有的数显卡尺,把一些功能按键(图2-9中的 2、3、4、5 等)安排在卡尺的尺框正面,结构总的来说,是大同小异。

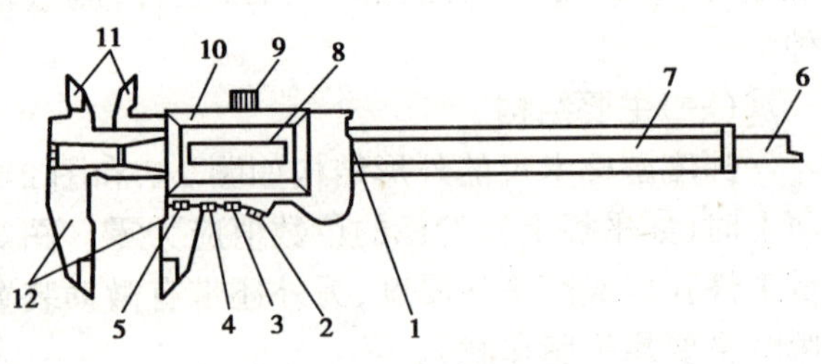

图 2-9　数显卡尺结构图

1-电池夹;2-置零键;3-保持键;4-公英制转换键;5-起动键;6-深度尺;7-尺身;8-显示器;9-尺框固定螺钉;10-尺框;11-内量爪;12-外量爪

(二)数显卡尺的工作原理

数显卡尺因传感元件不同可分为光栅式与容栅式两类。图 2-9 是国产光栅式数显卡尺的外观简图,它是以光栅作为测量的传感元件。图 2-10 为其原理示意图。发光二极管 4 发出的光,经标尺光栅(动光栅)1 的底面(镀铬面)反射,再经指示光栅(静光栅)2 的刻划面,产生莫尔条纹,被光电池 3 接收。

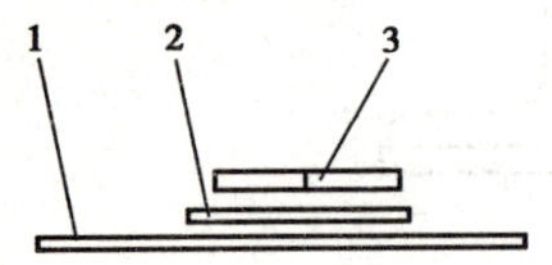

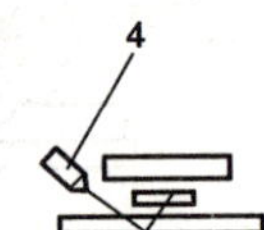

图 2-10　光栅原理示意图

1-标尺光栅;2-指示光栅;3-光电池;4-发光二极管

测量时,固定在尺框上的指示光栅随尺框在尺身上滑动,每移动一个栅距,光电池就接受一个莫尔条纹信号。随着指示光栅相对标尺光栅的移动,光电池上就有明暗变化的光信号,并将其转换为电信号。两个光电池分别发出两路相位差 90°的交变信号,经放大整形,送入典型的四倍频及变向电路后,即可将尺框带量爪的位移量(测量值)转变为脉冲数。由于光栅刻线是 25 线/mm,栅距为 0.04mm,经四倍频后,每毫米位移可发出 100 个脉冲,所以每个脉冲当量是 0.01mm。此即为数显卡尺的分辨率。测量电信号经过处理,最后在液晶板上显示出测量结果。

(三)使用方法

按下置零键 2,可在整个测量范围内的任一点“置零”,以该点为零点可作微差比较测量。按下保持键 3,再移动尺框,显示的数字不变。按下公、英制转换键 4,可对公、英制两种长度制进行测量,也可对某一测量值进行公、英制换算。被测尺寸的上、下偏差可预先设置,测量时可显示被测尺寸的测得值是否合格。在使用中,如电池电压低于规定值,即发出信号,此时应更换电池,以免发生测量误差。当测量停止后 1.5min,卡尺将自动断电,以节省电耗,用时要再按启动键 5。有的数显卡尺还有数据输出端口。

(四)注意事项

要注意数显测尺不要在强磁场附近使用和放置,以免内部电子线路受到干扰和尺身被磁化。也不要放在潮湿的地方。

数显卡尺的读数方法及其它注意事项与普通游标测尺基本上相同。

第二节　百　分　表

一、用　途

用贝克曼梁法测定路面回弹弯沉试验中，用百分表可读出路面变形值；在土基回弹模量试验、CBR 试验、土的直剪试验、土的压缩试验中，从百分表可得知试件的受力或变形。总之，在公路工程试验检测中，百分表是经常使用的。

二、百分表的结构和工作原理

百分表属于指示表类量具，其特点是将反映被测尺寸变化的测杆微小位移，经机械放大后转换为指针的旋转或角位移，在刻度表盘上指示测量结果。

(一)主要结构

百分表的外形如图 2-11 所示。测头 8 以螺纹拧装在测杆 7 的上方，测量时，测头与被测表面接触，当被测尺寸变化时，测杆即在装夹套筒 6 内平稳地上下滑动，测杆上端的齿条，通过齿轮传动，带动指针 1 旋转，并在表盘 3 上指示测量结果，指针 1 旋转一圈，转数指针 2 转过一格，指示转数。

百分表的传动机构主要用齿条—齿轮传动，如图 2-12，它具有结构简单、紧凑、外廓尺寸小、质量轻等特点，是百分表的基本结构形式。

百分表的分度值为 0.01，测量范围一般为 0 ~ 3mm、0 ~ 5mm、0 ~ 10mm，还有大量程百分表。百分表按外形有大、中、小三种，外圈直径分别为 ϕ80 mm、ϕ60 mm 和 ϕ42mm。

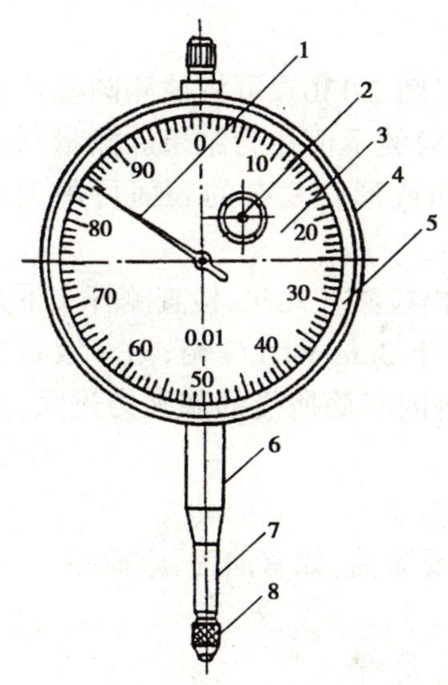

图 2-11　百分表外形图

1-指针；2-转数指针；3-表盘；4-表体；5-表圈；6-装夹套筒；7-测杆；8-测头

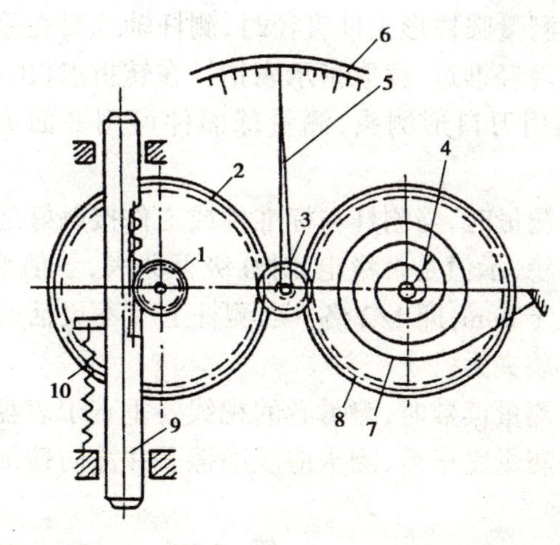

图 2-12　百分表结构图

1-齿轮轴；2-片齿轮；3-中心齿轮；4-转数指针；5-指针；6-表盘；7-游丝；8-片齿轮；9-测杆；10-弹簧

(二)工作原理

图 2-12 是百分表齿条—齿轮传动的原理图。当被测尺寸变化引起测杆 9 上下移动时，测

杆上部的齿条即带动轴齿轮 1 与同轴的片齿轮 2 转动，片齿轮 2 再带动中心齿轮 3 和同轴的指针 5 转动，在表盘 6 上指示示值。

为了消除齿轮传动中因齿侧间隙引起的回程误差，并使传动平稳可靠，与中心齿轮 3 啮合的还有片齿轮 8(与片齿轮 2 相同)，游丝 7 产生的扭力矩作用在片齿轮 8 上，并使整个齿条－齿轮传动系统在正反转时都是同一齿侧单面啮合。与片齿轮 8 同轴的转数指针 4，指示指针 5 的回转圈数。百分表的测力由弹簧 10 产生。

三、仪器的使用方法

1.测量工件时，要将百分表装夹固定在稳定的表架上。

2.装夹百分表时，装夹部位如是装夹套筒(图 2-11 中的 6)，夹紧力不能过大，以免套筒变形，使测杆 7 卡死或运动不灵活。

3.调零时可转动表盘，要压缩测杆 0.3 ~ 1mm，以保持一定的起始测力，同时可保证指针在测量时左右都有余量。

4.测量时，测杆轴线要与被测表面垂直，否则将产生测量误差(图 2-13a)。

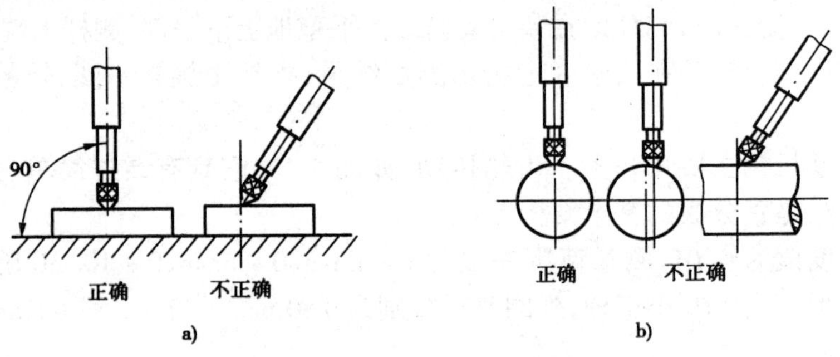

图 2-13　测杆轴线与被测面垂直

5.测量圆柱形工件直径时，测杆轴线要在垂直方向测量(图 2-13b)，可将被测圆柱件在测头下面轻轻推过，读取指示表指针在转折点(由小变大再变小)的示值作为结果。测量圆柱件最好利用刀口形测头，测量球面件可用平面测头，测量凹面或形状复杂的表面可用尖形测头。

6.测量时，当测杆与标准件或工件接触好之后应轻轻地提拉测杆几次，检查测杆上下是否灵活平稳，示值是否稳定，对 0 级百分表，示值变动性不得大于 3μm，即 1/3 格；对 1 级百分表不得大于 5μm，即 1/2 格。当测杆上下不灵活时，应检查是否因套筒所受的装夹力过大，此时可减小装夹力。

7.测量读数时，测量者的视线要垂直于表盘，以减小视差。

8.测量完毕后，测头应洗净擦干并涂防锈油。测杆上不要涂油，如有油污，应擦净。

第三节　机械双盘杠杆式天平

一、用　　途

机械双盘杠杆式天平是一种很精密的衡量仪器，主要用于公路工程试验检测中的化学试验，常用的是千分之一和万分之一天平。

二、主要结构及工作原理

(一)结构

机械双盘杠杆式天平结构见图 2-14,主要由横梁、立柱、制动系统、悬挂系统、框架部分、光学读数系统、机械加码装置组成。

1.横梁部分

横梁部分是天平最关键的部件,素有天平心脏之称,图 2-15 为等臂双盘机械天平的横梁结构(天平在搬运的过程中一定要从天平立柱上拆下横梁部分,以保护刀子的刃口)。横梁部分包括以下几个零件。

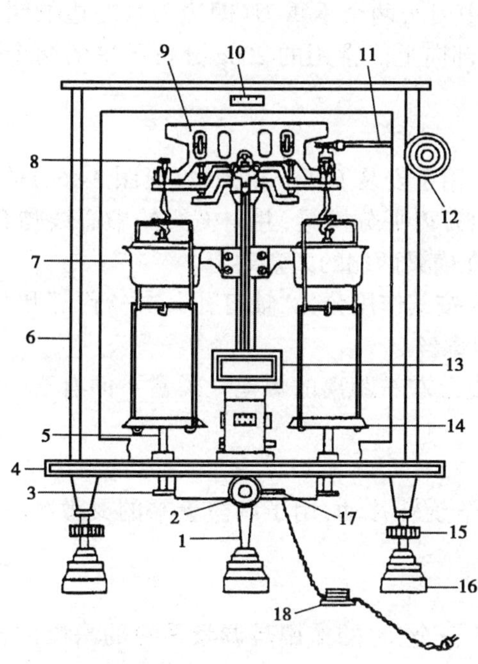

图 2-14　机械双盘杠杆式天平构造

1-固定脚;2-开关旋钮;3-托盘翼翅板;4-底板;5-托盘;6-框罩;7-阻尼器;8-吊耳;9-横梁;10-铭牌;11、12-机械加码装置;13-读数光屏;14-称盘;15-调整脚;16-脚垫;17-零点微调器;18-变压器

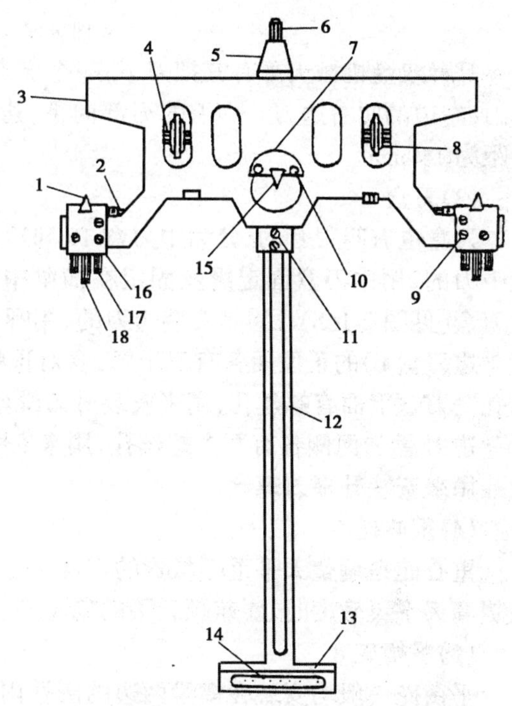

图 2-15　等臂双盘天平横梁结构

1-边刀;2-偏差螺钉;3-横梁;4-平衡螺丝;5-重心砣;6-重心螺丝;7-中刀盒;8-平衡砣;9-刀盒对顶螺丝;10-中刀盒固定螺丝;11-指针固定螺丝;12-指针;13-固定螺丝;14-微分标牌;15-中刀;16-边刀;17-降刀螺丝;18-升刀螺丝

(1)横梁

横梁体一般采用铝合金、铜合金或钛合金等材料制作的,它们的线膨胀系数小,质轻而坚固,材料经过老化处理,使之在恶劣的条件下不易变形。

(2)刀子

刀子的材质一般均采用玛瑙(氧化硅)或宝石(氧化铝)。秤量较大的天平,刀子的材料是钢的,刀子表面应平整光滑,不能有崩缺或锯齿等外观缺陷。钢制的刀子不能有裂纹和夹层。刀子与刀垫工作面接触后,不能有显见的透光。

一般刀子的形状为等腰三角形,如图 2-16 所示。在其尖部两侧磨有工作棱面的小三角形，角度大小依秤量大小而定，实际上刀子的形状是五角形。

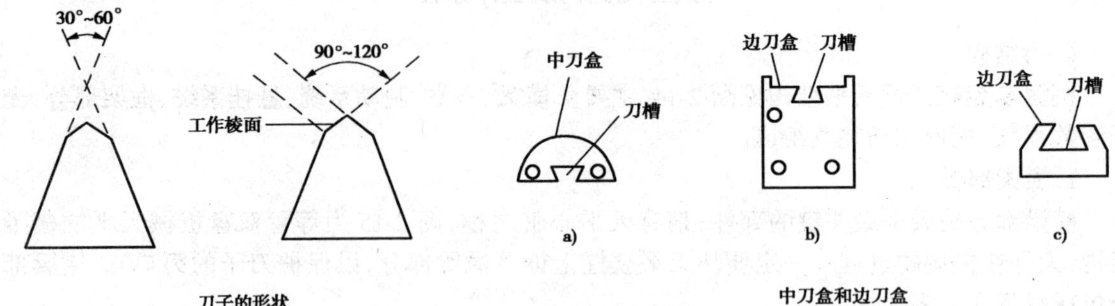

图 2-16　刀子及刀盒形状

等臂双盘机械天平有三把刀子，一个支点刀（即中刀），两个承重刀（即边刀），左边的叫左边刀，右边的叫右边刀。中刀的刃部向下，边刀的刃部向上。常用的 200g 分析天平的两个边刀距为 140mm。

(3)刀盒

刀盒也有叫刀套的，分为中刀盒 10 和边刀盒 16，用于安装刀子。中刀盒（见图 2-16a）是安装中刀的，用中刀盒固定螺丝固定在横梁中部，使中刀刃平分横梁，并与横梁的中心线吻合。边刀盒[见图 2-16b)、c)]是安装边刀的，用螺丝固定在横梁两端的刀盒架上。

边刀盒 b)的正反面各有三个“刀盒对顶螺丝孔”，按其作用分为“轴钉孔”、“平行孔”和“平面孔”，刀盒下面有螺丝孔，用来安装升刀螺丝和降刀螺丝。

边刀盒 c)两侧各有两个螺丝孔，用来安装调整边刀左右距离的螺丝。刀盒下面有三个螺丝孔用来安装升降刀螺丝。

(4)重心砣 5

重心砣是调整天平重心位置的零件。它可以上下旋转移动，用于调整天平的灵敏度。但在提高天平灵敏度时，要兼顾天平的稳定性。

(5)平衡砣 8

平衡砣一般均安装在横梁两边的圆孔内，左右各一个，它的作用是调整天平的平衡位置，每旋转一周可以改变平衡位置约 70 个分度。

如果天平的平衡位置相差甚多，仅靠平衡砣已无法调整，则应将平衡砣调至中间位置，然后在轻的一盘内加放金属垫片，使天平重新平衡于零点附近，最后把垫片固定在阻尼内筒里或称盘底部。

在此应强调一点：应严格区分天平等臂时的不平衡状态和天平不等臂情况下的不平衡状态。

如果天平的平衡位置优良，即使不挂吊耳和秤盘，开启天平后，横梁也是比较稳定地摆向一方。平衡砣的松紧应适度，即用一个手指无法使其旋转，只能用两个手指捏紧旋转才能使其转动。否则，应视为平衡砣松动或过紧，应进行调整。

(6)刀距螺丝 2

刀距螺丝也叫不等臂偏差螺丝（以下可简称偏差螺丝），它安装在边刀和衡量体之间，其作用是调节两个边刀至中刀的距离，使天平衡梁等臂。所以，调整时只准向外顶紧刀盒，而不能向里调整而离开边刀盒。即如果天平发生了臂差，应调整端臂一方，使其加长，而不能缩短长臂一方的偏差螺丝，使其离开边刀盒。否则容易引起天平的示值变动。

刀距螺丝只能用于图 2-16b)的边刀盒,不用于其它形式的边刀盒。

(7)指针 12 与标尺 14

指针与标尺均固定在横梁中间支点的下方,与支点刀刃的重力线重合。

由于指针的质量与横梁体的质量具有一定的比例关系,所以指针的轻重会直接影响天平的灵敏性和稳定性。为了便于调整指针的轻重,可在指针下端的背面加放金属垫片等物。一般指针的界面呈"V"形或"O"形。普通标尺天平的指针尖端要尖锐,小于或等于标尺刻线宽度。

指针和标尺上的灰尘 只能用软毛刷或鹿皮等轻轻擦拭。

2.立柱部分

立柱系统(见图 2-17)是天平的躯干,起到承上启下的作用,它包括以下几个部分。

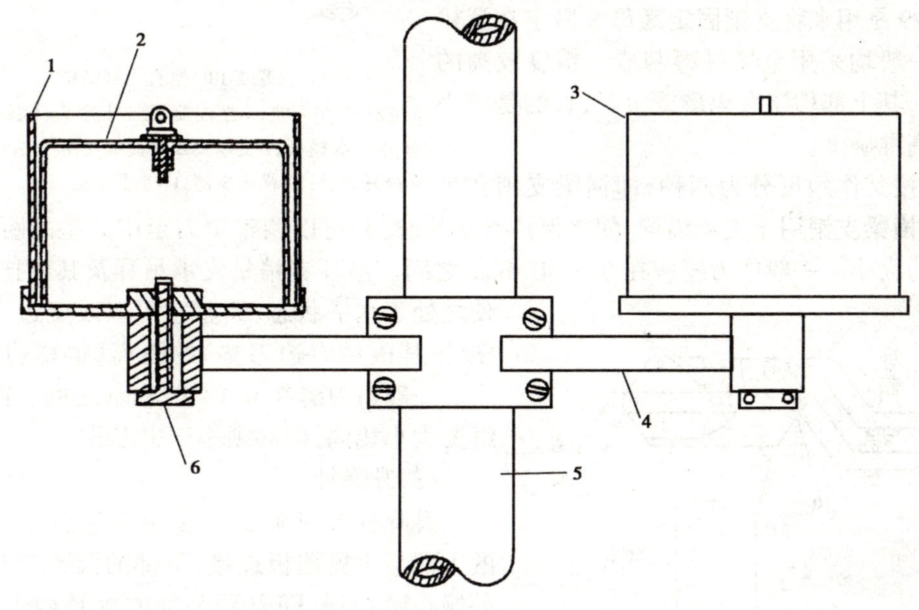

图 2-17 立柱系统

1-阻尼外筒;2-阻尼内筒;3-阻尼外筒;4-阻尼器架;5-立柱;6-阻尼器固定螺丝

(1)立柱

立柱一般是采用铜合金制成的,与底板垂直,不能松动,底座上的两个立柱固定螺丝要拧紧。否则,立柱会产生松动,影响天平的四大性能。调整好并拧紧立柱固定螺丝后,切记不要随意松动。

(2)阻尼器架

阻尼器架 4(图 2-17)位于立柱的中部,左右各一个,用于安装阻尼器外筒。要求其与立柱垂直,也就是与底板平行,否则将影响阻尼器的水平。

(3)水平装置

水平装置采用水准器式(或叫水平泡式),水准器安装在立柱中部的后面与阻尼器架相连,可以调整天平的两个调整脚,同时从上面观察水准器的情况,调节至气泡为中心位置时为止,如果需要更换水准器,则首先将底板调至水平,立柱调整至垂直,然后安装新水准器,调整新水准器的固定螺丝,使气泡在中心位置时为止。以后切忌再动水准器的固定螺丝。

3.制动系统

制动系统是控制天平工作和休止的指挥系统，它包括以下几个零件。

(1)翼翅板

翼翅板是使天平横梁等部件平稳的升起或落下的零件(见图 2-18)，所以叫翼翅板。翼翅板分为大翼翅板 6 和小翼翅板 11。小翼翅板与立柱管内的升降轴相连接，并且带动大翼翅板一起升降。翼翅板应该活动自如，但不能前后晃动，它是天平的重要零件之一，其好坏直接影响到天平平衡位置的准确性和重复性。

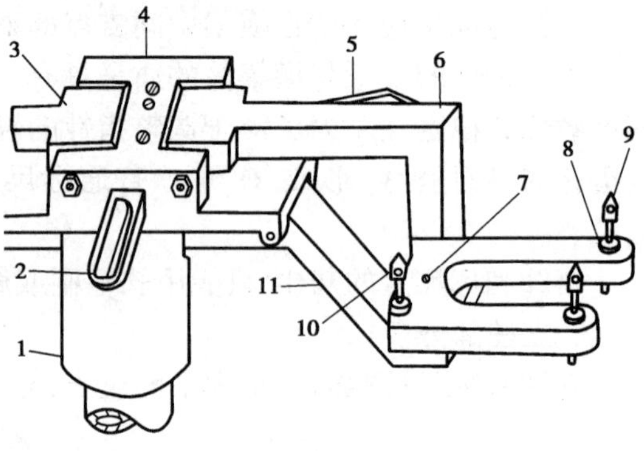

图 2-18　立柱上部结构

1-立柱；2-中刀垫；3-立柱盖板；4-土字头；5-压翼翅板钢丝；6-大翼翅板；7-支承大翼翅板螺丝；8-支销固定螺母；9-吊耳支销；10-横梁支销；11-小翼翅板

(2)支销

支销 9 是用来将支销固定螺母 8 固定在翼翅板上的，一般均采用金属材料制成。精度较高的天平支销，其上部均镶有玛瑙或宝石，目的是减小摩擦，提高准确度。

支销按其作用可分为两种，即横梁支销和吊耳支销。横梁支销用于支承横梁，使之保持水平状态，并可以调整中刀至中刀垫的距离(俗称“中刀缝”)大小。一般中刀缝应在 0.3～0.5mm 之间。吊耳支销是支承吊耳及其悬挂系统，并使之处于水平状态，调整它可以改变边刀至边刀垫(吊耳内粘有边刀垫)的距离(也称边刀缝)大小。一般边刀缝在 0.1～0.3mm 之间。两个边刀缝要大小相同，但必须小于中刀缝。

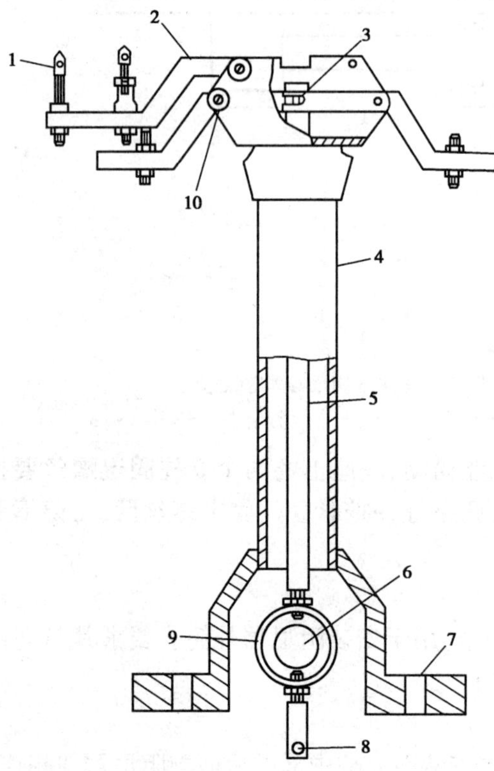

图 2-19　制动系统

1-支销；2-大翼翅板；3-横销；4-立柱；5-升降轴；6-立柱透光孔；7-立柱固定螺丝孔；8-偏心销插孔；9-透光环；10-固定螺母

(3)升降轴

升降轴 5(见图 2-19)安装在空心的立柱内，它的上部与小翼翅板连接，下部的圆孔与开关轴上的偏心销相接，随着开关轴的旋转而上下动作。升降轴的顶部有一圆孔，是安装连接小翼翅板的横销，下端有一个透光环，使灯光从其上的透光孔中通过。

升降轴要升降自如，不能太紧或太松，以免影响天平的计量性能。

(4)开关轴

开关轴(见图 2-14)安装在底板的下方。它的一端通过偏心销与升降轴相连，另一端由开关手钮插孔与开关手钮相接。要求开关轴转动平稳灵活，不能有松动、窜动和卡紧现象。同时，无论天平在工作或休止状态，开关轴的位置及旋转角度应能复原。如果角度不合适，会使偏心销的位置不正确，从而导致天平自开或回劲，甚至损坏天平。

(5)盘托

盘托(见图2-14)安装在秤盘下面的底板盘托插孔内,左右各一个,上面分别标注着1或2,左边为1,右边为2,它是天平休止时支承秤盘的一个零件(见图2-14)。盘托随盘托翼翅板的动作而升降,而盘托翼翅板又与开关轴的铣槽相连接。

当天平工作时,随着开关手扭的转动,盘托翼翅板带动盘托下降脱离秤盘,使秤盘自由动作。所以,要求盘托不能过高或过低。它的最佳位置应是在天平休止时,刚刚与秤盘微接触,避免秤盘晃动;在天平工作时,托盘应离开秤盘,使微分标尺摆动无阻,即能走满刻度无阻碍。

(6)开关手钮

开关手钮(见图2-14中的2)是制动系统的中心,也是天平的指挥中心。开关手钮的转动带动了开关轴的转动,随之开关轴上的偏心销也跟着转动,从而带动升降轴,翼翅板和盘托上下活动,使天平工作或休止。

4.悬挂系统

(1)吊耳

吊耳是由吊耳挂钩、十字架、十字垫和刀垫组成(见图2-20)。吊耳挂钩与十字架连接,通过两个小尖螺丝1与十字垫5接触。这种结构避免了因秤盘晃动,而影响天平的使用并导致示值变动性的增大。十字垫水平时,十字架与吊耳垂直,否则会出现摩擦现象。吊耳也是左右各一个,分别标志1(或“·”)和2(或“··”),左边为1(或“·”),右边为2(或“··”)。

刀垫(也叫刀承)粘在吊耳十字垫的下面,一般采用玛瑙或宝石制成,当天平工作时刀垫支承于边刀上,天平休止时刀垫离开边刀,使天平刀子处于休息状态。

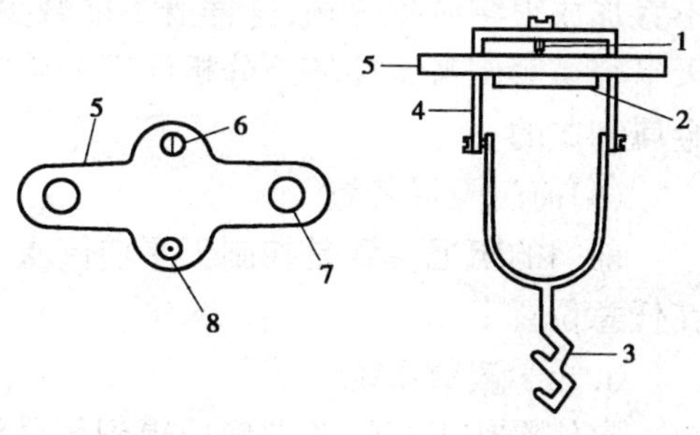

图2-20 吊耳

1-小尖螺丝;2-刀垫;3-吊耳挂钩;4-十字形架;5-十字垫;6-定位槽;7-十字架孔;8-定位孔

(2)阻尼器

阻尼器是为了减小天平的摆动周期,使天平能在较短的时间内稳定下来,从而达到快速称量的目的。一般天平使用的均是空气阻尼器(见图2-17),它是用金属铝等轻质材料制成的。

阻尼器均安装在阻尼器架上,分为阻尼内筒和阻尼外筒两部分,阻尼外筒口向上,固定在阻尼器架上。阻尼内筒口向下,放在阻尼外筒里面,其上面挂钩眼与吊耳挂钩相对应(见图2-14)。

阻尼器工作是靠内外筒压缩空气,以阻止天平摆动。阻尼效果好坏取决于内外筒的间隙,间隙小阻力大,效果明显,反之则阻力小。从摆动到静止,不应大于两个周期。

对阻尼器的要求:

①内外筒必须保持圆形,变形后不得使用。

②内外筒的间隙应均匀一致,不得碰撞,否则应调整。

③当内外筒间隙均匀一致后,不得松动外筒的固定螺丝,以保证天平的正常使用。

(3)秤盘

秤盘是放置物品和砝码的零部件(见图2-14),左右各一个,标志与吊耳相同。它悬挂在吊耳挂钩上,秤盘的面与秤盘架(或叫秤盘梁)垂直,不能出现倾斜现象。

5.框罩部分

框罩部分是保护和支撑天平的零部件,是天平的基础。它由以下几个零件组成(见图2-14)。

(1)框罩

为了防止空气的流动和隔绝潮气，保持天平的清洁，必须安装天平框罩 。框罩要牢固地固定在底板上，不能晃动，更不能倾斜。与底板间不得有缝隙，前门的底框上要粘有绒垫等物，既可防止缝隙，又可以起到减振作用。

(2)底板

底板用大理石或玻璃砖等制成，应表面平直、光滑，不能有翘曲和变形。底板下面装有底脚螺丝，用来支撑底板和整个天平，底板上面则装有立柱和框罩。底板也起到了承上启下的作用。

由于底板的材质易受化学药品的侵蚀而损坏，因此使用天平时要格外小心，不要将具有腐蚀性的物品撒落在天平底板或其它部件上，以保护天平的清洁美观且延长其使用寿命。

(3)底脚和脚垫

一般的光学分析天平底板下面的安装有三个底脚。后面的一个底脚是固定的、不能调节，所以叫固定脚；前面左右各一个底脚，可进行调节，所以叫调整脚。转动调整脚上的螺丝旋钮，可以改变天平的水平状态，使天平处于水平位置。大称量的天平则有四个底脚，全部可以进行调节。底脚螺丝与螺母配合应适当，不宜过紧和过松，避免天平晃动，螺丝应调节自如。

脚垫安放在天平的脚下面，其作用是保证天平的平稳，并减少外界振动的影响。脚垫下面不宜加放很多胶皮等物，这样既不能减少振动，而且容易造成天平不稳，当遇到外力的冲击时，天平容易倾倒甚至摔坏。分析天平的脚垫是用胶木等材料制成的，而大称量天平的脚垫是用金属制成的。

(4)前门阻尼装置

前门的阻尼装置是控制天平前门上下开关的部件，它能使前门均匀缓慢地移动，并能停止在任意位置上。

6.光学读数系统

它使操作者能快速准确地得到衡量结果。光学读数系统包括以下几个零件，如图 2-21 所示。

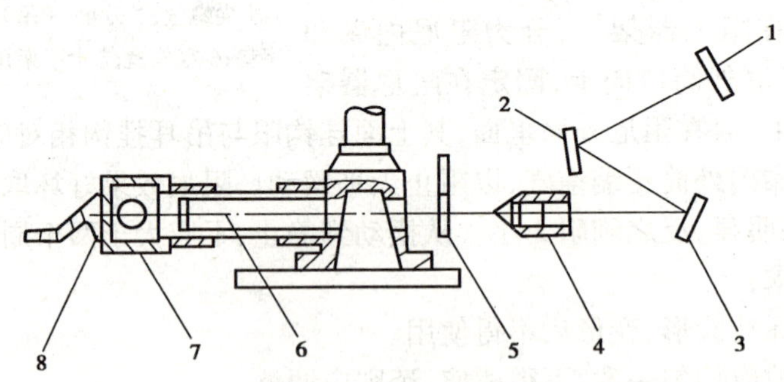

图 2-21　双盘天平的光学读数系统

1-投影屏；2-二次反光镜；3-一次反光镜；4-物镜筒；5-微分标牌；6-聚光管；7-灯光罩；8-灯泡

(1)灯泡

我们使用的电源一般为 220V，而天平上使用的小灯泡是 6～8V，因此要经过变压器后才能使用，切不可将灯泡直接接通 220V 电源，避免烧坏灯泡和触电。

(2)灯光罩和聚光管

灯光罩内安装着小灯泡，使小灯泡发出的光集中在一起，再经过聚光管，聚光后变成平行明亮的光线，送给投影屏。

(3)物镜筒

物镜筒由金属管和放大镜片组组成。其作用是将微分标尺的数字和刻度进行放大，便于读数。

(4)反光镜组和投影屏

反光镜组由反光镜或反光棱镜组成，它们的作用是将经过放大的微分标尺刻度与数字反射到投影屏上。

7.机械挂码装置

机械挂码装置是天平加取砝码的一种机械装置，由砝码、挂码钩、挂码杆、挂码头凸轮组、机械挂码读数指示盘(上有旋钮)组成。它的作用是减少人工拿取砝码，加快称量速度，同时也减少了气流和温度对天平的影响，从而提高了称量的准确度。

机械挂码装置由加码和减码两种形式，无论加码还是减码装置，其构造基本相同。

读数指示盘可以指示出砝码的质量值，它连接着操纵杆等，与几个凸轮组相连再与挂码杆和钩等相对应，砝码挂在钩上或装在砝码承受架的 V 形槽内。当旋转读数指示盘旋钮时，挂码杆上下动作，完成取放砝码的任务。

(二)工作原理

由于天平和称是应用杠杆原理制造和工作的，下面简单介绍杠杆平衡原理。

1.杠杆

杠杆是一种在外力作用下能够绕固定点转动的物体。如图 2-22 所示。

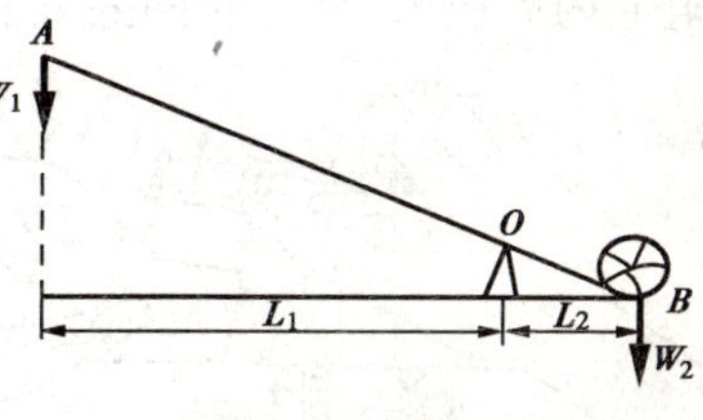

图 2-22　杠杆

O-支点；A-力点；B-重点；L_1 和 L_2-力臂

2.杠杆平衡原理

当杠杆平衡时，作用于杠杆上的所有外力对转轴的力矩之和为零，称之为杠杆平衡原理。即 $W_1 \cdot L_1 = W_2 \cdot L_2$ 时，杠杆处于平衡状态。根据这个原理，当天平处于平衡状态时，对于杠杆天平来说，其支点左边的力矩之和必然等于支点右边的力矩之和，但力矩的矢量方向位于转轴的轴线上。

三、天平的安装与调整

天平的正确安装与调整，对于维护和使用天平并延长其使用寿命，保证天平四大性能的准确，确保天平衡量结果的准确可靠，有着十分重要的意义。

(一)天平的安装

1.安放室的选择

(1)防振

天平是一种精密衡量仪器，应该放置在牢固可靠的水泥台板上，并远离振源和热源。为了减少振动，底板下的二只螺旋脚和一只固定脚下必须垫入避振垫脚各一只。

(2)温度与光线

天平室应该选择背光的房间，避免阳光晒射或单面受热，房间内最好没有窗户，室内温度应保持在 20±2°。

(3)气流

天平室内如有窗户，在天平使用和校准时严禁打开窗户，以免造成空气流动，影响天平的准确秤量。

2.安装前准备工作

安装前应对天平的零部件进行清洗，把其上面的尘土和脏物除去。对关键部件，如玛瑙刀和刀垫以及各个直销，要用鹿皮或绸布蘸少许乙醇或蒸馏水擦拭，不可碰撞刀刃，以免损坏。反射镜只能用细软的毛刷轻轻拂去灰尘，切忌用湿的东西擦洗反射镜。

清洗后，按零部件上的标志(左为“1”，右为“2”)分别放好，准备安装。

3.电光读数安装(见图 2-23)

将聚光管 1 装进天平底板后面的孔中，并装上灯源器，将低压插头分别插入固定在后脚上和变压器上的插座内，接上电源即可。

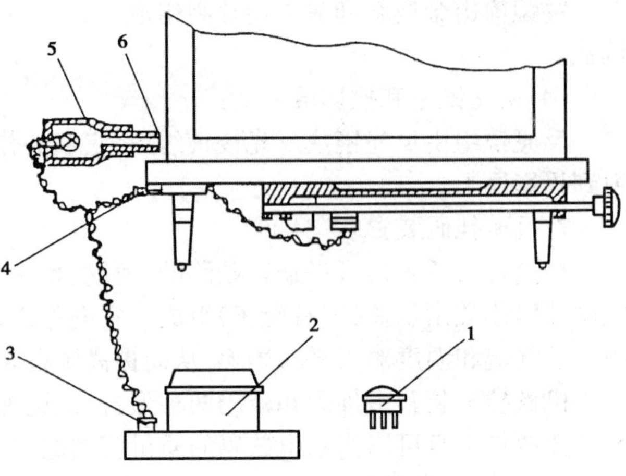

图 2-23　电光读数安装

1-电源插头；2-变压器；3、4-低压插头；5-灯源器；6-聚光管

4.阻尼筒的安装

阻尼筒的安装按图 2-24 所示的方法进行，即用左手的大拇指将大翼翅板托起，右手将由阻尼内筒放入，并用相同的方法将左边的阻尼内筒装好。

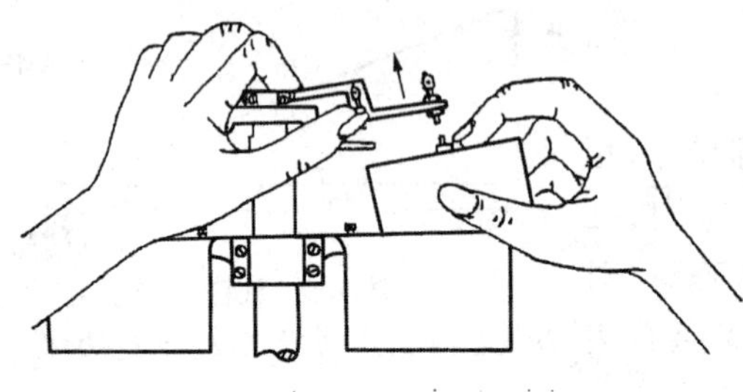

图 2-24　阻尼器的安装

5.横梁的安装

安装横梁要用左手(或右手)旋转天平开关手钮，开启天平，使天平翼翅板下降(见图 2-25)。右手(或左手)拿着横梁与指针的组合部，将横梁轻移至翼翅板上方，让横梁右端向下倾斜，使横梁右端首先进入翼翅板上两个吊耳支销中间，并让中刀架穿入横梁的中刀下方圆孔内，使横梁面平行于前门。把横梁右端先放在横梁定位支销上，再使横梁左端下降，与此同时，左手应旋转天平开关手钮，关闭天平，看准横梁上的双支销板，使横梁稳稳落在双支销上。另外，在安装横梁上端的同时，要兼顾下面的指针与微分标尺，把它们也放入立柱座与放大镜之间的位置中，切不可放错。

图 2-25　横梁的安装

安装横梁时要先向右倾斜，其原因是天平的构造所决定的。在横梁左侧有双支销板(或叫跳针板)，翼翅板上与之对应的有一个双支销，而横梁只有一个定位支销支承，这样先进入左端比较困难，而先进入右端就比较容易。

拆下横梁时，与安装过程相反，用手拿住横梁并上提，另一只手旋转开关手钮，开启天平，横梁向右端倾斜，让横梁左端先出来，然后将横梁全部取出，关闭天平。

6.吊耳和秤盘的安装

吊耳、秤盘和阻尼内筒称为悬挂系统。在安装吊耳时(见图

2-26)，应用大拇指和中指托住吊耳十字垫，用食指将吊耳十字架稳稳地压在正确的位置上，并用无名指按住吊耳挂钩上部，不使其摇晃，然后，将吊耳挂钩的下钩，钩住阻尼内筒上面的圆眼，并把吊耳放稳在吊耳支销上。安装时要注意：吊耳挂钩一定要向外，以便于挂秤盘。

安装秤盘时，先要将两个盘托分别放入底板上的两个盘托孔内，然后按图 2-27 的拿法，先将秤盘的底部放到盘托上面，再将秤盘上梁倒 V 形槽挂到吊耳的上钩内，使整个秤盘悬挂于吊耳挂钩上。

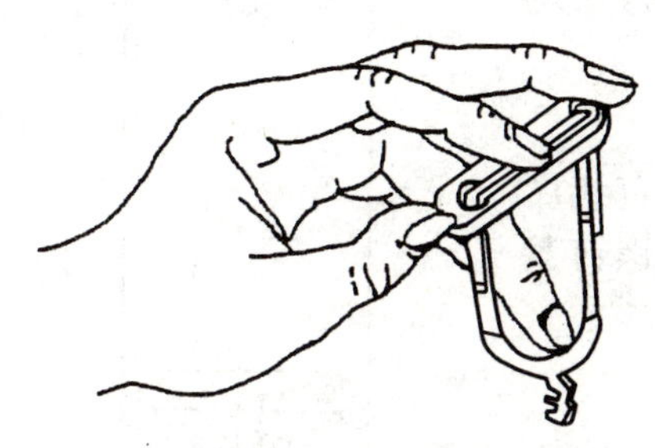

图 2-26　吊耳的拿法

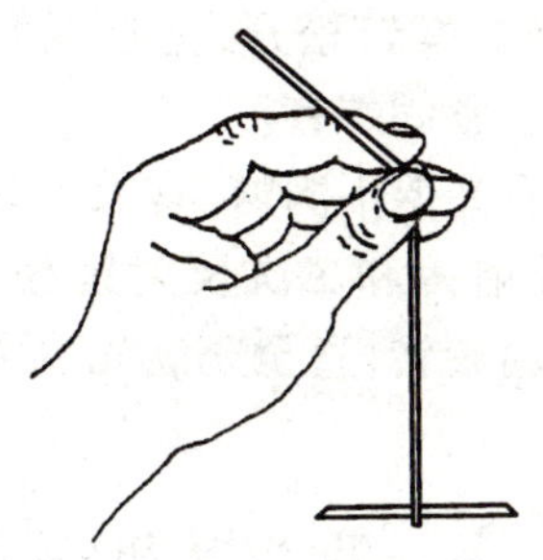

图 2-27　秤盘的拿法

7.挂砝码的安装

机械挂码的排列组合是有一定规律的，并与机械加码器指示盘的数字相吻合，否则将造成错误的衡量结果。挂砝码安装位置见图 2-28 所示位置，装配时，砝码起落在承受架三角槽中，砝码与砝码钩不能相碰及摩擦。

(二)天平的调整

1.零点的调整

零点偏离较大时，可由横梁上端左右二个平衡砣来旋转调整，小零点调节，可用底板下部的零点微调器(图 2-14 中 17)来调整，移动到与投影窗上的“0”位直线重合为止。

2.分度值的调整

将 10mg 砝码加在承受架上，开启天平后，光学读数应是空称分度值不超过 $10mg \pm 0.1mg$，重称分度值不超出$10mg^{+0.2}_{-0.1}mg$，如果分度值不足，可将横梁的重心螺母向上移动，过多则反之。在移动重心螺母时，必须将横梁稳住，不得移动，以免刀刃损坏。调整分度值后，零点要重新校正，再试看分度值，反复调节至符合允许差范围。

3.托盘的调整

正常的天平在停止使用时，秤盘在空载时应由托盘极轻微托住，这样可保证秤盘在加上负载时托盘将秤盘托牢，防止秤盘晃动。如托盘过高地将秤盘托牢，这样会引起天平计量误差。

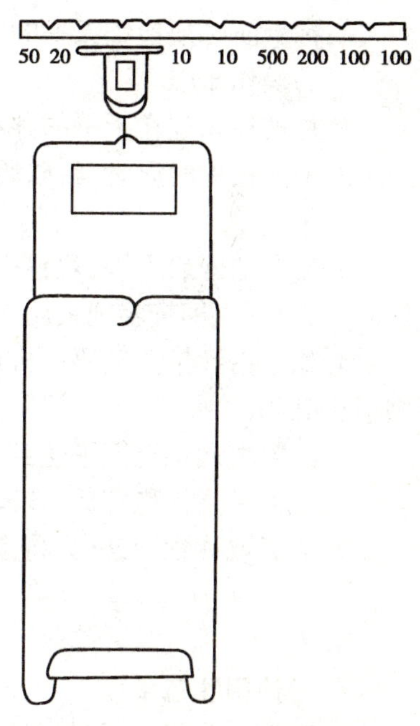

图 2-28　挂砝码位置示意图

如托盘与秤盘接触不良，过高或过低，可将图 2-29 托盘 3 取出，拧松螺母 2 再调整高低螺栓 1，然后拧紧螺母 2，调整到秤盘与托盘在微托状态为止。

4.光学投影的调整

当天平装好使用时，投影屏上显示刻度应明亮清晰，如刻度不清晰时，可用下列方法调整。

(1)光源不强

将图 2-21 中照明筒 7 上的定位螺钉松开，把灯源 8 向顺或逆时针方向转动，如不够亮，可将照明筒向前后移动或转动，使光源与聚光管 6 集中成直线，直到使投影屏 1 上充满强光为止，最后将定位螺钉紧固。

(2)刻度不清

物镜筒 4 旁边螺钉松开，把物镜筒向前后移动或转动，使刻度清晰为止，然后紧固螺钉。

(3)投影屏有光但不满窗、有黑影缺陷

可将一次反射镜和二次反射镜相互调节角度。如左右光度不满，可将照明筒旋转，直至充满光度无黑影为止，然后将螺钉紧固。

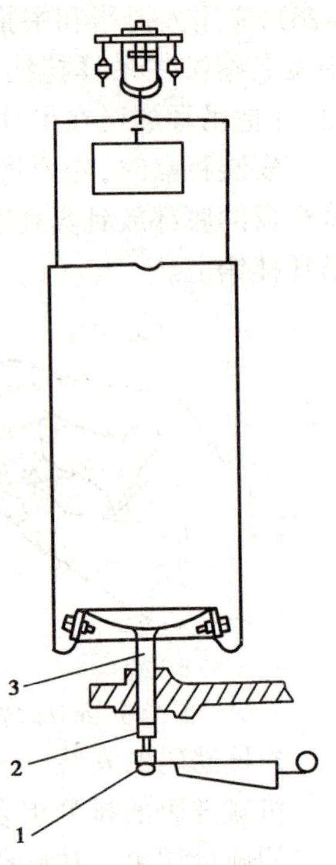

图 2-29　托盘与秤盘调整图

1-高低螺栓；2-螺母；3-托盘

四、仪器的使用方法

(一)使用前的检查

1.用前应检查天平的各部件是否处于相应的位置上。

2.检查天平底板上和秤盘中是否清洁。

3.被称物先在架盘天平上粗称，已知大约质量后，再在天平上精称。

4.称量前必须检查天平的水平位置是否处于正确位置上。

(二)操作步骤

1.将被称物放在天平的秤盘上。

2.根据粗称时质量，将砝码放在另一个秤盘上，再旋转机械挂码的读数指示盘至所需的数字。

3.慢慢地开启天平，观察指针偏移的速度和方向，如果指针随着开关手钮的转动而迅速地偏向一方，则立即轻轻地关闭天平。

4.如果指针偏向砝码一方或光幕向下移动，说明被称物一方重了，需要添加砝码。反之，则减少砝码。

5.经数次调整至天平达到平衡，即指针指示在读数刻度范围内。

6.待天平指针稳定后，按砝码质量从大到小读数，并记下其数据，然后轻轻地关闭天平。

7.取下被称物和砝码，将读数指示盘旋转至“0”。

五、使用注意事项及维护

(一)使用注意事项

1.开启或关闭天平时，必须均匀缓慢地转动开关旋钮，切不可中途停顿后再旋转，更不可过快、过猛地开关天平，以免损坏刀刃和造成秤盘晃动，影响天平的准确称量。

2.使用者必须面对天平进行操作，准确读数和记录。

3.不准直接用手拿取砝码和被称物，必须用镊子夹取或戴称量手套拿取。

4.应用同一台天平和砝码完成一次试验的全部称量。

5.天平和砝码必须配套使用，不得调换。

6.被称物和砝码必须从天平的两个旁门放取，不得开启前门。

7.被称物的温度必须与室温一致后方可放入天平内称量。

8.严禁将化学物品直接放在秤盘上称量。凡是潮湿的、易挥发的和腐蚀性的物质，必须用带盖的容器盛放，再在天平上称量。

9.开启天平前将两侧旁门关好，以免气流对流，影响度数的正确性。

10.使用机械挂码装置时，旋转度数指示盘的动作要轻、缓，防止砝码跳出槽外或互相搭在一起。

(二)天平的维护

1.每台天平必须配一个天平罩，最好是用黑红两层布缝制的。

2.经常保持天平内外和桌面的清洁。在清扫桌面时，注意不要碰动开关手钮，以免天平横梁滑落。

3.天平内要保持干燥，可在天平内放置干燥剂，如变色硅胶，并要经常更换并作脱水处理，但不可放置具有腐蚀性的干燥剂。

4.天平不得随意移动和拆卸，如需搬动时，必须将横梁、左右称盘、环形砝码、吊耳等零件小心取下，放入盒内，其它零件不可随意拆下。

5.天平应定期进行维修和检定。

6.使用时发现异常现象，应立即停止使用，进行检查修理，不得带病运转。

六、常见故障及排除

(一)天平不平衡

天平不平衡主要表现在平衡位置距读数窗上标准刻线有一定距离，俗称"不在零点"，少时差几个分度，多则几毫克，甚至更多。

1.产生故障原因

(1)天平不水平。

(2)秤盘撒落称量物所致。

(3)天平等臂状态下的两边悬挂系统不等重造成的。

(4)天平不等臂(针对等臂天平而言)。

2.调修方法

(1)调修这种情况的问题时，只要调整天平前边底部的两个调整脚即可。注意一点，应边调整边观察天平的水平装置，直至水平气泡居于标准圈的中心处时为止，并将锁固调整脚的螺母紧固好。

(2)秤盘上的撒落物包括一些尘土等，应该及时清除干净，才能保证天平零点正确，否则，容易带来称量误差。

(3)天平等臂情况下的天平不平衡，如果零点偏离标准刻线几个分度，应该调整天平的零点微调器来解决，一般零点微调器可调整 6～10 个分度；如果天平零点相差很大，则应调整天平横梁上的两个平衡砣来解决，也是边调整边观察情况，直至调好为止。注意，调平衡螺丝(平衡砣)时，应先将天平的零点微调器拨杆置于中间位置(即左右调整量大致相等处)。

(4)天平不等臂情况下的不平衡，应先将天平横梁的两臂臂比调整好，也就是调至等臂时，再调天平的不平衡状态。一般天平经过调整不等臂后，两边不等重较严重，差几十毫克甚至几百毫克。这就要求我们用带孔的小金属垫片向轻的一个秤盘中加放，直至基本平衡，再将小金属垫片取出，安放在天平阻尼内筒里的螺丝上，并用固定螺母紧固好，也可以安装在天平秤盘的底部固定好。总之应安放在不影响天平美观的暗处，微调平衡砣使天平零点处于标准刻线处。

（二）天平的显示窗无显示

1.产生故障原因

(1)没有电源。

(2)插销没接通。

(3)插销接触不良。

(4)天平微动开关有故障。

(5)灯泡没拧到位。

(6)灯泡坏了。

(7)反光镜的反射角度不正确。

2.调修方法

(1)用电笔或万用表检查电源插座是否有电。

(2)如果插销没插上应该及时准确插好。

(3)排除插销上的问题，如虚接、断线等。

(4)检查并修好天平的微动开关。

(5)将灯泡拧到位，切忌使劲拧。

(6)更换合格的灯泡。

(7)逐一检查调整各反光镜至合格为止。

（三）阻尼筒周围间隙不等或阻滞

先检查有无棉毛纤维物阻滞情况，如水平位置在正常情况下，仍有单面阻滞现象，应将阻尼架上的滚花螺钉旋松，然后调整阻尼筒，再紧固滚花螺钉。

（四）加砝梗阻轧不灵活

可将木框外的加码罩小心拆下，在活动部分加一些润滑油（钟表油），使其自然起落后将罩壳装上。

（五）环形砝码起落不正或跳出槽外

检查砝码钩形状是否有歪斜或弯曲现象，如有此情况必须将钩扭正，试转指数盘至砝码起落位置正确为止。

第四节　电子天平

一、用　途

MP120—1、200—1 型电子天平是一种新型的衡量仪器，该类仪器由于应用微机技术和新型元器件，有数字滤波装置，可以自动校准、计个数和去皮等，具有称量迅速、反应灵敏，操作方便，读数清晰、稳定、准确，可靠性好等优点。在公路工程试验检测中，MP200—1 型电子天平主要用来测定土的含水量，称量滤纸及少量水泥、粉煤灰等质量。MP120—1 型主要用来称取少量石灰及一些化学试剂。由于两种型号的电子天平结构基本相似，仅在称量范围、最小读数值等技术参数方面有些差别，所以下面主要介绍 MP120—1 型电子天平。

二、主要技术参数

1.型号:MP120—1。

2.称量范围:0~120g。

3.最小读数值:0.001g。

4.去皮范围:0~120g。

5.自动校准:外加砝码 100g。

6.稳定时间:约 5s。

三、主要结构及工作原理

(一)结构(见图 2-30)

电子天平主要由水准器 1、秤盘 2、显示器 3、门闩 4、防风罩 5、操作键 6、水平调节旋帽 7、全量电位器 8、电源开关 11 及主板等零件组成。

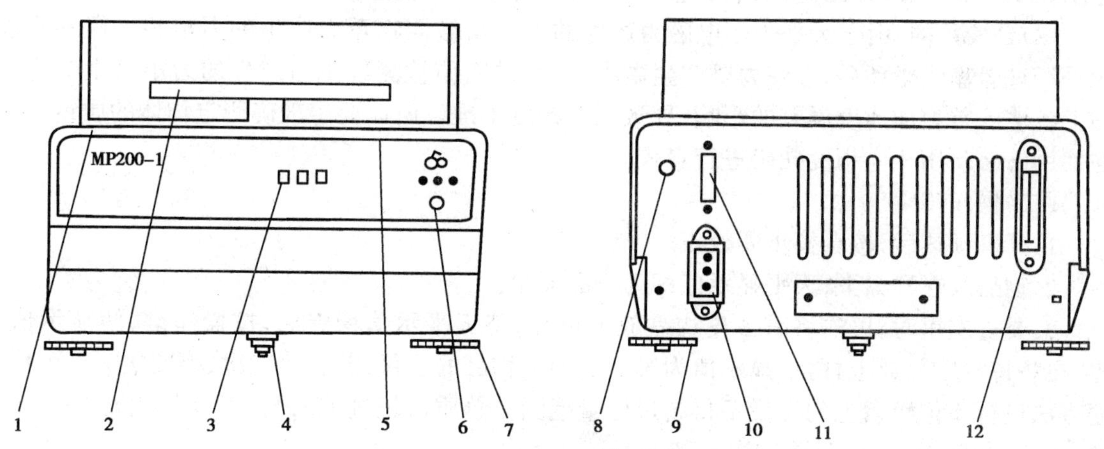

图 2-30 电子天平结构图

1-水准器;2-秤盘;3-显示器;4-门闩;5-防风罩;6-操作键;7-水平调节旋帽;8-全量电位器;9-电源插座;10-保险丝;11-电源开关;12-信号输出接口

(二)工作原理

MP120—1 型电子天平主要有称重、A/D 转换、数据处理和显示三大部分组成。

称重部分是一个采用电磁力产生的力矩平衡原理的传感器,该传感器将置于秤盘上的物体质量转换成对应关系的电信号输出,此信号经放大后激励功率级产生输出电流,输出电流经过恒磁场中的线圈,组成闭环回路。由于线圈中电流与磁场的相互作用,产生与被测物重力相反方向的电磁力,当电流增大到一定值时,电磁力产生的力矩与重力产生力矩相等,天平恢复原先平衡状态,因而在线圈中电流的大小将反映出被测物的质量。

A/D 转换的作用是将连续变化的模拟信号转换成为计算机能接受的数字信号,MP120—1 型电子天平采用积分式 A/D 转换原理。

数据处理和显示是将送入微型计算机的数字信号,进行运算处理,并在显示器中显示出正确数值。

四、仪器的正确使用

(一)使用前的检查

1.将仪器放置于稳固的台桌上轻轻地旋动水平调节旋帽,使水准器1指示天平处于水平位置,安放好秤盘。

2.检查输入电源是否有良好的接地,以防机内电路损坏。

3.当输入电源满足要求才能给天平插入电源,开机预热30min。

4.在无影响天平正常使用的气流和震动存在的地方进行自校,具体方法如下:

(1)自校步骤:开机预热(预热时间约为30min)后,按操作键(保持约1s),使天平显示值为零,秤盘上加校准砝码100g,待读数稳定后,按下操作键,直至天平显示出"CAL"时放开操作键,天平即自动进行校准,显示出正确的读数,校准完毕后,取下砝码,使天平显示值为零。

(2)注意事项:在校准过程中,当天平显示出"NOCAL"指示时,说明校准无效,表明校准砝码的显示值超出了校准范围(100g±0.095g,),此时应用螺丝刀仔细调节全量电位器8,使天平显示在99.920~100.00g范围内,调整后,再按上述自校方法重校即可。

(3)自校目的:由于天平采用电磁力产生的力矩与被测物重力产生的力矩相平衡的原理,天平经过运输或搬动后,会使力臂产生微小变化,进而使被测物重力产生的力矩发生变化,再加上各地区重力加速度误差的影响,导致测量精度不准。所以要想准确测定物体的质量,天平在使用前必须用相应精度砝码进行自校。

(二)操作步骤

1.开机预热后,按自校步骤校正。

2.物品放在秤盘上,天平显示值即为物品质量。

3.要去皮重时,可先将需去皮物品放上秤盘,待天平示值稳定后,按操作键,使显示值为零,再将待称物品放上秤盘,显示值为第二次加上物品的质量,若要第三次、第四次……可按上述方法进行。但秤盘上的质量不得超过称量范围。总质量超过125g时,显示器出现"— — — — — —"报警符号,此时请将物品移去。

4.将几种物品一起放在秤盘上后,按一次操作键。随后移去部分物品,此时天平显示的"—"号读数,即表示移去物品的质量。若要知道秤盘中几种物品的总质量,则将所有物品移去,天平显示值是总质量。

5.测试两个样品及成批样品差值时,可采用以下称重过程,先将标准样品放在秤盘中,按"操作键"使天平显示值为零,移取标准样品,放上需与标准样品比较的样品,显示值为二样品之差值,"+"表示超过标准样品质量值,"-"号表示比标准样品轻多少的质量值。

6.天平还可用下称法进行称量。操作时可先移去天平底部门闩4,将秤盘悬挂在孔中的秤钩内,称重方法同上。当有下称盘时,天平的称量范围应减去下称盘的质量。

7.在作精确称量时,天平使用半小时或一小时后自校复核一次。

8.在操作和使用过程中,将被称物品尽可能放在秤盘中央,且要求轻拿轻放,以免引起误差。

9.计个数功能的使用方法:先从需计个数的物品中,取十个样品置于秤盘上,待天平示值稳定后,按下操作键至标志符"— Ⅱ—"出现后,放开操作键,此时,天平显示出盘中物品的个数。在盘中加入或减少物品,显示的个数也随之增加或减少。

注意:单个物品的质量应大于天平的最小读数值。

如果需从计个数状态返回称重状态时,只需按下操作键至标志符"— —Ⅱ— —"出现后,放开操作键，天平重新显示秤盘中的质量。

10.天平输出信号为 TTL 电平，平行二进制编码。由平行接口(PPI)输出，可与计算机、打印机等设备联用。

11.百分数功能的使用方法：先把一个作为基数的物品放在秤盘上，然后再按下操作键直至出现标志符“PER”后，放开键，这时显示 100.0%。然后取下物品，再放上其它物品，这时显示出的数值即为该物品质量和作为基数物品质量的百分比值。如果要回到称重状态，只需按下操作键到“PER”标志符出现后，再放开键，天平重新显示秤盘中的质量。

五、使用注意事项及维护

(一)使用注意事项

1.MP120—1 型电子天平应在周围温度 10～30℃，温度变化应小于 1℃/h 的环境中使用。

2.除地磁场外，不能存在影响天平正常使用的外磁场及其它干扰存在。

3.秤盘应安放在天平上，才能开机。手搬动天平或拆卸天平的外围设备前，一定要关掉电源，以免损坏天平。

4.应选用二等砝码作为校准砝码。

5.当用下称法时，要用金属圈轻轻套在天平下部的挂钩上，切记不能用手把一个软绳硬套在下部的挂钩上，此时如果用力过大会把支承挂钩的弹片拉断，弹片一旦拉断，需送回厂家更换零件并需重新调试后才能使用。

(二)仪器的维护

1.经常使用天平时，应让天平连续通电，这样可减少预热时间，也使天平处于相对稳定状态。如果天平长期不用应关闭电源。

2.天平应保持清洁，谨防灰尘钻入机内，不应放在有腐蚀性气体的室内。

3.如用户有两台以上天平，切不可将天平的秤盘互换。

4.根据天平使用频繁程度，应作周期性的检定。

六、常见故障及排除

常见故障及排除见表 2-1。

电子天平常见故障及排除 表 2-1

故障现象	可能产生原因
数字显示不亮	1. 电源未接通或电源插头接触不良
	2. 保险丝断损，天平内部插头、电路插座松动
称量显示值不稳定或显示值误差大	1. 天平未预热
	2. 天平未放稳
	3. 环境条件差，如有气流震动等
	4. 秤盘未放好或有东西触及
	5. 被称物品未放稳
	6. 天平未自校
清零误差大	1. 清零时用力太大，工作台不坚固，使天平受震
	2. 显示值未稳定，急于进行“清零”而引起误差
加载后显示值无变化	拿动秤盘引起，重新开机即可

复习思考题

1.游标量具按用途和结构分为哪三类?

2.当游标最左边0指向尺身的35~36mm之间,游标右边的56与尺身的某条线对齐,此时游标的读数示值为多少?

3.如图2-2中,三用游标卡尺的螺钉4有何作用?

4.用游标类量具测量试件,测量完毕后,如何使量爪与工件脱离?

5.百分表调零时,为何要压缩测杆0.3~1mm?

6.安装百分表时,装夹力是否越大越好?

7.机械双盘杠杆式天平的阻尼器有何作用?

8.搬动机械双盘杠杆式天平,一般要拆下哪几样零件?为何要将这些零件拆下?

9.安装横梁时,为何要先向右斜?

10.双盘杠杆式天平产生不平衡的故障原因是什么?调修方法有哪些?

11.电子天平校准的目的是什么?

12.当采用电子天平的下称法称量时,称量范围是否应减去下称盘的质量?

13.电子天平的称量显示值不稳定或显示值误差大的故障原因是什么?

第三章　土工材料试验仪器

[重点内容和学习要求]

本章重点讲述土工材料试验检测常用仪器的结构、工作原理、仪器的使用方法、注意事项及维护。同时对仪器故障的排除也作了简单介绍。

通过学习，要求学生必须掌握液塑限联合测定仪、电动击实仪、直剪仪和固结仪、电动脱模器、烘箱等土工类试验仪器的正确使用方法；了解各仪器的工作原理。能正确地检查液塑限联合测定仪；正确地安装及调试电动击实仪；掌握直剪仪、固结仪的维护方法；能根据试件尺寸正确选择电动脱模器定位槽；能正确安全地使用烘箱。

第一节　光电式液塑限联合测定仪

一、用　途

该仪器满足了《公路土工试验规程》(JTJ 051—2000)T 0118—93 中对试验仪器的要求，适用于联合测定粒径小于 0.5mm 粘性土的液限和塑限，即当粘性土在可塑状态下的最大含水量和最小含水量，为划分土类，计算天然稠度、塑性指数，提供可供工程设计与施工使用的参数。

二、技术参数

1. 圆锥仪质量：100g ± 0.2g。
2. 圆锥角度：30° ± 0.2°。
3. 测读入土深度：0 ~ 23mm。
4. 测读精度：0.1mm，估读 0.05mm。
5. 圆锥下落到读数显示时间：5s。
6. 电磁吸力：> 100g。
7. 电源：交流电 220V ± 10%，50Hz。

三、主要结构及工作原理

(一)结构

仪器主要分以下三部分。

1. 圆锥仪：包括锥体、微分尺、平衡锤、磁吸头等，如图 3-1 所示。
2. 光学系统：包括光源、聚光镜、物镜、棱镜、反射镜、屏幕等，如图 3-2 所示。
3. 电器控制部分：包括线路板、变压器、电磁线圈等，圆锥仪为单独部件，其余部分均安装在主机内，主机结构如图 3-3 所示。

(二)工作原理

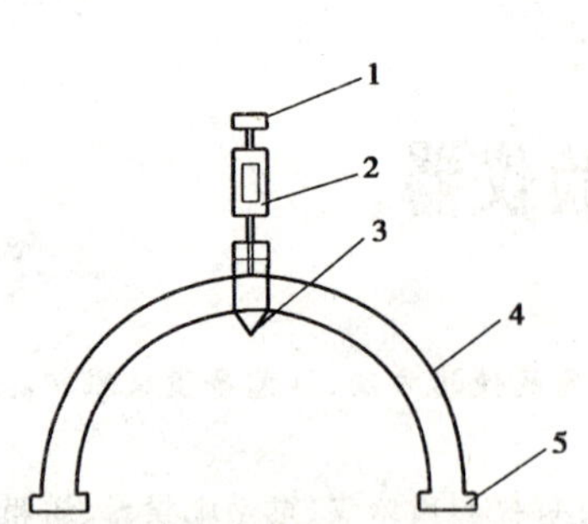

图 3-1　圆锥仪结构示意图

1-磁吸头；2-微分尺；3-锥头；4-平衡环；5-平衡锤

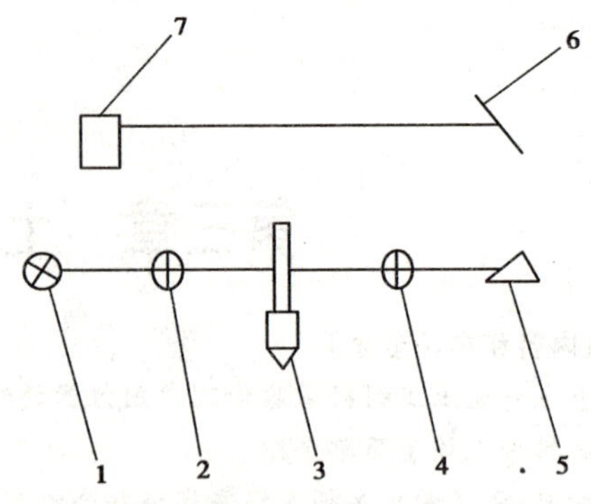

图 3-2　光路示意图

1-光源灯泡；2-聚光镜；3-分划板；4-物镜；5-棱镜；6-反射镜；7-屏幕

仪器采用电磁铁吸住圆锥仪，自动或手动控制磁铁吸放，圆锥仪上30°角的入土时间为5s，由讯响器自动发出蜂鸣，入土深度则由圆锥仪上装有的光学微分尺通过光学系统放大后，在屏幕上精确显示。

四、仪器的使用方法

(一)使用前的检查

1.接通电源，打开开关，检查仪器是否通电。

2.检查圆锥仪的升降运动情况是否正常。

3.检查读数系统的工作情况。

(二)操作步骤

1.调节底脚螺钉，使水准器水泡居中。

2.将“开关”扳向“开”方向，此时，“电源”、“磁铁”灯亮。

3.装入圆锥仪，使用磁铁吸牢圆锥仪。此时投影屏上线条字迹应清晰，圆锥仪无晃动，反之则未吸好，应重新吸好。

4.转动微调旋钮，使投影屏零线与微分尺零线重合。

5.将“手动、自动”扳向“手动”或“自动”方向。

6.放入调好土样的盛土杯，顺时针转动工作台升降旋钮，使盛土杯上升，在“手动”位置时，当土样与锥尖一接触，“接触”灯亮。

7.将“吸、放”钮扳向“放”方向，此时圆锥仪下落，仪器自动计时，5s后发出讯响，此时立即在投影屏上读出圆锥入土深度。

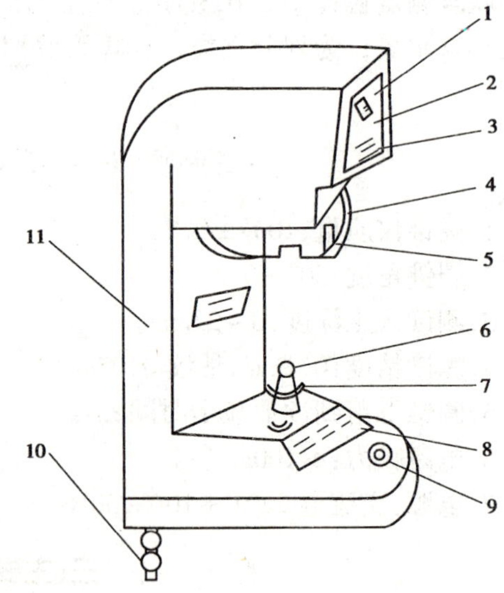

图 3-3　主机结构示意图

1-投影屏；2-零线；3-微调旋钮；4-下罩；5-光源；6-工作台；7-升降旋钮；8-电器面板；9-水准器；10-调节螺钉；11-后盖板电路板

8.若在“自动”位置上，当土样与锥尖一接触，“接触”灯亮，此时圆锥仪自动下落，并开始计时，5s后发出讯响，立即读数。

9.转动工作台升降旋钮，使工作台下降，取下圆锥仪与盛土杯。

10.将“吸、放”开关扳向“吸”方向。

11.进行第二、第三点土样试验时,重复上述各步骤即可。

五、使用仪器注意事项及维护

1.试验时不得在土样下垫绝缘物。

2.仪器周围不得有强磁场及强风。

3.“吸放”开关扳向“放”后,应待5s发出讯响后,再扳向“吸”,以免出现报时误差。

4.微分尺、光学元件如有污点,可用脱脂棉沾无水乙醇或乙醚擦拭。

5.注意保护锥尖,不得随意改变圆锥的外形。

6.换光源灯泡时,可拆下下罩,旋出灯泡,换上的灯泡须与镜头平行,如不平行,则可以轻轻转动灯座。

7.由于各种土质不同,绝缘性能差别很大,“接触”灯有时不亮是正常现象。

六、仪器的检校

(一)检校条件

1.检校环境应清洁、无腐蚀性介质、无振动及强磁场干扰。

2.检校温度应为20±10℃。

(二)检校用标准仪器

1.工具显微镜。

2.天平:量程200g,分度值0.01g。

3.水平仪:150mm×150mm,分度值0.02mm/m。

4.秒表:准确度0.1s。

5.测角仪:分度值为1′。

6.表面粗糙度比较样板:四等一级。

(三)技术要求

1.外观

(1)光电式液塑限测定仪应有铭牌。铭牌上应标明型号、规格、制造厂名、产品编号及出厂日期等。

(2)仪器表面应平整,不应有斑点、气泡、划伤和锈蚀等疵病。

2.屏幕上反映的影像应清晰,放大倍数应方便观察者进行准确测试。

3.各部分旋钮和调节螺丝应能正常作业,工作台应做到上下升降灵活、平衡,并应保证工作台的升降距离符合试验要求。

4.电磁控制装置的电磁吸力应大于1N。

5.圆锥仪下沉至读数显示时间应为5s。

6.圆锥仪

(1)圆锥仪宜用不锈钢金属材料制造,表面粗糙度应为Ra3.2。

(2)圆锥仪的质量应符合100g±0.2g的要求。

(3)圆锥仪的锥角应符合30°±0.2°要求,锥尖磨损高度不得大于0.3mm。

(4)圆锥仪的微分尺量程应为0~22mm,分度值为0.1mm,允许示值误差应为±0.1mm;微分尺的刻线宽度差应不大于0.05mm。

(5)圆锥仪顶端应磨平至能被电磁铁平稳吸住。

(6)安装在圆锥仪锥体两侧的平衡锤,应保持圆锥仪锥体垂直。

(四)检校项目和检校方法

1.通过目测检查仪器外观,液塑限测定仪应有铭牌,铭牌上应标明型号、规格、制造厂名、产品编号及出厂日期等。符合要求后,再进行其他项目的检校。

2.调节水平调节螺丝,使仪器底板水平。用水平仪在底板互相垂直的两个方向上测定。

3.接通电源,打开屏幕,观察屏幕影像是否清晰。检查各个开关和调节螺丝的功能正常与否。工作台的升降应灵活、平稳。

4.将 100±1.0g 铁砝码靠上电磁铁,如能平稳吸住,则电磁场装置的吸力合格。

5.圆锥仪下沉时间检校:将土膏装入试验杯中,置于工作台上,转动工作台升降旋钮,使圆锥尖刚与土面接触,此时计时指示管亮,圆锥仪即自由落下,同时按动秒表,当读数指示管亮时,记下经历时间。应平行测定两次。其结果应符合 5s 时间的要求。

6.圆锥仪的检校

(1)圆锥仪的表面粗糙度可用表面粗糙度比较样板进行比较测定。

(2)用天平称圆锥仪的质量,平行进行两次,误差应符合 100g±0.2g 的要求。

(3)用测角仪测定圆锥角度,平行测定两次。误差应符合 ±0.2 的要求。

(4)圆锥仪的锥角磨损检校:将圆锥仪的圆锥倒插在圆锥检验座上,置于仪器平台上,打开投影屏幕,显出锥角标准图像。调节平台高度及检验座的位置,使圆锥影像和屏幕上的标准锥角重合。当圆锥角落入锥角标准影像的锥尖处两平行线之间时,则锥尖磨损符合要求。标准锥角投影如图 3-4 所示。

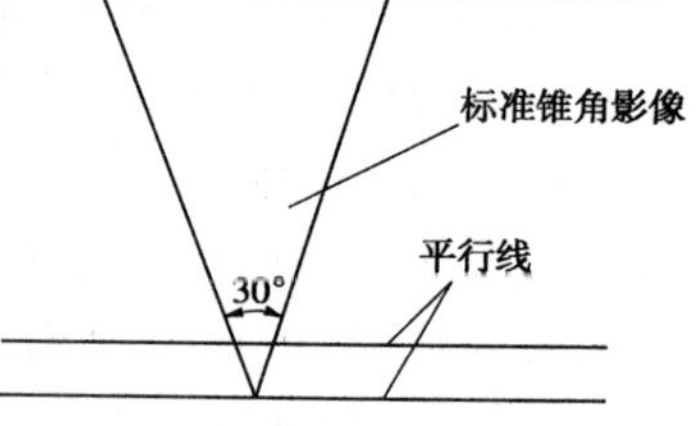

图 3-4 标准锥角投影图

(5)微分尺的分度值和刻线宽度用工具显微镜检校:刻线宽度至少抽检均匀分布的三条刻线。

(6)圆锥仪垂直度检校:调整圆锥仪平衡装置后,放置于底座上,用水准仪目镜十字丝的竖线检查圆锥仪中心线的垂直度。如有倾斜可调整平衡锤使其垂直。

7.使用中的和修理后的液塑限测定仪,需进行第二步、第三步及第六步的第二、第四、第六小步的检校。

第二节 电动击实仪

一、用 途

该仪器适用于公路、铁路、水利、建筑等行业地基填土工程设计,以标准击实方法在一定的击实功下,测定土的含水量与干密度之间的关系,以确定该土的最佳含水量与相应的最大干密度。借以了解土的压实性能,作为土基压实控制的依据。

该仪器满足了《公路土工试验规程》(JTJ 051—93)T0131—93 试验对仪器的要求,可制作 ϕ152mm 及 ϕ100mm 试件,既可做重型击实试验又可做轻型击实试验。

二、仪器的主要技术参数

1.击实锤质量:4.5kg(重型击实);2.5kg(轻型击实)。

2.击实锤落高:450mm(重型击实);300mm(轻型击实)。

3.试筒规格:ϕ100mm和ϕ152mm两种。

4.击实锤锤头直径:ϕ50mm。

5.锤击速度:30~32次/min。

6.电机参数:1400转/min,370W,380V。

7.认定锤击次数:0~99次之间。

三、主要结构及工作原理

(一)结构

仪器主要由机架、调整螺钉、注油孔、导柱、滑块、击实锤、压杆、试模、阻尼架、滑台、前挡架、后挡架及底座等部分组成,如图3-5所示。

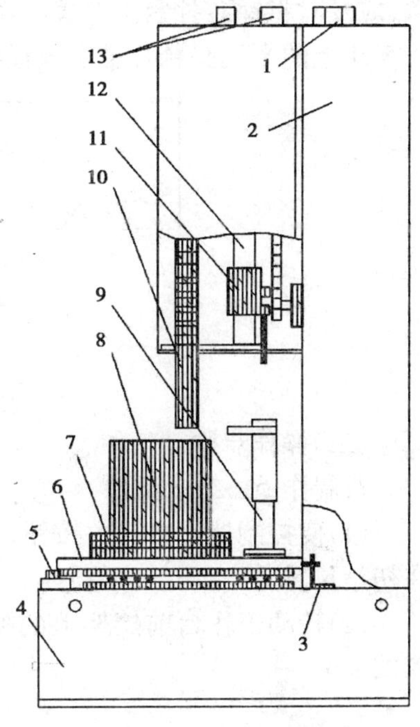

图3-5 多功能电动击实仪结构示意图

1-调整螺钉;2-机架;3-后挡架;4-底座;5-前挡架;6-滑台;7-阻尼架;8-试模;9-压杆;10-击实锤;11-滑块;12-导柱;13-注油孔

(二)工作原理

该仪器由电机驱动链轮提升击实锤,自动计数,每击实一次,副电机(或通过其它装置控制)转动击实筒,击实锤由自重下落,击实试筒中的试样。

四、仪器的正确使用

(一)使用前的检查

仪器使用前应对仪器进行检查调试,仪器控制器结构如图3-6示,调试方法如下:

1.首先检查控制器的开关按钮是否都处在原始位置。电源开关在关机位置,工作台移停开关在停移位置,置数启动钮在置数位置,暂停重开按钮在重开位置。

2.接好电源线(即四芯电源线)合上电源开关,数码管上应有数值显示,按动置数盘“+、-”按键,从0~9循环一次察看数字显示是否正常(个位和十位各检查一次)。

3.接通控制器和机身的导线(即七芯插头线),将置数盘置“02”,按动置数启动按钮,琴键抬起,此时仪器启动。停机后注意击实锤所处位置,若击实锤处于提起位置,此时电机为正转,若击实锤落下,则电机为反转,此时需将电源相序倒换。注意:每次仪器更换插座后都需进行此项调整。

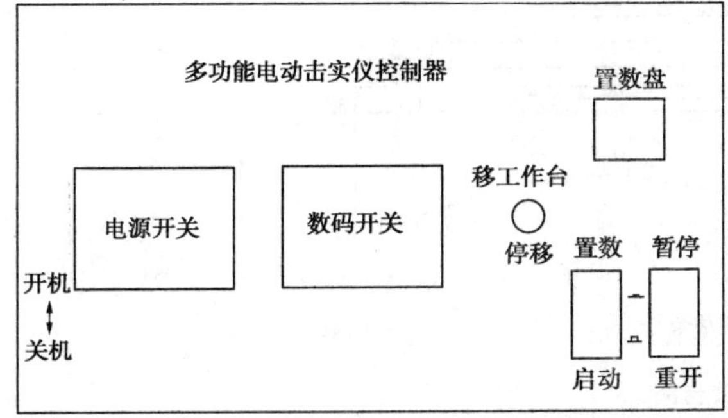

图3-6 多功能电动击实仪控制器

4.继续置数10锤以上,合上工作台移停开关,启动击实仪,此时仪器连续锤击,每击实一锤,数码显示应减去1,每连续击实七锤,工作台向后移动一次,当数码显示为“00”时,仪器停止工作,以上各式一切正常后,仪器检查调试完成。

5.安装击实锤:击实锤分重型和轻型两种,其结构见图3-7。做轻型击实试验时只用锤筒,做重型击实试验时,应将锤芯装入锤筒内并拧牢固,如在使用过程中有松动退出现象，应及时将锤芯拧紧。在确定做哪种击实试验后，将击实锤装好从上部插入即可(必要时可将滑块上的半元头棘片推至放锤位置)。

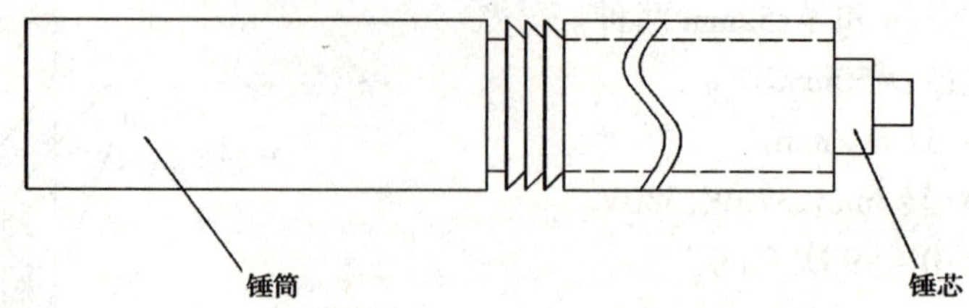

图 3-7 击实锤结构示意图

重型击实：装入锤芯；轻型击实，取下锤芯

(二)操作步骤

1.制作 ϕ152mm 试件

(1)使控制器上各开关按钮位置符合仪器检查调试第一步的各项要求，即各开关按钮都处在初始位置。

(2)转动工作台前挡架上的换位挡块，使其短边处于工作位置，并插好定位销。见图 3-8 和图 3-9。

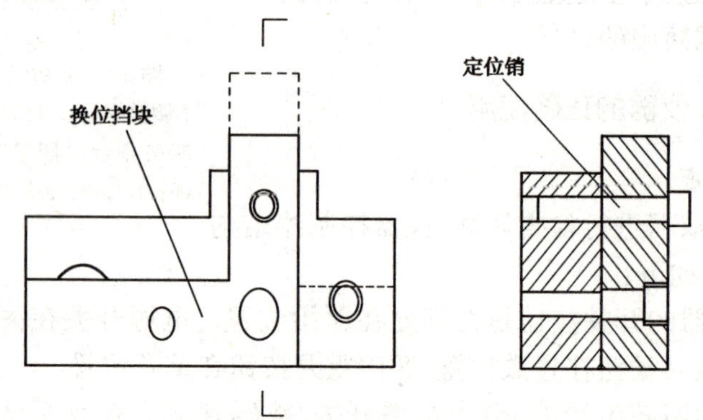

图 3-8 滑台前挡架

实线位置装直径 152 模筒；虚线位置装直径 100 模筒

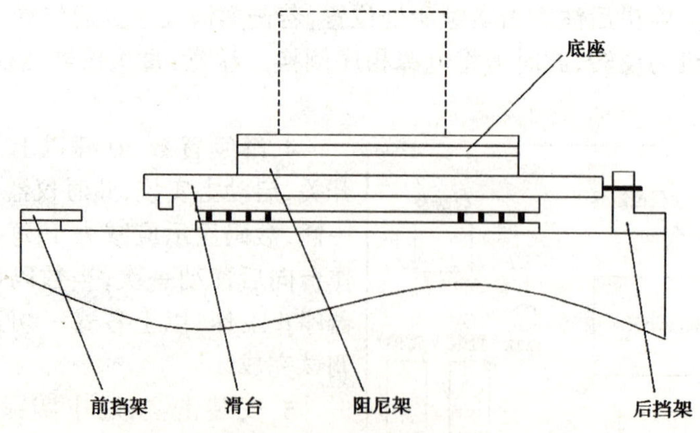

图 3-9 滑台部分

(3)安装好 ϕ152mm 试筒并加入填料，将工作台面擦净。

(4)合上电源开关，调整置数盘使数码显示为所需设定数：分三层击实时，设为 98 次；分五层击实时，设为 59 次（公路土工试验规程中 T 0131—93 及公路工程无机结合料稳定材料试验规程中 T 0804—94 的规定）。

(5)按起“置数—启动”键，仪器工作，随锤击次数的增加，数码显示数字递减，直至减为“00”时自动停机。在击实过程中，每当落锤计数为 7 的倍数时，工作台向后移动一次，以保证击实锤落在试模筒的中心位置。

(6)当第一层击实完成后，仪器自动停机，击实锤在提起位置，此时按下“置数—启动”键，数码显示出第一次设定的锤击数，当第二层试料填入试筒后，再按“置数—启动”键，琴键跳起，仪器重新开始工作，其过程与第一层程序相同。其它各层均以此程序操作，可准确完成试件制作。

2. 制作 ϕ100mm 试件

(1)使控制器上各开关按钮位置符合仪器检查调试第一步的各项要求，即各开关按钮都处在初始位置。

(2)转动工作台前挡架上的换位挡块，使其长边处于工作位置，并插好定位销。见图 3-8 和图 3-9。

(3)安装好 ϕ100mm 试筒并加入填料，将工作台面擦净。

(4)合上电源开关，调整置数盘使数码显示为所需设定数：即 27 次（公路土工试验规程中 T 0131—93 及公路工程无机结合料稳定材料试验规程中 T 0804—94 的规定）。

(5)将“工作台移停”开关拨至移动位置，按起“置数—启动”键，仪器工作。随锤击次数的增加，数码显示数字递减，直至减为“00”时自动停机。

(6)当完成第一层击实，数码显示为“00”时，仪器停机。作第二层击实时，按下置数启动键，数码显示为原设定的数字，添加填料后，按起“置数—启动”键，仪器工作。第三层、第四层、第五层操作方法相同，可准确完成试件制作。

3. 轻型击实法制作试件：

(1)一般情况下仪器均按重型击实法装配锤头（锤质量 4.5kg，锤自由落高 450mm）。

(2)换用轻型击实时，需做以下两种变更：

①将击实锤中间的锤芯取下，使锤的质量减至 2.5kg，见图 3-7 所示。

②打开仪器后盖板，将放锤键改装到下方键槽位置，见图 3-10 所示，使击实锤的自由落高减至 300mm。

(3)制作试件的操作方法同试验步骤的第一步及第二步；击实次数设定为：制作 ϕ100mm 试件时，分三层，每层击实 27 次，制作 ϕ152mm 试件时，分三层，每层击实 59 次（公路土工试验规程中 T 0131—93 的规定）。

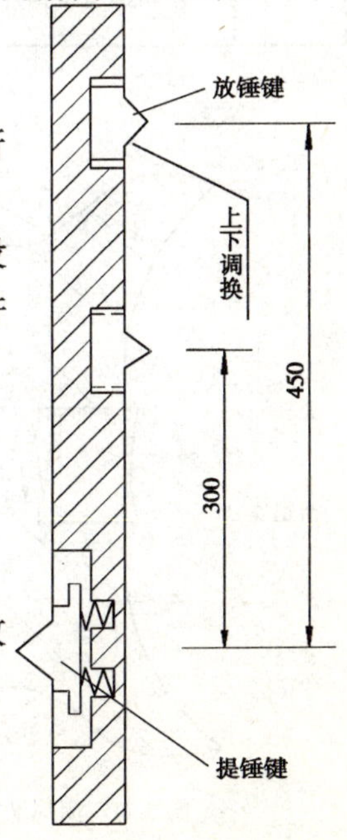

图 3-10 提放锤键

五、使用仪器注意事项及维护

(一)使用注意事项

1. 不得使用与机械型号不符的电源。

2. 在没有装试样时，不得启动击实仪。如需试机，可在击实筒内放入厚橡胶等起缓冲作用的物品。

3. 应定期对各润滑点进行润滑。

4. 每次击实结束后，应即对试模、击实锤、击实台等进行清洁处理。

5. 应经常检查工作平台与混凝土底座之间的牢固程度。

6. 应经常检查锤头定位销钉是否因振动而松动，如松动，应及时上紧,以保护锤头螺纹。

(二)仪器的维护

1.该仪器除减速箱外,均为人工润滑,见图 3-5,应在注油孔处每班注油 3~4 次,其它摩擦部位如上下导轨等处,可定期适当滴入洁净机油,减速箱内每年更换润滑脂一次。注意必须使用洁净的油脂。

2.仪器使用完毕,必须清理干净,击实筒应擦净上油,以防锈蚀。

六、常见故障及排除

见表 3-1。

击实仪常见故障及排除方法 表 3-1

序号	常见故障	排除方法
1	接通电源后数码管不显示	1.检查电源是否缺相; 2.检查插头插座是否完好
2	制作 ϕ152mm 试件时工作台不移动	1.检查控制器上工作台移停开关是否合上; 2.用手试推工作台有无卡住之处
3	制作 ϕ152mm 试件时,中间一锤位置有明显偏差	卸去下部后盖板,调整底座两侧滑台后挡架上的定位顶丝,调整时要求两侧一致,调好后将螺母旋紧,见图 3-9
4	试模筒转动时惯性大或分度不均匀	可调整工作台上的阻尼装置,见图 3-11 所示。四个螺丝要均匀拧紧,顺时针方向拧动阻力加大,调整螺钉松紧时,既要保证分度到位,又要保证模筒转动时平稳,无撞击现象
5	链条松动	打开后盖板,松动调整螺栓的背母及轴套两侧压板螺丝,调整链条松紧,用手晃动左右能有 3~5mm 活动量为合适
6	控制器出现故障	修理或更换控制器
7	停机后自动启动	打开仪器上部后背板,将防止反转螺钉适当调紧。见图 3-12

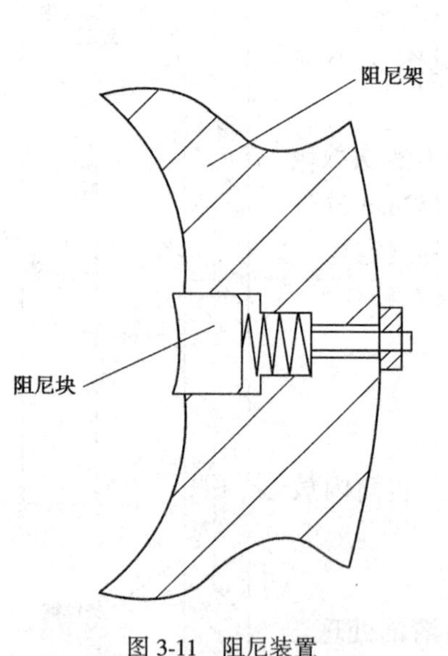

图 3-11 阻尼装置

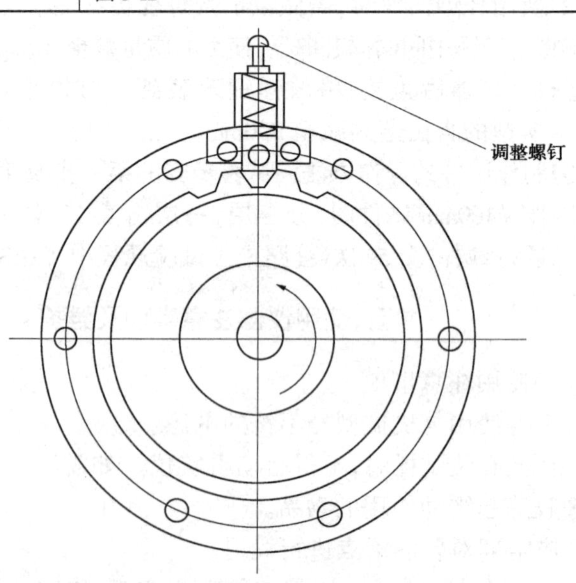

图 3-12 去掉减速箱后罩示意图
(如有溜锤现象调整螺钉压紧弹簧即可)

七、仪器的检校

（一）校验条件

校验环境应清洁、无腐蚀性介质，无明显的振动干扰，校验温度应为20±10℃。

（二）校验用标准器具

1.游标卡尺：量程0～200mm，分度值0.05mm。

2.深度游标卡尺：量程0～200mm，分度值0.05mm。

3.圆形塞尺：2mm，3mm。

4.天平：称量5kg，分度值1g。

5.钢直尺：量程50cm，分度值0.5mm。

6.声级计：0～120dB(A)，最小读数0.5dB(A)。

7.兆欧表：500V。

（三）技术要求

1.外观

(1)击实仪应有铭牌。铭牌上应标明型号、规格、制造厂名、产品编号及出厂日期。

(2)击实仪的铸件应无明显的气孔和砂眼；仪器的漆层或镀层应平整光滑，不应有斑点、气泡、划伤和锈蚀等影响外观质量的疵病。

2.材料要求

(1)击实筒和护筒宜用耐腐蚀、耐摩擦、布氏硬度为HB80～100的金属材料制造。

(2)击锤和底板应以机械性能等于或优于Q235—A.F的普通碳素钢制造。

3.尺寸规格

电动击实仪的击锤与击实筒内壁间的间隙应为2～3mm。

4.击实仪的各连接部位和紧固件不应有松动，零件应无损坏。电动击实仪在连续运转时不应有抖动和异声。其噪声（除击锤下落时引起瞬间噪声外）应小于75dB(A)。其电气设备不接地时的绝缘电阻应不低于1MΩ。

5.电动击实仪应能自动测记锤击数，同时能在设定的锤击数完成后自动停止。每一锤击的平面角分度应均匀，锤击面应套叠。

6.击实筒、击锤的相对误差要求：

(1)击实筒内径的相对误差应为定值的±0.2%。

(2)击锤底面直径相对误差应小于±0.25%，击锤质量允许相对误差应为±0.2%，落高允许相对误差应为±1%。

（四）校验项目和校验方法

1.外观检查

通过目测，检查仪器外观。击实仪应有铭牌，铭牌是应标明型号、规格、制造厂名、产品编号及出厂日期；击实仪的铸件应无明显的气孔和砂眼，仪器的漆层或镀层应平整光滑，不应有斑点、气泡、划伤和锈蚀等影响外观质量的疵病。

2.尺寸规格校验

电动击实仪的击锤与击实筒内壁之间的间隙校验：将击实锤提升与击实筒筒口相平，在击锤与筒内壁之间用塞尺检测其间隙，这个间隙应容许2mm塞尺通过，不容许3mm塞尺通过。

3.电动击实仪状态校验

在击实筒内装填部分土样，开启电动击实仪，连续运转 2h，运转过程中观察有无异常现场，停机检查各部件有无松动。

将声级计置于距击实仪 1m 处，测得的噪声应小于 75dB(A)。

用兆欧表测定不接地时电气设备的绝缘电阻，其测值应小于 1MΩ。

4.自动测记锤击数

拨动计数器旋钮，置于规定的击数，起动击实仪使其连续运转，并测记锤击数。击实仪自动停下来时，测记的锤击数应等于认定的击数。

5.击实筒、击锤校验

用游标卡尺测量击实筒内径，记下所测定的读数，应在不同位置测量三次，相对误差应为±0.2%。

用深度游标卡尺测量击实筒高度，应平行测量三次，相对误差应为±0.1%。

用天平称击锤质量，平行测量三次，相对误差应为±0.2%。

用游标卡尺测量击实锤底面直径，记下所测定的读数，应在不同位置测量三次，相对误差应为±0.25%。

用钢尺测量击锤的落高，相对误差应为±1%。

6.使用中和修理后的击实仪只校验击锤落高、击实筒尺寸和电动击实仪的锤击数。

第三节　直　剪　仪

一、用　　途

土的抗剪强度是土体在力系作用下抵抗破坏的极限剪应力，通常认为土的抗剪强度可用库仑公式表达，即：

$$\tau = c + \sigma \tan\varphi$$

其中 c 和 φ 值为土在某一状态下的试验常数，称为土的抗剪强度指标。直剪仪用于测定土的抗剪强度指标 c 和 φ 值。

二、技术参数

1.最大垂直荷重：400kPa。

2.压力分级：50、100、200、400kPa。

3.杠杆比：1∶12。

4.试样：面积 30cm^2，高 2cm。

5.最大水平荷重：1.2kN。

6.推动轴推进速率：2.4mm/min、0.8mm/min、0.1mm/min、0.02mm/min。

7.输入总功率：<100W。

8.电源：220V，50Hz。

三、主要结构及工作原理

(一)结构

仪器主要由剪切盒、垂直加荷设备、剪切传动装置、测力计和位移量测系统等组成，其结构见图 3-13。

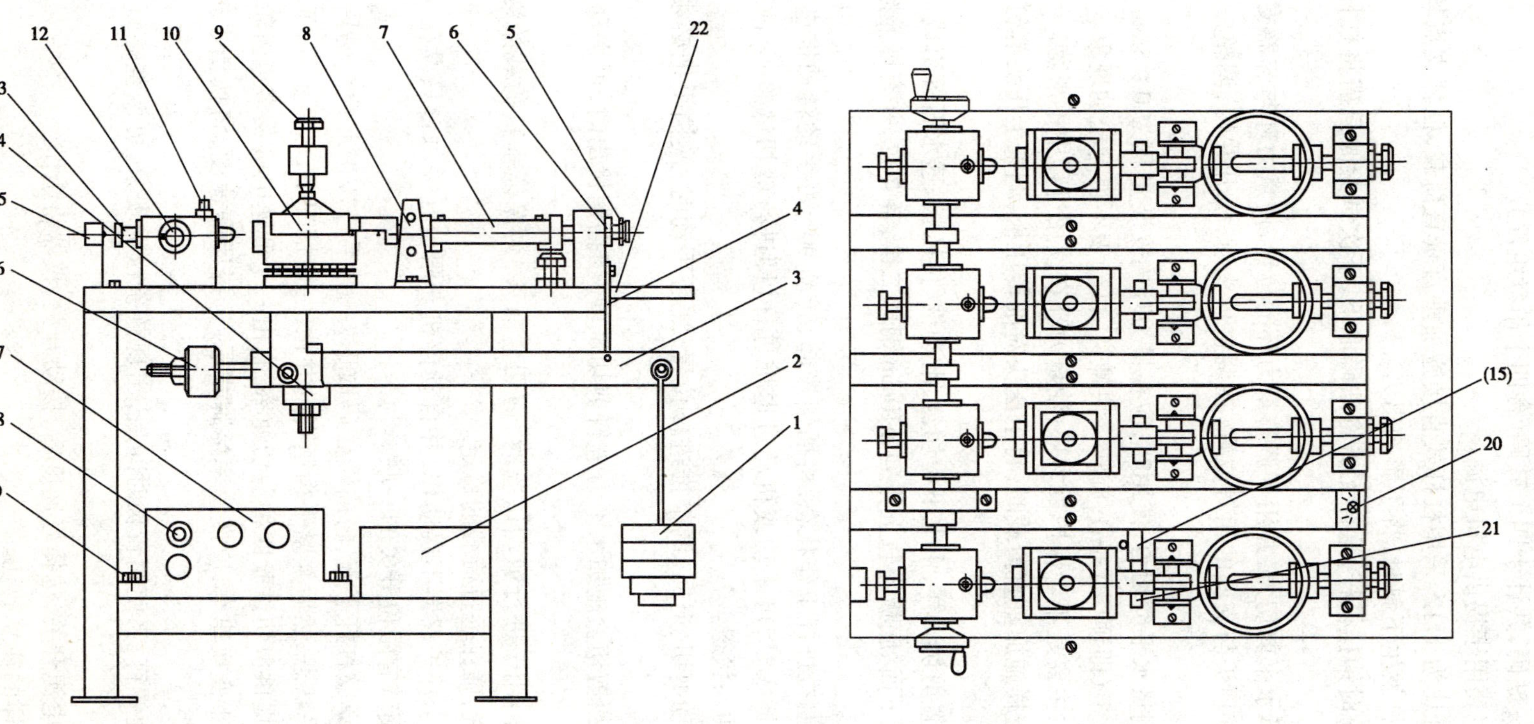

图 3-13　直剪仪示意图

1-砝码;2-电器控制盒;3-杠杆;4-杠杆挂钩;5-顶头;6-并帽;7-量力环;8-量力环保护架;9-上压头;10-容器;11-插销;12-手轮;13-推进杆;14-杠杆跟踪部件;15-限位开关;16-平衡锤;17-变速箱;18-换档手轮;19-链条松紧调整螺钉;20-开关;21-档块;22-合板

1.砝码:仪器共有三种砝码,第一级砝码为吊盘组件重 1.275kg,第二级砝码为 1.275kg,第三、第四级均为 2.55kg 砝码,共计十四个砝码(含四个吊盘组件)。

2.电器控制盒:主要用于提供电机电源。

3.杠杆:仪器杠杆比为 1:12,采用杠杆式直接施加垂直垂直荷载,杠杆支点均采用滚动轴承,在加载情况下,杠杆发生下斜时,将不影响出力。

4.挂钩:用于卸荷时钩挂杠杆,这样无需将砝码取下,下次试验时只需将杠杆从挂钩上取下即可。

5.顶头:用于支承水平剪切力,并用于调整量力环的位置,使量力环与容器支点接触。

6.并帽:用于并紧顶头与支座的相对位置,在调整顶头时,松开并帽,调整好顶头位置后,并紧并帽。

7.量力环:用于测量水平剪切力,使用时,应在量力环内安装量程为 0~5mm 百分表,并调整百分表指针在 1mm 上(即预压 1mm),旋转夹块螺钉,百分表不得有松动现象。

8.量力环保护架:主要是用于保护量力环,使量力环在使用过程中不滑落。

9.上顶头:在对土样施加垂直荷载时,将上压头对准传压板,调整上压头螺钉,使杠杆处于水平或微上翘的位置。

10.容器:用于放置剪切试样,由上下剪切盒、滑动框、传压板、透水石等组成。试样面积为 $30cm^2$、高 2cm,滑动框下面、底板导轨上排列 ϕ10mm 钢球二排,各 7 粒,并有球笼限制其任意滚动。

11.插销:用于控制推进杆工作状态,将插销拨起,转动 90°,可手动转动推进杆,使其快速进退,将插销转动 90°插入时,可手动或机动进退推进杆(即进行剪切试验)。注意,进行试验时,必须将插销处于插入状态。

12.手轮:用于手动剪切、退回、调整推进杆位置,注意手动时,换档手把必须处于空档位置。

13.推进杆:用于给剪切盒施加水平力进行剪切试验,当插销拨出时,可手动转动推进杆,快速调整其位置。

14.杠杆跟踪部件:用于进行剪切试验时,剪切盒前移,为保证垂直荷载始终垂直于剪切面,自动跟踪杠杆位置,确保垂直荷载的稳定。

15.限位开关:用于保护仪器不误动作,并自动停机。限位开关每台只设在一联上,因此,单联使用时,必须使用带有限位开关的一联。

16.平衡锤:用于调整杠杆平衡,将前端砝码取下,一只手轻扶正上顶头,另一只手转动平衡锤,使杠杆处于水平状态,然后并紧平衡锤后的并帽(一般情况下,已调整好,无须再调整。)

17.变速箱:用于提供剪切试验四种剪切速率,它由一个低速电机及多组齿轮组成。

18.换档手把:用于变换速率,应按速率标牌指示,选择所需速度,将换档手把置于指示位置。

19.链条松紧调速螺钉:当使用较长时间后,出现链条松动现象,可调整螺钉,使链条具有一定的张紧力。

20.开关:当打开电源开关,选择好速度后,拨动开关,仪器将工作。

21.档块:用于试样的往复剪切。

22.台板:用于摆放剪切盒或记录数据。

(二)工作原理

直剪仪器用于测定土的抗剪强度指标，通常采用四个试样，分别在不同的垂直压力下施加水平剪切力进行剪切，求得土样破坏时的剪应力，然后根据库仑定律确定土的抗剪强度指标：内摩擦角 φ 和凝聚力 c。

四、仪器的使用方法

(一)使用前的检查

1.以仪器台面为基准，调整机架，使其水平，安装稳固仪器。

2.调整平衡锤位置，使杠杆处于平衡状态，调整时，用手扶正拉杆，目测杠杆基本水平，旋紧并帽(一般情况下已调整好，可直接使用)。

3.按规范要求制备土样。

(二)操作步骤

1.在容器中装入已备好的土样，对准上下框，插入插销(注意导轨缘对应于左端)旋紧，在下框内放入透水石，用切土环刀切取土样，修平两端，将环刀平口重叠于上框口，用土样盖将土样推入剪切盒内(校正可不放土样，放入垫块)。土样上依次放上透水石、传压板。

2.将加压框上的横梁压头对准传压板，调整压头位置，使杠杆微向上抬，框架向后时，容器部分能自由取放。

3.转动顶头，向前推动量力环，使加压框处于垂直状态(此时杠杆目测应处于水平位置)，把固定座上的螺丝顶头向前旋进，使每联均接触好，然后并紧锁螺母(以后可以不调整)。

4.按土工试验规程逐联次施加垂直压力，也可加同一压力。

5.拨出插销，转动推进杆使其与容器接触，插入插销。

6.待到土样达到固结要求时，拧出螺丝插销，准备剪切。

7.剪切速率的选择按试验要求而定，一般仪器具有四档速率，2.4mm/min、0.8mm/min、0.10mm/min、0.02mm/min。

8.将仪器电源插到电源插座上，电源应为220V，50Hz，打开电源开关后(指示灯亮)，将仪器面板上的开关拨向剪切位置，此时剪切试验开始。

9.剪切位移的测量方法：当推动丝杆前进到量力环中的百分表开始变化时，立即开始记时，直到土样破损时，剪切位移量的计算为：$i = mt$(mm)，其中 m 为剪切速度，t 为记录下来的时间(剪切时间)。

10.在土样破损时，测读出剪切力，绘制剪切应力与剪切位移的关系曲线，得出抗剪强度，再由抗剪强度与垂直压力的关系曲线可得到内摩擦角和凝聚力。

11.剪切结束后，将剪切开关拨向退回，当退回停止后，将开关拨到中间档(也可手动进行快速退回)。

12.当采用手动剪切时，应将换档手把调整到空档位置，手轮每转一圈，推进杆前进0.2mm，即剪切速率由手轮转动快慢控制。

五、使用仪器注意事项及维护

1.仪器使用完毕后，剪切盒应擦干净，滚动钢珠，推动丝杆及电动剪切仪器的变档抽拉轴应常涂以薄层油防锈，仪器不用时应盖上防尘罩。

2.使用电动剪切时，电机为交流220V，应有良好的接地装置。

3.如出现保险丝熔断，更换时必须选用规定的保险丝(一般仪器为1.5A)，不得任意使用不符合规格的保险丝。

4.如变速箱在剪切过程中出现异常响声或剪切不动时,应立即停机,经修理正常后,方可使用。

5.量力环应定期(一年)或根据使用情况进行标定。

6.做往复剪切时,将附件中四件档块安装好,即可进行试验。

六、常见故障及排除

见表3-2。

直剪仪常见故障及排除方法 表3-2

项目	现　象	原因分析	排除方法
1	电动剪切时,变速箱不工作,指示灯不亮	1.电源插头没有插好。 2.电源开关未打开。 3.保险丝熔断	1.检查插座,重新插好。 2.打开电源开关。 3.更换相应规格的保险丝
2	电机转动,推动杆不前进,原地打转	插销未插入	插销插入
3	剪切盒前进不同步(量力环内百分表指针开始转动不一致)	1.推进杆未调整一致。 2.顶头未调整一致。	1.拨出插销,重新调整推进杆与剪切盒的相对位置。 2.调整顶头位置,使量力环与剪切盒接触
4	仪器出现振动	1.机架未放稳。 2.变速箱螺钉未紧固	1.垫稳机架。 2.紧固变速箱固定螺钉
5	换档手把抽拉不动	1.抽拉轴卡死。 2.齿轮内无油	1.在换档手把轴上加少许润滑油或煤油。 2.打开变速箱上盖,在齿轮上加黄油
6	杠杆跟踪机构跟踪不灵活	1.跟踪轴承有尘污。 2.导轨有污锈	清除尘污,在轴承及导轨上加少许润滑油
7	链轮转动,推进杆不动	连轴器上的紧定螺钉松动	紧固紧定螺钉(注意轴上缺口位置,螺钉应紧固在缺口上)
8	剪切盒前进时,出现爬行现象	1.插销插入不到位。 2.变速箱换档手把抽拉不到位。 3.剪切盒下导轨.钢球锈蚀。 4.量力环保护架松动	1.重新插好插销,使其进入槽内。 2.调整换档手把位置。 3.清除量力环保护架位置,并紧固其螺钉
9	剪切或退或回,无法自动停机	1.限位开关损坏。 2.限位开关位置不正确,无法触动限位开关	1.更换限位开关。 2.调整限位开关位置
10	剪切盒置于导轨钢球上,出现摆动现象	1.剪切盒未按号进行对号入座。 2.钢球大小不统一	1.重新核对位置号,对号入座。 2.更换钢球,使之统一(必须使用φ10mm钢球)

七、仪器的校准

(一)校验条件

1.校验环境应清洁,保证额定电压,无冲击振动干扰。

2.室温 20±10℃,使用三等标准测力计校验负荷示值时,温度波动不应超出±2℃。

(二)校验用标准仪器

1.负荷标准器具

(1)三等标准测力计:1.5kN,3.0kN,10kN。

(2)性能指标优于或相当于三等标准测力计的标准负荷传感器(包括指示仪器)。

(3)专用砝码:力值允许误差为±0.1%。

2.游标卡尺:量程 0~150mm,分度值 0.02mm。

3.量规(专用):规格 ϕ61.8±0.049。

4.百分表检定仪。

5.粗糙度标准对比样块:四等一级。

6.声级计:0~120 dB(A),最小读数为 0.5dB(A)。

7.CD-2 拾震器及相应的测震系统:最大位移±1.5mm,线性误差:5%。

8.标准砂:粒径为 0.25~0.50mm 的风干石英砂。

(三)技术要求

1.直剪仪应有铭牌。铭牌上应标明产品名称、型号、规格、编号、制造厂名称和出厂日期。

2.仪器铸件表面应无气孔和砂眼;漆层或镀层应平整光洁、均匀和色调一致;不应有斑点、气泡、起皮、碰伤、划痕及锈蚀等影响外观质量的疵弊。

3.直剪仪应安置稳定,不得有摇晃、倾斜等状态。

4.仪器各连接处和紧固件均不应有松动,零件应无损坏。

5.剪切盒应以耐腐蚀、耐磨损金属材料制造。上盒和下盒的相对误差及上、下盒内孔的同轴度均应小于 1.0‰。内壁粗糙度应为 Ra3.2。

6.透水板两端平整,渗透系数应不小于 1×10^{-3}cm/s。

7.垂直力的允许示值相对误差应为±1.5%。

8.剪切力测力仪表如用测力计(或类似的计量仪器)计量时,其示值相对误差在最大负荷的 10%~30%范围内应小于±1.5%;在最大负荷的 30%~100%范围内应为±1.0%。

9.水平位移行程误差

(1)手动操作时,手轮每圈的水平位移行程与标称行程的相对误差应小于 10%。

(2)电动操作时,在额定电压和负荷状态下,行程速度(mm/min)五次测定的平均速度与标称行程的相对误差应小于 10%。

10.电动操作时,仪器的振动及噪声应符合下列要求:

(1)仪器台面振幅应小于 0.003mm。

(2)仪器噪声低于 75 dB(A)。

(3)直剪仪的电气设备不接地处的绝缘电阻应不低于 1MΩ。

11.位移计的示值误差应小于 0.02mm,分度值为 0.01mm。

12.仪器的综合误差不应大于 2.5%。

(四)校验项目和校验方法

1.通过目测和测试,按技术要求的第1至第4条检查直剪仪的外观和性能,符合要求后,再进行其它项目的校验。

2.剪切盒校验

(1)用游标卡尺检测各部尺寸。

(2)用粗糙度样块比测内壁粗糙度及接触面粗糙度。

(3)先用专用量规分别测定上盒和下盒的内径;然后将上盒、下盒装成后用专用量规检定内孔的同轴度。

(4)上述各项检测结果应符合第5条的技术要求。

3.垂直力示值检定

(1)取下剪切盒部件,将标准测力计(或标准负荷传感器)置放在剪切盒的位置,调整加荷框架水平,并与标准测力计接触。

(2)校验负荷范围以仪器标称负荷为全量程,应均匀选定四至五点作校验点。

(3)加荷框架及杠杆调整好后,将标准测力计的百分表对好零点,并用弹性小棒(或手指)轻敲几下,百分表指针无漂移即可。

(4)将测力计(标准负荷传感器)施加标准负荷反复预压三次,调整百分表零点。然后,按各校验点的负荷值逐级加荷,操作时要平稳,砝码要对中、轻加、轻卸无冲击,并测记百分表读数。

(5)示值相对误差应按进程进行校验,每个点校验三次。

(6)按下式计算各级垂直力示值相对误差 δ:

$$\delta = \frac{D_{i0} - \overline{D}_i}{D_{i0}} \times 100\%$$

式中:D_{i0}——标准测力计证书中进程第 i 级负荷的标准数;

$\overline{D}_i$——直剪仪第 i 级负荷下,标准测力计三次读数的算术平均值。

其校验结果应符合第7条的技术要求。

4.剪切力测力仪校验

(1)测力仪示值校验(用专用砝码直接加荷法校验)

①将测力仪(量力环)从直剪仪上取下安装在校验加荷架上,并调整成工作状态,将百分表调零。校验时施加的负荷应沿测力仪轴线。加负荷应平稳、无冲击。

②将测力仪施加标称负荷反复预压三次,调整百分表,然后按校验点逐级加荷。

③校验应从标称负荷的10%左右开始。校验点不少于8点,加、卸负荷不少于3次。百分表读数应在指针静止时测读。

④每次卸负荷后,百分表回零差应不大于0.3分度。每次加荷前应将百分表调回零位。

⑤取各次校验加(卸)负荷时所得读数的算术平均值作为相应负荷的示值。

⑥按下式计算测力仪示值相对误差 δ:

$$\delta = \frac{\overline{F}_i - F_i}{F_i} \times 100\%$$

式中:F_i——专用砝码第 i 级负荷值;

$\overline{F}_i$——测力计进程中三次指示负荷的算术平均值。

(2)测力仪校验结果应符合第8条技术要求。

5.水平位移行程校验

(1)手动操作

①将百分表安置在推动轴顶部,测杆移动与推动轴同一轴线。

②在负荷状态下,用手摇动手轮,每 10 圈测记百分表数值,计算平均每圈移动行程,其误差应符合第 9 条第 1 小点的技术要求。

(2)电动操作

①将百分表安置在推动轴顶部,测杆移动与推动轴同一轴线。

②在额定电压和负荷状态(选用高、中、低负荷),选择适宜速度(mm/min),开动电机,进行五次以上的测定。其平均速度与标称速率的相对误差应符合第 9 条第 2 小点的技术要求。

6.位移量表的校验

(1)若用百分表计量,应按《百分表检定规程》(JJG 34—84)规定进行校验。

(2)对其它型式的位移量表(位移传感器等),其校验方法应按有关专业标准规定进行。

7.振幅和噪声校验

(1)振幅校验:将拾振器固定在直剪仪台面上,并与测振系统相联,测量直剪仪快、慢两种速度运转时的台面震动,将震动示值换算为台面振动值,其值不超过 0.003mm 为合格。

(2)工作噪声校验:直剪仪在快、慢两种速度运转时,将声级计距离直剪仪正面 1m 位置检测,其示值应低于 75dB(A)为合格。

8.直剪仪综合校验

(1)按上述校验方法,经各校验项目符合技术要求后,再进行直剪仪的综合校验。

(2)将风干洁净的石英标准砂过 0.5mm 及 0.25mm 的筛,制配成均匀的标准砂样。

(3)对准上、下盒,插入固定销。在下盒内放置透水板。

(4)称量标准砂样 100g,徐徐倒入剪切盒,控制试样高度为 20mm($e \approx 0.6$),放上透水板和传压板。

(5)装置好加荷框架及垂直百分表,测记起始读数。然后施加某一垂直负荷,待变形稳定后,测记百分表读数,拔去固定销。

(6)转动手轮,使上盒前瑞的钢珠刚好与测力计接触(量力环中百分表指针刚移动)时,调整百分表回零。开动秒表,以每分钟约四圈转动手轮(电动操作时,调节成相应的行程速度)进行剪切,直至剪损为止。在剪切过程中,应测记位移(手轮转数或行程速度)和测力计中百分表的相应读数。

(7)试样剪损后,顺次卸除垂直负荷、加荷框架、传压板。清除试样,并将仪器擦洗干净。

(8)按(3)至(7)步在同一仪器上,重复 n 次(一般 3~4 次)试验。

(9)按下式计算某台仪器在某一垂直负荷作用下的综合误差 δ_i

$$\delta_i = \frac{D_i - \overline{D}_i}{\overline{D}_i} \times 100\%$$

式中:D_i——第 i 次水平测力计示值;

$\overline{D}_i$——n 次水平测力计示值平均值。

$$\overline{D}_i = \frac{D_1 + D_2 + \cdots + D_n}{n}$$

校验结果应符合(三)第 12 条的技术要求。

(10)在使用中若校验一组仪器(一般四台)的综合误差,则按第 2)至 8)步进行试验。并用

下式计算各台直剪仪在同一级负荷水平下的综合误差 δ_j

$$\delta_j = \frac{\overline{D}_j - \overline{D}_i}{\overline{D}_j} \times 100\%$$

式中：$\overline{D}_j$——N 台仪器的水平测力计平均示值的平均值。

$$\overline{D}_j = \frac{\overline{D}_{i1} + \overline{D}_{i2} + \cdots + \overline{D}_{iN}}{N}$$

校验结果应符合(三)第 12 条的技术要求。

(11)按下式计算某台仪器在各负荷水平下，做 n 次试验的综合误差 δ

$$\delta = \frac{D_{ik} - \overline{D}_i}{\overline{D}_i} \times 100\%$$

式中：D_{ik}——直剪仪第 i 级负荷水平的第 k 次测力计示值；

$\overline{D}_i$——直剪仪第 i 级负荷水平测力计示值平均值，计算时比原始示值多取一个小数位：

$$\overline{D}_i = \frac{1}{n}\sum_{k=1}^{n} D_{ik}$$

$$(k = 1, 2, ..., n)$$

综合误差校验结果应符合(三)第 12 条的技术要求。

9.使用中的和修理后的直剪仪只需校验垂直力示值误差、剪切力测力计示值误差和综合误差。

第四节　固　结　仪

一、用　　途

固结仪符合《公路土工试验规程》(JTJ 051—93)T 0137—93 及 T 0138—93 的技术要求，适用于进行土的压缩试验，测定土的变形与压力或孔隙比与压力的关系以及变形与时间的关系。计算土的单位沉降量、压缩系数和回弹指数、压缩模量、固结系数等，测定项目视工程需要而定。

二、主要技术参数

1.试样面积：$30cm^2$ 及 $50cm^2$。

2.杠杆比：24:1 及 20:1。

3.荷载形成：砝码。

4.最高压力：4000kPa ($30cm^2$)，2000kPa ($50cm^2$)。

5.压力范围：12.5 ~ 4000kPa。

三、主要结构及工作原理

(一)结构

主要是由压缩容器(图 3-14)及加压设备两大部分组成(图 3-15)。其中压缩容器包括：容器、大护环、小护环、环刀、透水石、传压板、导环、土样模块；加压设备包括：支架、螺母、平衡锤、拉杆、土样容器、表夹部分、百分表、杠杆调平卡件、容器支座、杠杆、砝码吊盘。

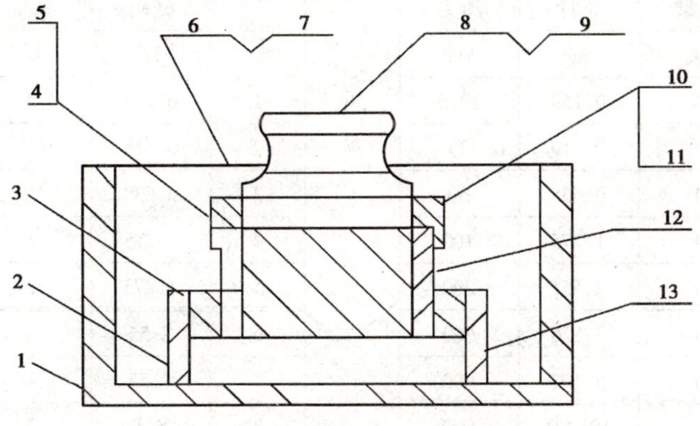

图 3-14　压缩容器结构图

1-容器；2-大护环；3-小护环；4-小环刀（ϕ61.8）；5-大环刀（ϕ79.8）；6-小透水石（ϕ61.8）；7-大透水石（ϕ79.8）；8-小传压板；9-大传压板；10-小导环；11-大导环；12-土样模块（附件）；13-透水石（ϕ83）

（二）工作原理

压缩固结试验是研究土体的一维变形性的测试方法。试验时将试样放在限制侧向变形的压缩容器内，分级施加垂直压力，测记加压后不同时间的压缩变形，直至各级压力下的变形量趋于某一稳定标准为止。然后将各级压力下最终的变形与相应的压强绘成曲线，从而求得土样的压缩指标。

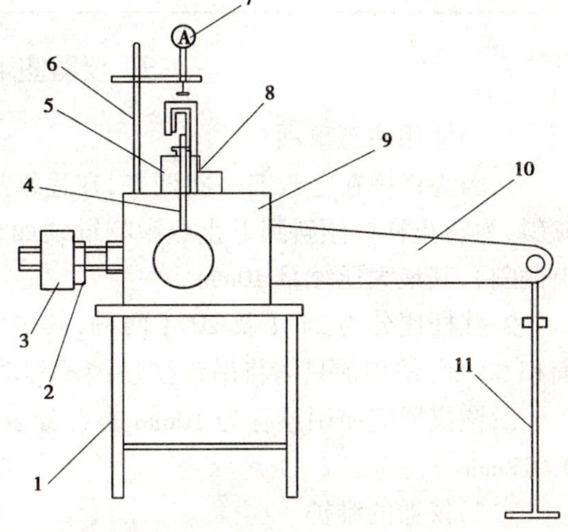

图 3-15　加压设备结构示意图

1-支架；2-螺母；3-平衡锤；4-拉杆；5-土样容器；6-表夹部分；7-百分表；8-杠杆调平卡件；9-容器支座；10-杠杆；11-砝码吊盘

四、仪器的使用方法

（一）使用前的检查

1.仪器应放置在干燥的无振动的室内，摆放平稳（最好用螺栓固定底脚）。

2.仪器使用前应首先将杠杆调平，方法如下：

(1)在空载时将杠杆调平卡件置于容器支座上，将横梁卡于其间，保持横梁拉杆垂直。

(2)转动平衡锤调整杠杆至水平以上，将平衡锤用螺母固定。用配备灵敏度校验码放在吊盘上，杠杆轻微倾斜，则表示杠杆灵敏。这时移走杠杆调平卡件，可以进行加载试验。

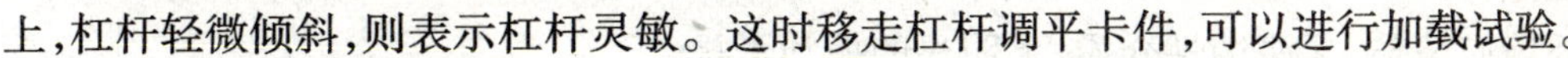

3.按规范要求制备土样。

（二）操作步骤

1.用切土环刀切取土样，修平两端，在切好土样的环刀外壁涂一薄层凡士林，然后刀口向下装入护环内。

2.将底板放入容器中，底板上放透水石，借助提环螺丝将土样环刀及护环放入容器中，然后上端放上透水石、传压板及钢珠，置于加压框正中安装量表。

3.根据《公路土工试验规程》(JTJ 051—93)的要求，对土样逐级加载。加载顺序见表 3-3。

土样加载顺序表

表 3-3

30cm²		杠杆比 24:1				50cm²		杠杆比 20:1		
顺序	砝码	数量	累计	压力		顺序	砝码	数量	累计	压力
	kg	块	kg	kPa			kg	块	kg	kPa
1	0.159	1	0.159	12.5	上盘	1	0.159	2	0.319	12.5
2	0.159	1	0.319	25		2	0.318	1	0.638	25
3	0.318	1	0.638	50		3	0.638	1	1.275	50
4	0.638	1	1.275	100		4	1.275	1	2.551	100
5	1.275	1	2.551	200		5	1.275	2	5.102	200
6	1.275	1	3.826	300		6	2.55	1	7.65	300
7	1.275	1	5.102	400		7	2.55	1	10.204	400
8	2.55	2	10.204	800	下盘	8	5.1	2	20.408	800
9	5.1	2	20.408	1600		9	5.1	4	40.816	1600
10	5.1	4	40.816	3200		10	5.1	2	51	2000
11	5.1	2	51	4000						

五、仪器使用注意事项及维护

(一)使用注意事项

1.因为杠杆在空载前一次调平,在逐级加载过程中不用调平,随着土样的下沉,杠杆向下倾斜,为防止杠杆倾斜到下止点影响继续加载,所以在第一级加荷前,将杠杆升至上止点(即向上倾斜),其最大压缩量 10mm。

2.杠杆比分为 24:1 及 20:1 两种,其中前一种适用于试样面积 30cm²,后一种适用于试样面积 50cm²,使用前只需将吊盘摆动销子移动位置即可(必须先校正杠杆水平)。

3.该仪器应使用量程为 10mm 的百分表,其示值不超过 0.22mm,任意一转的误差不超过 0.012mm。

(二)仪器的维护

每次做完试验应将仪器及附件擦净,避免将细土及水漏入轴承中,因采用了轴承装置,所以应定期向轴承中注入一些清机油,同时摆动几下杠杆,以保证轴承的灵敏度。

六、仪器的校准

(一)校验条件

1.校验环境应清洁,无腐蚀性介质,无明显的振动干扰。

2.室温 20±10℃,使用三等标准测力计校验负荷示值时,温度波动每小时不应超出 ±2℃。

(二)校验用标准器具

1.负荷标准器具

(1)三等标准测力计的量程规格:0.6kN,1.5kN,10kN。

(2)性能指标优于或相当于三等标准测力计的标准负荷传感器(包括指示仪器)。

(3)力值允许相对误差为 ±0.1%的砝码。

2.分度值为 0.02mm 的卡尺。

3.百分表检定仪。

(三)技术要求

1.固结仪应有铭牌。铭牌上应标明产品名称、型号、规格、编号、制造厂名称和出厂日期。

2.仪器表面涂覆完好,颜色均匀协调,无起皮、碰伤、划痕及露铁锈蚀等影响外观质量的疵弊。

3.杠杆加压座应稳固,台板应水平,加压框架的竖杆应垂直,并不得与台板上的小孔接触,否则应进行修整。

4.加压框架的横梁应保持水平,如有倾斜应进行调整。

5.压缩容器:

(1)环刀应符合《切土环刀》标准的规定;

(2)透水板的渗透系数应不小于 1×10^{-3}cm/s。其外径应比环刀内径小0.5mm。

6.杠杆:

(1)杠杆灵敏度为最大输出力值的0.02%;

(2)杠杆输出力值的允许相对误差,在最大输出力值的2.5%及其以上时应为±1.0%(最大输出力值的2.5%以下不校验)。

7.砝码质量的允许相对误差应为±0.2%。

8.百分表的示值误差应不大于0.022mm,任意1mm的示值误差应不大于0.012mm。

(四)校验项目和校验方法

通过目测和操作,按技术要求第1条至第3条检查固结仪的外观和性能,符合要求后,再进行其它项目的校验。

1.压缩容器校验

(1)环刀校验按《切土环刀校验方法》进行。

(2)透水板校验按《透水板校验方法》进行。

2.杠杆校验

(1)灵敏度

①调平杠杆到水平位置,按输出力值选用相应的三等标准测力计放在加压框架下,对正接触后(测力计百分表示值不应有摆动),将测力计的百分表调零,并轻轻用弹性小棒敲打至示值不变为准。

②按杠杆最大输出力值的0.02%除以杠杆比后的重力砝码值为负荷,施加在砝码盘上。

③测力计百分表有明显摆动,即可认为灵敏度符合要求。

(2)输出力值校验

①校验范围:校验范围取最大负荷的2.5%、50.0%及满负荷三点;必要时可选六点作校验点,各点应尽量均匀分布。

②调平杠杆,将相应量程的三等测力计(或标准负荷传感器)置于加压框架下,对正接触点后,将百分表调零,用弹性小棒或手指轻敲几下,百分表指针无漂移即可。

用标准负荷传感器校验时,应使传感器的温度尽量与校验地点的室温一致,温差过大时应提前将传感器放进校验地点。

③对测力计(标准负荷传感器)反复预加三次额定负荷,然后按各检查点的负荷力值,依砝码的顺序施加相应的砝码。操作时要平稳、对中、轻加、轻卸、无冲击。并测记百分表(传感器)读数。

④示值相对误差应按进程进行校验,每个点校验三次。

⑤按下式计算输出力值相对误差 δ

$$\delta=\frac{D_{i0}-\overline{D}_i}{D_{i0}}\times 100\%$$

式中:D_{i0}——标准测力计证书中第 i 级负荷下进程的标准数;

$\overline{D}_i$——测力计 i 级负荷下三次读数的算术平均值。

4.砝码校验:用分度值为 0.5‰的相应称量的架盘天平(10 级)和五等砝码称量。按《砝码试行检定规程》进行。

5.百分表校验:百分表按《百分表检定规程》进行。

6.使用中和修理后的固结仪只校验杠杆灵敏度、示值相对误差。使用单位要增加校验项目时,可根据实际使用情况酌情考虑。

第五节　自动液压脱模器

一、用　　途

该脱模器适用于无机结合料稳定土试件、土工击实试件及沥青混合料等多种土、混合料的圆形试模试件的脱模,可用于现场和试验室相应的检测工作。

二、技术参数

1.最大脱模长度:230mm。

2.额定电压:380V。

3.最大推力:150kN。

4.液缸最大工作压力:20MPa。

5.液缸缸径:ϕ100mm。

6.脱模柱塞速度:6mm/s。

7.脱模柱塞下降速度:9.5mm/s。

8.脱模柱塞最大行程:350mm。

三、主要结构及工作原理

(一)结构

脱模器主要由箱体(箱体内装有液缸、柱塞、油泵、电机三位四通电磁换向阀、溢流阀、压力表,见图 3-16)、立柱、托板、顶板、脱模板组成,见图 3-17。

(二)工作原理

脱模器主要用于各种试模的脱模工作,试验时,利用顶板、托板及其它定位装置,固定试模的位置,利用液压系统控制脱模柱塞的升降,即可将试件脱出。

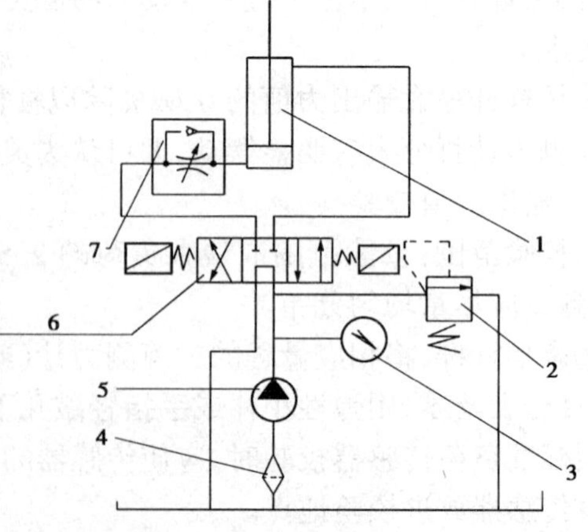

图 3-16　脱模器箱体液压原理图

1-液缸;2-溢流阀;3-压力表;4-滤油口;5-油泵;6-三位四通电磁阀;7-单向节流阀

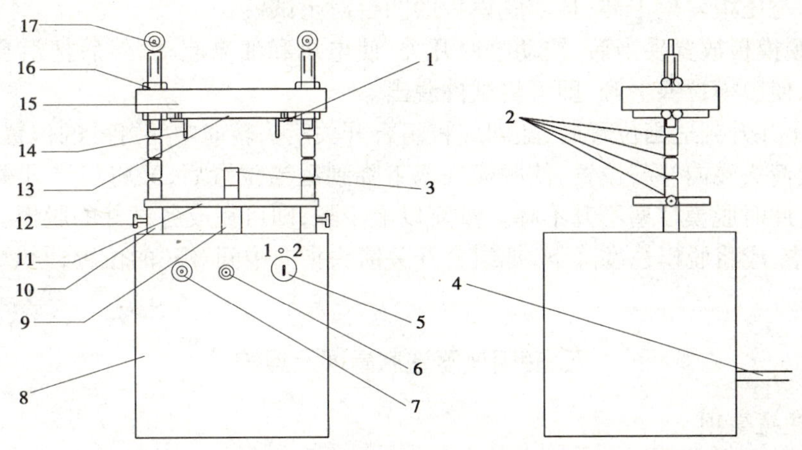

图 3-17　液压脱模器结构示意图

1-压板；2-定位槽（从下到上共分为 I、II、III、IV 四道）；3-加长杆；4-电源线；5-组合开关；6-电机开关；7-电源指示灯；8-箱体；9-脱模柱塞；10-立柱；11-托板；12-限位螺钉；13-脱模板；14-定位销；15-顶板；16-调节螺母；17-吊环

四、仪器的使用方法

（一）使用前的准备及检查

1．将脱模器置于平整坚实的水泥地面上。

2．接通电源，按动电源开关，使电机按顺时针方向转动，否则应调整电源线接线相序。

3．转动组合开关，使脱模柱塞的升、降方向与组合开关箭头所指位置一致。

4．选择适当的脱模板以及托板的位置。脱模板是确定试件脱模时上端的定位基准，托板是确定试件脱模时下端的定位基准。当进行试件脱模时，应按以下要求选择好适合的脱模板，并确定托板的适当位置。具体使用要求如下：

（1）脱抗压试模 ϕ150mm 试件及重型击实 ϕ152mm 试件时，应选择孔径为 ϕ154mm 的脱模板。

（2）脱抗压试模 ϕ100mm 试件，重、轻型击实 ϕ100mm 试件时及马歇尔试件时，应选择孔径为 ϕ104mm 的脱模板。

（3）脱抗压试模 ϕ50mm 试件时，应选择孔径为 ϕ54mm 的脱模板。

（4）调整托板的位置时，必须使限位螺钉分别与两立柱上的相应的定位槽对正，然后紧固。从下到上共有 I、II、III、IV 四道定位槽。具体操作如下：脱抗压试模 ϕ150mm 试件时，托板应固定在第"I"定位槽的位置上（即立柱上最下端的环形槽位置）；脱抗压试模 ϕ100mm 试件及重型击实 ϕ152mm 试件时，托板应固定在第"II"定位槽的位置上；脱抗压试模 ϕ50mm 试件及重、轻型击实 ϕ100mm 试件时，托板应固定在第"III"定位槽的位置上；脱马歇尔试件时，应使托板固定在第"IV"定位槽的位置上。

调整托板位置时，必须首先松开托板上的限位螺钉，把托板调整到所需位置，再紧固限位螺钉。

（5）立柱上所配的四个调节螺帽用于调节顶板的位置，以便满足更多试件脱模的需要。

（二）操作步骤

1．将试模置于已调整好位置的托板上，并与凹台对正。将压板分别转动 90°，使压模不再压到脱模板上，相应脱模板便可沿定位销滑下后置于试模上。此时，一定要注意使脱模板能上下自如滑动，不与压板发生干涉，且使脱模板的凹台对正试模。

2.试模及脱模板放置妥当后，按动电源开关，使电机和油泵起动，然后把组合开关箭头转向“升”的位置，使脱模拉塞上升，即可将试件脱出。

3.试件脱出并升到适当位置后，随即应将组合开关箭头转向中间“停”的位置，在取下试件后，将组合开关箭头转向“降”位置，使脱模柱塞下降到适当位置后，又将组合开关箭头转到中间“停”的位置，此时脱模柱塞不升不降。重复以上步骤，即可完成各试件的脱模。

4.操作完毕，应将脱模柱塞降下，把组合开关箭头指向中间“停”的位置，同时将电源关闭，电机停转。

五、使用仪器注意事项及维护

(一)使用注意事项

1.当一块试件脱模完毕后，组合开关应立即转到中间“停”的位置。

2.当需要将脱模柱塞上升到最大高度时，在达到最大高度后，应立即将组合开关转到中间位置(也可转到“下降”位置)。

3.当脱模柱塞下降到最低位置后，组合开关应立即转到中间“停”的位置。

4.上升、下降速度以及顶升推力已经调定，如无特殊情况，切不要调整箱体内的各种阀件，当需要调整溢流阀时，调整后应使抗震压力表不高于20MPa。

5.每次工作完毕，应将脱模柱塞降下，并将组合开关转到中间“停”的位置。

6.启用脱模器之前，应加足液压油到油箱油眼中间位置，空载升降一次后，如油位降低，应补充液压油到油眼中间位置。

7.由于护罩有较多通风散热孔，故在灰尘严重的地方工作时，应注意保持液压系统外部的清洁，以防灰尘、杂渣进入油箱而污染液压油或造成液压系统的堵塞。并注意定期换油和清洗油箱。

8.定期检查压力表压力，在满负荷150kN工作时，压力表的压力不能超过20MPa。

9.在脱模ϕ50mm抗压试模时，必须将长度为130mm的加长杆装入脱模柱塞上端孔内；脱ϕ152mm、ϕ100mm击实试件、ϕ100mm抗压试模及马歇尔试模时，必须将长度为55mm的加长杆装入脱模柱塞上端孔内，脱ϕ150mm抗压试模时，不使用加长杆。

10.连续对一批试件脱模时，可以不停电机，因短期内连续启动，电机启动电流太大，会损伤电机。

(二)仪器的维护

应当经常保持仪器的清洁与整齐，每次使用完毕必须将仪器擦试干净，尤其是脱模柱塞的清洁。每天工作完毕，擦净柱塞，并把柱塞下降到最低位置，使柱塞不至受到意外的碰撞(降到最低位置后组合开关一定要转到中间“停”的位置)。

第六节 烘　　箱

一、用　　途

烘箱是土工试验必备仪器之一，适用于烘干土、无机结合料稳定土、砂石材料等。一般烘箱工作温度范围为室温上10～300℃，在此范围内可任意调节选定工作温度，并借助箱内温控系统自动恒温。从而在规范规定的温度下，将各种试样烘至干燥。

二、技术参数

1.温度范围：室温上 10～300℃。

2.控温灵敏度：±1℃。

3.工作电压：220V。

4.加热器总功率：随型号而异，通常在 1.0 到 8.0kW 不等。

三、主要结构及工作原理

(一)结构

烘箱箱体由薄钢板及型钢构成，外壳与工作室之间以玻璃纤维作保温材料，外门内有玻璃门可窥视工作室内的情况。全部电气线路安装于箱体右侧控制层内，温控仪及各开关操纵部分均在控制层的外部，控制层侧门可卸下，便于检修。

(二)工作原理

电热烘箱中通常有若干个加热器，接电后，加热器工作，烘箱温度升高；烘箱配有温控开关，根据不同的试验要求，调节温控开关，控制加热温度；同时带有鼓风装置(因型号而异)，风从风道进入工作室，促使工作室内热空气循环对流，保证烘箱更具良好的温度均匀性，以确保在规定的时间内，将试样烘干。电热烘箱电气原理见图 3-18。

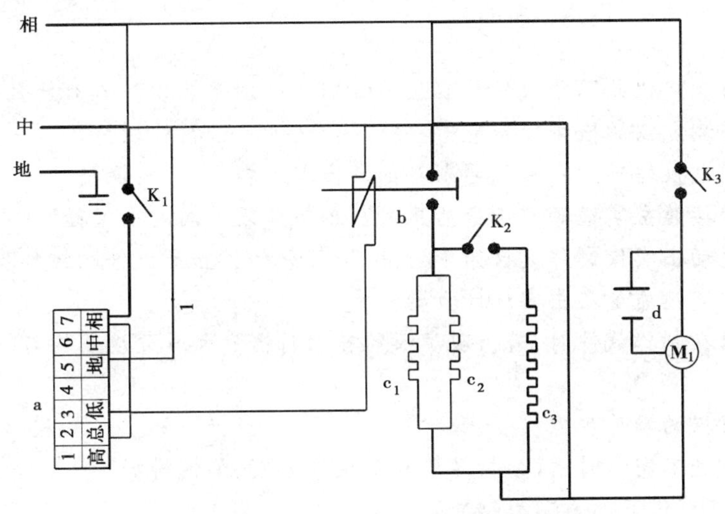

图 3-18　电热烘箱电气原理示意图

a-温控仪；b-继电器；c_1～c_3-加热器；d-电容；M_1-电机；K_1-电源开关；K_2-辅助开关；K_3-鼓风开关

四、仪器的使用方法

(一)使用前的检查工作

1.烘箱应放在室内干燥的水平处使用，箱体外壳必须有效接地。

2.在供电线路中，应安装与烘箱电流相应的通断开关供烘箱专用。

3.每台烘箱工作室内附有两块网格式搁板供放置试料，并可按试料大小调整搁板间距，放置试料不宜过密，以利热室空气流通，工作室的底板上面不准放置试料，避免因过热烧坏试料。

(二)操作步骤

1.接通电源,将箱顶排气阀旋开,以利箱内空气变换对流。

2.确定控制温度,将仪器面板上的温度设定值按至(或旋至)符合所需的温度即可开始工作。

3.温控仪的指示灯:绿灯为电热器在工作,红灯为加热停止,当加热至箱内温度达到设定温度后,绿灯转至红灯,此后温控仪不断翻转动作,红绿灯交替明灭,即为恒温状态。

五、使用仪器注意事项及维护

1.开机时,为了求得加速升温时间,将加热开关打至高温,两组加热器同时加热,达到恒温状态后,可将加热开关打到低温,只留一组加热器工作,以节约电耗。

2.取放试料时,勿撞击伸入工作室的传感器,以防损及传感器的测温头,导致控制失灵。

3.开机前将烘箱顶排气阀旋开约 10mm 左右,以利箱内空气变换对流,并将潮气和废气排出。

4.欲观察工作室内试料情况,可开启外门,从玻璃门向内窥视,但以外门不常开为宜,以免热量外泄,且当温度升到 300℃左右时,开启箱门可能会使玻璃门急骤冷却而破裂。

5.一般烘箱为非防爆产品,切勿烘烤易燃、易爆、易挥发性的物品,以防爆炸。

6.使用完毕,须切断电源。

7.一旦发生故障,需经修复后才能使用。

复习思考题

1.液塑限联合测定仪的圆锥仪质量有几个级别?分别是多少?各有什么相应的用途?

2.液塑限联合测定仪的检校项目有哪些?用什么方法进行检校?

3.电动击实仪电机转动方向有何要求?如果出现反转,应如何调整?

4.电动击实仪按照击实锤的质量分为几种?如何安装不同的击实锤?

5.试叙述用电动击实仪制作直径为 152mm 及直径为 100mm 试件的操作步骤。

6.如何检校击实锤质量及击实仪计数器?

7.电动击实仪在制作试件时,若出现试模筒转动时惯性大或分度不均匀的情况,应如何排除故障?

8.试叙述直剪仪的操作步骤。

9.当剪切盒前进不同步时,试分析该故障产生的原因,如何排除?

10.如何进行直剪仪剪切力测力仪校验?

11.怎样将固结仪的杠杆调平?

12.固结仪的杠杆比有几种?分别适用于什么试样?

13.固结仪输出力值应如何校验?

14.电动脱模器共有几个定位槽?如何使用?

15.电动脱模器的电机转动方向有什么规定?不符合要求时,应如何调整?

16.烘箱在使用时,为什么外门不宜常开?

17.烘箱要快速升温时,开关应放在哪个档位?

第四章　砂石材料试验仪器

[重点内容和学习要求]

本章重点讲述砂石材料试验检测常用仪器的结构、工作原理、使用方法、注意事项及维护。同时对仪器故障的排除也作了简单介绍。

通过学习，要求学生必须掌握摇筛机、洛杉矶磨耗试验机、砂当量试验仪及切割机等砂石材料常用试验仪器的正确使用方法；了解各仪器的工作原理。能掌握仪器使用注意事项，对仪器常见的故障能分析原因并加以检查维护。

第一节　YS—3 型摇筛机

一、用　　途

该仪器主要用于土、砂石材料等无凝聚性干性颗粒物质的级配分析试验，为工程应用提供各项级配参数。

二、技术参数

1.摇摆频率：0～220 次/分（负载）连续可调。

2.摇摆方式：单向或双向间断摇摆。

3.摇摆幅度：0～20mm 可调，最佳摆幅 12mm。

4.定时时间：0～15min 可任意选择。

5.直流伺服电机：转速：500 次/分；输入电压：220V；功率：45W。

6.选用标准分析筛规格：ϕ200mm×50mm 或 ϕ300mm×75mm。

三、主要结构及工作原理

（一）结构

该仪器是由支撑部件、驱动部件、调幅机构、筛架、压筛器及控制框等组成，控制框面板上装有定时器，电源指示灯，单向与正反向按钮开关和无级调速电位器，电器柜内装有线路板及元件，仪器结构如图 4-1 所示。

（二）工作原理

将一组分析筛按不同孔径级配放在筛架上，由压筛盖固定，机组通电后，电机按任选时间（时间由定时器控制）旋转，电机带动偏心轮，驱动筛架下部的球形摆杆，使筛架按一定的偏心距摇摆，以至全套分析筛随同筛架模拟人工筛析单向间断摇摆或正反向间断摇摆，对筛中试样进行筛分。

四、仪器的使用方法

（一）使用前的检查

1.整机应放在平整地面上,开机后若有摇动,可将机座底部的一个 M12 螺钉根据不平的情况,装在左边或右边对地调整与地面的间隙,直至机座不摇动为宜。

2.必要时最好加地脚螺栓,用水泥将仪器固定在地面上。

(二)操作步骤

1.开机前,加足润滑油。

2.装套筛时先松开筛盖固定螺钉(即蝶形螺母),然后连同压筛盖往上提。

3.准确称取规定质量的烘干试样,置于套筛的最上一只筛。

4.置套筛于机架上,并旋紧螺钉使套筛固定即可工作。

5.根据工作需要,选择适当的摇摆方式、摇摆幅度和定时时间。

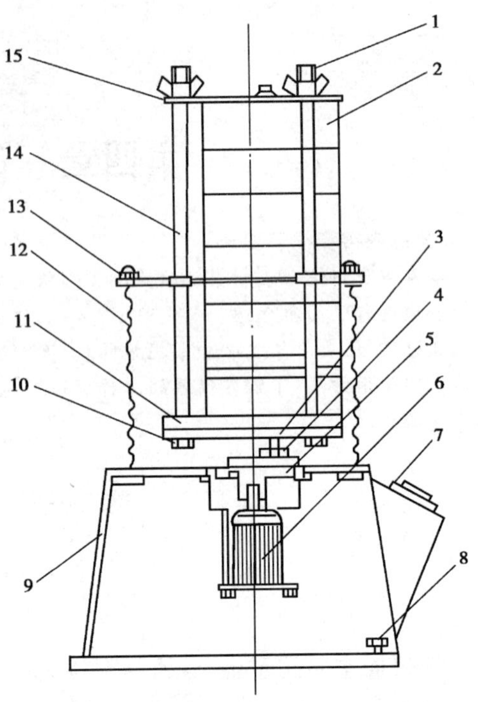

图 4-1 摇筛机结构图

1-蝶形螺母;2-筛;3-球形摆杆;4-调幅螺母;5-偏心轮;6-电机;7-电控柜;8-M12 调整螺丝;9-电器柜;10-螺母;11-底盘;12-弹簧;13-中框架;14-立柱;15-压筛盖

五、使用仪器注意事项及维护

(一)注意事项

1.摇摆幅度的调节

通常情况下,摇筛机的摇摆幅度已调至最佳位置(偏心距为 12mm),需要调节时,先用活动扳手松开调幅螺栓,调整调节螺钉,根据刻线板上的标线,调整偏心距至需要距离,再拧紧调幅螺栓。筛架下部摆杆与偏心轮滑动配合处应保持润滑,使用一段时间后应加少许机油为宜。

2.定时及摇摆方式的选择

按电源开关,指示灯亮,表示 220V 电源接通,将定时器旋钮按顺时针方向旋至所需时间处,待整机工作,为了提高筛析效果,可按下换向开关,使筛架做正反向间断摇摆,若该开关不按下,则为单向间断摇摆。

3.摇摆频率的调节

摇摆频率是由带开关的电位器控制的,当电源打开后选定好时间及摇摆方式,顺时针调整调速电位器开关,再缓慢旋到所需要的摇摆频率,试验结束后先关掉调速电位器旋钮,以防下次开机电流突变产生起动冲击。

(二)仪器的维护

1.每使用一段时间(一般为 3 ~ 6 个月),应在筛架下部摆杆与偏心轮滑动配合处加少许机油,以保持该部位的润滑。

2.转动旋钮时,不应过快过猛,以免损坏零件。

3.定时器必须注意防潮、防腐蚀,使用两年左右需清洗加油一次。

4.选择定时工作时,可将旋钮转至要求定时位,需要中途停机,应切断电源开关,让定时器自行转至停止位置,不可强行扭回。

第二节　洛杉矶磨耗试验机

一、用　　途

该仪器满足《公路工程集料试验规程》(JTJ 058—2000)T 0317—2000 的技术要求，用于测定各种等级规格石料的磨耗率。

二、技 术 参 数

1.圆筒内径×内长：710±5mm×510±5mm。

2.转速：30～33 转/min。

3.计数器：5 位数，可按要求预置。

4.外形尺寸：1320mm×980mm×1050mm。

5.钢球：12 只，直径约 48mm，质量为 390～445g/只，12 只钢球总质量为 5000g。

三、主要结构及工作原理

(一)结构

该仪器主要由圆筒、搁板、密封盖、支架、心轴、变速箱、电机、料斗及计数器等部件所组成，见图 4-2 所示。

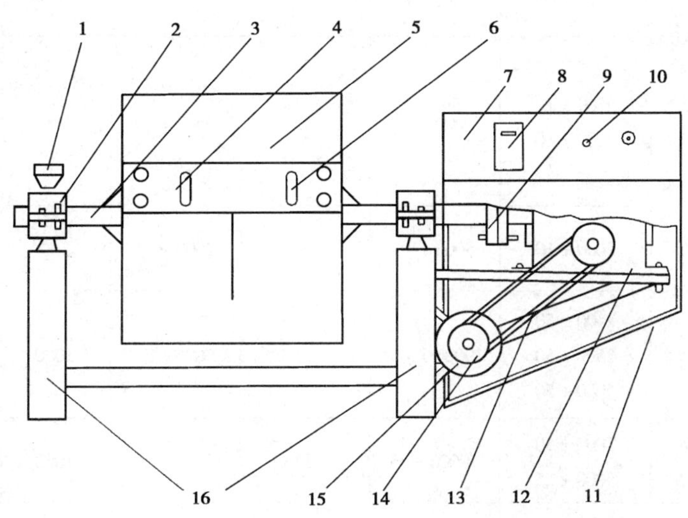

图 4-2　自动数显搁板式磨耗机结构示意图

1-油杯；2-轴座；3-轴；4-筒盖；5-滚筒；6-把手；7-罩壳；8-计数器；9-联轴器；10-按钮；11-支架；12-变速箱；13-三角带；14-皮带轮；15-电机；16-支承架

(二)工作原理

洛杉矶磨耗试验是采用规定粗度和数量的粗集料，在磨耗机中，同时加入规定数量及质量的钢球，经旋转一定次数以后，试样在自身及钢球的摩擦、撞击、剪切等联合作用下发生磨耗，测其质量损失即为磨耗率。

对于水泥混凝土集料，应按表 4-1 中规定的粒级组成备料、筛分，并按此规定确定钢球的数量及质量。当实际材料与此表不一致时，与可从表 4-2 中选择最接近的粒级类别，确定相应的试验条件，按规定准备材料、选择钢球。

粗集料洛杉矶试验条件（仅适用于水泥混凝土集料） 表 4-1

粒级组成（圆孔筛）(mm)	试样质量 (g)	试样总质量 (g)	钢球数量（个）	钢球总质量 (g)	转动次数（转）
40～31.5 31.5～20 20～10	2500±25 1250±12.5 1250±12.5	5000±50	12	5000±50	500

粗集料洛杉矶试验条件 表 4-2

粒度类别	粒级组成（方孔筛）(mm)	试样质量 (g)	试样总质量 (g)	钢球数量（个）	钢球总质量 (g)	转动次数（转）	适用的粗集料	
							规格	公称粒径 (mm)
A	26.5～37.5 19.0～26.5 16.0～19.0 9.5～16.0	1250±25 1250±25 1250±10 1250±10	5000±10	12	5000±25	500		
B	19.0～26.5 16.0～19.0	2500±10 2500±10	5000±10	11	4850±25	500	S6 S7 S8	15～30 10～30 15～25
C	4.75～9.5 9.5～16.0	2500±10 2500±10	5000±10	8	3330±20	500	S9 S10 S11 S12	10～20 10～15 5～15 5～10
D	2.36～4.75	5000±10	5000±10	6	2500±15	500	S13 S14	3～10 3～5
E	63～75 53～63 37.5～53	2500±50 2500±50 5000±50	10000±100	12	5000±25	1000	S1 S2	40～75 40～60
F	37.5～53 26.5～37.5	5000±50 5000±25	10000±75	12	5000±25	1000	S3 S4	30～60 25～50
G	26.5～37.5 19～26.5	5000±25 5000±25	10000±50	12	5000±25	1000	S5	20～40

对用于沥青路面及各种基层、底基层的粗集料，试验条件应符合表 4-2 的要求，表中 16mm 的筛孔也可用 13.2mm 的筛孔代替。对非规格材料，应根据材料的实际粒度，从表 4-2 中选择最接近的粒级类别及试验条件。

四、仪器的使用方法

（一）使用前的检查

1. 仪器应安装在一个水平且有足够支撑能力平台上（平台结构为水泥混凝土结构），仪器后表面距离墙壁距离应不小于 5～10cm。

2.试验前必须检查线路是否完好，并用手拨动滚筒旋转是否运转正常（按筒箭头方向），同时将计数器调整到零位。

（二）操作步骤

1.按集料特点及用途，按表 4-1 或表 4-2 选择合适的试验条件。

2.将试验用的集料和钢球装入筒内，密封盖好，拧紧螺钉，设置仪器转动次数，开动仪器，使圆筒以 30～33r/min 的速度转动。

3.待圆筒旋转至规定次数后，仪器自动停止，取出试样。

4.用直径 2mm 圆孔筛或边长 1.7mm 方孔筛，筛去试样中的石屑，用水冲洗留在筛上的碎石烘干至恒重，准确称出质量。

5.按下式计算集料洛杉矶磨耗损失，准确至 0.1%。

$$Q = \frac{m_1 - m_2}{m_1} \times 100$$

式中：Q——洛杉矶磨耗损失（%）；

m_1——装入圆筒中试样质量（g）；

m_2——试验后在 1.7mm（方孔筛）或 2mm（圆孔筛）筛上的洗净烘干试样质量（g）。

五、使用注意事项及维护

（一）仪器使用注意事项

1.磨耗机工作时，必须有专人监测。这是提高安全性的有效方法，一旦出现问题，应及时断电检查，以避免事故发生。

2.每次使用后应切断自备专用电源，并保持仪器清洁，以防腐蚀。

3.试验时必须保证圆筒的筒盖密封紧固，否则一旦松动，螺钉螺纹将被磨平，影响仪器的正常使用。

4.应在供电线路中安装铁壳闸刀一只，供磨耗机专用，并用比电源线粗一倍的导线作接地线。

（二）仪器的维护

1.磨耗机初次使用安装时，应该检查电源是否符合要求。

2.试验用钢球应妥善保管，切勿腐蚀影响试验结果的准确性。

第三节　SD—I 型砂当量试验仪

一、用　　途

砂当量试验仪满足了国家行业标准（JTJ 058—2000）中 T 0334—1994 细集料砂当量试验规程的要求，适用于沥青混合料及水泥混凝土用天然砂、人工砂、石屑，其集料最大粒径不超过 4.75mm，也可用于测定细集料中所含的粘性土或杂质的含量，以评定集料的洁净程度。

二、技术参数

1.额定电压：220V，频率：50Hz。

2.额定功率：90W。

3.振荡频率:180 次/s ± 2 次/s;振幅:203mm ± 1.0mm。

4.自控定时:30s/次。

5.外形尺寸:564mm × 320mm × 360mm。

6.配重活塞:1kg ± 5g。

7.圆柱形塑料试筒:内径 32mm ± 0.25mm ,高度 420mm ± 0.25mm。

8.冲洗管外径:6mm ± 0.25mm,内径:4mm ± 0.2mm。

三、主要结构及工作原理

(一)结构

仪器主要由下列各部分组成:

1.圆柱形试筒:如图 4-3,透明塑料制,内径 32mm ± 0.25mm,高 420mm ± 0.25mm。从试筒底部起到 100mm ± 0.25mm、380mm ± 0.25mm 刻划标记线,试筒口配有橡胶瓶口塞。

2.冲洗管:如图 4-4,由一根硬管组成,不锈钢或冷锻铜制成,其外径为 6mm ± 0.25mm,内径为 4mm ± 0.2mm,管的下部有一个不锈钢两侧带孔尖头,孔径为 1mm ± 0.1mm。

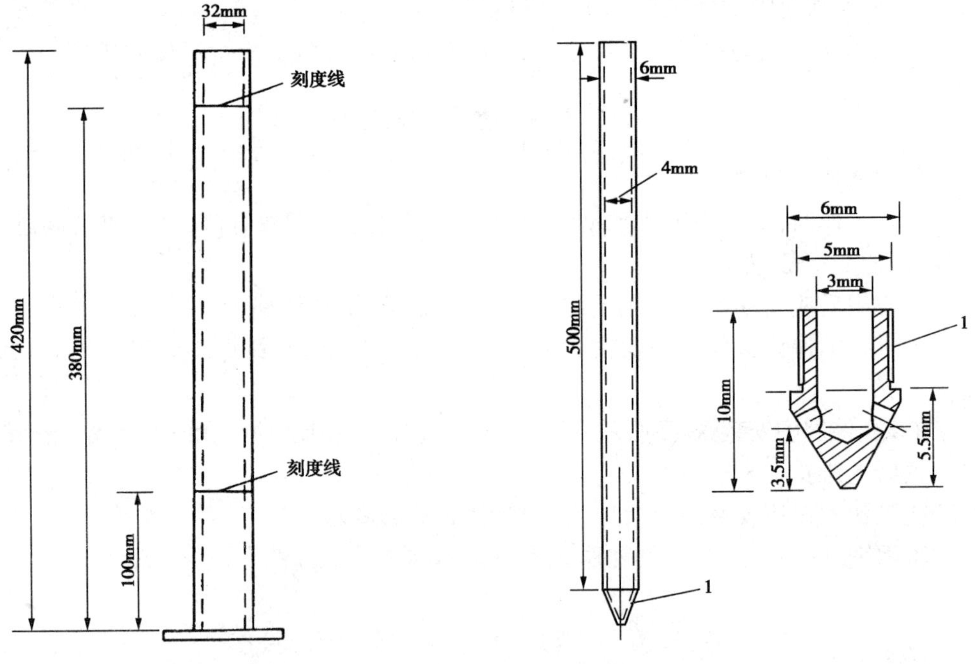

图 4-3　透明圆柱试筒　　图 4-4　冲洗管

3.透明塑料(或玻璃)桶(10L):桶口配有倒虹吸弯管和进气弯管的橡胶塞,桶底面高出工作台约 1.5m。

4.虹吸弯管和进气弯管:由不锈钢管制成,外径 8mm,内径约 6mm ,将其插入桶口橡胶塞。

5.橡胶管(或塑料管):长约 1.5m,内径约 5mm,与冲洗管、虹吸弯管联在一起吸液用,配有金属夹,以控制冲洗液流量。

6.配重活塞如图 4-5,由杆、底座、配重组成。杆长 440mm ± 0.25mm,底座直径 25mm ± 0.1mm,底面平坦光滑,垂直杆轴,横向有三个螺丝可保持活塞在试筒中间有点小缝隙。套筒有一个螺丝,能固定活塞下沉的位置,并有一个能靠尺子的深 1cm、宽 5mm 的缺口,用于测量读数。固定在活塞杆顶端的配重,除套筒外总质量 1kg ± 5g。

7.振荡器(如采用人工振荡时无此设备):可以使试筒产生横向直线往复运动。振幅 203mm ± 1.0mm,运动周期 180 次/min ± 2 次/min。

8.天平:称量 1kg,感量不大于 1g。

9.烘箱:能使温度控制在 105 ± 5℃。

10.秒表。

11.广口漏斗(塑料或玻璃制):口的直径 100mm 左右。

12.一把长 500mm 的钢尺,刻度精确到 1mm。

13.一个筛孔 4.75mm(圆孔为 5mm)的标准筛和筛底。

14.一个刮刀和一把勺子。

15.温度计。

16.其它:1L 量筒,2L 烧杯,能装 125mL 浓度的密封容器,刷子,盘子,小铝盒等。

(二)工作原理

利用砂当量仪,用一定的化学试剂对细集料进行冲洗、振荡、静置,从而测出试筒中絮凝物和沉淀物的总高度 h_1 及试筒中沉淀物的高度 h_2,砂当量 SE 按下式计算:

$$SE = h_2/h_1 \times 100$$

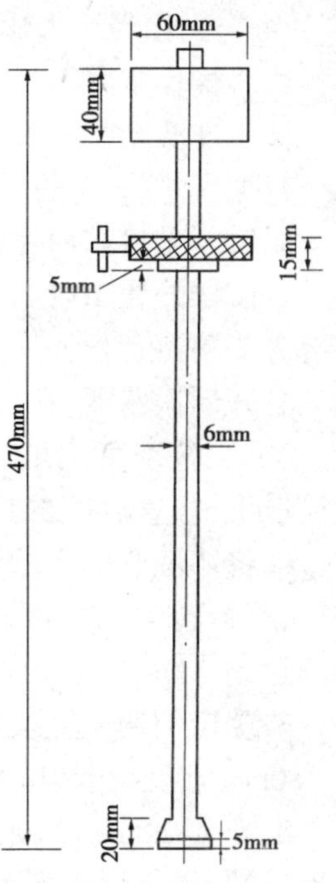

图 4-5 配重活塞

四、仪器的使用方法

(一)试验前的准备工作

1.高浓度氯化钙(CaCl)溶液的配制:无水氯化钙(g)和蒸馏水体积(mL)按 1:2 比例进行配制。氯化钙溶于水时放热,溶液温度升高,待溶液冷却到室温后用滤纸进行过滤,以除去不溶杂质。过滤后的高浓度溶液存放备用,该溶液中氯化钙含量为 410g/L。

2.浓溶液(1L)的配制

(1)用量筒量取 272mL 高浓度氯化钙溶液;

(2)用天平称取 484.8g 丙三醇;

(3)用天平称取 13.6 甲醛;

(4)将上述三种试剂装入 1L 量筒中,装入时要用少量蒸馏水分别对盛过三种试剂的器皿洗涤 3 次,每次洗涤的水均放入量筒中,然后用蒸馏水冲至 1L 刻度线。

(5)将 1L 配毕的溶液倒入 2L 的烧杯或量筒中,混合均匀,装入密封容器中备用,作为试验用浓溶液。

3.制备冲洗液

取试验用的浓溶液 125mL ± 1mL,装入 5L 塑料筒或瓶中,用蒸馏水稀释到 5L ± 0.005L。

4.试样制备

将样品通过孔径 4.75mm(圆孔筛 5mm)筛,去掉筛上的粗颗粒部分,试样数量不得少于 1500g。测定试样含水量,并根据测定的含水量按下式计算相当于 120g 干燥试样的样品湿质量,准确至 0.1g。

$$m = \frac{120 \times (100 + w)}{100}$$

式中:w——集料试样含水量,%;

m——相当于干燥试样 120g 时的潮湿试样的质量，g。

(二)操作步骤

1.用冲洗管将冲洗液吸入试筒直到 100mm 刻度处(约 80mL)；

2.把质量为 m 的试样(相当于 120 ± 1g 干料)用漏斗倒入竖立试筒中；

3.反复敲打试筒下部，以除去气泡使试样湿润，静置 10min；

4.试样静置 10 ± 1min 结束后，用橡胶塞堵住试筒，将试筒水平固定在振荡器上(注意试筒底部方头防碰螺丝)。

5.开动振荡器，在 30 ± 1s 的时间内振荡 90 次。用人工振荡时，要用手将试筒横向水平放置，仅需手腕振荡，不必晃动手臂，振幅为 203 ± 25mm，振荡时间和次数与振荡器相同。然后将试筒取下，竖直放回试验台上，拧下橡胶塞。

6.将冲洗管插入试筒中，用冲洗液迅速冲洗附在试筒壁上的集料，然后将冲洗管插到试筒底部，慢慢转动冲洗管，同时匀速缓慢提高冲洗管，使附着在集料表面的细粒杂质浮上来，直至溶液达到 380mm 刻度线为止。冲洗方法见图 4-6 所示。

7.缓慢匀速向上拔出冲洗管，当液面位于 380mm 刻度线时，切断冲洗管的液流，使液面保持 380mm 刻度线，然后开动秒表，在没有扰动的情况下静置 20min ± 15s。

8.静置 20min 后，用钢板尺在试筒外量测从试筒底部到絮凝物上液面的高度，即 h_1(如有可能，同测得从试筒底部到沉淀物上液面的高度，即 h_2，此项作为与活塞测量的砂当量值的参考值)，准确至 1mm，如图 4-7 所示。

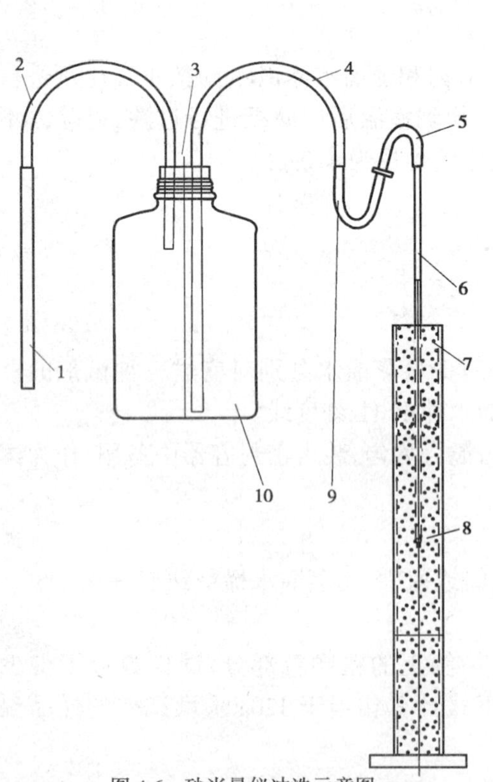

图 4-6　砂当量仪冲洗示意图

1-透气管；2-冲洗弯管；3-冲洗瓶塞；4-冲洗软管；5-冲洗夹；6-冲洗管；7-圆柱试筒；8-冲洗头；9-接头；10-冲洗瓶

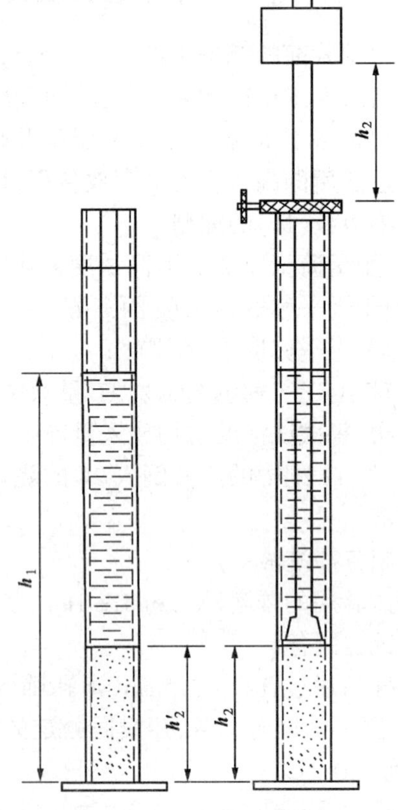

图 4-7　砂当量仪读数示意图

9.将配重活塞套筒在试筒口放好,使配重活塞徐徐落下试筒直至碰到沉淀物时,立即拧紧固定螺丝,将尺子插入套筒的开口处,使零点对准活塞的底面,从套筒处读取沉淀物高度,即 h_2,准确至 1mm,如图 4-7 所示。

上述测量过程应尽量在 30s 内完成,同时记录试筒内温度,准确至 1℃。

五、使用仪器注意事项及维护

(一)注意事项

1.为了不影响沉淀的过程,试验必须在无扰动的水平台上进行。

2.随时检查试验的冲洗管口,防止堵塞。

3.试验过程中,冲洗液的温度应保持 20±2℃范围内。

4.由于塑料在太阳光下容易变成不透明,应尽量避免将塑料器皿直接暴露的太阳光下。

5.盛试验溶液的塑料器皿用毕要清洗干净。

6.仪器使用完毕,应将冲洗瓶松开透气,因其在真空条件下易变形。

(二)仪器的维护

1.试验完毕后,必须将活塞擦洗干净。

2.避免圆形试筒磕碰。

3.定期向振荡器滑动杆上注润滑油。

第四节　HJG—150 切割机

一、用　　途

在检测石材及混凝土抗压强度时,使用该仪器对板材及混凝土进行锯切,以备磨平后进行检测。

二、技术参数

1.锯切芯样直径:ϕ50 ~ ϕ150mm;锯切板材尺寸:400mm×450mm×100mm(可灵活掌握)。

2.电机功率 3kW,电压:380V,电流:6.8A,转速:1420r/min。

3.外形尺寸:1150mm×700mm×840mm。

三、主要结构及工作原理

(一)结构

仪器结构如图 4-8 所示。

(二)工作原理

切割机工作时,是以锯片高速旋转,切割待切片的板材或混凝土芯样;通常将试件用夹具固定或平放在工作台上,沿导轨匀速进给进行锯切,可一次完成。

四、仪器的使用方法

(一)使用前的检查

1.首先把水源打开,水头应有充足的压力,当锯片切割工件时,应使水正对锯片和工件,以保证立即冷却锯片。

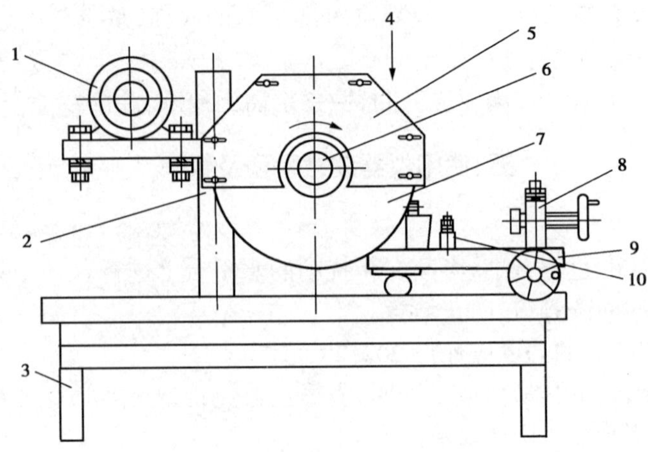

图 4-8　切割机结构示意图

1-电机;2-支柱;3-架体;4-进水口;5-锯片罩;6-锯片锁紧螺母;7-锯片;8-夹具;9-工作台;10-靠板

2.用手点动电机开关,观察锯片转向与锯片罩所规定的方向是是否一致,如不一致,应把电源线的两个相线调换一下即可。

3.因锯片是在高速转动下进行工作的,固定锯片的锁紧螺母易松动,为确保安全,每次工作前,应检查锁紧螺母是否有松动现象。

(二)操作步骤

1.将靠板调到规定要求即锯切试件的长度。

2.如果是锯切板材,首先将夹具斜铁的紧固螺母松开,取下夹具斜铁,将板材平放在工作台面上。

如果是锯切芯样,就将芯样放在工作台面上,转动夹具手轮将芯样紧固在夹具体中。

3.接通电源及水源。

4.锯切芯样时,用手盘工作台手轮;锯切板材时用手按住板材推动工作台,工作台沿导轨匀速进给直至切断,工作台退回。

5.关闭电源及水源。

6.取下锯切好的板材或芯样。

五、使用仪器注意事项及维护

(一)使用注意事项

1.为了使切割机工作时不发生颤动,切割机应放在地面较硬的地方,并调平稳。

2.一定要购买质量上乘的锯片。

3.锯片安装时,一定旋紧锯片,以防松动出现意外。

4.试接通电源,注意锯片旋向,应与仪器标记的旋向一致。

5.锯片在锯切时,必须有足够的水。

6.锯切时遇有尖叫声时,应回退一下,或将进给量放慢一些。

7.仪器工作时,芯样或板材应避免与支柱相撞。

8.使用现场要有可靠的接地装置,并配有漏电保护器,以防意外事故发生。

(二)仪器的维护

1.新锯片或用纯的锯片,可以用耐火砖进行开刃。
2.经常使用切割机时,要求随时检查各紧固件是否紧固。
3.切割机使用后,应用水冲洗、擦拭干净,并上油。

复习思考题

1.试叙述摇筛机的使用方法及注意事项?
2.洛杉矶磨耗试验机在使用时,必须注意哪些问题?
3.SD—I型砂当量试验仪是由哪些部分组成的?分别说明它们的主要用途。
4.砂当量试验前,必须配制哪些溶液?各有什么用途?
5.切割机在使用时,应注意哪些事项?

第五章 液压式压力机、万能试验机

[重点内容和学习要求]

本章阐述了液压传动的原理、优点和适用范围。重点讲述了公路工程试验检测中，常用液压设备的结构、工作原理和仪器的使用、维护及常见故障的排除。

通过学习，要求学生必须了解液压千斤顶的工作原理；掌握 2000kN 压力机、300kN 压力机和 1000kN 万能试验机的使用、维护及常见故障的排除。

公路工程和建筑工程试验所用压力机、万能试验机的传动部分是利用液压传动的原理制成，故称为液压式压力机、万能试验机。液压传动是利用液压油作为工作介质，通过动力原件（油泵），将电动机的机械能转换为油液的压力能，然后，通过管道和控制元件（压力阀、流量阀、方向阀）、执行元件（油缸或油马达）将油液的压力能转换为机械能，驱动负载实现直线或回转运动。

由于液压传动的单位质量输出功率大，结构紧凑，控制和调节简单，能进行无级调速和过载保护，且能传递较大的推力。因此，它不仅用于压力机和万能试验机的传动部分，钢绞线等的张拉装置也是根据该原理制成的。

第一节 液压千斤顶

一、用　途

液压千斤顶是公路工程试验室必备的一个常用的工具。测定土基回弹模量、简易脱模器、反力架等都需使用液压千斤顶。

二、技 术 参 数

主要技术参数见表 5-1。

液压千斤顶技术参数　　表 5-1

型　号	起重量	最低高度≤	起重高度≥	调整高度≥	公称压力	手柄操作力≤	净重≈
	t	mm			MPa	N	kg
QYL1.6	1.6	158	90	60	34.7	330	2.2
QYL3.2	3.2	195	125		44.4		3.5
QYL5D	5	200		80	48.2		4.6
QYL8	8	236	160		56.6		6.7
QYL10	10	240			61.6		7.5
QYL12.5	12.5	245			62.4		9.3
QYL16	16	250			63.7		11.0
QYL20	20	280	180		69.3		15.0
QYL32	32	285			71.0		23.0
QYL50	50	300			77.0		34.0
QYL100	100	335			73.9		71

型号说明(以 QYL10 型为例):

Q——表示千斤顶的“千”字汉语拼音第一个字母;

Y——表示液压式的“液”字汉语拼音第一个字母;

L——表示立式的“立”字汉语拼音第一个字母;

10——表示起重量最大为 10t;

最低高度——表示大活塞降至最低点时千斤顶的外观尺寸为 240mm;

起重高度——表示大活塞的最大工作行程为 160mm;

调整高度——表示转动调节螺杆的最大伸长量为 80mm;

公称压力——当起重 10t 重物时,油缸工作压力为 61.6MPa。

三、主要结构与工作原理

(一)结构

图 5-1 是液压式千斤顶的结构图,该千斤顶主要有大活塞 10、小活塞 3、大油缸 11、小油缸 2、外套 12、回油阀杆 15、调节螺杆 9、扳手 4 和密封圈 1、13 等零件组成。将图 5-1 简化为图 5-2 液压式千斤顶原理图,来说明液压传动的工作原理。

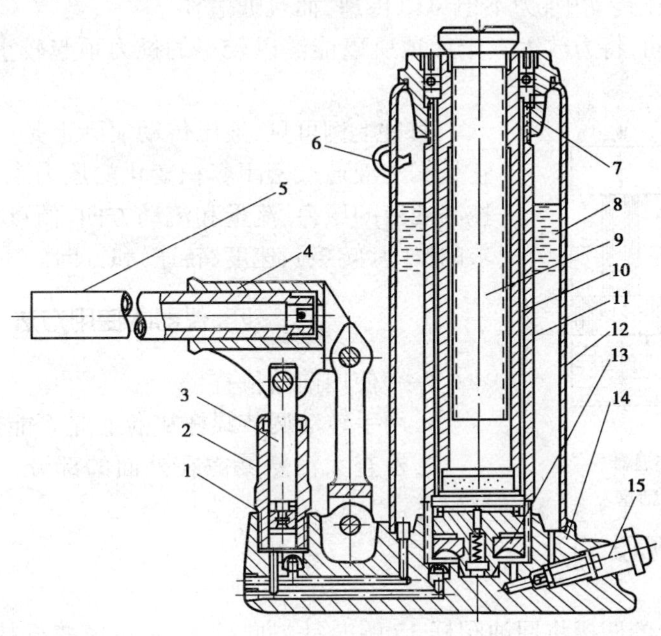

图 5-1 液压千斤顶结构图

1-密封圈;2-小油缸;3-小活塞;4-扳手;5-手柄;6-油塞;7-顶帽;8-液压油;9-调节螺杆;10-大活塞;11-大油缸;12-外套;13-大密封圈;14-底座;15-回油阀杆

(二)工作原理

在图 5-2 中,大油缸 10 与小油缸 6 相互连通着。由物理学中知,液体具有两个重要特性:液体几乎不可压缩;密闭容器中静止液体的压力以同样大小向各方向传递。用手向上扳动手柄 7 时,小活塞 2 向上移动,使小活塞下端密闭容积腔增大,形成真空。在大气作用下,油经油管 1、单向阀 3 进入小油缸下腔。用力下压手柄,小活塞下移,密闭容积腔内的油液受到挤压,下腔的油经管道 4,单向阀 5 输入大油缸 9 的下腔(此时单向阀 3 关闭,与油箱的油隔断),迫使大活塞 9 向上移动顶起重物 8。反复扳动手柄,油液就不断地输入到大油缸的下腔,推动大活塞缓慢上升。

现将图 5-2 简化为图 5-3 的密闭连通器,可清楚地分析其动力传动过程:在大活塞上有负载 W,当小活塞上作用一个主动力 N,使密闭连通器保持力的平衡。此时,油液受压后在内部建立了压力。根据静力平衡原理:

大活塞上的压力 = W/A

小活塞上的压力 = N/a

式中:A——大活塞的面积;

a——小活塞的面积。

因密闭容器中压力处处相等,故

$$\frac{W}{A} = \frac{N}{a} = P$$

这样,可用较小的力平衡大活塞上很大的负载力。

$$W = \left(\frac{A}{a}\right)N$$

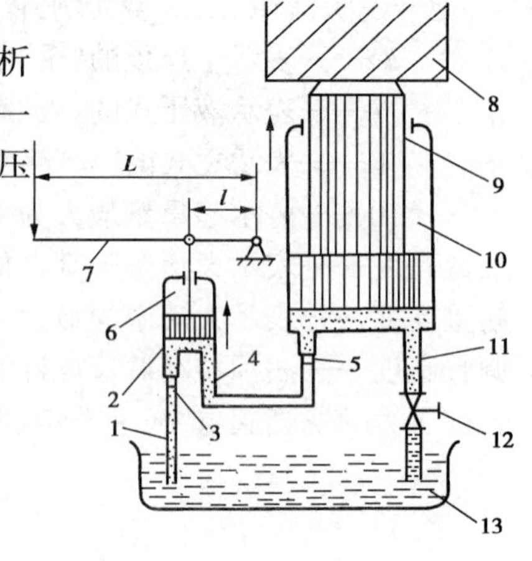

图 5-2 液压千斤顶原理图

1、4、11-管道;2-小活塞;3、5-单向阀;6-小油缸;7-手柄;8-重物;9-大活塞;10-大油缸;12-放油螺塞;13-油箱

由此可知,在液压传动中,力不但可以传递,而且通过作用面积($A > a$)的不同,将力放大。千斤顶所以能够以较小的推力顶起较重的负载,原因就在这里。

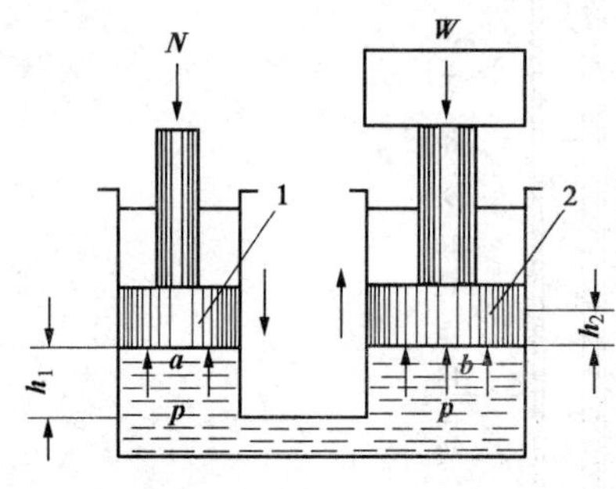

图 5-3 密闭连通器

1-小活塞;2-大活塞

通过上例可见,液压传动实际上是一种能量转换装置,它是靠油液通过密闭容积变化的压力来传递能量的。只要控制油液的压力、流量和流动方向,便可控制液压设备所要求的推力(转矩)、速度(转速)和方向。

四、仪器的使用方法

(一)使用前的检查

1.用手转动调节螺杆 9,检查是否能升降。

2.检查大活塞暴露在外面的部分,不得有碰撞,毛刺,锈斑等。

(二)操作步骤(见图 5-1)

1.大活塞上升

用操作手柄 5 上的凹槽将回油阀杆 15 顺时针方向拧紧,将调整螺杆拧到适当高度,将操作手柄插入揿手孔内上下推动小活塞 3,大活塞 10,即可平稳上升顶起重物。

2.大活塞下降

用操作手柄上的凹槽,将回油阀逆时针拧松,大活塞杆在重力作用下,将自动下降。有载荷时,回油阀杆要慢慢拧松,以免重物下降速度太快发生危险。

五、使用仪器注意事项

1.千斤顶只能直立使用,其工作环境温度为 -20 ~ 45℃,不得在酸、碱及腐蚀性气体中使用。

2.起重前必须估计物体质量,切忌超载使用。

3.使用前必须确定物体重心,选择好千斤顶的着力点,且应平稳放置,如遇松软地基时,应垫以面积大的坚硬材料,以防止起重时发生歪斜倾倒。

4.当数台千斤顶并用时,起重速度应保持同步,且每台千斤顶的负荷也应均衡,否则将产生倾倒之危险。

5.使用时应避免急剧震动。

六、仪器的维护

1.回油阀杆不宜拧出太多,更不应全部拧出,拧出太多或全部拧出易漏油,油太少或没有油是导致大活塞杆不能上升的重要原因。一旦发现大活塞杆不能上升,首先应检查是否有油,如没有油,应将千斤顶上的油塞6(见图5-1)取下,从活塞孔中把油加入。由于油塞孔小,用漏斗把油加入是很困难的,最好使用医用针筒把油推入千斤顶内。

2.每次用完千斤顶,应使大活塞全部下降,以防止大活塞歪曲、碰伤、产生锈斑等。

3.如千斤顶内有油,而大活塞只能上升很小的行程,说明此时千斤顶内油量不足,需加油,加至油塞孔漏油,即停止加油。

4.如千斤顶内有油,大活塞完好。将操作手柄扦入撤孔内,上、下撤动小活塞,大活塞不上升,此时一般是小活塞上的密闭圈坏了,在小活塞下端不能形成密闭容积空间,需更换新的密封圈。

5.加入千斤顶内的油必须保持足够的洁净。

6.当在-5℃以上工作是采用(GB 443—84)规定的N15机械油,而在-20~-5℃工作时采用(GB 442—64)规定的合成锭子油。

第二节 2000kN压力试验机

一、用 途

在公路工程及建筑工程试验检测中,该压力机主要用于水泥混凝土抗压强度试验(T 0517—94),水泥混凝土的轴心抗压强度试验(T 0518—94),水泥混凝土抗压弹性模量试验(T 0519—94)等。

二、技术参数

1.试验机最大试验力:2000kN。

2.油泵最高工作压力:40MPa。

3.承压板尺寸:320mm×320mm。

4.承压板间净距:320mm。

5.活塞最大行程:20mm。

6.活塞回落速度:10mm/min。

7.测量范围:0~800kN,0~2000kN。

8.刻度盘分度值:0~800kN时2.5 kN/格,0~2000kN时5 kN/格。

注:1.该机的活塞最大行程仅为20mm,所以不能用来做水泥混凝土用粗集料压碎值试验(T 0315—1994)及沥青混凝土用粗集料用压碎值试验(T 0316—2000)。

2.用于做压碎值试验的压力机行程要大于35mm。

三、主要结构及工作原理

(一)结构

该机由主机部分和测力计部分组成。

1.主机部分(见图5-4左半部分)

在刚性机架12上部装有螺母11,螺杆10旋在螺母内。在螺杆末端装有球座9及上承压板8。由于球座带有凹球面,上承压板带有凸球面,使得上承压板能略作自由倾斜移动,以补偿试件的形状及尺寸误差。因此,在试件受压时,可以自动调整上承压板与试件受压面接触吻合。根据试件尺寸,转动手轮13,就可以调节上承压板与下承压板之间距离(即净距)。油缸1固定在机架的下部,在油缸的内壁上部嵌有复合圈3和橡胶密封圈4,防止在高压时活塞和油缸间过多的油液溢出,油缸后左上侧装有一溢油管,直接让溢出的油流回油箱,以保持机器四周的洁净。

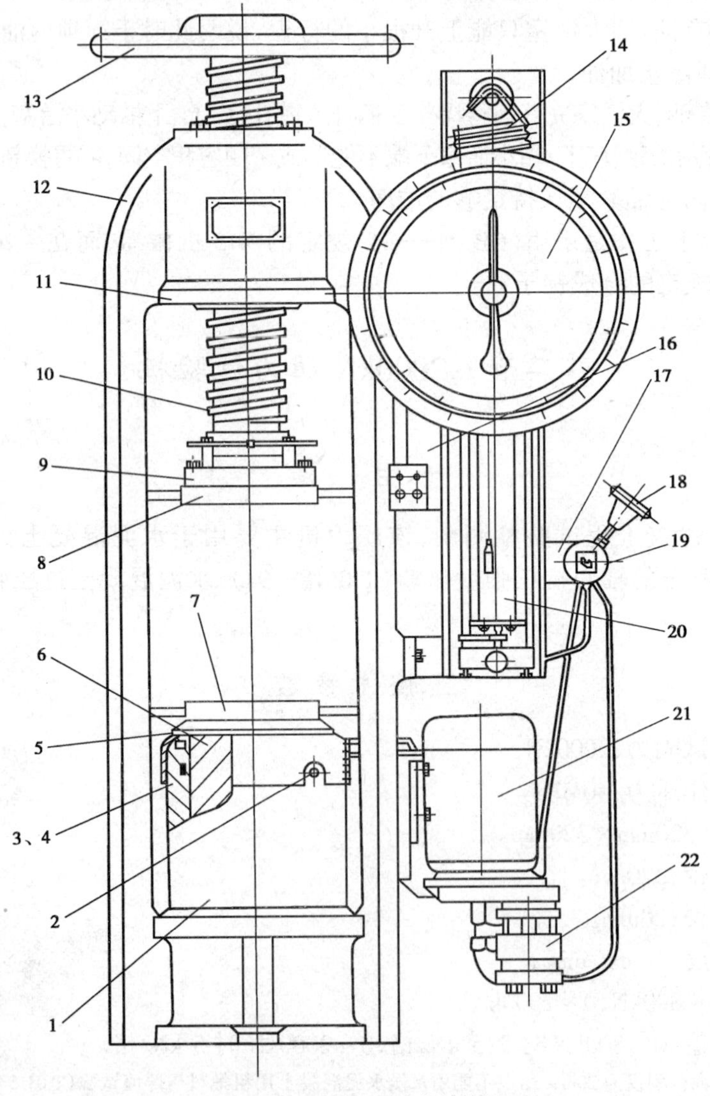

图5-4 2000kN压力机结构图

1-工作油缸;2-螺钉;;3-复合圈;4-橡胶密封圈;5-遮屑板;6-油塞;7-下承压板;8-上承压板;9-球座;10-螺杆;11-螺母;12-机架;13-手轮;14-弹簧;15-测力体;16-电气箱;17-分油阀;18-回油阀;19-进油阀;20-测力油缸;21-电机;22-液压泵

2.测力计部分(见图 5-4 右半部分)

测力系统由荷载指示机构、加载系统、测力机构、操作部分等组成。

(1)加载系统

加载系统由液压泵 22、电机 21、测力油缸 20、分油阀 17 组成,它们分别紧固在机架下部测力计的槽钢上。贮油箱装在油泵后侧,贮油箱的底部装有放油螺塞,贮油箱内部装有滤油器。

启动电机,液压泵开始工作,液压泵的吸油口从油箱吸油,液压泵出油口排出的压力油进入分流阀。打开进油阀 19(手轮反时针方向旋转为开,反之为关),关闭回油阀 18,油液经有关油管进入工作油缸,并推动油缸内的活塞和下承压板上升。把试件放在上、下承压板之间,因上承压板不动,试件受压。同时工作油缸的油又流入测力油缸,以保证测力油缸的油压与工作油缸的油压相等。在通往测力油缸的通道上装有缓冲阀,以防在试验完毕时,因打开回油阀后,回油速度过快,产生振动而损坏测力计。

(2)测力机构(见图 5-5)

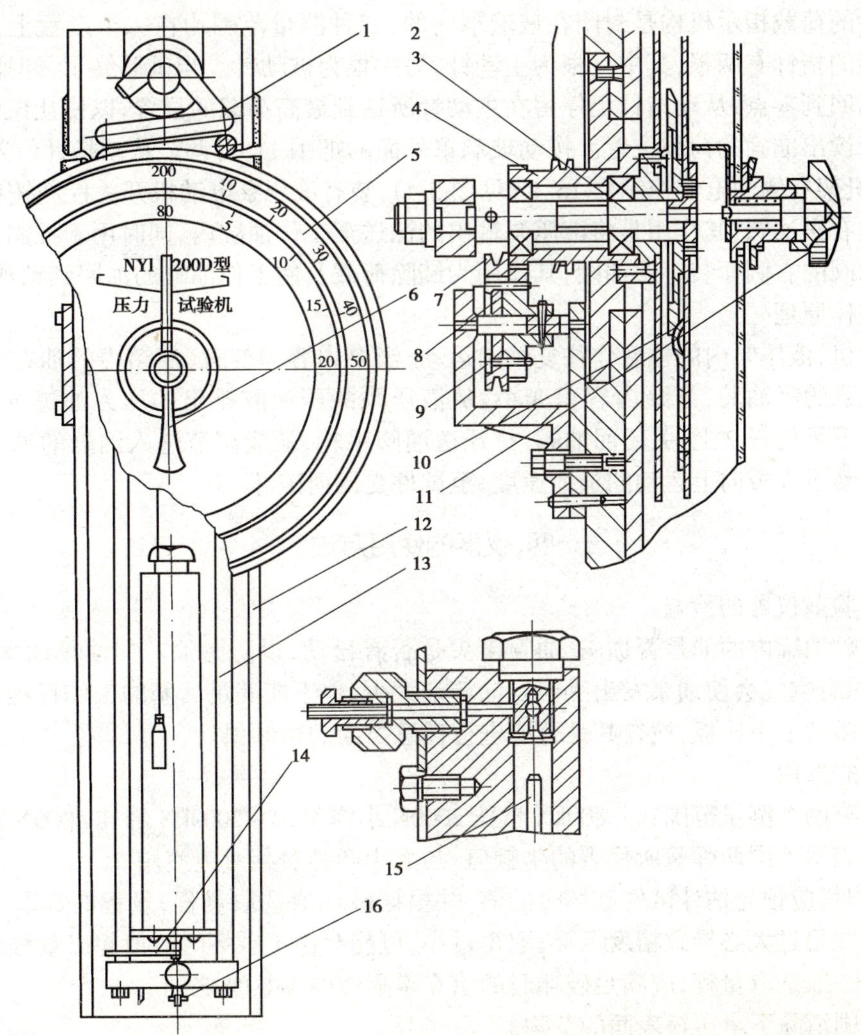

图 5-5 测力机构结构图

1-5000N 大弹簧;2-2000N 小弹簧;3-指针轴;4-从动齿轮;5-刻度盘;6-主动针;7-被动针;8-绕线轮;9-主动齿轮;10-弹片;11-把手;12-支架;13-吊杆;14-夹圈;15-测力杆;16-滚花螺母

弹簧1、2是用来测活塞上所受压力的大小，仪器备有5000N弹簧及2000N弹簧，分别用于不同的测量范围。

油液自工作油缸通至测力计油缸，测力杆15受力而向下移动，拉动两吊杆13将力传至弹簧1或2，因此测力杆的位移根据弹簧受力大小而决定。

活塞受力时，测力杆的位移通过弦线及一系列传动机构使指针旋转。因此，活塞受力的大小经过测力杆、弹簧、绕线轮8、主动齿轮9、从动齿轮4等带动指针轴3和主动针6旋转，由指针在刻度盘5上直接指出试件所受荷载大小。试件受力越大，工作油缸内的油压就越大，同时测力油缸的油压相应变大，测力杆向下移动的距离就大。测力杆末端的位移通过弦线传至绕线轮经一对齿轮带动主动指针旋转的角度就越大，从刻度盘上读出的数据就越大。

测力杆末端装着夹圈14，在测力杆刚开始向下运动时使之左右摆动，借以减少测力杆的呆滞现象。

(3)荷载指示机构

测力计的荷载指示机构是封闭在玻璃罩内的，二种测量范围均在一个度盘上。读盘上指示荷载数值的指针有两根，其中一根为主动针，另一根为被动针。当试验终了，卸掉荷载后，主动针开始退回到零点，从动指针仍停留在主动针所达到最高荷载的位置，以便让试验人员有足够的时间来读出准确的荷载位置。按动玻璃罩外面的把手11，可调节从动指针位置。

(4)在机架右侧的电器控制盒16上(见图5-4)，装有液压泵电动机开关控制按钮。分油阀的正前方装有送油阀，其作用是将液压泵输出的油送至工作油缸内，同时用于控制荷载速度的增减。分油阀的右侧面装有回油阀，其作用为卸除荷载及使工作油缸的油回到贮油箱。

(二)工作原理

开动电机，液压泵内的柱塞作往复轴向运动，当泵内容积变大，油箱内的油在大气压力下将进入液压泵的吸油腔，当泵内容积变小，从液压泵的压油腔排出的压力油进入分油阀19。把试件放在下承压板7上，关闭回油阀，打开送油阀手轮，就能调节进入油缸的油量而达到控制活塞8推动下承板向上运动的加荷速度，至试件受压而破坏。

四、仪器的使用方法

(一)试验前仪器的检查

1.检查贮油罐内的油是否加满、油管接头是否有松动，以防漏油。如油箱油太少，油泵会吸空，油泵内有空气会使油泵发出噪声。油箱油太少，也不能满足活塞的工作行程。

2.用手搬动上承压板，检查其是否能进行任意方向的微倾斜。

3.度盘的选用

试验机有两个测量范围：0～800kN悬挂2000N小弹簧，0～2000kN悬挂5000N大弹簧。刻度盘内外圈表示不同两弹簧所代表的牛顿值，与大小两弹簧相对应使用。

做试验时，应预先估计试件破坏时的值，并根据破坏值选取量程，量程的选取应考虑测量精度。量程取得过大必导致精度下降；取得过小，可能会由于破坏时的值超出量程而导致试验失败。所以一般选取量程，应满足破坏时的值在量程20%～80%之间。

4.用毛刷清除下承压板表面的杂物。

(二)操作步骤

1.指针调零：开动油泵，打开送油阀，使活塞上升2～3mm，关闭回油阀，转动滚花螺母16(见图5-5)，调节弦线长短，使主动针对准刻度盘零线，使从动针与主动针重合。

2.安放试件:将试件放在下承压板的中心位置,如压缩的是金属材料试件,在试件的上、下面要加用经热处理磨平的垫板,以免上、下承压板表面被压出毛刺,影响正常使用。

3.转动手轮,调节上承压板至试件顶面。

4.打开送油阀,按需要的速度加荷。如继续加压,主动针开始回退,从动针读数不再增加时,则表示试件已破坏,关闭送油阀,从动针所指位置就是试件破坏时的荷载读数。

5.将回油阀缓缓打开,将油缸内的油放回油箱,将从动针拨至与主动针重合,并归零。

五、使用注意事项及维护

(一)注意事项

1.一次要进行多个试件的压缩试验,不要压破一个试件就关闭电机,压另一个试件,又重新启动电机。电机在启动时,电流达到最大,在短时间内反复启动电机,将减少电机寿命。

2.在试验过程中,如需暂时离开,应关掉电机,以减少油泵的磨损和油发热。

3.新安装好的机器或电路经过维修,接通电源后,此时启动电机使油泵运转但必须观察油泵飞轮旋转方向,是否与泵上所标指向一致。如不相符时,一定要调换电源接头内的相线位置,使飞轮旋转方向与箭头指向一致。因反转会损坏油泵。如果油泵或油路系统内有空气存在,将影响试验机的正常工作,并加快油泵内部零件的磨损。

4.弦线折断,重新更换弦体,应断开进线电源,以免发生触电事故。

注:如泵外壳没有箭头,当电机接电运转时,观察电机尾端,电机风扇叶片旋转应为逆时针方向。

(二)仪器维护

1.上承压板球头与球座要涂抹润滑油。

2.油箱内的油要保持干净和充足的油量。

3.减少丝杆与螺母之间的摩擦要定期给它们加黄油。

4.油泵使用的压力油:

(1)当环境温度为 15±5℃,建议采用 GB 443—84 的 N68 号机油;当环境温度为 25±5℃,建议采用 GB 443—84 的 N100 油。所用各类油,不能含有杂质,以免油管油路及滤油器阻塞,或使油泵及活塞很快腐蚀。

(2)压力机如经常使用,半年就需更换一次新油。更换新油时,从贮油箱的底部旋开放油嘴塞,让旧油流尽,清洗与油泵吸油管相连的滤油器上的杂质,然后再加入新油。

5.复合密封圈和橡胶密封圈的更换。因密封圈是易损零件,若密封圈用久后,活塞与油缸间溢油情况严重时,则必须要更换密封圈,更换时首先将活塞上所有各零件如承压板、遮屑板等拆去,并旋松油缸后侧的油管接头(使油缸内的气排出),将随机配给的两枚吊环螺钉旋进活塞中部的两起重吊螺孔内,将钢杆伸进吊环内,抬起活塞,吊至机架外进行拆换。

(1)用弯形钩将复合圈拉出。

(2)用弯形钩将橡胶密封圈拉出。

(3)将新的橡胶密封圈和复合密封圈装入压平,使各处稍凸出油缸壁,凸出应均匀,并保持与油缸边缘相平。防止活塞装入时切伤复合密封圈。

(4)装妥后,油缸进行清洗,用干净的细布拭清(不能用带有毛线的纱头或布头,最好用丝绸布。)。

(5)装入活塞,使活塞在油缸内上下移动自如。如活塞很难装入,说明密封圈与油缸上的密封槽贴合的不好,密封圈的局部地方有气泡,凸出油缸内壁较多。可在油缸密封槽的内侧涂少许黄油，这样很容易把密封圈与油缸槽之间的空气排出。

(6)根据拆卸步骤再装上各零件，在试车时，可在活塞上不装承压板，以便观察油泵与活塞的溢油是否正常。

六、常见故障及排除

见表5-2。

2000kN压力试验机常见故障及排除 表5-2

序号	现　象	原　因	排除方法
1	油泵打不出油	1.油箱滤油器堵塞； 2.油泵内部有空气； 3.进油球阀处有污物	1.拆洗滤油器； 2.松开油管接头排气； 3.拆洗
2	油泵打不到最高压力	1.液压系统内部有严重漏油处； 2.回油阀与阀口不吻合； 3.油缸内部密封圈不好或损坏	1.进一步检查漏油部位； 2.重新研磨阀口； 3.使用观察一段时期或更换新密封圈
3	加荷过程中指针抖动	测力活塞表面粗糙度受损，导致在运动中产生呆滞	卸下测力活塞稍加研磨
4	机器示值精度大幅度超差	1.弦线脱落后未正确地安装就位； 2.被动指针的弹性垫圈紧松不当或有污物卡磨，产生阻力所致	1.重新安装弦线； 2.适当调节弹性垫圈或清洗，可用双针或单针运转对比方法确定松紧程度
5	指针工作后不能回零	1.指针轴承有污物卡住； 2.指针螺母松动	1.清洗轴承； 2.卸去外罩，拧紧螺母
6	正值误差 (测值偏大)	1.油缸、活塞部分有污物毛刺； 2.压力板靠销与机架摩擦	1.清洗油缸、活塞，去毛刺； 2.重新放好压力板位置
7	负值误差 (测值偏小)	1.测力杆拉毛； 2.指针呆滞； 3.弹簧或机架与其它零件有摩擦	1.拆下测力杆进行抛光； 2.调整弹簧片弹力； 3.调整好各有关零件的位置

第三节　300kN 压 力 机

一、用　　途

该机主要测定水泥胶砂(ISO法)的抗压强度，最大载荷300kN，配上合适的抗折夹具后也可作水泥混凝土等材料的抗折强度试验，也可用于测定水泥混凝土用粗集料压碎值试验(GB/T 14685—2001)

二、技术参数

1.最大试验力:300kN。

2.测量范围:0～60 kN,0～150 kN,0～300 kN。

3.度盘分度值:0～60 kN 时 0.2 kN/格,0～150kN 时 0.5 kN/格,0～300kN 时 1 kN/格。

4.承压板间净距:280mm

5.承压板直径:ϕ150mm。

6.活塞直径×最大行程:ϕ125mm×120mm。

7.油液最高压力:25MPa。

8.活塞的最大上升速度:62mm/min。

三、主要结构及工作原理

(一)结构

该机由机架、测力、示值、油泵、送油及回油阀等部件组成,各部件均安装于一个座箱上构成一个整体。

1.主机部分(见图 5-6)

在底座 3 上装有两根固定立柱 9,它们支承着横梁 11,组成一个不动的机架,横梁腹板装有上承压板 10,它不能进行上下调节。工作油缸 5 固定在底座上,油缸内的活塞 4 可上升 120～130mm,当活塞上升时,为防止粉尘进入油缸而备有外罩 6。当试件通过抗压夹具放在下承压板 8 上,下承压板底部的球面与凹球座 7 接触,可以自动调整上下承压板的平行,使试件受力均匀。

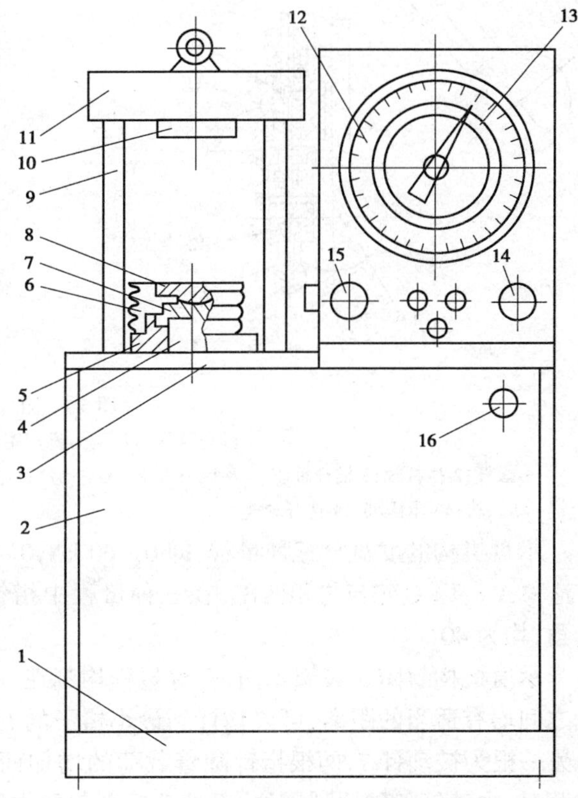

图 5-6 300kN 压力机结构图

1-箱底座;2-箱座;3-底座;4-活塞;5-工作油缸;6-外罩;7-凹球座;8-下承压板;9-立柱;10-上承压板;11-横梁;12-示值机构;13-加载速度指示盘;14-送油阀;15-回油缓冲阀;16-指示盘调节器

工作油缸与工作活塞是精密零件,在油缸的内壁上部嵌有复合密封圈来达到密封(在有压力的情况下微量溢油是允许的,油缸壁上专门设有溢油通道),这种结构可以使工作油缸与活塞之间的摩擦减小到极小限度,从而保证了试验机的精度。

2.测力机构(见图 5-7)

该机采用的液压摆锤测力机构,它与示值机构一起组成测力系统。它通过测力油缸 11 和测力活塞 10 来进行测力。当工作油缸的压力油进入测力油缸时,推动测力活塞下移,此时顶块 12、承压轴 13 及连杆轴座 14 一起被推动而下移,再经两条拉板 9 使摆杆轴座 3 产生顺时针转动,因而装在摆杆轴 2 上的摆杆 1 也被扬起产生转角。摆杆轴上产生的扭矩力将由摆杆末端的重砣(A、B、C)予以平衡,而当摆杆轴座顺时针转动的同时,通过弯板 4 推动螺杆 5 向右横行,这时螺杆带动示值机构的滚筒 8 顺时针旋转(主动针 6 和滚筒连在一起),便在度盘上指示出一定的数值。由于螺杆横行的距离与压力机之载荷成正比,所以刻度盘能准确地反映试件所受荷载的大小。

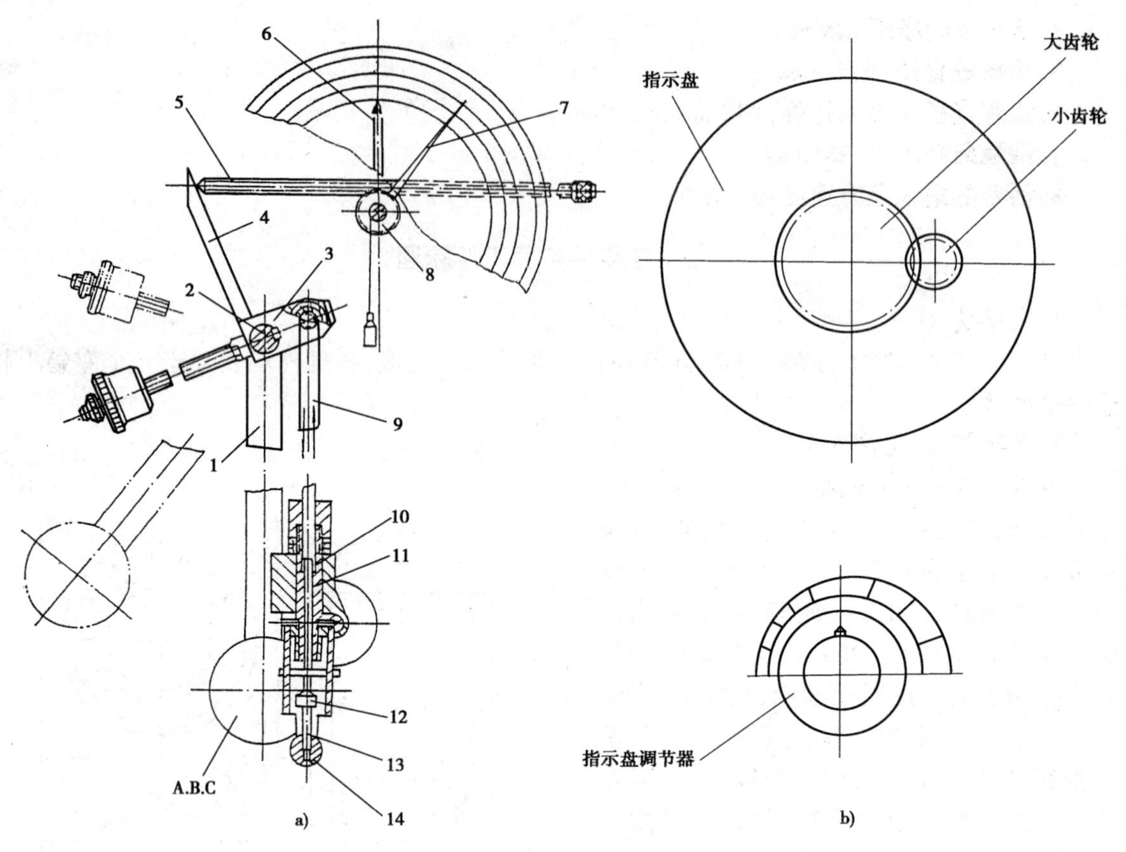

图 5-7 测力机构

a)300kN 压力机测力机构图;b)加载速度指示器

1-摆杆;2-摆杆轴;3-摆杆轴座;4-弯板;5-螺杆;6-主动针;7-被动针;8-滚筒;9-拉板;10-测力活塞;11-测力油缸;12-顶块;13-承压轴;14-连杆轴座

示盘机构的度盘分三种量程,即 0 ~ 60 kN,0 ~ 150 kN 和 0 ~ 300 kN,并分别使用 A 砣,A + B 砣和 A + B + C 砣与之相匹配,在三种量程中指针满度时,摆杆带动相匹配的重砣分别扬起转角,均为 40°。

示值机构封闭在玻璃罩内,三种量程均刻在一个度盘上,分内、中、外三圈,并标有数字,刻线之间均有适当的距离,可以估计到最小格子的五分之一。度盘上有两根指针,一根为主动针 6,另一根为被动针 7,两根指针随着载荷的增加而顺时针方向转动。当试验负荷达最大值后卸载时,主动针随即回到零位,而被动针则停留在原负荷值上,以便试验人员读出准确的数值。被动指针可以用玻璃罩外的手柄拨回零位。

示值机构内附有加载速度指示装置(如图 5-7b),它由一个伺服电机带动一个指示盘,电机的转速可通过指示盘调节器的转盘使伺服电机改变转速,从而可使指示盘获得不同的转速。例如:可调至 0.48r/min、0.24r/min 等各种稳定转速。当试验机在 300kN 量程内、指示盘为 0.48r/min,加载时指针与指示盘同步,则表示加载速度为 2400N/s,当指示盘为 0.24r/min 时,加载时指针与指示盘同步,则表明加载速度为 1200N/s,以此类推。若要求各种加载速度均可将指示盘手轮调整到适当位置。

3.回油缓冲阀

回油缓冲阀由一个卸荷开关和一个回油节流阀组成,其目的有二:一是卸除载荷;二是使工作油缸的油回到油箱。而测力缸的回油必须经回油缓冲阀中的节流阀获得缓回,其用途是当试件压碎后,工作油缸油压迅速下降,这就防止摆杆及重砣猛然回落造成强烈的冲击。缓冲阀的手柄露出在测力箱体的左侧,它可分别按 A、B、C 三种预先调整好。测量范围取 0 ~ 60kN,将缓冲阀手柄设在 A 档;测量范围取 0 ~ 150kN,将缓冲阀手柄设在 B 档;测量范围取 0 ~ 300kN,将缓冲阀手柄设在 C 档。

(二)液压传动系统工作原理(见图 5-8)

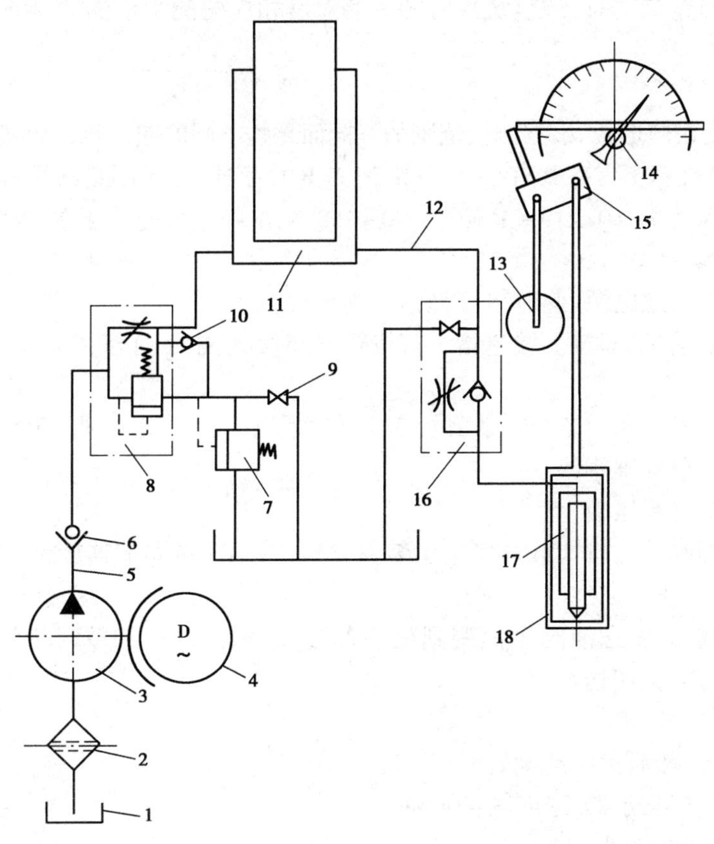

图 5-8 300kN 压力机液压传动系统

1-油箱;2-滤油器;3-电机;4-油泵;5-出油管;6-单向阀;7-卸荷阀;8-送油阀;9-截止阀;10-单向阀;11-工作油缸;12-油管;13-重砣;14-示值机构;15-摆杆轴座;16-回油缓冲阀;17-测力油缸;18-连杆轴座

启动电机 3,油箱 1 内的油经滤油器 2 被吸入油泵 4,经油泵出油管 5 送至送油阀 8,当送油阀门完全关闭时,油压升高到能将定差减压阀推开,压力油即有两个去向:一是当油压继续增大到一定值时,即通过卸荷阀 7 卸荷;也可直接开启截止阀 9 使之直接与油箱接通进行卸荷。当送油阀打开时,压力油送入工作油缸 11 内,可使柱塞式油缸内的活塞升起,油缸内腔通过油管 12 与回油缓冲阀 16 相连,油缸内的压力油单向地流向测力缸 17,从而带动拉板、摆杆轴等示值机构示值。当工作油缸负荷突然消失时,打开回油阀 16 开关,此时,工作油缸即卸荷,而测力油缸之压力油必须流经回油缓冲阀中的具有阻尼作用的节流阀达到缓回油的目的。

四、仪器的使用方法

(一)使用前的检查

1.选用度盘

试验前应对试件最大载荷有所估计,以便选用相应的测量范围,才能得到准确的数据。例如:某试件估计最大载荷不超过 50kN 的就应选用 60kN 的量程,而不用 150kN 或 300kN 的量程,这样是为了保证试验结果数据能更准确。一般选取的量程为最大荷载的 20%~80%。

2.调整缓冲阀

选用某一个测量范围时,调整缓冲阀的手柄对准相应的测量范围的刻线,并将指示盘调整至适当速度。

3.悬挂摆锤

该试验机采用摆锤形式,根据测量范围的不同而悬挂不同的砣。该试验机有三个量程,按圆周等级挂在同一个度盘上。砣共有三个,分别刻 A、B、C 字样,A 砣固定在摆杆上,不用拆下。试验时 A 砣用于量程为 0~60kN,A+B 砣用于 0~150kN,A+B+C 砣用于 0~300kN 的量程。

(二)操作步骤

1.转动总开关接通电源(此时绿灯亮)。

2.开动油缸电动机,即按下绿色指示灯按钮,此时红色指示灯按钮亮。

3.指针零点的调整

试验之前一定要将指针对准"零"位,若不在"零"位,打开送油阀,使活塞上升 5~10mm 后,关闭送油阀,调整对准零线。

4.将试件放在下承压板上。

5.在打开送油阀前先将加载速度指示装置开启,并迅速将调节器旋到适当位置,使指示盘保持一定的转速。

6.打开送油阀,并将送油阀手柄调到相应位置,应保持试件加载时指针与指示盘同步旋转,直至试件被压碎,关闭送油阀。

7.记录试验数据。

8.打开回油阀,然后拨回从动针。

9.关闭加载速度指示器旋钮,关闭回油阀。

10.清除被压碎的试件。

注意:倘若试件破型时有严重爆裂声,可将附件垫块加于下压板上减小活塞上升高度,爆裂声即可改善。

五、使用仪器注意事项及维护

(一)使用注意事项

1.在新安装仪器或在使用中,要检查油泵主轴的旋转方向是否与油泵外壳所标注的方向一致,否则应予纠正。

2.送油阀与回油阀的操作

为了使油泵输出的油很快地进入油缸,快速升起活塞以减少辅助时间,开始时送油阀可以开得大一些。当试件开始加载时应注意操纵送油阀手柄,根据试件的加载速度调节送油阀,即指针运动应与指示盘保持同步,尤其是接近破碎吨位时更应保持严格同步,不应使加载速度大于或低于指示盘,以免影响试验的准确性。试件被破碎后,关闭进油阀,慢慢地旋开回油阀,使油缸内的油回到油箱。此时摆锤徐徐落下,度盘的主动针回到零位。但应注意不必将油缸内的液压油全部放完使工作活塞下落最低(当活塞下落最低,下一次试验补油需很多时间,打开送油阀不能使工作活塞立即上升)。

3.摆杆垂直的调整方法

在摆杆上挂上A、B、C砣,开动油泵电机运转2~5min后,排除油管及油泵内残存气体,关闭回油阀,打开送油阀,使活塞上升10~20mm,关闭送油阀(油泵电机继续运转),并在打开上箱盖旋开送油阀下方截止阀9(见图5-8)的情况下,检查摆杆刻线是否与挡架对准板刻线对齐,否则可拧平衡砣进行调整。然后逐一挂砣,同时在对准板刻线对准情况下进行调整,反复多次至调好,调整完毕后将锁紧螺母锁住平衡锤,以防使用时失去平衡。

(二)仪器的维护

1.当环境温度不同时,建议使用不同粘度的液压油,以减少压力油的泄漏。

2.使用时如发现油箱内的油液混浊时即予更换,同时对油箱进行一次清洗。可以倒入煤油至油箱中然后放出,如此重复几次,并用毛巾擦清箱底。

3.机体内外要经常保持清洁,对无保护表面应经常涂油防锈,不使用时应用机罩罩起来。

4.维护保养时应切断电源,以防止意外事故。

六、常见故障及排除

见表5-3。

300kN压力机常见故障及排除 表5-3

序号	现　　象	故障原因	排除方法
1	油泵不出油	(1)油泵内有空气; (2)滤油器阻塞; (3)出油阀座不吻合,钢球及球座有划痕及毛刺	(1)打开油泵高压出油管接头进行排气; (2)清洗,排出油泵内空气; (3)更换或修复相应零件
2	油泵输油不稳定(指针可见停滞往复抖动)	(1)油液粘度太小或油液太脏; (2)油路内有空气; (3)送油阀活塞与衬套间有脏物或已拉毛; (4)有漏油处	(1)更换适宜粘度的清洁油; (2)排除油路内空气,使活塞上升一段距离后,打开回油阀即可; (3)清洗、研磨已拉毛零件; (4)找出漏油处予以排除
3	油压脉动(送油阀的回油管回油出现断断续续,负荷示值检定时标准测力指针抖动)	(1)油泵内有空气; (2)油液粘度太小; (3)送油阀节流针间隙过大; (4)油泵内有脏物; (5)出油阀座不吻合,钢球及球座有毛刺	(1)排除空气; (2)更换适合的油液; (3)减小节流针间隙; (4)清洗油泵; (5)更换或修复相应零件
4	油压达不到最大负荷	(1)送油阀油塞与其套配合太紧,或有脏物; (2)送油阀弹簧弹力太小; (3)有大漏油处; (4)送油阀活塞前端漏油; (5)油管接头漏油; (6)工作活塞间隙太大; (7)回油阀针阀口不吻合	(1)清洗或研磨相应零件; (2)在弹簧端面加垫圈或更换弹簧; (3)消除漏油; (4)拧紧螺母套; (5)更换垫圈并拧紧; (6)略加大油液粘度,或更换活塞; (7)把回油阀加以研磨

续上表

序号	现　　象	故障原因	排除方法
5	卸荷后指针不回零	(1)齿条被卡死; (2)摆杆回落太快使齿条从滚轮中跳出	(1)调整弹簧片; (2)重新啮合齿条; (3)旋转齿条调零
6	摆砣在试件破坏后回落太快造成冲击	(1)油粘度太小; (2)缓冲阀锥面与阀口间隙太大	(1)更换粘度适宜的油液; (2)重新调整间隙功
7	摆砣回落太慢	(1)油粘度太大; (2)缓冲阀锥面与阀口间隙太小	(1)更换粘度适宜的油液; (2)重新调整间隙
8	开动油泵,工作后指针来回摆动	测力活塞下端一顶块位置未对准	纠正位置
9	示值误差超差	测力油缸与测力活塞摩擦力过大,有污物、锈蚀拉毛,产生负值	清洗、除锈、研磨
10	度盘示值不稳定,在多次试压中误差方向多变	(1)立柱上下之螺母未拧紧; (2)球座吻合不良	(1)拧紧之; (2)对研球座
11	水泥试件受压后成单面破坏	球座吻合不良	对研球座
12	试验破坏时,爆裂声太大	活塞上升过高	加垫块减少工作活塞上升高度

第四节　WE—1000型液压万能试验机

一、用　　途

该仪器主要用于钢材及其它金属材料拉伸、弯曲、压缩、剪切试验,亦可做水泥混凝土抗折强度等试验。

二、主要技术参数

1.最大负荷:1000kN。

2.测力计度盘刻度分三档:0～1000kN,2000 N/格;0～500kN,1000 N/格;0～200kN,400 N/格。

3.工作活塞直径:ϕ230;工作活塞行程250mm。

4.拉伸试验时上下钳口座间距离(包括活塞行程)150～750mm。

5.拉伸圆试样夹持范围ϕ20～ϕ60mm。

6.拉伸扁试样最大可夹持厚度40mm。

7.压缩试验时上下压板间距离150～400mm。

8.弯曲试验时两支承点距离100～1200mm。

三、结构及工作原理

(一)仪器结构

该机由主机部分和测力计部分组成，见图 5-9。

1. 主机部分

上机架 29、底座 16 及 2 根立柱 25 构成了固定不动的机架。在底座内部装有钳口升降电机、蜗轮、蜗杆、螺母、丝杆等零件。

下钳口座 18 安装在底座中心的丝杆上端，丝杆受底座内部的蜗轮螺母控制。当开动下钳口座升降机，可按试验要求把钳口座迅速升降到需要位置，下钳口座的最大升降距离由限位开关控制。下钳口座升降限位开关装设在立柱的背面，当下钳口升降至规定距离时，压动开关，切断电路，使下钳口座升降电动机停止工作。支架上装有刻度尺，可指示升降距离和试件变形长度。

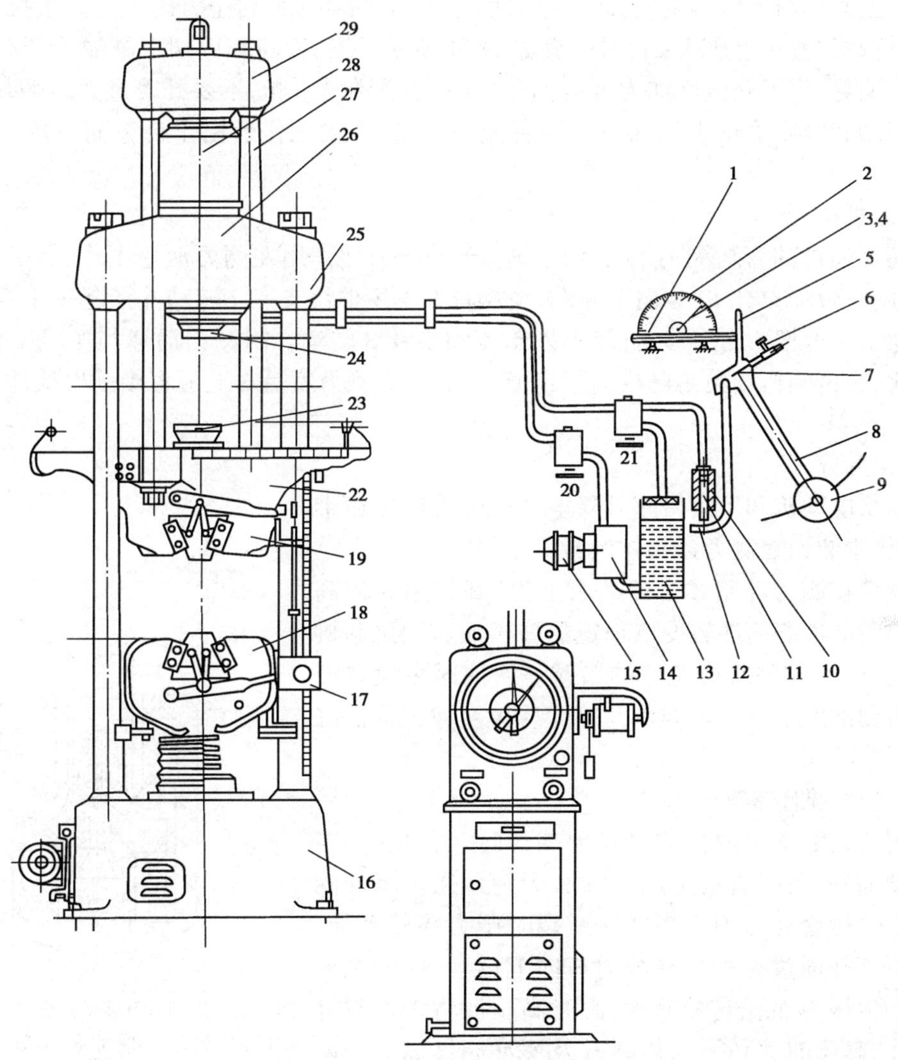

图 5-9　1000kN 万能试验机结构图

1-水平齿杆；2-测力表盘；3-指针；4-小齿轮；5-推杆；6-平衡砣；7-支点；8-摆杆；9-摆锤；10-测力油缸；11-测力活塞；12-拉杆；13-油箱；14-油泵；15-电动机；16-底座；17-变形放大机构；18-下钳口座；19-上钳口座；20-进油阀手轮；21-回油阀手轮；22-活动工作台；23-下压头；24-上压头；25-立柱；26-上机架；27-拉杆；28-工作油缸；29-上支架

上钳口座 19 安装在活动工作台 22 下部，当油泵 14 输入的油进入工作油缸 28 底部，使活塞连同活动工作台上升。活塞行程限位开关装设在主机右立柱的侧面上，当工作活塞上升最大高度时，活动工作台侧面定位板便压动开关切断电路，使油泵停止工作。活动工作台前后两侧装有刻度尺以指示弯曲支座间距离。上压头 24 有几种形状：平的用于做压缩试验，U 形的用于做弯曲试验，换上剪切压头可做剪切试验。

2.测力计部分

测力系统由荷载指示机构、自动描绘器、加载系统、缓冲阀、测力机构操作部分等组成。

(1)加载系统

启动电动机 15 带动油泵工作，油泵从油箱 13 吸油，打开进油阀的手轮 20(逆时针方向旋转为开，反之为关)，油液经油管进入工作油缸，并推动活塞上升，使活动工作台随之上升。如将试件装在上钳口与下钳口之间，因下钳口固定不动，活动工作台上升时试件产生拉伸变形而受拉力；如将试件置于上压头 24、下压头 23 之间则受压缩、弯曲和剪切。进油阀开启的大小，能控制进入油量，为了使试件加力缓慢，应注意控制进油阀手轮，不要开得过大。卸载时，关闭进油阀，打开回油阀(手轮 21)，油液从油管流回油箱，活动工作台由于自重而下落，直至原始位置。

(2)测力机构

工作油缸通过油管与测力油缸 10 相连，于是压力油作用在测力活塞 11 上部使测力活塞向下移动，同时带动拉杆 12 也向下移动，使摆杆 8 等组件绕支点 7 转动并扬起一个角度，通过推杆 5 推动水平齿杆 1 向左移动，使小齿轮 4 和指针 3 转动。因测力活塞与主机工作活塞的截面积之比，在试验机校验后已成为固定值。因此，在测力度盘 2 上可直接读出试件受力的大小。

(3)操作部分

高压油泵电动机和下钳口座升降电动机的控制按钮带指示灯，均集中装设在测力计箱体的台面上。

送油阀装在测力计箱体台面的右上方，其作用为使高压油泵打出的脉冲高压油转变成稳定的高压油送到试验机工作油缸内，同时控制载荷速度的增减。回油阀装设在测力计箱体台面的左上方。其作用为卸除载荷及使工作油缸内的油回到贮油箱。

(4)缓冲阀(见图 5-10)

缓冲阀装设在测力油缸的衬套上端，其作用原理是当载荷逐渐增加时，高压油从上面孔口 E 顺利地通过缓冲阀锥面 1 而进入衬套孔口 H。当试件断裂时压力骤然下降，摆杆迅速下落并通过拉板带动测力杆向上运动，使衬套内的油重新产生压力而托起缓冲阀，此时高压油将缓冲阀锥面通路堵住，高压油就必须从孔口 H 及缓冲阀锥面上的两条细缝 6 缓慢地流向孔口 E。这样，通过缓冲阀锥，从而使摆杆及砣能慢慢地回到原来位置。

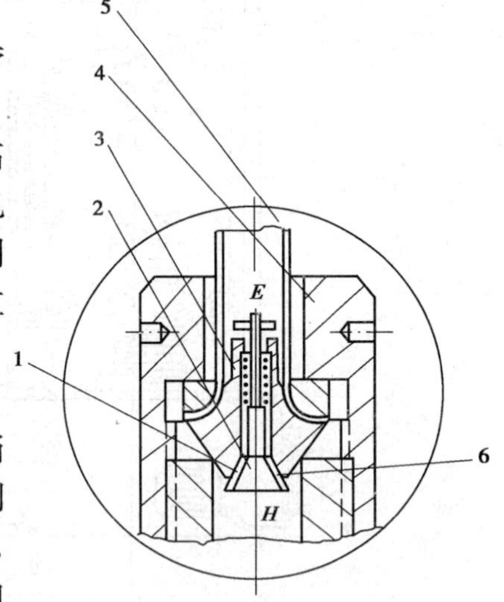

图 5-10　1000kN 万能试验机缓冲阀结构图
1-缓冲阀锥面；2-缓冲阀；3-阀套；4-螺母；5-管子；6-缓冲阀细缝

(5)载荷指示机构

测力计的载荷指示机构是封闭在玻璃罩内，三种测量范围读数均在一个度盘上，读盘上指示载荷数值的指针有两根，其中一根为主动指针，另一根为被动指针，其尖端部分均涂以红色标记。试验时主动指针带着被动指针随荷载之增加按顺时针方向转动。当试验终了,卸掉荷载后主动针回到零点,而被动指针仍留在原荷载数值地方,以便试验人员有足够的时间来读出准确的载荷数值,被动指针的位置可按动玻璃罩外面的把手调节之。

(6)加荷速度指示装置

根据《金属拉力试验》规定,材料屈服前应力增加速度为 $10N/mm^2 \cdot s$。该装置的调速范围为 1~1.85r/min。方法是在测力度盘中央有一个可变恒速的转盘,盘上有 60 个点。试验时控制流量调节阀,使指针认定转盘某点同步跟转,即为等加荷速度。其速度可由调压变压器调整伺服电机的转速。

(二)工作原理

1.主机部分(见图 5-9)

电动机带动液压泵旋转,将机械能转变为油液的压力能,油液输入工作油缸 28 底部,使活塞连同上支架 29 及活动工作台 22 向上运动。当试件放在上、下压头之间,通过转换不同的上压头 24,当工作台上升,可使试件受压,受弯,受剪,受折;当试件夹在上、下钳口之间,工作台上升,下钳口不动,试件受拉。

2.电气控制系统(见图 5-11)

该机使用三相交流电源,为 50Hz,380V。

测力计的油泵及下钳口座的升降机构分别由二个电动机 M1、M2 带动工作。加荷速度指示盘由一个电动机 SM 带动。

(1)揿 SB2 油泵"开"按钮。接触器 KM1 线圈得电,使其接触器的常开触头闭合,油泵电动机 M1 接通电源开始工作 。揿 SB1 油泵"关"按钮。接触器 KM1 线圈失电 ,油泵电动机控制回路断电 ,及油泵电动机 M1 停止工作 。SB1 按钮兼作紧停功能 ,使整个控制系统停止工作。

(2)揿 SB4 下钳口座"升"按钮,接触器 KM2 线圈得电,使其接触器的常开触头闭合,常闭触头打开 。使升降电动机 M2 接通电源,电动机正转。下钳口座上升至规定距离时压动 SQ3 限位开关 ,常闭触头打开 ,下钳口座升降电动机正转控制回路断电 ,则下钳口不再继续上升。

揿 SB5 下钳口座"降"按钮,接触器 KM3 线圈得电,使其接触器的常开触头闭合,常闭触头打开。使升降电动机 M2 接通电源,电动机反转。下钳口座下降至规定距离是压动 SQ4 限位开关,常闭触头打开,下钳口座升降电动机反转控制回路断电,则下钳口座不再继续下降。

(3)揿 SB3 下钳口"停"按钮。接触器 KM2、KM3 线圈失电。使升降电动机 M2 的控制回路断电,导致 M2 升降电动机停止工作,即下钳口座不再上升或下降。

(4)揿 SA 加荷速度控制开关置"通"位置。按所需的速度,调节 E 调压器的电压输入至 SM 电动机。则加荷速度指示盘以相应的速度转动工作。

(5)FR_1 热继电器用于油泵电动机的过载保护。FR2 热继电器用于下钳口座升降电动机的过载保护。SQ1 限位开关用于保证负荷不超过规定范围。SQ2 限位开关用于保证工作活塞上升不超过警界线。

四、仪器的使用方法

(一)试验前仪器的检查

1.度盘的选用

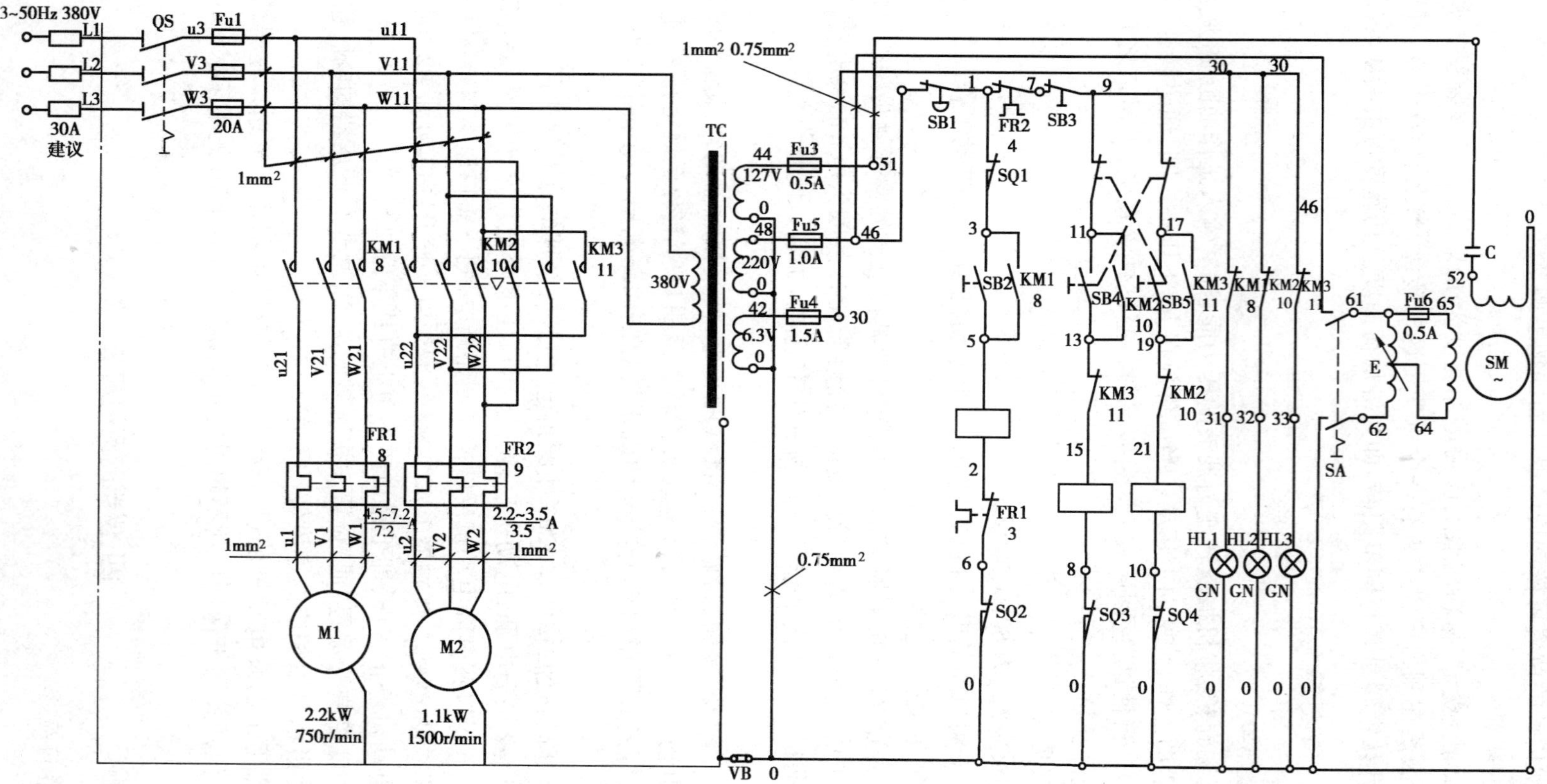

图 5-11　1000kN 万能试验机电气原理图

做试验时，应预先估计试件破坏时的值，并根据破坏值选取量程，量程的选取应考虑测量的精度。量程取得过大必导致精度下降，取得过小，可能会由于破坏时的值超出测量范围而导致试验失败，所以一般选取量程为最大荷载的 20%与 80%之间。同时调整缓冲阀的手柄，以刻线对准相应的测量范围对准标线。

2.摆锤的悬挂

一般试验机有三个量程，见表 5-4，因此共有三个摆砣，分别刻有 A、B、C 字样，A 砣固定在摆锤上，试验时按规定加上其它摆砣即可。

WE-1000 型液压万能试验机量程 表 5-4

试验机	摆 砣		
	A	A + B	A + B + C
	量 程(kN)		
1000kN	0 ~ 200	0 ~ 500	0 ~ 1000

3.平衡锤的调节

试验时，先将需要的摆锤挂好，启动油泵，打开送油阀，调节平衡锤，使摆杆上的刻线与标定的刻线重合。

4.指针零点的调整

打开送油阀，使工作活塞升起 5 ~ 10mm，然后将指针调零(活塞上升一小段距离再调零，可去除油缸内的密封圈与活塞间摩擦力)。

(二)操作步骤

1.拉伸试验

(1)在描绘器的筒上卷压好记录纸。

(2)根据试件的尺寸和形状，把相应的夹头装入上、下钳口座内(如图 5-12)。

(3)将试样一端夹于上钳口，开动下钳口电动机，将下钳口升降到适当高度后停机。将试样另一端夹在下钳口中，需注意使试件垂直。将推杆上的描绘笔放下，进入描绘准备状态。

(4)开动油泵电机，按试验要求的加载速度缓慢打开送油阀门(或开动加荷速度指示装置)，当测力盘指针不动或来回摆动以及自动绘图装置所描绘的曲线出现水平或锯齿形曲线时，表明试件受力已达到屈服阶段。记下主动针第一次停滞或主动针来回摆动所指最小荷载，即为屈服荷载(铸铁试件没有屈服)。试件经过屈服后，试件抵抗变形的能力又增加了，此时主动针继续前进，当试件开始出现颈缩现象(铸铁试件无此现象)，主动针开始后退，从动针不动。此后，试件出现缩颈，应将送油阀关小，很快试件被拉断，此时立即关闭进油阀，从动针所指的荷载就是最大荷载。

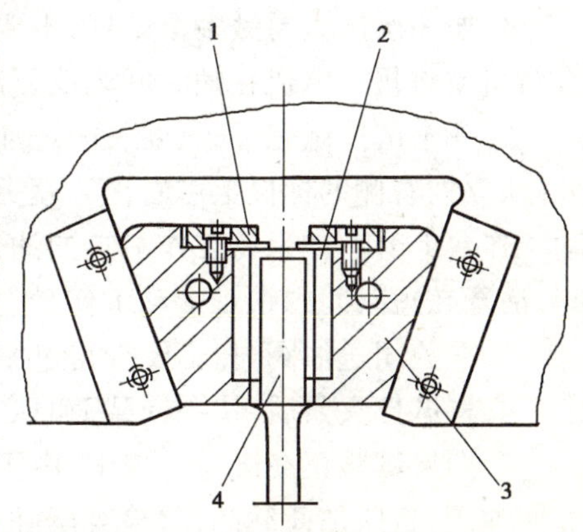

图 5-12 拉伸试验装置图

1-1mm 厚橡皮；2-V 形槽夹头；3-楔形夹头体；4-试件

(5)打开回油阀，使工作台下降，然后关闭回油阀。

2.压缩试验

(1)将试件放在工作台上的球面压力板 2 中间(如图 5-13)。

(2)开动油泵电机，打开送油阀，当上压头没有与试件接触之前，可适当提高工作台的上升速度，当试件快要与上压头接触时,应按试验要求的加载速度缓慢打开进油阀,当主动针退回,说明试件已破坏。从动针所指的荷载就是试件破坏时最大荷载。

(3)关闭送油阀,打开回油阀使工作台下降,下降到一定位置后,关闭回油阀。

3.抗折试验

(1)将两支座2(如图5-14)根据试验需要的距离用螺钉5固定在工作台面上,支座间的距离可利用工作台两侧面上的刻线标尺进行定位。

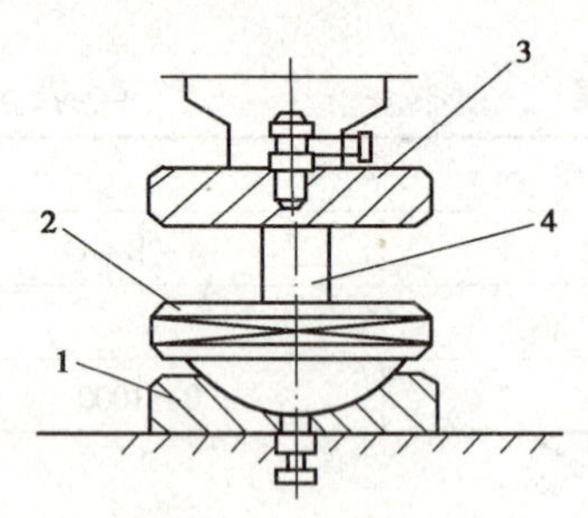

图5-13　压缩试验装置图

1-球座;2-下压头;3-上压头;4-试件

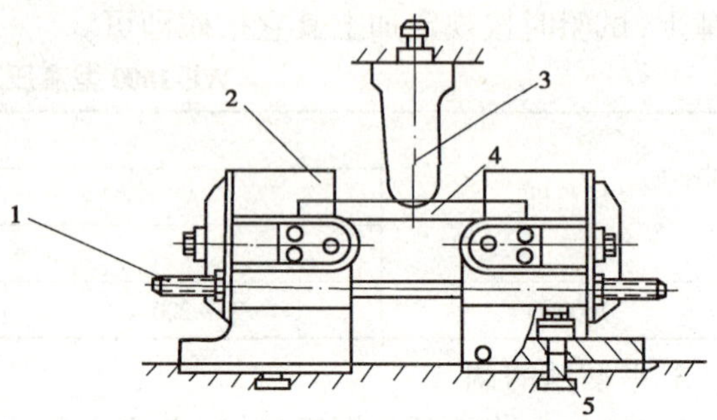

图5-14　抗折及冷弯试验装置图

1-紧固螺栓;2-支座;3-弯头;4-试件;5-螺钉

(2)根据需要更换弯头3。

以下步骤同压缩试验的(2)、(3)步。

4.冷弯试验

(1)根据试件直径或厚度选择不同直径的弯头。

(2)将两支座固定在工作台面上,并用两根坚固螺栓1(如图5-14)拉紧支座,以防两支座向外位移。

(3) 开动油泵电机,打开送油阀,当试件快要与上压头接触时,应减慢加荷速度,当试件冷弯成规定的角度后,关闭进油阀,打开回油阀,使工作台下降。

五、使用仪器注意事项及维护

(一)使用注意事项

1.如一次试验要做多个试件,不要一个试件做结束了,就把油泵电机关掉,下一个试件又重新启动电机。电机在短时间内反复起动不好,易损坏电机,因电机在启动时电流最大。

2.一个试件做完了,只要关闭进油阀,打开回油阀,使活塞降到离工作油缸底部5~10mm处(从立柱右侧的标尺上可看出),就关闭回油阀。下一个试验只要一打开送油阀,活塞就会推动工作台上升。如果将工作油缸的油全部放完(即工作台降到最低),做下一个试验,打开送油阀,活塞在短时间内很难推动工作台上升,而降低工作效率。

3.在关闭送油阀时,不要拧得过紧,以免损伤阀芯。

4.将试件夹紧后,快要受载荷时必须注意减慢工作台上升速度,以免荷载突然增加。

5.如果试验正在进行过程中,由于某种特殊或意外的原因,油泵突然停止工作,此时应打开回油阀,将所加荷载卸掉,检查修好后重新开动油泵进行试验。

6.做脆性材料拉伸或压缩试验时,试件破坏后的碎片会跳出很远。因此在试件前边应放适当的遮板,将试件围住,以防危险。

7.在拉力试验过程中,必须注意试件硬度不应超过HRC30(洛氏硬度),否则钳口的齿槽易磨损或损坏。

8.在做压缩试验时,一定要检查下压头 23(见图 5-9) 转动是否灵活, 转动不灵活时,可在下压头与球座之间涂抹少许机油,以保证试件受压缩时,通过下压头的微量倾斜使试件垂直受力。

9.新安装好的机器或电路经过维修,接通电源后,此时启动电机使油泵运转,但必须观察油泵飞轮旋转方向是否与油泵外壳箭头所指方向一致。如不相符,调换电源接头内的相线位置,使飞轮旋转方向与箭头指向一致,因油泵旋转方向不正确会损坏油泵。

(二)仪器的维护

1.由于液压设备总是有极少量油漏出,这属正常现象。油箱内的油一旦低于油箱外部的油位指示器,就要加油,因为油位太低油泵易吸空。所用的液压油规格一定要符合仪器说明书的要求。灌油时,一定要倒入油箱上部的铜丝网滤油盒内,油经过过滤后才能使用,以保证油泵吸入洁净的油。

2.油箱内的油如加入时间太久,油在空气及温度的影响下会改变其化学成分,过一段时间(使用期限根据各地气候而定)要把油箱内的油全部换掉,加入新油。放油时,只要打开测力机箱体底部之油塞即可。

3.为了保持测力机周围的清洁,要经常打开测力机后面的箱盖,检查漏入盛油盘的废油是否太多。如多了,要及时清除倒掉,以免流出来污染现场。

六、常见故障及排除方法

1.送油阀

操作时常见的故障现象之一是指针转动不平稳。

其主要原因是:使用日久,油里的油污粘住了阀口;或者是油路内带进了杂物损坏了精密零件和主要部位的表面光洁度,降低了应有的灵敏度。

调整方法:如控制阀表面光洁度拉毛,可拆下螺钉 2(见图 5-15),用 M5 螺纹起子(随机供给的专用工具)拧入控制阀 1 的螺孔内取出控制阀,用氧化铬抛光剂抛光即可。

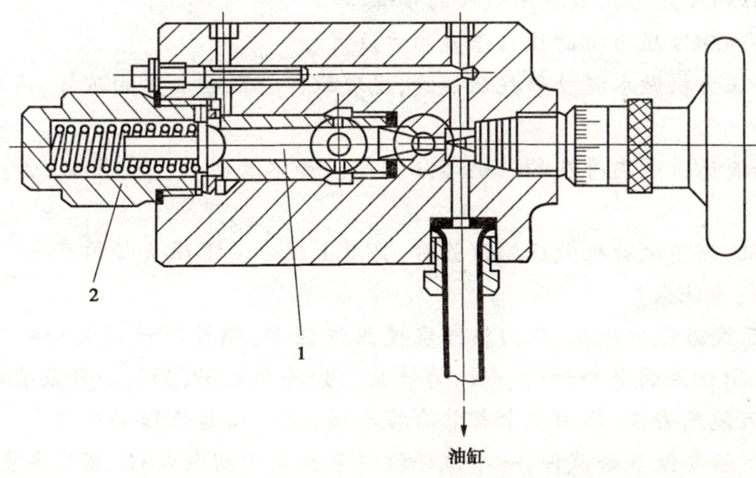

图 5-15　送油阀结构图

1-控制阀;2-螺钉

2.缓冲阀

操作时常见的有二种情况:一种是当卸荷时摆杆回落速度太快,有冲击现象;另一种是卸荷时摆杆迟迟不能落回到原来位置。

其主要原因是:使用日久,油里的油污粘住了阀口,或由于腐蚀及表面磨损,改变了原来的细缝大小。

调整方法:如摆杆回落速度太快,表示油流过大(这种情况一般是油里杂物粘住了阀门),可用扳手(随机供给的专用工具)拆除螺母4(见图5-10)清洗后即可。如细缝过小,可将两条细缝适当刮深(此时如遇摆杆回落速度过快则用细研磨剂和阀套对研锥面,使其细缝缩小)。

3.推杆不能回零位

其主要原因是:运动部分的摩擦力所造成(如导轨上部的轴承,载荷指示部分二个轴承等)。

调整方法:拆下轴承清洗干净即可(注意:不能加厚的润滑油,以免影响灵敏度)。

4.液压系统内存在一小部分空气

油路系统内存在一小部分空气不能排出,或在某种情况下有空气被吸入到油路系统中,便使油液的输出出现断断续续的现象,指针的移动会产生间歇现象。

排除方法:开动油泵,关闭回油阀,打开送油阀使工作活塞上升一段距离,然后再打开回油阀,使油从油缸流回油箱,这样循环数次,就能将空气排除。

复习思考题

1.液压千斤顶油缸内的油太少需加油,从图5-1中看,从何处可以把油加入千斤顶油缸内?

2.使用完液压千斤顶,为何要求将活塞缩回?

3.液压千斤顶回油阀,为何不得旋出太多?

4.2000kN压力机的工作行程规定值为20mm,能否用于做压碎值试验,为什么?

5.2000kN压力机的主动针不在“0”位,从图5-5中看,调整哪个零件,就可以将指针对“0”。

6.简述用2000kN压力机做抗压试验的步骤。

7.叙述调整300kN压力机的摆杆垂直的方法。

8.用300kN压力机做水泥胶砂抗压试验,发现试件受压后成单面破坏,请分析产生故障的原因,如何排除?

9.如何排除液压系统内存在的一小部分空气?如不及时将空气排除,会产生什么不良现象?

10.用压力机、万能试验机做压缩试验时,要求上压头或下压头必须有一处要转动灵活,否则不能进行试验,为什么?

11.安装液压式万能试验机、压力机或在使用过程中,都特别强调电动机飞轮旋转方向一定要与油泵壳上所标注的剪头指向一致,为什么?如转向反了,如何重新改变转向?

12.液压式万能压力机、压力机上都装有缓冲阀,缓冲阀起何作用?

13.如一次试验要做多个试件,一个试件做结束就关闭油泵电机,然后再重新启动电机,在短时间内反复起动电机,这样操作是否合理,为什么?

14.简述钢材拉伸试验的步骤。

第六章　水泥试验检测仪器

［重点内容和学习要求］

本章重点阐述水泥试验检测常用仪器的结构、工作原理，仪器的使用方法，仪器使用注意事项及维护。同时对仪器故障的排除也作了简单介绍。

通过学习，要掌握仪器的操作，能正确地检查、调整搅拌锅与叶片的间隙；会检验、调整水泥胶砂振实台的振幅；能调节抗折试验机的大杠杆的平衡度及对“零”；能做好负压筛析仪和沸煮箱的维护；能排除水泥试验检测仪器的常见故障。

第一节　水泥净浆标准稠度及凝结时间测定仪

一、用　　途

该仪器适用于测定 ISO9597:1989 规定的《水泥标准稠度用水量、凝结时间、安定性检验方法》中的水泥净浆稠度（标准法）和凝结时间。

二、主要技术参数

1. 滑动部分总质量：300g ± 1g。

2. 稠度试杆直径：ϕ10mm ± 0.05mm，有效长度：50mm ± 1mm。

3. 初凝针直径：ϕ1.13mm ± 0.05mm，有效长度：50mm ± 1mm。

4. 终凝针直径：ϕ1.13mm ± 0.05mm，有效长度：30mm ± 1mm。

三、主要结构及工作原理

（一）结构（图 6-1）

仪器的主体由底座 1、支架 6、紧固螺钉 7 组成，支架上部有两个直径为 12mm 的同轴光滑孔，以保证滑动部分在测试过程中能垂直下降。滑动部分的下降和固定由紧固螺栓 7 直接控制。

示值板 9 刻有两项刻度 S 和 P，S 项刻度每一格为 1mm；P 项刻度为标准稠度用水量，以水泥质量百分数计。

（二）工作原理

1. 稠度测定

当测定标准稠度时，圆锥模 4 及玻璃板 3 放在胶木垫板 2 上面，滑动部分由滑动杆 8、固定圈 11、固定螺栓 12、指针 10、连接杆 13、稠度试杆 5 组装成一体，滑动部分总质量为 300 ± 1 g。拧紧紧固螺钉 7，然后再突然放松，滑动部分在重力作用下稠度试杆将沉入水泥净浆内。水泥净浆越稠，稠度试杆与水泥净浆的摩擦阻力就大，沉入深度就浅，反之沉入深度就深。

2. 凝结时间测定

测定初凝时间,将稠度试杆换成初凝针 14,滑动部分总质量仍为 300±1 g;测定终凝时间时,则换为终凝针 15,其滑动部分总质量不变。拧紧紧固螺钉,然后再突然放松,滑动部份在重力作用下试针将沉入试件,时间短,水泥浆刚开始失去塑性,沉入深度就深。时间长,水泥浆体几乎快要完全失去塑性,沉入深度就浅。

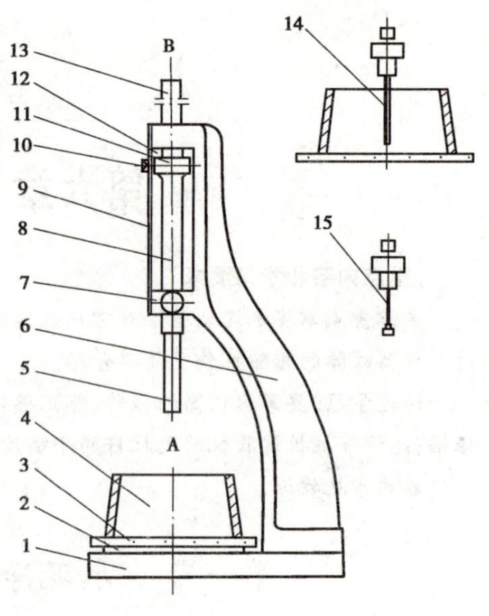

图 6-1　测定仪结构图

1-底座;2-胶木垫板;3-玻璃板;4-圆锥模;5-稠度试件;6-支架;7-紧固螺钉;8-滑动杆;9-示值板;10-指针;11-固定圈;12-固定螺栓;13-连接杆;14-初凝针;15-终凝针

四、仪器的使用方法

(一)使用前的检查

1.检查滑动部分的质量

将滑动杆、固定圈、固定螺栓、指针、连接杆、稠度试杆共六个零件放在感量为 1 g 的天平上,质量为 299~301g 都是合格的。将稠度试杆分别换成初凝针 14 或终凝针 15 称量,它们各自的质量仍为 299~301g。

2.检查滑动杆直径

滑动杆表面应光滑、无毛刺、无碰伤,用游标卡尺测量滑动杆的直径为 ϕ11.9~ϕ12.02mm 都是合格的。

3.检查滑动杆的滑动效果

如图 6-1 所示,在保证 A 处约为 10~20 mm 情况下,拧紧紧固螺钉,在胶木垫板上放上软物件,然后及时拧松紧固螺钉,滑动杆靠重力自由下落,不应有紧涩现象。

拧松紧固螺钉,用手拿住 B 端,轻轻将滑动杆在孔中转动,不应有松动情况,如有松动说明滑动杆与孔的间隙太大。

滑动杆在孔中无紧涩、无旷动现象,才符合标准。

4.检查初凝针

初凝针表面应光滑、无毛刺、母线直,用游标卡尺测量试针的直径为 ϕ1.18~1.08mm 都是合格的。

5.检查稠度杆直径

稠度杆表面应光滑、无毛刺、无碰伤,用游标卡测量滑动杆的直径为 ϕ9.95~10.05mm 都是合格的。

(二)操作步骤

1.测定水泥标准稠度用水量

(1)将稠度试杆旋入滑动杆内,并旋紧。

(2)试模未装入净浆前,将与试模相配套的玻璃底板放在仪器底座上,轻轻降下试杆,当试杆端面与玻璃底板接触时,调节指针对准标尺零点,并拧紧固定螺栓 12。

(3)迅速将装入试件的试模和玻璃底板移到底座上,并将其中心定在试杆下,降低试杆直至端面与水泥净浆表面接触,拧紧紧固螺钉 1~2s,然后再突然放松,使试杆垂直自由沉入水泥净浆中。在试杆停止沉入或释放试杆 30s 时记录试杆距玻璃底板之间的距离,以试杆沉入净浆并距玻璃底板 6 mm±1mm 的水泥净浆为标准稠度净浆。

(4)升起试杆后,立即擦净。

2.测定初凝时间

(1)将初凝试针旋入滑动杆内,并旋紧。

(2)轻轻调整试针与玻璃底板接触,指针应对准标尺零点,并拧紧固定螺栓。

(3)从湿气养护箱中取出试模放在试针下,降低试针与水泥 净浆表面接触。拧紧紧固螺钉 1~2s,突然放松,试针垂直自由地沉入水泥净浆。记录试针停止沉入或释放试杆 30s 时的读数。以试针沉至距玻璃底板 6mm ± 1mm 时,为水泥达到初凝状态。

3.测定终凝时间

(1)将终凝试针旋入滑动杆内,并旋紧。

(2)在完成初凝时间测定后,立即将试模连同浆体以平移的方式从玻璃底板取下,翻转 180°,直径大端朝上,小端朝下放在玻璃底板上,放回湿气养护箱中养生,当试针沉入试体 0.5mm时,即环形附件开始不能在试体上留下下痕迹时,为水泥达到终凝状态。

五、使用仪器注意事项及维护

(一)注意事项

1.每次测定前,首先应将仪器垂直放稳,不宜在有明显振动的环境中操作。

2.在测试过程中,不能用含有污物和水迹的手去拿试杆的 B 端,以防污物和水迹落在试杆上或支架孔中,而影响试杆自由下落。

3.测定初凝时间,在最初测试操作时应轻轻扶持试杆,以防突然放松试针撞弯,但结果以自由下落为准。

4.每次测试完毕均应将稠度试杆、初凝针、终凝针表面擦拭干净。

(二)仪器的维护

每次做完试验,应将滑动杆、固定圈、固定螺栓、指针、连接杆、稠度试杆、初凝针及终凝针擦干净,并在其表面涂抹少许机油。将稠度试杆、初凝针及终凝针放入包装盒内,当试验室有多台该种仪器时,每台的配件不能混用,要分开保管,以免更换时出错而影响试验的精确度。

六、常见故障及排除

稠度试杆、初凝针、终凝针,在使用中稍不注意易碰出小毛刺,可用小锉慢慢修光,在不影响尺寸和质量的前题下也可使用的。

第二节　水泥净浆搅拌机、水泥胶砂搅拌机

一、NJ—160A 型水泥净浆搅拌机

(一)用途

将按标准规定的水泥和水混合后搅拌成均匀水泥净浆,供测定水泥标准稠度、凝结时间及制作安定性试件之用。

(二)主要规格及技术参数

1.搅拌时叶片转数及时间见表 6-1。

搅拌时叶片转数及时间 表 6-1

搅拌速度	公转(r/min)	自转(r/min)	一次自动控制程序时间(s)
慢	62±5	140±5	120±3
停			15
快	125±10	285±10	120±3

2.搅拌锅内径×最大深度:ϕ160mm ×139mm。

3.搅拌锅壁厚:1mm。

4.搅拌叶片与搅拌锅之间工作间隙:2±1mm。

(三)主要结构及工作原理

1.结构(图 6-2)

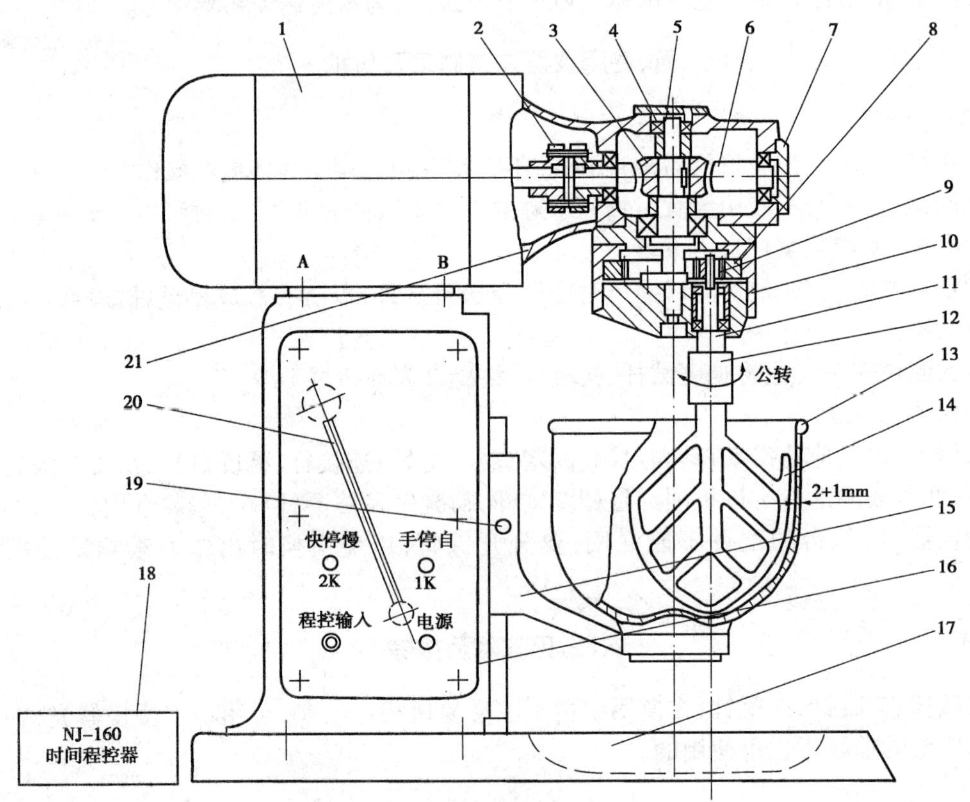

图 6-2 NJ—160A 型水泥净浆搅拌机结构图

1-双速电动机;2-联轴器;3-蜗轮;4-轴承盖;5-蜗轮轴;6-蜗杆轴;7-轴承盖;8-内齿圈;9-行星齿轮; 10-行星定位套;11-叶片轴;12-调节螺母;13-搅拌锅;14-搅拌叶片;15-滑板;16-立柱;17-底座;18-时间控制器;19-定位螺钉(背面);20-手柄(背面);21-减速器

主要由底座 17、立柱 16、减速器 21、滑板 15、搅拌叶片 14、搅拌锅 13、双速电动机 1 及电器部分组成。

三位开关 1K 工作状态为:自动、手动、停。

三位开关 2K 工作状态为:高速、低速、停。

2.工作原理

(1)机械动力部分:

该机用双速电动机 1 提供动力，双速电动机的转速，通过蜗轮蜗杆减速，行星轮系的转换，将主轴的转动转换为叶片绕着减速箱主轴公转和绕着叶片轴的自转的运动，从而对搅拌锅内的水泥净浆进行搅拌。

双速电动机可以通过改变三相电源的接法使电动机输出不同的转速。在工作中可使搅拌机得到快、慢转两种不同的工作状态。

蜗轮蜗杆传动用来传递空间互相垂直而不相交的两轴间的运动和动力，它具有传动比大而结构紧凑等优点，其传动比可达 8～60。在搅拌机中使用该蜗轮蜗杆传动机构可使双速电动机的转速大幅降低。

行星轮系传动具有传动比大、传动功率大、可实现运动的合成和分解。该机主要是运用行星齿轮的特殊运动轨迹：即公转和自转运动来达到叶片搅拌的特殊要求。该机的行星轮系由行星定位套、行星齿轮和内齿圈组成。

其传动路线为(见图 6-2)双速电动机轴通过连轴器 2 与减速器 21 内蜗杆轴 6 连接，经蜗轮副减速使蜗轮轴 5 带动行星定位套 10 同步旋转，从而使固定在行星定位套上偏心位置的叶片轴 11 带动叶片 14 公转。固定在叶片轴上端的行星齿轮 9 在公转的过程中由于与固定的内齿圈 8 相啮合，形成其本身的自转运动，并带动叶片的转动。

搅拌锅 13 与滑板 15 用偏心槽旋转锁紧。

(2)电气部分(见图 6-3)

当三位开关 1K 拨至自动档时，时间程控器 SJ 接通，双速电机经时间程控器控制自动完成一次慢—停—快转的规定工作程序。首先开关 SJ1 导通，中间继电器 1J 工作，使三相电源接到双速电机的 D4、D5、D6，双速电机慢转。120s 后，SJ1 跳开，中间继电器 1J 断开，双速电机停止转动。10s 后，SJ2 导通，报警器报警。5s 后，SJ2 跳开，SJ3 导通，报警器停止报警，中间继电器 2J 工作，使三相电源接到双速电机的 D1、D2、D3，双速电机快转。120s 后，SJ3 跳开，中间继电器 2J 断开，双速电机停止转动。

当三位开关 1K 拨至手动档，三位开关 2K 拨至慢速时，中间继电器 1J 工作，使三相电源接到双速电机的 D4、D5、D6，双速电机慢转。三位开关 2K 拨至停时，中间继电器 1J 断开，双速电机停止转动。三位开关 2K 拨至快速时，中间继电器 2J 工作，使三相电源接到双速电机的 D1、D2、D3，双速电机快转。

图 6-3 中各种电气元件的符号见表 6-2。

NJ—160A 型水泥净浆搅拌机电气元件型号表 表 6-2

代　号	名　称	型　号
B	自耦变压器	BK-10
C	电容	CJ41-2-0.47uF63/V
R	金属膜电阻	RJ-2-100Ω
1ZC	四芯插头	380V 20A
2ZC	插头座	$XS_{12}K_4Y$ 插座、$XS_{12}J_4P$ 插头
XD	氖泡指示器	NXD9-0.5/220V、红
SJ	时间程控器	NJ-160、AC220V
1J、2J	中间继电器	JDZ2-62、AC220V
1K、2K	三位开关	KN_3-212
D	双速三相异步电机	A07124/8

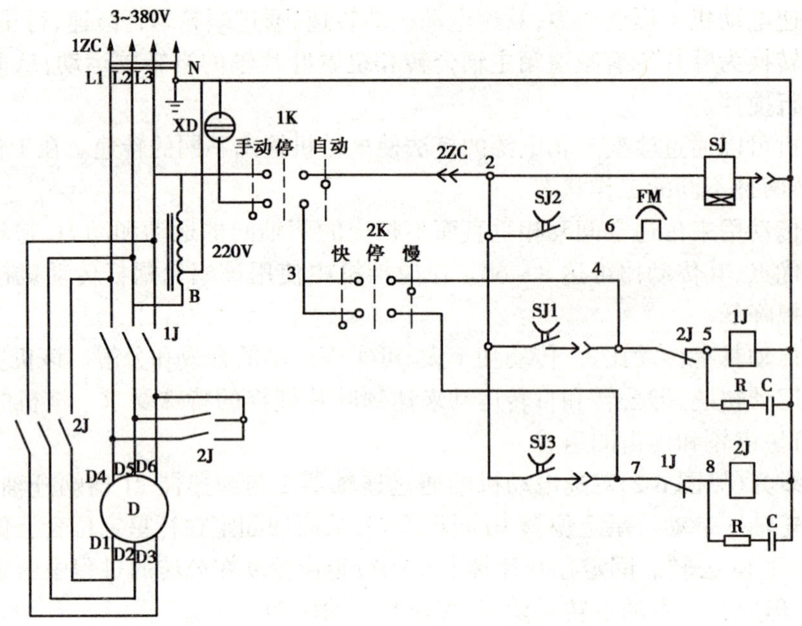

图 6-3 NJ-160A 型水泥净浆搅拌机电气原理图

(四)仪器的使用方法

1.使用前检查

(1)先把三位开关(1K、2K)都拨至停位置,再将时间程控器插头插入面板的"程控输入"插座。

(2)检查相线和零线:通电源之前,必须检查相线和零线无误才能通电。机身安全接地标志,须接上不小于 $1mm^2$ 截面的多股塑料铜芯线以保证可靠接地。

(3)检查叶片转向

接通电源,把开关 1K 拨至手动档,开关 2K 拨至低速档,按下控制器的启动按钮,检查叶片转向是否与搅拌机上所标志的箭头一致,即从上方往下方看叶片旋转方向应为逆时针。如不符合以上旋转方向,应拆开电源插头,调换电源插头的相线位置,就可使叶片旋转方向符合要求。

(4)检查工作程序

将开关 1K 拨至自动档,开关 2K 拨至任意档,按下控制器的启动按钮,检查净浆搅拌机的工作程序:

低速搅拌 120s;

停 10s 后报警 5s 共停 15s;

快速搅拌(120±3)s。

(5)检查叶片与搅拌锅之间的间隙

用厂家为客户配备的间隙测量杆(见图 6-4),检查搅拌叶片与搅拌锅之间工作间隙。用 A 端检查间隙应通不过,用 B 端检查间隙应通过,说明搅拌锅与叶片间的间隙满足(2±1)mm。

(6)检查搅拌机运转时声音是否正常。

2.操作步骤

(1)将电源插头插入电源插座,红色指示灯亮表示电源已接通,此时数码管显示为 0。

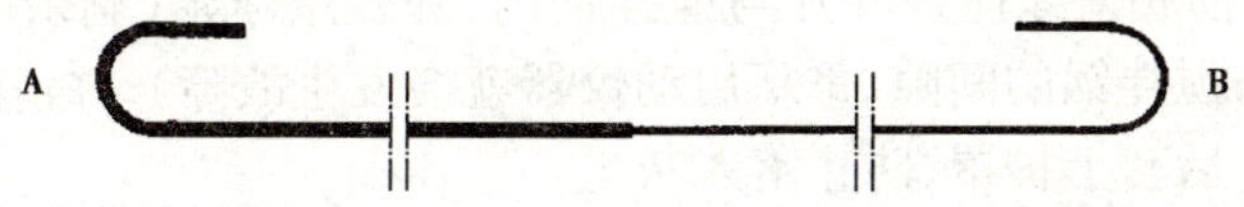

图 6-4 间隙测量杆

(2)装搅拌锅:将搅拌锅和搅拌叶片先用湿布擦过,将拌和水倒入搅拌锅内,然后在 5~10s 内小心将称好的 500g 水泥加入水中,搅拌锅装入滑板 15 底部孔中,顺时针转动锅至锁紧,再扳动手柄 20 通过滑板 15 带动搅拌锅 13 沿立柱 16 的导轨向上移动,移动到手柄上定位销插入定位孔即可。

(3)搅拌

自动搅拌操作:把 1K 开关拨至自动档,轻轻按下时间程控器启动按钮,即自动完成整个搅拌程序,即慢搅 120s、停 10s 后报警 5s 共停 15s、快搅 120s 的动作,而后自动停止,即搅拌结束,将 1K 开关拨至停位置。

注:当一次自动程序结束后,再将 1K 开关拨至自动档,又开始执行下一次自动搅拌程序。

手动搅拌操作:把 1K 开关拨至手动档,再将三位开关 2K 按规定的时间分别置慢速、停、快速,人工记时,搅拌结束,把 1K 开关拨至停位置。

(4)卸搅拌锅

扳动手柄,使滑板带动搅拌锅沿立柱的导轨下移,逆时针方向转动搅拌锅并卸下。

(五)使用仪器注意事项及维护

1.注意事项

(1)每次做完试验,一定要把搅拌锅内外清洗干净,并将锅倒置,让锅内水流尽,以免生锈。

(2)使用搅拌锅时要轻拿轻放,不可随意碰撞,以免变形或表面出现凹凸,而影响搅拌锅与叶片的间隙。

(3)叶片上的净浆一定要用湿布擦净,千万不能用水洗,水一旦沾到立柱的导轨上,易使导轨生锈,影响正常使用。

(4)每一次自动程序结束后,一定要将 1K 开关拨至停位置,确保安全,以防程控器误动作,而使搅拌叶片突然旋转。

(5)在停搅的 10s 时间内,要用橡胶刮板把叶片上的水泥净浆刮入锅内,手不能伸进锅内,以防报警器失灵或因声音噪杂,听不到报警,当搅拌叶片突然快速旋转时,发生事故。

2.仪器的维护

(1)搅拌锅与叶片间隙的调整

水泥净浆搅拌的质量除了与工作程序有关外,搅拌锅与叶片的间隙的大小对水泥净浆的质量影响也很大。间隙过小,叶片会碰撞搅拌锅,搅拌锅在支座孔的联接就会松动。间隙偏大,靠近锅壁的水泥净浆搅不透。要定期地检查搅拌叶片与搅拌锅之间的间隙,特别是机器运转时,遇到有金属撞击噪声,应首先检查搅拌叶片与搅拌锅之间的间隙是否正确。

(2)调整方法

①底部间隙调整:使用厂家为用户所配的间隙量针(见图 6-4)检测搅拌叶片与搅拌锅之间的间隙,若不符合要求,可松开调节螺母 12,旋转叶片 14,合格后再拧紧调节螺母 12。

②周边内隙调整:把电机与立柱连接的 A、B 处螺钉松掉,使连为一体的电机、传动箱及叶片一同稍稍向左或向右、向前或向后移动,周边间隙调整好了,把 A、B 处的螺钉拧紧。

(六)保养

1. 每次使用后应彻底清除搅拌叶片与搅拌锅内、外残余净浆(剩余净浆一旦凝固在叶片和锅内,会影响叶片与搅拌锅的间隙,重新启动仪器就会发生故障),并清除散落和飞溅在机器上的净浆及脏物,揩干后套上护罩,防止落入灰尘。

2.该仪器无外部加油孔,减速箱内蜗轮副、齿轮副及轴承等运动部件每季加二硫化钼润滑脂一次,加油时可分别打开轴承盖4、7。滑板15与立柱16导轨及各相对运动零件的表面之间应经常滴入机油润滑。每年应将机器全部清洗一次,加注润滑剂。

3.当更换新的搅拌锅或叶片时,均应按前述方法调整间隙。

4.应经常检查电气绝缘情况。在20±5℃,相对湿度50%~70%时的冷态绝缘电阻≥5MΩ。

(七)常见故障及排除

见表6-3。

NJ—160A 型水泥净浆搅拌机常见故障及排除 表6-3

故障现象	故障原因	排除方法
仪器没电	1.电源插头有相线脱落; 2.电线内部有断路	1. 把插头内线重新接好; 2. 重新换电线
叶片轴不转	行星齿轮9的齿磨平	重新换行星齿轮
叶片轴转、搅拌叶片不转	叶片轴11外螺纹或搅拌叶片14内螺纹拉毛	重新换叶片轴或搅拌叶片

二、JJ—5 型水泥胶砂搅拌机

(一)用途

该水泥胶砂搅拌是我国执行国际强度试验方法[ISO679—1989(E)]的统一标准设备,用它搅拌出的水泥胶砂,制作成标准水泥胶砂试件,通过检测其强度来评定水泥的质量。

(二)技术参数

1.搅拌时叶片转数见表6-4。

JJ-5 型水泥胶砂搅拌机叶片转数 表6-4

速度档	公 转(r/min)	自 转(r/min)
低速	62±5	140±5
高速	125±10	285±10

2.搅拌锅容积5L,壁厚1.5 mm。

3.搅拌叶与搅拌锅之间的工作间隙为3±1mm。

(三)主要结构及工作原理:

1.结构(图6-5)

主要由双速电机、加砂罐、传动箱、主轴、偏心座、搅拌叶片、搅拌锅、底座、支柱、支座、程控器等组成。

三位开关1K工作状态为:自动、手动、停;

三位开关2K工作状态为:高速、低速、停;

三位开关3K工作状态为:加砂、停。

2.工作原理

双速电动机的转速，通过蜗轮蜗杆和一对齿轮减速，行星轮系的转换，将主轴的转动转换为叶片绕着减速箱主轴公转和绕着叶片轴的自转的运动，从而对搅拌锅内的水泥胶砂进行搅拌。

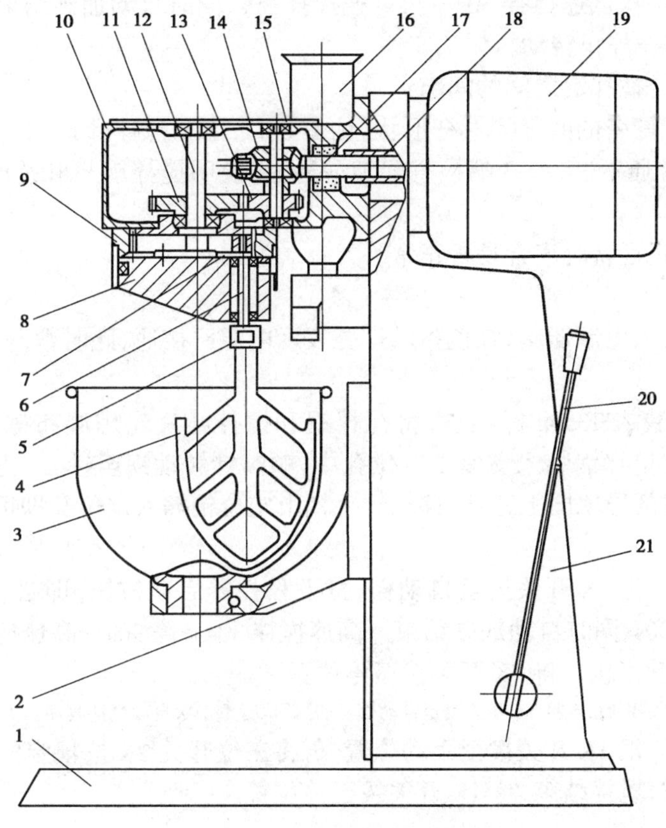

图 6-5　JJ-5 型水泥胶砂搅拌机结构图

1-底座；2-支座；3-搅拌锅；4-搅拌叶片；5-调节螺母；6-搅拌叶轴；7-行星齿轮；8-偏心座；9-内齿轮；10-传动箱；11-大齿轮；12-主轴；13-小齿轮；14-蜗轮；15-传动箱盖；16-砂罐；17-蜗杆；18-联轴器；19-电机；20-手柄；21-立柱

双速电动机 19 通过联轴器 18 将动力传给传动箱 10 内的蜗杆 17 和蜗轮 14 及一对齿轮 11 和 13，再传给主轴 12 并减速。主轴带动偏心座 8 同步旋转，使固定在偏心座上的搅拌叶轴 6 带动搅拌叶片 4 进行公转。同时搅拌叶通过搅拌叶片轴上端的行星齿轮 7 围绕固定的内齿轮 9 完成自转运动。搅拌锅 13 与支座 18 用偏心槽旋转锁紧。当砂罐内有砂，可在规定时间向锅内自动加砂或手动加砂，手柄 20 用于升降和定位搅拌锅位置用。

(四)仪器的使用

1.使用前的检查

(1)先把三位开关(1K、2K、3K)都拨至停，再将时间程控器插头插入面板的“程控输入”插座。

(2)检查相线和零线：安装时，必须检查相线和零线无误才能通电，机身安全接地标志，须接上不小于 $1mm^2$ 截面的多股塑料铜芯线可靠接地。

(3)检查叶片转向：接通电源，把开关 1K 拨至手动档，开关 2K 拨至低速档，按下控制器的启动按钮，检查叶片转向是否与搅拌机上所标志的箭头一致，即从上方往下方看叶片旋转方向应为逆时针。如不符合以上旋转方向，应拆开电源插头，调换电源插头的相线位置，就可使叶片旋转方向符合要求。

(4)检查工作程序：

把开关 1K 拨至自动档，开关 2K 拨至停，按下控制器的启动按钮，检查胶砂搅拌机的工作程序；即自动完成一次低速搅拌 30s→再低速搅拌 30s、同时自动加砂结束→高速搅拌 30s→停 90s→高速搅拌 60s→停止转动。

(5)检查叶片与搅拌锅之间的间隙：

用厂家为客户配备的间隙测量杆形状(见图 6-4)，检查搅拌叶片与搅拌锅之间工作间隙，用 A 端检查间隙应通不过，用 B 端检查间隙应通过，说明搅拌锅与叶片间的间隙满足(3±1)mm。

(6)检查搅拌机运转时声音是否正常。

2.操作步骤

将电源插头插入电源插座，红色指示灯亮表示电源已接通，此时数码管显示为 0。

(1)装搅拌锅

向砂罐 16 内装入 1350g 标准砂，将搅拌锅和搅拌叶片先用湿布擦过，搅拌锅内装入水 225g、水泥 450g，将搅拌锅装入支座 2 定位孔中，顺时针转动锅至锁紧，再扳动手柄 20 使支座带动搅拌锅沿立柱的导轨向上移动，移动到手柄上定位销插入定位孔即可。

(2)搅拌

自动搅拌操作：把 1K 开关拨至自动档，按下程控器启动按钮，即自动完成一次低速搅拌 30s→再低速搅拌 30s、同时自动加砂结束→高速搅拌 30s→停 90s→高速搅拌 60s 的动作，整个过程 240s，而后自动停止。将 1K 开关拨至停位置。

注：当一次自动程序结束后，再将 1K 开关拨至自动档，又开始执行下一次自动搅拌程序。

手动搅拌操作：把 1K 开关拨至手动位置，再将三位开关 2K 按规定的时间分别拨至慢速、停、快速，人工记时，搅拌结束，将 1K 开关拨至停位置。

(3)卸搅拌锅

扳动手柄使支座带动搅拌锅沿立柱的导轨下移，逆时针转动搅拌锅至松开位置，取下搅拌锅。

(五)使用仪器注意事项及维护

1.注意事项

(1)每次做完试验，一定要把搅拌锅内外清洗干净，并将锅倒置，让锅内水流尽，以免生锈。

(2)使用搅拌锅时要轻拿轻放，不可随意碰撞，以免变形或表面出现凹凸，而影响搅拌锅与叶片的间隙。

(3)叶片上的胶砂一定要用湿布擦净，千万不能用水洗，水一旦沾到立柱的导轨上，易使导轨生锈，影响正常使用。

(4)每一次自动程序结束后，一定要将 1K 开关置于停，确保安全，以防程控器误动作，而使搅拌器突然旋转。

(5)在停搅的 90s 时间内，要用橡胶刮板把水泥胶砂刮入锅内，手不能伸进锅内，以防搅拌叶片突然快速旋转，而发生事故。

2.仪器的维护

(1)搅拌锅与叶片间隙的调整

水泥胶砂的搅拌质量，除了与工作程序有关，搅拌锅与叶片的间隙的大小，对水泥胶砂的质量影响也很大，间隙太小，叶片会碰撞搅拌锅，搅拌锅在滑板底板上就会松动，间隙太大，水泥就搅拌不透。

(2)间隙调整

①底部间隙调整:

叶片与搅拌锅之间的工作空隙使用厂家为用户所配间隙测量杆测量,若超过 3±1mm,可松开调节螺母 5,转动叶片使之上下移动到正确间隙,再旋紧调节螺母 15 即可。

②周边内隙调整

把电机与立柱连接的 A、B 处螺钉松掉,使连为一体的电机、传动箱及叶片一同稍稍向左或向右移动、向前或向后,周边间隙调整好了,将 A、B 处螺钉拧紧。

(六)保养:

同水泥净浆搅拌机。

(七)常见故障及排除

同水泥净浆搅拌机。

第三节　水泥胶砂振实台、水泥胶砂抗折试验机

一、水泥胶砂振实台

(一)用途

胶砂试体成型振实台是用于按 ISO679:1989 水泥强度试验方法,制作水泥胶砂强度试件的专用设备。

(二)主要技术参数

1. 振幅:15mm±3mm。

2. 振动频率:60 次/60s±1s。

3. 振动部分总质量:20kg±0.5kg。

(三)主要结构与工作原理

1.结构

如图 6-6 所示,水泥胶砂振实台主要由前机座 8、后机座 10、支承杆 11、臂杆 13、台盘 16、突头 3、锁紧机构 1、同步电机 7、凸轮 5、从动轮 4 等零部件组成。

前机座、后机座与支承杆组成一个固定支架,后机座与臂杆之间装有转轴 12,使臂杆能绕后机座转动,在臂杆上装有台盘,台盘上装有偏心锁紧试模装置、模套和浮动支承,同步电机的输出轴上装有凸轮 5。

2.工作原理

当同步电机转动时,将带动凸轮旋转,当从动轮与凸轮的最高点接触时,臂杆、台盘、模套及试模等均被抬到最高处。当从动轮突然降下与凸轮的最低点接触时。装在台盘上试模内的水泥胶砂在重力的作用下,就会受到振动,而达到密实效果。

凸轮每转一圈,装在台座下面的远红外计数装置就计数一次,当凸轮转动 60 次,即装在试模内水泥胶砂受 60 次振动后,控制器将自动发出信号,使同步电机自动关机。

(四)仪器的使用方法

1.使用前的检查

(1)检查输入电源,必须可靠接地,切勿将地线与零线相连接。

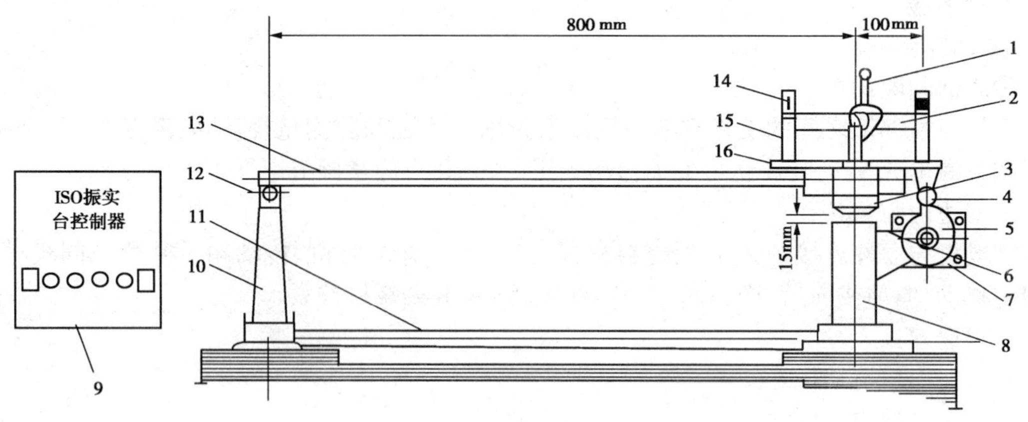

图 6-6　胶砂振实台结构图

1-锁紧机构;2-模套;3-突头;4-从动轮;5-凸轮;6-止动器;7-同步电机;8-前机座;9-控制器;10-后机座;11-支承杆;12-转轴;13-臂杆;14-螺母;15-浮动支承;16-台盘

(2)检查振实台与水泥混凝土基座连接的地脚螺栓是否牢固。

(3)用手抬起台盘,绕后支座转动,检查其运动是否灵活。

(4)检查凸轮旋向:

①拿掉放在前支座上的定位套(每次使用前必须拿掉定位套);

②接通电源,用手抬起台盘,抬起高度应保证凸轮转动不触及随动轮;

③按下控制器启动开关,凸轮应逆时针方向旋转,如旋向正确,放下台盘,台盘开始上下跳动。

(5)检查台盘振动次数:每振动 60 次后应自动停机,控制器显示屏显示振动次数。

(6)检查振幅:抬起台盘,将厂家随机所配 14.7mm 厚垫块放入突头与止动器之间,凸轮能自由转动,不触及从动轮;用 15.3mm 厚垫块放入突头与止动器之间,凸轮会碰到从动轮,即为合格。

2.操作步骤

(1)将胶砂空试模放在台盘上,放下模套,从上往下看,模套壁与试模内壁应该重叠,然后转动手柄 1,使试模夹紧,如试模夹不紧,可转动螺母 14,调节浮动支座 15 的高度,使试模夹紧。

(2)用一个适当的勺子直接从搅拌锅内将胶砂分二层装入试模。装第一层时,每个槽里约放 300g 胶砂,用大播料器(见图 6-7a)垂直架在模套顶部沿每个模槽来回一次将料层播平。

(3)按启动按钮,振动 60 次自动停机。

(4)第一次振动结束后,再装入第二层胶砂,用小播料器(见图 6-7b)将料播平,再振实 60 次。

(5)振实结束,转动手柄,使试件松开,从振实台上取下试模。

(6)从振实台上取下试模,用一金属直尺

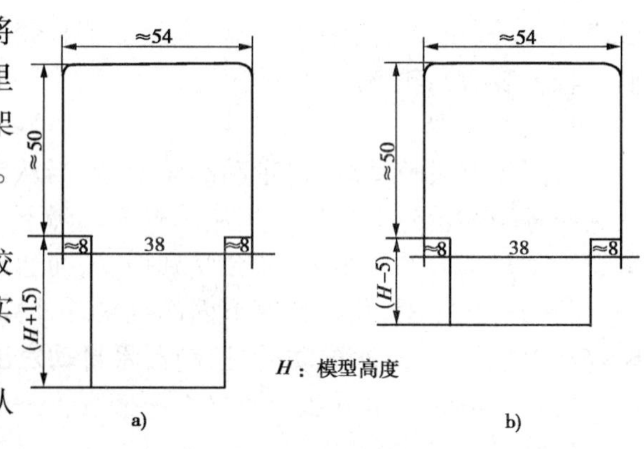

图 6-7　播料器图(尺寸单位:mm)

以近似90°的角度架在试模模顶的一端,然后沿试模长度方向以横向锯割动作慢慢向另一端移动,一次将超过试模部分的胶砂刮去,并用同一直尺以近水平的情况下将试件表面抹平修模。

(7)在试模上作标记或加字条标明试件编号和试件相对于振实台的位置。

(8)放入水泥标准养护箱养生。

(五)使用仪器注意事项及维护

1.使用注意事项

(1)安装振实台,台盘与臂杆应成水平状态。在调整水平时,应将突头的护套取下,使突头与止动器完全接触。

(2)全部试验结束后要将定位套放在止动器上,保护凸轮的尖头部分。

(3)试验时不要用手触摸远红外记数触头。

2.仪器的维护

(1)有油杯的地方要加注润滑油,凸轮表面要涂薄机油以减少磨损。

(2)仪器使用一段时间后,如振幅变大超差,可用随机所附垫圈进行调整。具体方法是将止动器上固定螺钉松开,取下止动器,将垫圈放入下面,重新将固定螺钉旋紧。

(六)常见故障及排除

1.台盘抬不起来

检查凸轮转向是否正确,如转向不对,可将电源的相线重新换个位置,至凸轮转向正确。

2.振动台突然无电

(1)检查控制箱内的保险丝是否被烧坏,如是换上一只完好的即可。

(2)检查电源插头内部是否有电线接头脱落,如有接头脱落,应将接头重新接好。

(3)用万用表的欧姆档,检查电线内部是否有断点,如有需重新换一根新电线。

二、DKZ—5000型电动抗折试验机

(一)用途

该试验机主要适用于水泥胶砂强度检验方法(ISO法)的抗折强度试验,以确定水泥的质量,也可用作其它非金属脆性材料的抗折强度检验。

(二)技术参数

1.单杠杆出力比(上梁臂距比)(最大) 10:1。

2.双杠杆出力比(下梁臂距比)(最大) 50:1。

3.最大出力:单杠杆1000N;双杠杆5000N。

4.加荷速度:单杠杆10N/s;双杠杆50 N/s。

使用单杠杆时最大抗力1000N,使用双杠杆时最大抗力为5000N。试验机标尺有专为水泥胶砂抗折强度与抗力的换算刻度,最大抗力为1000N时,读数精度为4N及0.002MPa,最大抗力为5000N时读数精度为10N及0.01 MPa。

(三)主要结构和工作原理

1.最大抗力5000N时(使用双杠杆)结构(见图6-8)

试验机由底座27、立柱25、上梁24、长短拉杆8、9、大杠杆17(大杠杆右端刻有力及抗折强度标尺)、小杠杆23、扬角指示板18、抗折夹具6、游动砝码20、大小平衡砣15、12、传动电机10、传动丝杆22及电器控制箱28等零部件组成。

如作抗折力1000N范围内的试验时(见图6-9):卸下的短拉杆、下力承座及小杠杆,从底座

的 F 处旋出抗折夹具(包括抗折夹具支座、手轮、下拉杆 7,再将夹具上部用长拉杆 8 联结于上力承座 7,夹具下半部旋入底座上的螺母 2 中。

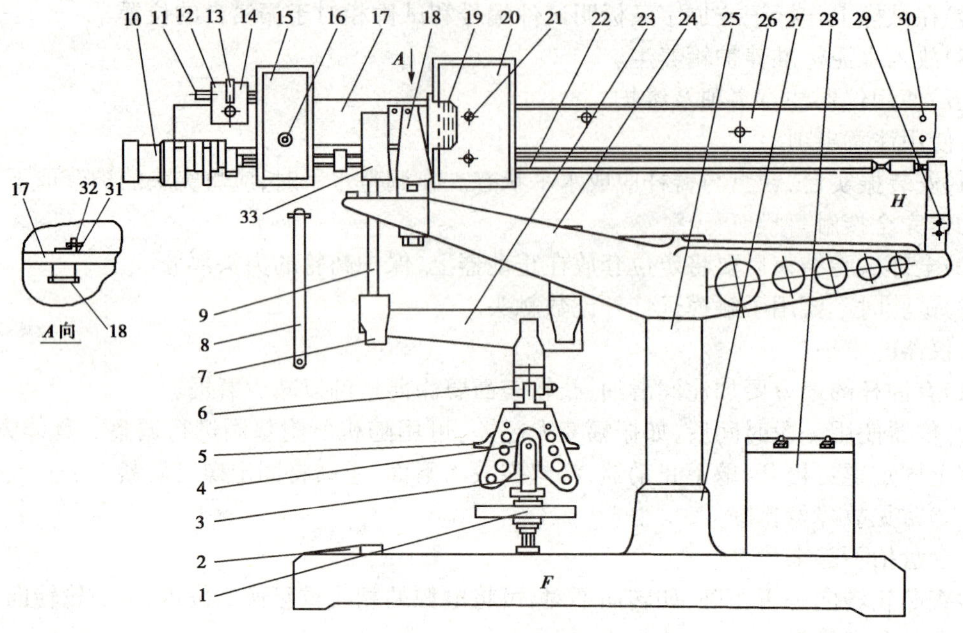

图 6-8　最大抗力 5000N 时(使用双杠杆)结构图

1-手轮;2-螺母;3-下拉架;4-加荷轴;5-对准板;6-抗折夹具;7-下力承座;8-长拉杆;9-短拉杆;10-传动电机;11-小调节丝杆;12-小平衡砣;13-螺帽;14-锁紧螺钉;15-大平衡砣;16-锁紧螺钉;17-大杠杆;18-扬角指示板;19-游标;20-游动砝码;21-游动砝码按钮;22-传动丝杆;23-小杠杆;24-上梁;25-立柱;26-标尺;27-底座;28-电器控制箱;29-行程开关触头;30-开关撞板;31-置零触头螺丝;32-螺母;33-上力承座

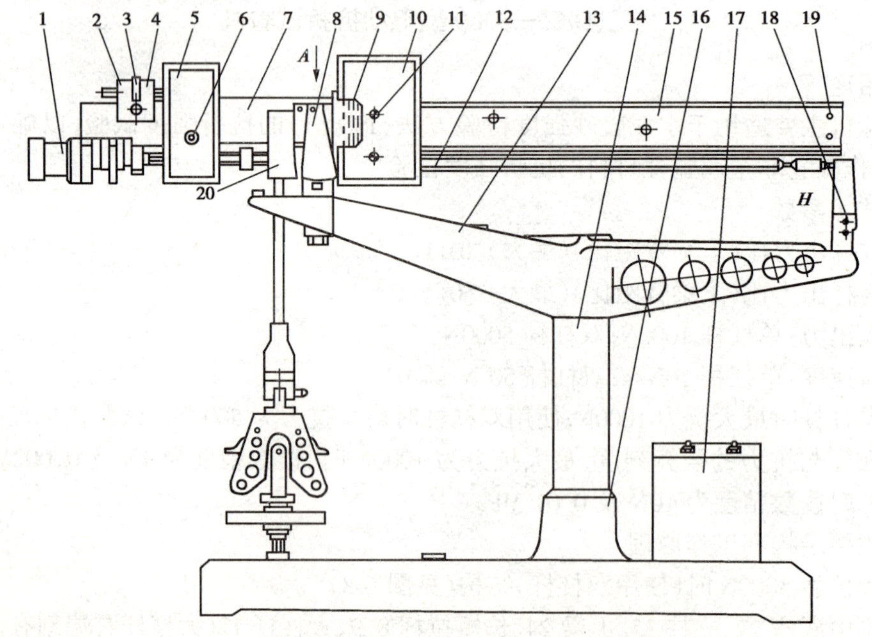

图 6-9　最大抗力 1000N 时(使用单杠杆)结构示意图

1-传动电机;2-小平衡砣;3-螺帽;4-锁紧螺钉;5-大平衡砣;6-锁紧螺钉;7-大杠杆;8-扬角指示板;9-游标;10-游动砝码;11-游动砝码按钮;12-传动丝杆;13-上梁;14-立柱;15-标尺;16-底座;17-电器控制箱;18-行程开关触头;19-开关撞板

2.工作原理

当试件没放入仪器的抗折夹具中,大杠杆、传动丝杆、传动电机、游动砝码及大、小平衡砣等零件均支承在零点的刀刃上,通过调节大、小平衡砣可使大杠杆保持水平。

当试件放入抗折夹具内,顺时针转动手轮,试件将被夹紧,B点将受到一个向下的拉力,使大杠杆失去平衡,右端要扬起一个角度。按下电器控制箱上的启动按钮,电动机带动转动丝杆转动而推动游动砝码右移,大杠杆逐渐下沉,当游动砝码在大杠杆产生的力矩大于试件所能承受的力矩时,试体断裂,大杠杆下落,此时装在大杠杆上的游动砝码上标尺将显示试件断裂时的抗力和抗折强度。

(四)仪器的使用方法

1.使用前的检查

(1)检查输入电源,必须可靠接地,切勿将地线与零线相通。

(2)检查游动砝码上的游标的"零"与标尺上的"零"线是否重合:

按下游动砝码上的按钮,用手推动游动砝码左移,使游动砝码上游标的"零"线对准标尺的"零"线,放开按钮后对准的"零"线可能会有所移动,此时可用手在丝杆右端的滚花部分(H处)转动丝杆,移动游标砝码,使两根"零"线重合。

(3)检查游动砝码与置"零"触头螺丝刚好接触时,游标与标尺的"零"线是否重合。调整处于扬角指示板后边位置的置"零"触头螺丝,一旦与游动砝码接触,就用螺母锁紧置"零"触头螺丝;校对游标与标尺的零线是否重合,如不重合,应重新调节置"零"触头螺丝,重复上述调整直至游动砝码与置"零"触头螺丝刚好接触时,游标与标尺的零线重合为止(置"零"触头螺丝也起到限制游动砝码向左的位置)。

(4)检查左端行程开关的工作状态。按动起动按钮,传动电机带动丝杆转动,然后用手轻轻按下大杠杆至行程开关触头上,电机应立即停转;电机如不停转,首先用一只手托住大杠杆,另一只手按下行程开关触头,如丝杆停转,再检查装在大杠杆右侧面的撞板位置是否没调好,撞板撞不上行程开关触头,此时可重新调整撞块的位置,以保证大杠杆落下时,丝杆不转(大杠杆落下时,丝杆仍在转,会使游标码指示的数据偏大)。

2.操作步骤

(1)将大杠杆调平衡:按下游动砝码上的按钮,将游动砝码推向最左端(此时游动砝码上游标的"零"线对准标尺的"零"线对齐),松开销紧螺钉14及16,移动大小平衡砣,使大杠杆尽量趋与平衡,然后拧锁紧螺钉,将大平衡砣锁紧于大杠杆上;移动小平衡砣上的螺帽,使小平衡砣移动,直至大杠杆完全平衡为止,然后用锁紧螺钉将小平衡砣锁紧在大杠杆上。

(2)将试件侧面朝上放入抗折夹具内,试件的轴向位置用夹具上的对准板对准。转动夹具下面的手轮,使下拉架上的加荷轴与试件接触,并继续转动一定角度,使大杠杆有一定扬角,数值根据试体断裂时的变形量决定,一般由经验估计。原则是试体在断裂时应使大杠杆尽可能处于水平位置,扬角的数值可在扬角指示板上读出。

(3)启动按钮,电动机立即转动丝杆推动游动砝码右移,机器开始加荷,大杠杆逐渐下沉,在大杠杆接近水平时,试体断裂,大杠杆下落,处于大杠杆右后面的限位开关撞板推动限位开关,断开电动机电源,电动机立即停转,此时便可以从游标的刻线与标尺读出试件抗力或抗折强度值,至此一次试验结束。

(4)逆时针转动手轮,取出折断的试件。

(5)按下游动砝码按钮,即可推动游动砝码左移,游动砝码复位后,接着便可做第二次试验。

(五)仪器使用注意事项及维护

1.使用注意事项

(1)在试验过程中,大小平衡砣的锁紧必须可靠,以免在使用过程中由于试件断裂,大小杠杆下落时受振动而破坏了调好的平衡。

(2)仪器在使用过程中必须保持清洁、干燥,特别是各刀刃及刀刃承要防止生锈,以免降低灵敏度与正确度。

(3)刀刃及刀刃承间不得有任何润滑油,以免粘住灰尘,阻滞杠杆运动,影响灵敏度,使用完毕应将仪器罩上防尘罩。

(4)大杠杆右端限位开关撞板必须调整到大杠杆下落到底时,限位开关刚刚动作,切忌调整在过早使限位开关动作的位置,以免撞坏限位开关。

2.仪器的维护

(1)加载用的游动砝码在杠杆上使用久了,未按下按钮时游动砝码在丝杆上有明显颤动现象时,可向厂家购买新半螺母,把游动砝码内的旧半螺母换下即可。

(2)当游动砝码有窜动时,有两种方法可以解决:

①只要丝杆头右端轴承盖上垫些青壳纸即可。

②由于滑销磨损使丝杆间隙增大,这时只要松开螺丝将滑销拿出,然后转过120°再装入即可。

(六)常见故障及排除

见表6-5。

DKI-5000型电动抗折试验机常见故障及排除 表6-5

故障现象	故障原因	排除方法
试件断裂后不能自动停止加荷	1.右端行程开关损坏 2.左端挡块未压下行程开关	1.更换行程开关; 2.调整挡块位置
试件断裂后游动砝码前冲一段距离	游动砝码内半螺母损坏	更换半螺母
大杠杆失去平衡	1.平衡砣位置走动; 2.游动砝码未回到原有零位	1.重新调整后锁紧; 2.转动丝杆,调整到零位
游动砝码上按钮不回复	1.按钮孔内有脏物或毛刺; 2.复回弹簧失效	1.清洗,除毛刺; 2.更换弹簧
游动砝码移动时出现停滞	丝杆和大杠杆上平面或砝码内滚动轴承有脏物	清洗丝杆和大杠杆及砝码内轴承
电机不能启动	1.丝杆转动部分卡死; 2.电机及电器元件损坏	1.清洗,去毛刺; 2.更换元件
大杠杆摆动一下即停	1.大杠杆支承刀刃损坏; 2.刀刃承间有脏物卡住	1.更换修理刀刃; 2.清理刀刃承

第四节　负压筛析仪、沸煮箱

一、负压筛析仪

(一)用途

1.负压筛析仪是进行《公路工程水泥混凝土试验规程》中水泥细度检测方法 80μm 筛筛析法(T051—94)试验的专用仪器。

(二)技术参数

1.筛析测试细度:80μm

2.筛析自控时间:2min

3.工作负压可调范围:4000～6000Pa

4.喷嘴转速:30±2r/min

5.喷嘴口与筛网距离:2～8mm

6.加入水泥试样:25g

(三)结构与工作原理

1.主要结构

负压筛析仪主要由筛座 10、试验筛 11、吸尘器 2、旋风收尘装置组成,筛座由转速为 30±2r/min 喷气嘴 9、负压表 5、数显时间控制器、同步电机等零部件构成(见图 6-10)。

筛座内装有同步电机、喷气嘴、硬管等,上面安放试验筛及筛盖。硬管下端以软管与旋风筒进口相接,小口用软管接在负压表上。

吸尘器作为负压源,吸口接在旋风筒出气口上,其电机可经面板上的调压旋钮进行无极调速,以便随时改变仪器的工作负压。

旋风收尘装置由旋风筒和收压瓶组成,旋风筒的配置大大提高了收尘效率,使 95%的水泥粉尘落入收尘瓶内,从而减少了吸尘器的清灰次数。

时间控制器由数字显示屏和定时器构成,一方面将工作时间显示出来,另一方面使仪器能在工作 2min 后自动停下来。

2.工作原理

负压筛析仪启动后,吸尘器和同步电机开始工作,使得筛座内保持在负压状态下,试验筛上面的待测水泥细粉在喷出的气流的作用下变为动态,其中粒径小于筛网孔径的细粉在负压吸引下通过试验筛被吸走,而粒径大于筛网孔径的细粉则留存在试验筛上,从而完成了筛分。

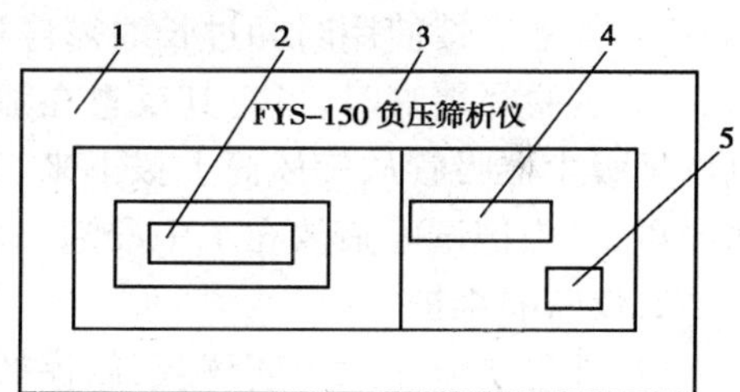

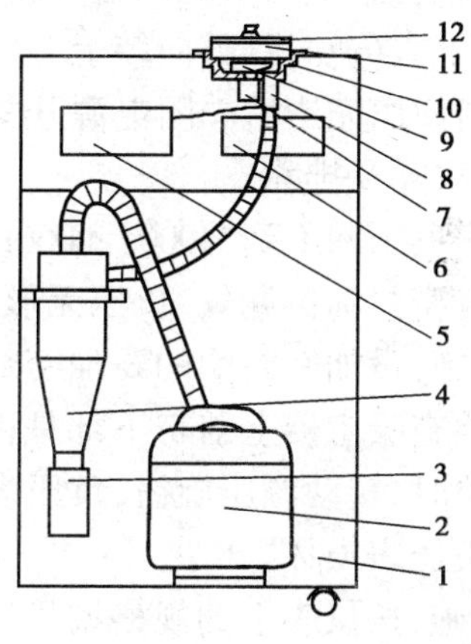

图 6-10 负压筛析仪结构简图

1-箱体;2-吸尘器;3-收尘瓶;4-旋风瓶;5-负压表;6-数显时间控制器;7-同步电机;8-硬管;9-喷嘴;10-筛座;11-试验筛;12-筛盖

(四)仪器的使用与维护

1.使用前的检查

(1)检查试验筛下部的密封圈是否完好。

(2)在筛座内安放试验筛(用手晃动试验筛应感觉与筛座的配合较紧,不能有间隙)并加筛盖,筛盖与筛上口应有良好的密封性。

(3)打开后门,检查各连接管口是否保持紧密状态。

(4)将电源插头插入 220V 交流电源插座内,并有可靠接地。

2.操作步骤

(1)称取水泥试样25g,置于洁净的负压筛中,盖上筛盖,放在筛座上。

(2)打开电源开关,慢慢将负压调至4000~6000Pa范围内。

(3)开动筛析仪连续筛析2min,在此期间如有试样附在筛盖上,可轻轻地敲击,使试样落下。仪器开始工作直到显示屏上的时间显示到"0:00"时仪器自动停止工作。

(4)待停机后取下试验筛,将筛余物件倒入天平称量,得到筛析结果。

(5)试验结束关闭电源

(五)使用注意事项及维护

1.注意事项

(2)当工作负压小于4000Pa时,应清理吸尘器内水泥,使负压恢复正常。

如果工作负压超出了"4000~6000Pa"的范围,应旋动调压旋钮将负压调节在标准规定的范围之内。

(3)每次使用后,应用刷子从试验筛筛网两面轻轻刷清,并把筛网对着阳光或灯光检查合格后把试验筛保存在干燥的容器或者塑料袋内。

(4)仪器连续使用时间过长时需停机散热以延长吸尘器电机寿命。

(5)试验筛堵筛时,可将其反置在筛座上,盖上筛盖进行反吸,然后再用刷子刷清,必要时也可把吸尘器吸管从旋风筒上拔下来,直接对着筛网进行抽吸,同时再用刷子刷清。若筛网堵塞严重,可先把试验筛放在水中浸泡一段时间再刷洗。

2.仪器的维护

(1)吸尘器应注意定期清灰,以保持收尘袋清洁,确保负压值达到标准要求。

2)发现收尘瓶中的水泥细粉快满时,应将收尘瓶从旋风筒上拔下来(顺时针方向拨下)倒掉后在再装上去(逆时针方向装上)

(3)仪器使用完毕后关闭电源开关,并用抹布将仪器表面擦净。

2.常见故障及排除

(1)工作负压调不到"4000~6000Pa"。

原因:各密封部位漏气,负压无形成。

排除措施:没加密封圈的要加密封圈;排气管坏的要重新换上好的;排气管口部位松了要重新绑扎;检查吸尘器上盖与下部是否密封。

(2)试验时,转动调压旋钮,负压表指针不动。

原因:负压表损坏。

排除措施:按仪表上的规格型号,在当地的电器仪表商店购买新的换上,或与厂家联系。

二、沸 煮 箱

(一)用途

该仪器是ISO9597:1989《水泥标准稠度用水量、凝结时间、安定性检验方法》的配套设备,能自动控制箱体内水升温至沸腾和保持沸腾的时间,以检验水泥硬化后体积变化的均匀性(雷式夹法和试饼法)。

(二)技术规格

1.最高沸煮温度:100℃。

2.沸煮箱名义容积:31L。

3.升温时间:(20℃升至100℃)20±5min。

4. 恒沸时间：3h ± 5min。

5. 管状加热器功率：4kW/220V(共两组各为 1kW 和 3kW)。

(三)结构与工作原理

1. 主要结构

如图 6-11 所示，主要由箱盖 1、内外箱体 2、箱篦 3、管加热器 5、罩壳 9、电气控制箱 8 等零件构成。

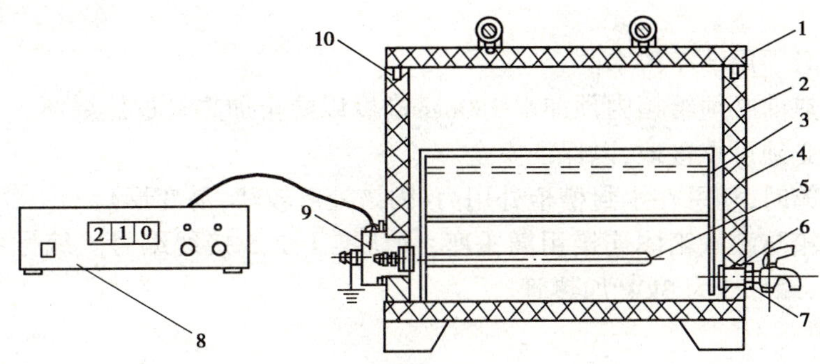

图 6-11　沸煮箱结构图

1-箱盖；2-内外箱体；3-箱篦；4-保护层；5-管加热器(两组)；6-管接头；7-铜热水嘴；8-电气控制箱；9-罩壳；10-水封槽

2. 工作原理

该沸煮箱有两组各为 1kW 和 3kW 的加热管。一开机，两根加热管同时加热，以保证在 30min 的时间内升温至沸腾。一旦超过 30min，不论水提前沸腾还是没沸腾，时间到，单片机控制继电器断开，让一根 1kW 的加热器继续加热，以保持恒沸 3h 之后，全部断电。

(四)仪器的使用

1. 使用前检查

(1)检查输入电源是否有良好的接地，以保证箱体外壳可靠接地。

(2)当输入电源满足要求，给沸煮箱电气控制箱接入电源。

(3)给沸煮箱加水深 180mm(以内箱体底部算起)。

(4)给水封槽 10 加水。

(5)测量水温，并作好记录。

(6)启动"自动"开关，打开秒表，察看两个指示灯是否全部发亮，数码显示管是否开始显示时间，并记录水沸腾的时间。

(7)当秒表和数码管均显示 30min 时，此时有一个显示灯灭，说明一组 3kW 的加热管停止加热。观察水提前沸腾还是没有沸腾，如果 30min 时正好水开始沸腾，说明初始时的水温满足要求；如果提前沸腾，可把初始时的水温降低；如果推迟沸腾，可通过仪器的"手动"开关，把初始水温作适当提高。

(8)当恒沸 3h，仪器显示 210min 时，另一只显示灯应熄灭，此时沸煮箱另一组 1kW 电热器停止加热，说明仪器工作正常，把箱中水全部放掉。

2. 操作步骤

(1)把篦板或试饼架放入箱内。

(2)给沸煮箱冲水，深度满足 180mm，并检查水温(如不满足要求可按(四).1.(7)方法调整)。

(3)给水封槽盛满水，以保证试验沸腾时起水封作用。

(4)把按规定方法制取并经过标准养生的试饼或装有试件的雷氏夹放入箱内架上(雷氏夹两指针朝上),接通电气控制器电源,启动“自动”开关,当显示器显示 210min 时,电气控制器内蜂鸣器发出响声,表示试件加热完毕。

(5)切断电源,把热水嘴 7 打开,将热水放出,打开箱盖待箱体及试件冷却至室温,取出试件进行检查。

(五)使用仪器注意事项及维护

1.注意事项

(1)沸煮箱内必须用洁净淡水。

(2)加热管加热前必须给箱内预加水 180mm 高度以防止加热管过热烧坏。

(3)箱体外壳必须可靠接地,以保证安全。

(4)搬动沸煮箱时,切忌在水封槽柜处用力(因该处壁较薄,易变形)。

(5)电气控制箱与沸煮箱体连接用插头座,须认准 1、2、3 接线编号。编号 1 为 1kW 加热管,编号 2 为零线,编号 3 为 3kW 加热管。

2.仪器的维护

(1)箱内如有积水垢,应定期清洗。

(2)加热管表面应经常洗刷去除积垢,以保证加热器的效率。

(3)加热管使用时间久了,易损坏,可去市场购买同功率、外形和接头尺寸相同的加热管换上即可。

(4)当沸煮箱的显示灯不亮时,首先要检查保险丝是否完好。

(5)当启动“自动”开关,30min 后 3kW 加热管不能自动停止加热,要检查继电器和单片机。

复习思考题

1.水泥标准稠度及凝结时间测定仪的滑动部分总重是多少?

2.如何检测水泥标准稠度及凝结时间测定仪滑动杆的滑动效果?

3.叙述测定水泥初凝时间的步骤。

4.水泥净浆搅拌机的搅拌叶片与搅拌锅的工件间隙是多少?如何检查该间隙?如何调整该间隙?

5.水泥净浆搅拌机的搅拌叶片旋转方向有何要求?如果错了,如何调整?

6.水泥净浆搅拌机的工作程序总共多少时间?各阶段分别是多少时间?

7.为何强调水泥净浆搅拌机在停搅的 10s 内,手不能伸入锅内把叶片上的水泥净浆刮入锅内?

8.水泥胶砂搅拌机的搅拌叶轴旋转,而叶片不旋转,试分析产生故障的原因,如何排除?

9.如何调整电动抗折机的游动砝码上游标的“零”线与大杠杆标尺上“零”线相重合?

10.如何将电动抗折机的大杠杆调平衡?

11.在做水泥胶砂抗折试验时,对大杠杆扬起的角度有何要求?如果扬角偏大,使实测的数据偏大还是偏小?

12.当试件被折断后不能自动停止加荷,试分析产生故障的原因,如何排除?

13.负压筛的工作原理是什么?

14.工作负压调不到“4000~6000Pa”,试分析产生故障的原因,如何排除?

15.沸煮箱在 30min 断电后,沸煮箱内的水还没达到 100℃,该怎么办?

第七章　沥青材料试验仪器

[重点内容和学习要求]

本章重点讲述沥青材料试验检测常用仪器的结构、工作原理、仪器的使用方法、注意事项及维护保养。同时对仪器故障的排除也作了简单介绍,并介绍了部分仪器的检校方法。

通过学习,要求学生必须掌握沥青针入度试验仪、沥青延度试验仪、沥青软化点试验仪、沥青含蜡量测定仪、离心沉淀机、沥青薄膜烘箱、沥青旋转薄膜烘箱及沥青闪燃点测定仪等沥青材料常用试验仪器的正确使用方法;了解各仪器的工作原理。能掌握仪器使用注意事项,对仪器常见的故障能分析原因并加以检查维护。

第一节　数显式沥青针入度仪

一、用　　途

沥青针入度仪满足了《公路工程沥青及沥青混合料试验规程》(JTJ 052—2000)中 T0604—2000 的技术要求,可用于测定道路石油沥青、改性沥青的针入度以及液体石油沥青蒸馏或乳化沥青蒸发后残留物的针入度。其标准试验条件为温度 25℃,荷重 100g,贯入时间 5s,针入度以 0.1mm 计。

二、技术参数

1.计时范围:1～99s;

2.计时精度:10^{-4}s;

3.针入范围:0～50mm;

4.示值分辨率:0.1mm;

5.电源:220V±10%,50Hz,20W。

三、主要结构及工作原理

(一)结构

仪器由针入度装置和定时器两大部分组成。其中针入度装置部分包括:底座、水准泡、标准针、紧固螺丝、释放钮、支架、滑杆、触头、位移表、表测杆、慢手轮、快手轮、立柱、调水平支脚等。仪器结构见图 7-1 所示,针入度标准针结构见图 7-2 所示。

(二)工作原理

所谓"针入度"是指试样在规定的试验条件下,用规定尺寸和质量的标准针,在规定的重力作用下,在给定时间内沉入试样的深度,其单位为 0.1mm。

该仪器在使用时,首先将标准针装入滑杆上,并用螺丝紧固。平时滑杆靠释放钮内的弹簧卡住。当按下释放钮时,滑杆连同标准针自由降落。针入度仪释放钮通常靠电磁铁的吸力而动作,其降落时间即针入时间,由定时器控制。而针入深度则由数显式位移表测量。利用齿轮、齿条传动机构使支架沿立柱上下移动,其移动速度取决于转动快轮还是慢轮。测量时,先将滑杆的上平台与位移表的触头相接触,这时位移表指示为“0”。通过转动快、慢手轮,使支架移动到标准针的尖端与试样表面刚刚接触。按下定时器的“启动”按钮,则电磁铁吸动释放钮,使滑杆和标准针依靠重力作用开始沉入试样中;当计时停止时,电磁铁断电,滑杆被卡住,沉入停止。按下位移表的测杆,使触头重新接触滑杆上端面,此位移值即为针入度值。

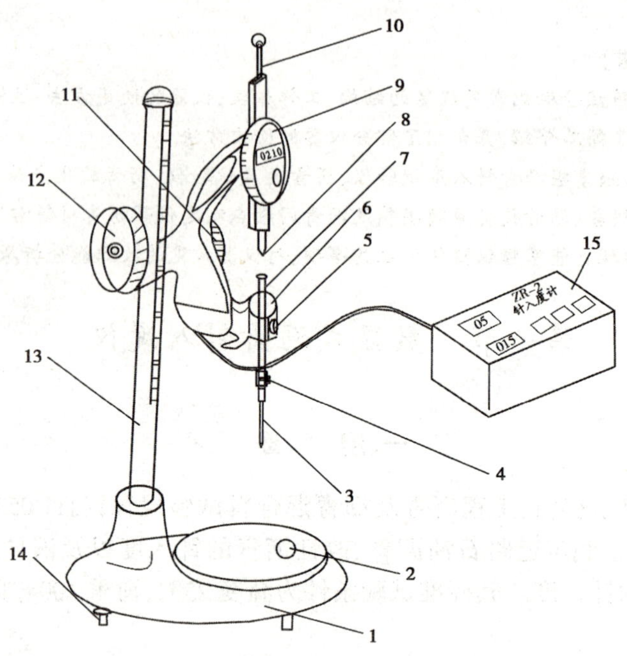

图 7-1 针入度仪结构示意图

1-底座;2-水准泡;3-标准针;4-紧固螺丝;5-释放钮;6-支架;7-滑杆;8-触头;9-位移表;10-表测杆;11-慢手轮;12-快手轮;13-立柱;14-调水平支脚;15-定时器

四、仪器的使用方法

(一)使用前的检查

1.仪器应安放在稳定、牢固的试验台上,调节底座下的支脚螺丝,使工作台面处于水平状态,这时水准泡的气泡应处于中心位置。

2.仪器滑杆应与试验平台相垂直,按下释放钮,滑杆应能自由下落,无滞磨现象。

3.将仪器的电缆插头与定时器输出端连好,插上电源,即可以开始工作。定时器后面板结构见图 7-3 所示。

4.按规范要求制备好试样,并恒温至试验规定的温度。

(二)操作步骤

1.将沥青标准针清洗后装在滑杆上,按下预备钮,调节滑杆使其上端面与位移表的触头相接触,这时位移表的指示为“0”。

2.将制备好的试样,移入水温控制在规定试验温度±0.1℃的平底玻璃皿中的三脚架上,试样表面以上的水层深度不少于 10mm。将放有试样的平底玻璃皿放在工作台中央位置。

3.通过转动快、慢手轮,调节滑杆的上下位置,使标准针的针头尖端与试样表面刚刚接触,可借助照明灯及放大镜完成这一工作。

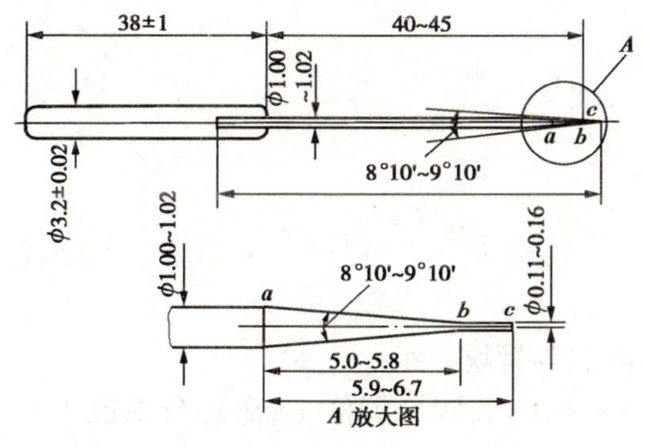

图 7-2　针入度仪标准针(尺寸单位:mm)

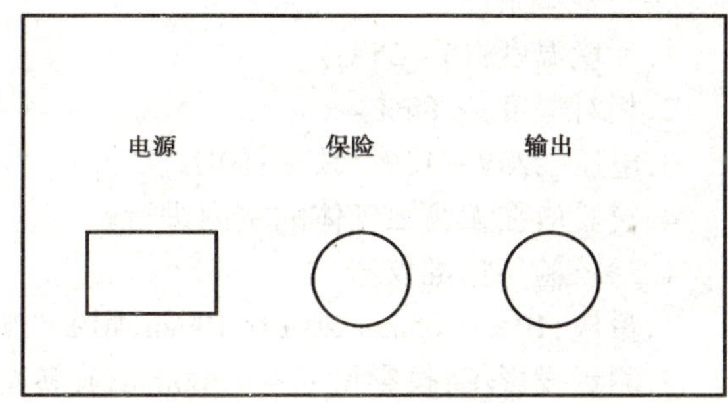

图 7-3　定时器后面板图

4.根据试验规范要求,通过计时器的拨码盘选好预置时间(秒)。按下“启动”钮,电磁铁工作,放开滑杆,测头开始沉入试样,当到达预置时间时,沉入停止。

5.轻轻按下位移表的测杆,至触头与滑杆上端面相接触。记下位移表的指示,单位为0.1mm,然后轻轻将表杆放回原位置,即“0”位置。如果不回零,须按一下表上的清零钮(ZERO),则表头回零。

6.当重复上述试验时,按下计时器的“预备”钮,这时计时电路清零,同时电磁铁吸动。用手将滑杆推动到最高位置(即零位置),松开预备钮即可重复上述测试。

五、使用仪器注意事项及维护

(一)使用注意事项

1.针入度仪既可以测定沥青材料的针入度,又可以测定石蜡针入度、润滑油锥入度,同时还可以用来测定某些食品、化妆品的锥入度。因此试验前应根据测试目的,选择正确的测头及其相匹配的滑杆。

2.针入度仪所用数显式位移表为自动启动仪表,仪表不用时自行断电。工作时,只要按下表杆,则仪器自动开始工作,显示数据。

3.位移表用电极省,通常一节电池可使用一年以上。当电池电压降至下限值时,显示的数字频频闪烁,以示需要更换电池。

4.更换位移表电池时,将位移表左上方的扣盖取下,用镊子取出电池,再换上新电池,扣上盖子即可重新工作。注意选择正确的电池型号及电池电压。

5.当更换电池或遇有意外情况,表头显示单位可能变成英吋(in),这时可用一牙签或细铁丝,插入表头左下方小孔内,并按动一下,单位即可恢复成“毫米(mm)”设置。

6.检查仪器时,在没有试件的情况下,不能放装有试针的滑杆下落,以免针尖损坏。

7.按动操作按钮要到位,否则易引起试验误差。

(二)仪器的维护

1.每次试验完毕必须及时清洗擦干仪器。

2.仪器的清洁:积灰与污迹应及时清除,灰尘可用软刷刷除或用干净软抹布抹去。

3.标准针使用完毕后,应洗净擦干,并装入试针套内保管,以防变形。

4.滑杆不用时应擦油防锈,但在下次使用前,必须将滑杆表面的油擦净,否则易引起试验误差。

六、仪器的校准

(一)检验条件

1.环境温度:15~35℃。

2.相对湿度:<85%。

3.电压:220V±10%,频率:50Hz。

4.校验应在无腐蚀气体的室内进行。

(二)校验用标准仪器

1.量块:10±0.05mm、20±0.10mm、40±0.5mm的二等量块一组。

2.测量投影仪:投影尺寸ϕ=300mm;旋转范围0~360;旋转分划值1;游标分划值1;放大倍数×10、×20、×50、×100。

3.天平:称量范围0~200g;分度值0.01g。

4.外径千分尺:测量范围1~100mm;分度值0.02g。

5.游标卡尺:测量范围1~300mm;分度值0.02g。

6.秒表:分度值0.1s。

7.温度计:测量范围1~50℃;分度值0.1℃。

8.粗糙度样板。

9.光学洛氏硬度计。

10.兆欧表:耐压500V。

(三)技术要求

1.外观及常规要求

(1)沥青针入度仪应有清晰、能永久保持的产品铭牌,铭牌上应标明仪器名称、型号、制造厂名、出厂日期和出厂编号。

(2)仪器表面涂层应均匀光亮,不得有划痕、斑点、剥落等明显缺陷,标准针表面应光滑无锈蚀斑点,切平的圆锥面周边应锋利没有毛刺,刻度盘刻字应清晰可辨,刻度指针能方便对零,数字式显示应稳定可靠。

(3)仪器各部件应齐全完好,工作稳定可靠,仪器应设有放置平底玻璃器的平台,并配有可调水平机构,针连杆应与平台垂直,支架部件在立杆上应上下运动自如,无卡滞现象,各开关按钮功能应正常,按释放按钮,针连杆应下落灵活,无滞磨现象。

2.刻度盘或数字显示仪

(1)刻度盘最小刻度值为1个单位,即0.1mm。针的位移精度0.5个针入度,即0.05mm,刻度的准确度应符合表7-1规定。

针入度刻盘示值要求 表7-1

针入度	100	200	400
刻度盘指示值(针入度)	100±0.5	200±1	400±1.5

(2)数字显示仪应包括针入度值(最小值0.1mm,即1个针入度单位)、控制时间等内容。

3.标准针

(1)常规试验时,标准针、针连杆和附加砝码的总质量为100±0.1g,其中标准针(针与金属箍组件)总质量2.5±0.05g,针连杆质量为47.5±0.05g,标准针和针连杆的总质量为50±

0.05g。针入度仪附带砝码质量为50±0.05g,附带砝码应具有可调整质量的装置。

(2)标准针应用硬化回火的不锈钢制造,洛氏硬度HRC54—60,圆锥表面粗糙度的算术平均值应为0.2~0.3μm。其尺寸为:直径为ϕ1.00~1.02mm。标准针的长度约为50mm,针露在外面的长度应在40~45mm之内。

(3)金属箍直径为ϕ3.2±0.05mm。金属箍长38±1mm。

(4)针的锥体角度为8°40′~9°40′。针尖为平面,其直径为ϕ0.14~0.16mm。

(5)针与仪器底座平面应保持垂直状态,在针与底座平面接触情况下,针偏离其中心的最大允许值为2.0mm。

4.温控器

刻度范围0~50℃,分度值为0.1℃,测量准确度达到±0.1℃。

5.时控器

分度值为0.1s或小于0.1s,60s内的准确度达到±0.1s。

用标准量块检定时,示值误差允许为0.2mm,重复性允许误差不超过0.2mm。仪器电源线对外壳接地点的绝缘电阻应不低于2MΩ。

(四)校验项目和校验方法

1.外观及常规检查

先用目测和手感进行检查,然后用显微镜观察标准针外观,其结果应符合外观及常规要求。

2.标准针硬度、表面粗糙度校验

用光学洛氏硬度计测量标准针的硬度,将标准针与粗糙度样板进行对比;其结果应符合第3条技术要求。

3.标准针尺寸校验

用投影仪测量金属箍长度、金属箍直径、标准针外露长度、标准针直径、截面圆锥角度、针尖长度及针尖直径,重复进行三次,分别取平均值;其结果应符合第3条技术要求。

4.标准针、针连杆及附加砝码质量

用天平测定标准针、针连杆及附加砝码质量,重复测量三次,各部分质量的三次平均值应符合第3条技术要求。

5.针偏离中心值

将仪器放置平稳,调节仪器水平,把标准针插入针连杆下端并紧固,在底座上放一玻璃片,取两张白纸,中间夹一张复印纸,一并放在玻璃片上。将针连杆放下,使针尖与纸刚好接触,然后用手轻轻转动试杆一周,此时针头在纸上划出一个圆圈。测量圆圈的直径,其直径一半即为针偏离中心值,重复测量三次,取平均值,其结果应符合第3条技术要求。

6.时控器校验

(1)当采用自动式针入度仪时,落针按钮是通过时控器开关来控制。校验时,接通电源,选择5s和60s两个检定点,同时按下电子秒表和时控器开关,读取落针锁住时秒表数值,重复测量三次,取平均值;其平均值应符合第5条技术要求。

(2)如果是手动针入度仪,时控器一般为秒表,应按有关规程进行校验。

7.温控器校验

(1)当采用自动式针入度仪时,温度控制是通过温度传感器传送到仪器的温控器上显示区。校验时,将标准温度计插入到温度传感器同一位置,选择5℃、15℃、25℃、30℃四个校验点,分别读取各校准点的标准温度计和温控器的读数,重复测量三次,其任一次读数差均应符合第4条技术要求。

(2)如果是手动针入度仪,温控器一般是玻璃液体温度计,应按相关规程进行校验。

8.刻度盘示值的校验

将标准针杆锁定在适当位置,在针连杆顶端放上量块,拉下刻度盘的拉杆,使与量块顶端轻轻接触,调节刻度盘指示为零,移去量块使拉杆与针连杆接触,记下此时刻度盘上指针所在位置,连续做三次,取平均值,其准确度应符合第2条技术要求。

9.重复性误差校验

重复性误差校验在示值误差校验的同时进行,相同检定点的三次示值的最大差值允许误差为0.2mm,重复性允许误差不超过0.2mm。

10.绝缘电阻测定

仪器处于非工作状态,将兆欧表的一个插线端接到电源插头的相中联线上,另一接线端接到仪器的接地端上,持续5s后,测量仪器的绝缘电阻,其结果应不低于2MΩ。

11.针入度仪的校验周期一般为一年。

第二节　低温双数显沥青延度仪

一、用　　途

延度是衡量沥青特性的三大指标之一,通常评价沥青材料的塑性时用沥青的延度表示。即将一定几何形状和尺寸的沥青试样置于规定的水介质中,以恒速拉伸,测得拉断时的长度,称为沥青的延度,以cm表示。

低温双数显沥青延伸度仪满足了《公路工程沥青及沥青混合料试验规程》(JTJ 052—2000)中T 0605—2000试验的技术要求,适用于测试各种规格型号的沥青,如液体沥青蒸馏残留物和乳化沥青蒸发残留物及改性沥青等。

二、技术参数

1.工作电压:220V±10%,50Hz±0.5Hz;

2.使用环境温度:0~30℃;

3.温控精度:±0.5℃;

4.相对湿度:(25℃时)<80%;

5.制冷功率:1.2kW;

6.最大延度:150cm、200cm;

7.加热功率:1.5kW(1kW);

8.延伸速度:5±0.25cm/min和(1.00±0.05)cm/min;

9.延伸度测量示值误差:±0.5%;

10.外形尺寸:1.5型2310×355×1050(mm),2.0型2810×355×1050(mm)。

三、主要结构与工作原理

(一)结构

沥青延度仪主要由拉伸装置、试模、恒温水箱、测量装置、温度控制系统、速度控制装置等组成。其结构如图 7-4 所示,操作面板结构如图 7-5 所示。

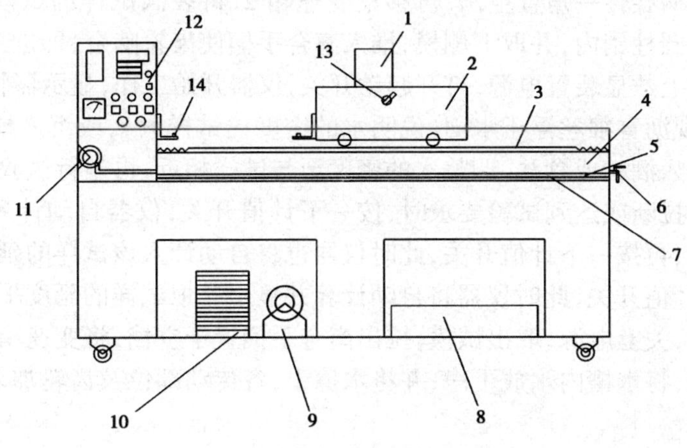

图 7-4　沥青延度仪结构示意图

1-电机;2-变速箱;3-齿条;4-水箱;5-加热管;6-放水阀;7-制冷管;8-电控柜;9-压缩机;10-冷凝器;11-水泵;12-操作面板;13-离合手柄;14-试模架

(二)工作原理

延度仪内箱一般采用不锈钢折弯制成,内胆上装有电热管一根,制冷管一套。采用封闭式永磁同步电机,带动变速箱齿轮,可沿齿条一端向另一端以每分钟 5cm 的速度进行恒速移动,将试模中的标准试件在水槽内恒速拉断,以获得该试件的延度值。

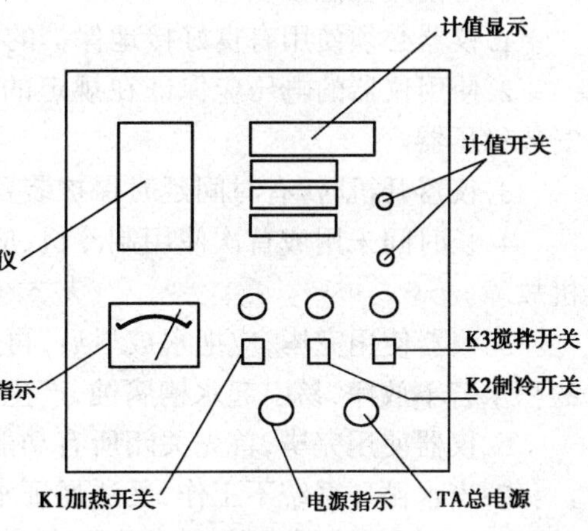

图 7-5　操作面板结构示意图

仪器由两个数字显示器部分组成,数显温控仪可直接控制加热和制冷系统。水槽内的水温在 1～50℃范围内恒温可调,并附有导流式循环水系统,能有效地使水温全部均衡。延度计值数显器能显示延伸长度,并能自动计算三个试样同时进行延度试验的平均值。

四、仪器的使用方法

(一)试验前的检查

1.仪器应水平置于室内地面上,室温 0～30℃,相对湿度＜80%,无振动、无腐蚀性气体,并应有良好的接地保护。

2.使用前检查水槽内的水位,应符合测试操作规程的要求,在关闭所有功能开关的情况下,接通电源,并检查搅拌马达、延伸动力马达是否运转良好。

3.调节温控仪到需要的温度,启动制冷或加热系统功能开关,同时启动搅拌马达(注:试验开始应关闭搅拌马达停止水循环)。

4.严格按规范规定制作试模(8 字模),并将试样连同试模底板一起,放置于水温保持在规定试验温度±0.1℃的恒温水槽中 1～1.5h。

(二)操作步骤

1.检查试模及水槽内水温是否达到要求。

2.拉出离合手柄旋转一角置空档,再移动变速箱2,将装满试样的试模从底板上取下,放置在仪器延伸端的圆柱销内,并取下侧模,推入离合手柄使齿轮啮合,即进入工作位置。

3.接通变速箱上数显装置电源,打开起动开关,仪器开始工作,显示器将显示延伸长度,在试验过程中,如发现沥青细丝浮于水面(说明水的密度比试样大),或沉入槽底时(说明水的密度比试样小),则加入酒精或食盐,调整水的密度至与试样相近,再进行试验。

4.待沥青试样拉断或达到试验要求时,按一下计值开关,仪器自动计入该试样的延伸度,第二根试样拉断后,再按一下计值开关,此时仪器也将自动计入该试样的延伸度。第三根试样拉断后,再按一下计值开关,此时仪器将自动计算并显示三根试样的延度平均值。

5.工作结束后,关上电源,取出试模,拉出离合手柄置于空档,将变速箱推回。

6.打开放水阀,将水槽内水放干净,并将水擦干,各传动部位及齿轮加入适量机油,以防生锈。

五、使用仪器注意事项及维护

(一)使用注意事项

1.仪器必须使用有良好接地保护的标准插座。

2.使用仪器的电压应保证在规定的电压范围内(220V±10%,50Hz±0.5Hz),电压不稳需安装稳压器。

3.仪器开机时,有时间延时保护装置,不是故障。

4.长时间未用或首次使用制冷机,应检查冷凝器风机是否正常工作,否则将可能导致压缩机故障。

5.仪器使用完毕,应把水放尽后,再开启一次搅拌水泵,以便排尽水泵内的积水。水槽中的积水若不放净,易引起水槽腐蚀,产生锈斑而损坏仪器。

6.仪器使用完毕,首先关闭所有功能开关,然后关闭总电源开关。

7.当水循环系统不工作,无法保证水槽中的水温均匀时,不能进行试验。

8.8字试模应对号使用,否则端模与侧模之间可能产生较大间隙,制件时不易脱模,影响试件质量。

(二)仪器的维护

1.延度仪禁止在水槽内无水情况下通电工作。使用完毕后,必须将水槽中的水放干净,并加以清理。

2.如经常使用,六个月打开电机上四个螺栓,把变速箱内所有部件涂抹上黄油,长期不用时,必须用防尘罩盖上防尘。

3.制冷机组在通风不良或环境温度高于35℃时,制冷效率将明显降低,甚至自动停机。当发生自动停机时,应查明原因或排除故障后才能重新启动制冷机,且制冷机不能在短时间内频繁启动。

六、仪器的校准

(一)校验条件

1.环境温度:15~35℃;

2. 相对湿度：< 85%；

3. 电压：220V ± 10%，频率 50Hz；

4. 校验应在无腐蚀气体的室内进行。

（二）校验用标准仪器

1. 秒表：分度值 0.1s；

2. 钢直尺：分度值 1mm；量程为 0 ~ 2m；

3. 百分表：分度值 0.01mm；

4. 钢卷尺：分度值 1mm；

5. 标准温度计：准确度为 0.1℃，量程为 0 ~ 100℃；

6. 游标卡尺：分度值 0.02mm；量程为 0 ~ 120mm；

7. 兆欧表：耐压 500V。

（三）技术要求

1. 仪器应有产品铭牌（铭牌应清晰，永久保持），铭牌上应标明仪器名称、规格、型号、出厂日期，出厂编号、制造厂商等；外部无明显损伤和缺陷。

2. 延度仪开机时不得有明显噪声，各部件应工作正常，运转部件不得有阻滞和颤抖现象，标尺刻度清楚，数字显示应清晰稳定。

3. 拉伸装置拉伸速度为（1.00 ± 0.05）cm/min 和（5.00 ± 0.25）cm/min。

4. 拉伸装置在工作时，摆动量不大于 0.5mm。

5. 水浴控制温度范围 0 ~ 30℃，控温误差 0.5℃。

6. 水浴应无渗漏现象。

7. 全程示值误差允许值 ± 5mm，重复性误差不超过 1%。

8. 试模：由黄铜制造，其尺寸应符合图 7-6 的要求。试模内壁及底板上表面应整洁光滑，无锈蚀，应在适当位置设置编号，内侧表面粗糙度 *Ra* 应小于等于 0.2μm。

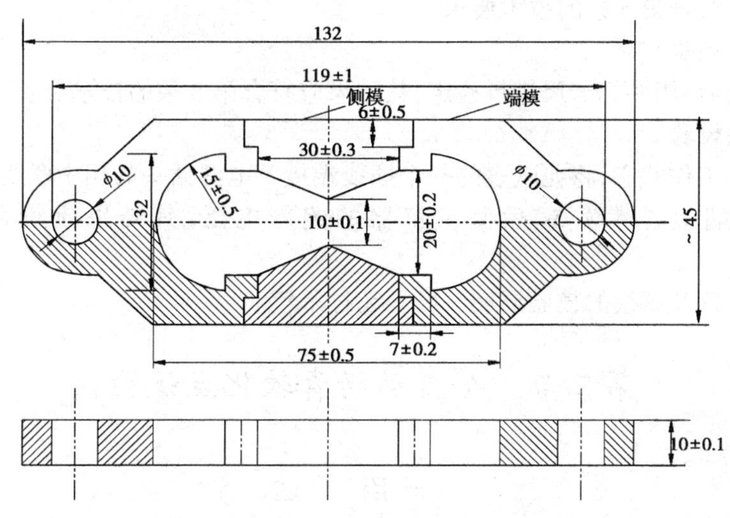

图 7-6 试模基本尺寸图（尺寸单位：cm）

9. 绝缘电阻：仪器电源线对外壳接地点的绝缘电阻应大于 2MΩ。

（四）校验项目和校验方法

1. 外观检查

外观先凭目测和手感进行检查，然后在水槽中加入规定数量的水，启动延度仪进行观察(各部分是否达到技术条件要求)。应注意观察：仪器表面应完整无损伤，色泽均匀，标尺及各操作部位标记清楚，铭牌清晰，内容完整。开机时各部件工作正常，数显部分显示清楚稳定，恒温水槽无渗漏。

2.拉伸速度校验

1)检定(1.00±0.05)cm/min时，开动仪器并按动秒表，20min后用钢尺读得拉伸装置移动距离，换算成速度，应符合第3条的技术要求。

2)检定(5.00±0.25)cm/min时，开动仪器并按动秒表，4min后用钢尺读得拉伸装置移动距离，换算成速度，应符合第3条的技术要求。

3.拉伸装置摆动量用百分表检定

将拉伸装置移至中间位置，两只百分表表头分别沿水平和垂直方向，各装于移动部分前进方向一侧，移动拉伸装置5cm，观察百分表表值变动情况，记录其最大值，重复进行三次，其任一次的最大值应符合第4条的技术要求。

4.示值误差校验

在延度仪的标尺上，用钢卷尺进行比对直至全量程，其比对偏差应符合第7条的技术要求。

校验配有数显装置的延度仪：打开电源，拉开钢卷尺并将其平置于延度仪上，对好零位，按下数显装置回零按钮，使数值回零，开动延度仪，每300mm记录延度仪数显读数，直至全量程，计算数显读数与钢卷尺之差，重复进行三次，取其平均值应符合第7条的技术要求；条件允许时，也可采用标准沥青法检定示值误差。

5.水浴控制温度校验

分别设定温度5℃，10℃，15℃和25℃为四个测温点，达到恒温后，用测温装置(多点温度计)，测定有效延伸范围内各点(至少包括水浴两端和中间三点)的温度值，重复测量三次，其各点三次平均值应符合第5条的技术要求。

6.试模尺寸校验

将试模组装后，用游标卡尺进行检定，其结果应符合第8条的技术要求。

7.绝缘电阻校验

仪器处于非工作状态，将兆欧表的一个插线端接到电源插头的相中联线上，另一接线端接到仪器的接地端上。持续5s后测量仪器的绝缘电阻，其结果应符合第9条的技术要求。

8.沥青延度仪及试模的校验周期一般不超过一年。

第三节　全自动沥青软化点试验仪

一、用　　途

沥青软化点是沥青材料三大指标之一，它是评价沥青材料高温稳定性的一个重要指标。该仪器满足《公路工程沥青及沥青混合料试验规程》(JTJ 052—2000)中T 0606—2000的技术要求，用于测定道路石油沥青、煤沥青的软化点，也可用于测定液体石油沥青经蒸馏或乳化沥青破乳蒸发后残留物的软化点。

二、技术参数

1. 工作电压:220V ± 10%,50Hz;
2. 使用环境温度:室温小于 35℃;
3. 测量范围:－5.0℃ ~ 70 ± 0.5℃;
4. 搅拌器:搅拌速度连续可调;
5. 加热速率:3min 后为 5.0℃ ± 0.5℃/min;
6. 加热功率:800W;
7. 烧杯有效容积:1000mL。

三、主要结构及工作原理

(一)结构

仪器分控制主体和试验仪两部分,试验仪放在控制主体上面,仪器结构见图 7-7 所示。

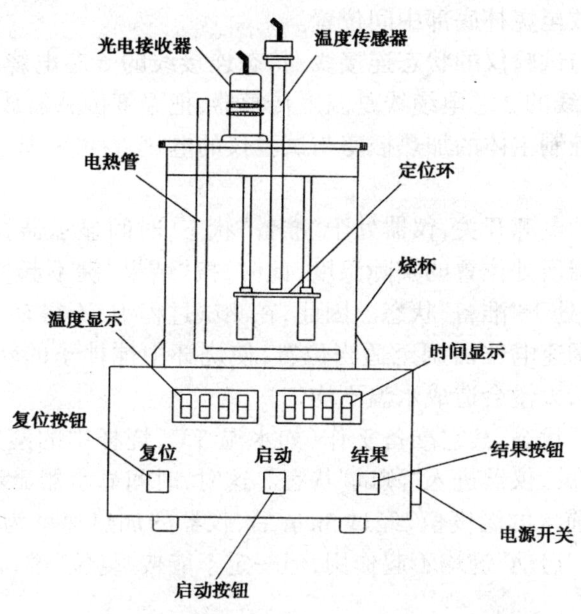

图 7-7　软化点仪结构示意图

控制主体包括温度显示、时间显示、温度检测、温度速率控制、供电电源、搅拌器及调速控制、前面板和后面板等。控制主体前面板见图 7-7 下部所示。试验仪包括烧杯、电热管、光电接收器、温度传感器、软化点测试定位环(钢球定位环)等。

图 7-8 是控制主体后面板,电源插座通过电源线与 220V/50Hz 交流电相连,加热插座通过加热线与试验仪的加热管相连,状态插座通过 6 芯电缆线和 2 芯电缆线与试验仪的光电接收管和温度传感器相连。调速电位器可改变搅拌器的搅拌速度。

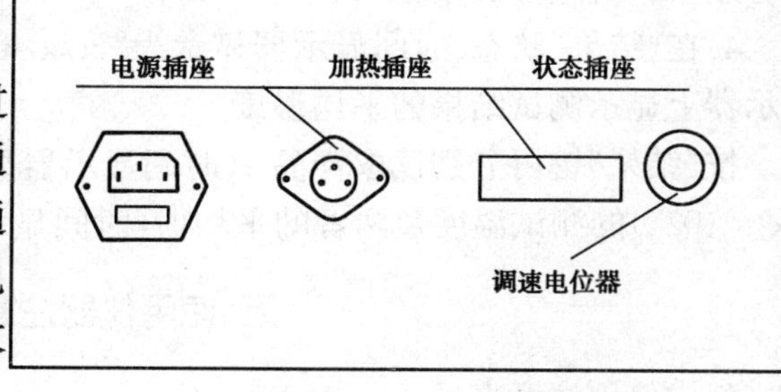

图 7-8　仪器控制主体后面板示意图

(二)工作原理

沥青软化点仪用于测定粘稠石油沥青、粘稠页岩沥青、多蜡液体石油沥青、煤沥青、软煤沥青蒸馏后残留物及沥青乳液蒸发后残留物等材料的软化点。试验时将试样放在规定尺寸的金属环内，上置规定尺寸和质量的钢球于水中或甘油中，启动仪器以每分钟5℃的速度加热，至试样软化下沉达规定距离，仪器自动测记此刻的温度，以℃表示，即为该试样的软化点。

四、仪器的使用方法

(一)使用前的检查

1.按规定制备两个试样。将装有试样的试样环连同试样底板置于5.0℃±0.5℃水的恒温水槽中至少15min；同时将金属支架、钢球、钢球定位环等亦置于相同水槽中。

2.将两个试样小心放入试验仪的两个试样环中，将两只钢球定位罩放在两只试样环上，并把两只钢球放于试样的中央。

3.烧杯中放入800～1000mL的蒸馏水，室内温度较低时可放少一些，室内温度较高时可放多一些。

4.把磁力搅拌器放至烧杯底部中间位置。

5.连接控制主体与试验仪的状态连接线：状态连接线的6芯电缆线与试验仪的光电接收器插头相连，状态连接线的2芯电缆线是温度传感器，把温度传感器放入试验仪的中心孔中。

6.用加热线连接控制主体的加热插座与试验仪的电热管插座，插上电源线。

(二)操作步骤

1.打开控制主体的电源开关，仪器处于"准备"状态，时间显示器显示累计开机时间，温度显示器显示温度传感器所处位置的实际温度，此时，按"结果"键不起作用。无论任何时候，如果按"复位"键，仪器将处于"准备"状态。因此，在测试过程中，不得轻易按"复位"键。

2.将后面板上的调速电位器调至适当位置，使烧杯中搅拌子的转动速度在合适位置上。(太快会影响测试结果，太慢会造成水温不均匀)

3.仪器处于"准备"状态，其它准备工作(如水温5℃、烧杯中的蒸馏水放好，试样放妥等)就续后，按动"启动"开关，仪器进入"测试"状态。这时，时间显示器显示的是试验相对时间；温度显示器显示的是当前水的温度值，经过3min后，仪器的加热速率为5.0±0.5℃/min。在试验阶段，按"结果"键和"启动"键均不起作用，但一定不能按"复位"键，否则仪器将停止试验，回到"准备"状态。

如果水温达到75℃，试样仍达不到软化点，仪器将自动停止加热，并发出警报声，按"复位"键，仪器回到"准备"状态。

如果水温在75℃以内，达到试样的软化点温度，当小球落到25.4mm处时，仪器发声，表示试验结束，仪器进入"结果"状态。

4.在"结果"状态，时间显示器显示为"××:00"，表示两个样品试验结果的平均值，在温度显示器上显示测试结果的平均温度。

按"结果"键可分别读取样品1(时间显示器显示为"××:01")、样品2(时间显示器显示为"××:02")的测试温度及两者的平均值(时间显示器显示为"××:00")。

五、使用仪器注意事项及维护

(一)使用注意事项

1.试验仪切勿无水干试。

2.在“试验”阶段和“结果”阶段，不要轻易按“复位”按钮，否则将导致试验失败，必须重新试验。

3.仪器测试过程中，搅拌子的转速应调到合适的位置上。开始加热时，搅拌子的转速可快一些，当水温接近软化点温度时(这时被测沥青试样开始向下鼓出)，搅拌子的转速要调到很慢，甚至停止转动，这样可保证下落的钢球准确通过检测线，从而保证测试结果的准确。

4.钢球下落，仪器不能自动停止试验，显示结果时，一般是因环境光线太强或试样环上的隔离剂不均匀，使钢球下落偏离接受通道。前者可把仪器移到光线较暗处进行试验，后者应将隔离剂涂抹均匀后重新开始试验。

5.仪器使用后应放在防湿、防尘的地方，以避免受潮腐蚀和灰尘进入。

6.软化点仪分高温与低温两种，试验时应认清仪器类型使用。本篇主要介绍了低温软化点仪的使用方法，当采用高温软化点仪时，应使用甘油为介质，装有试样的试样环连同底板及金属支架、钢球、钢球定位环等试验仪器，应在装有 32℃ ± 1℃甘油的恒温槽中恒温。

7.一旦试件达到软化状态，钢球下落时，应切断电源，否则仪器易被烧坏。

8.试验必须使用蒸馏水。否则水中矿物质易堵塞传感器探头，影响传感器的敏感度。

(二)仪器的维护

1.试验完毕必须及时关机，清洗仪器，擦干水迹，传感器周围的水应甩干。

2.试件支架上装有 220V 电压加热器，使用过程中应小心，不要让水流到支架顶盖上，以免短路。

3.加热器长时间反复使用后，插头表面氧化，易引起接触不良，此时应用工具将加热器表面氧化层刮去。

4.温度传感器铜管内严禁进水。温度传感器的前端有一保护套，用以保护温度传感器不受撞击损坏，应注意保护。

5.仪器的清洁：若仪器积灰可用软毛刷刷除，若有污迹可用沾有中性洗涤剂的干净软布擦除。

六、常见故障及排除

1.使用中仪器显示的温度可能与实际温度不符，按“复位”键使仪器初始化，可恢复正常显示。

2.读取试验结果时，加热器可能会误加热，此时应快速记录试验结果后按“复位”键，或者直接将加热器电源拔掉。

3.试验中试件架放入水中有气泡，可以把试件支架反复地提起与放下，利用水及空气的阻力排出气泡。

4.按“启动”键后，仪器不立即加热，可能是仪器的实测水温高于 5℃。例如：实测温度为 28℃，则按“启动”键后，仪器开始升温的时间应为：

$$(28℃ - 5℃)/5℃/min = 23/5 = 4.6min$$

则目测加热器加热的时间大约为：

$$4 + 0.6 \times 60 + 10 = 4min46s$$

5.仪器的升温速度不一定很规律，如：第一分钟可能升高 6.3℃，第二分钟可能升高 5.2℃，第三分钟可能升高 4.6℃等等，这都在控温误差范围内，若升温总是大于 5.5℃或大部分都小于 4.6℃，则可能与使用的烧杯容量大小、外形尺寸及所加的水量有关，也可能与磁力搅拌器的速率有关，应按相关规程要求酌情调整。

七、仪器的校准

(一)校验条件

1.环境温度:15~35℃。

2.相对湿度:<85%。

3.电压:220V±10%,频率50Hz。

(二)校验用标准仪器

1.千分表:量程0~25mm,分度值0.01mm。

2.游标卡尺:量程0~150mm,分度值0.02mm。

3.天平:分度值0.01g。

4.量杯:量程0~1200mL,分度值5mL。

5.秒表:分度值0.1s。

6.标准温度计:量程0~100℃,分度值0.1℃。

7.兆欧表:耐压500V。

8.专用通止规。

(三)技术要求

1.外观及常规要求

1)仪器各部件应齐全,试样环、试样环支撑架、钢球、钢球定位器等主要部件表面,不得有划痕、斑点、剥落等明显缺陷。

2)开关、接插件定位准确,紧固件牢固可靠,不允许有松动现象。

2.两只钢球直径为(9.53±0.03)mm,每只钢球质量为(3.50±0.05)g。

3.浴槽是耐热玻璃烧杯,容量为800~1000mL,直径应不小于86mm,高度应不小于120mm。

4.试样环、试样环支撑架、钢球定位环的尺寸要求见图7-9。

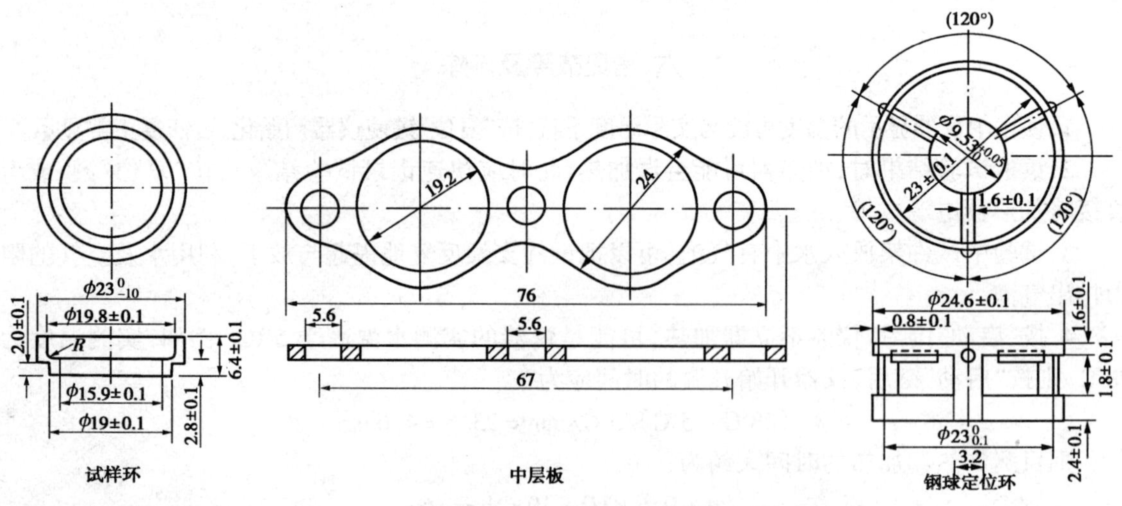

图7-9 试样环、试样环支撑架、钢球定位环尺寸示意图(尺寸单位:mm)

5.试样环支撑架上的试样环底部距离下支撑板的上表面为(24.5±0.05)mm,下支撑板的下表面距离浴槽底部为12.7~19mm。

6.升温速率为5±0.5℃/min。

7.示值误差允许值为±0.5℃。

8.重复性误差:当校准温度<80℃,重复性误差允许值为±1℃;当校准温度≥80℃,重复性误差允许值为±2℃。

9.绝缘电阻:仪器电源线对外壳接地点的绝缘电阻应大于2MΩ。

(四)校验项目和校验方法

1.外观及常规检查

用目测和手感方法进行检查,其结果应符合第一条的技术要求。

2.钢球直径和钢球质量校验

用千分尺测量钢球直径,用天平测量钢球质量,重复测量三次,分别取算术平均值,其结果应符合第二条的技术要求。

3.浴槽容量和尺寸校验

用容量筒测量浴槽的容量,用游标卡尺测量浴槽的直径和高度,其结果应符合第三条的技术要求。

4.试样环、试样环支撑架、钢球定位器的尺寸校验

用游标卡尺分别测量试样环、试样环支撑架的尺寸,用专用通止规检验钢球定位器的内径和定位孔直径,其结果应符合图7-9的技术要求。

5.环底部分距下支撑板、下支撑板距浴槽底部尺寸校验

将仪器各部组装后,用游标卡尺分别测量试样环支撑架上的试样环底部到下支撑板上表面的距离、下支撑板的下表面到浴槽底部的距离,其结果应符合第五条的技术要求。

6.升温速率校验

在室温至85℃范围内,取800mL的水作为试验介质,以仪器显示值为标准,用秒表记录时间,每分钟测量升温值,其任意测量值应符合第6条的技术要求。

7.示值误差校验

以甘油为介质,在尽可能靠近仪器温度传感器位置插入标准温度计。以5℃/min的升温速率升温至150℃,自然冷却至40℃,每降10℃作为一个检定点,记录各检定点的仪器显示值和标准温度计值,其计算差值即为各检定点的示值误差,重复测量三次,其任意一校准点的三次示值误差平均值均应符合第7条的技术要求。

8.重复性误差校验

重复性误差的标准在示值误差标准校验的同时进行,相同检定点的三次测量值的最大误差应符合第8条的技术要求。

9.绝缘电阻测定

仪器处于非工作状态,将兆欧表的一个插线端接到电源插头的相中联线上,另一接线端接到仪器的接地端上,持续5s后测量仪器的绝缘电阻,其结果应符合第9条的技术要求。

第四节　沥青含蜡量测定仪

一、用　　途

该仪器满足了《公路工程沥青及沥青混合料试验规程》(JTJ 052—2000)中T 0615—2000的技术要求,适用于石油化工、建筑、公路建设等行业测定石油沥青的蜡含量及天然原油的减压

渣油生产的石油沥青的蜡含量。

二、技术参数

1.整机功率1600W,其中制冷功率1000W。

2.搅拌电机转速为1400/min。

3.温度传感器为PT100铂电阻,数显误差<0.5%1个字,设定偏差<0.5%1个字。

4.制冷介质F12,降温速度0.8℃/min,极限温度-25℃。

5.使用条件:电源电压220V,频率50Hz,相对湿度<85%。

三、主要结构及工作原理

(一)结构

如图7-10,沥青含蜡量测定仪主要由沥青蒸馏系统及冷冻分离系统两部分组成。其中冷冻分离系统由电机、冷却过滤装置(见图7-11)、日光灯、控制面板、制冷系统、试管、恒温浴、蒸发器、外壳及机架等组成。沥青蒸馏系统主要由加热设备(电炉或燃气炉)、锥形烧瓶及蒸馏烧瓶组成,如图7-12所示。

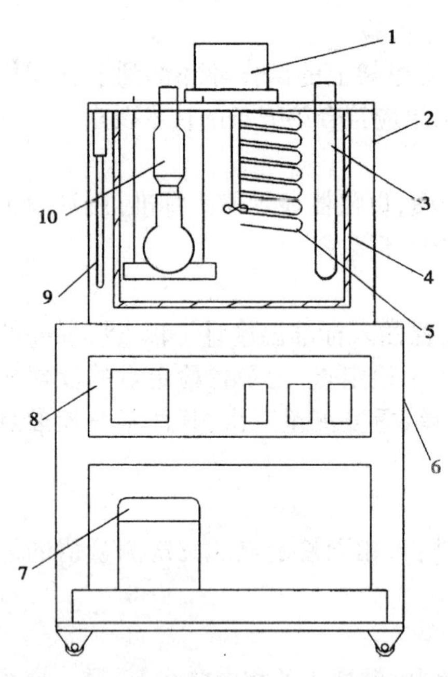

图7-10　沥青含蜡量仪结构示意图

1-电机;2-外壳;3-试管;4-恒温浴;5-蒸发器;6-机架;7-制冷系统;8-控制面板;9-日光灯;10-冷却过滤装置

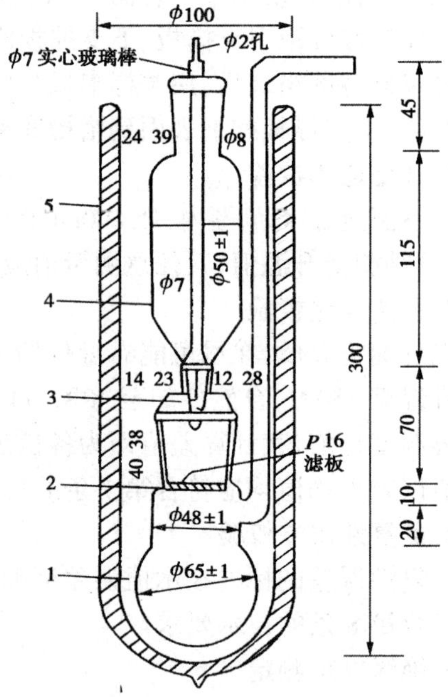

图7-11　冷却过滤装置结构图

(尺寸单位:mm)

1-吸滤瓶;2-砂芯过滤漏斗;3-柱杆塞;4-试样冷却筒;5-冷浴

(二)工作原理

沥青中蜡的存在,在高温时使沥青容易发软,导致沥青路面的高温稳定性降低,出现车辙;在低温时会使沥青变得脆硬,导致路面低温抗裂性降低,出现裂缝;同时,蜡会使沥青与石料粘附性降低,在水的作用下,会使路面石子与沥青产生剥落现象;且含蜡的沥青会使路面的抗滑性降低,影响行车安全。所以,对于沥青含蜡量应予以限制。

沥青含蜡量测定仪就是利用分馏、冷却、离析、过滤等步骤，测出沥青中蜡的含量，为工程应用提供依据。

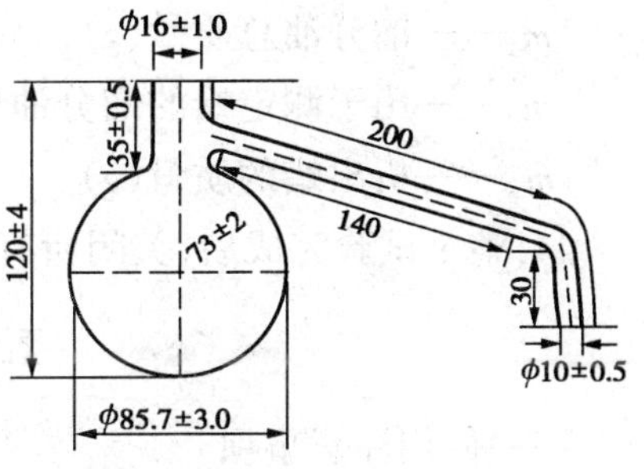

图 7-12　蒸馏烧瓶示意图(尺寸单位：mm)

四、仪器的使用方法

(一)试验前的检查

1.在冷浴筒内加入乙醇，液面高离上盖约为30mm。

2.将传感器插入冷浴中，检查外部和连线是否连好，确认无误后，插上电源(整台仪器应有良好的接地)。

3.打开总电源，在温控数显调节仪上设定所需要的温度，一般为-20℃。

(二)操作步骤

1.向裂解蒸馏烧瓶中装入试样约50g(m_b)，准确至0.1g，用软木塞盖严蒸馏烧瓶，用已知质量的150mL(或250mL)锥形瓶作接受器，浸在装碎冰的烧杯中，在接受器的软木塞侧开一小孔以备不凝气逸出，用燃气灯火直接加热，让火焰将烧瓶周围包住(亦可用高温电炉加热)。

2.调节火焰强度，使试样从加热开始起，在5～8min内达到初馏，然后以每秒钟2滴(4～5mL/min)的速度连续蒸馏至馏出终止。然后在1min内将瓶底烧红，使瓶内蒸馏残留物完全形成焦炭。全部蒸馏过程必须在25min内完成，蒸馏终了后，在支管中残留的馏出油不应该流入接受器中。

3.将盛有馏分油的锥形瓶，从冰水中取出，擦干瓶外水分，置于室温下冷却称其总质量(m_1)，准确至0.05g。

4.为使油混合均匀，将盛有馏分油的锥形瓶盖上瓶盖，适当加热摇动。从油样中取适量试样，加入一已知质量的250mL锥形瓶中，称取用于脱蜡的馏分油质量1～3g(m_2)，准确至1mg，使其冷却过滤后所得的蜡含量在50～100mg之间，但取样量不超过10g。

5.将冷却过滤装置组装好。

6.在盛有油样的250mL锥形瓶中加10mL乙醚，充分溶解后移入试样冷却筒，用15mL乙醚分二次清洗锥形瓶后，倒入试样冷却筒，再加入25mL乙醇进行混合。

7.将冷却过滤装置放入冷浴中，冷却1h，使蜡充分结晶。

8.拔下柱杆塞，过滤被析出的蜡，用适当方法将柱杆塞在试样冷却筒中吊置起来，保持过滤30min。

9.启动抽滤装置，保持滤液的过滤速度为每秒钟1滴左右，当蜡层上的滤液将滤尽时，一次加入30mL预冷至-20℃的乙醚—乙醇(1:1)混合溶剂，洗涤蜡层，柱杆塞和试样冷却筒内壁继续过滤。

10.当冷洗溶剂在蜡层上看不见时，继续抽滤5min，将蜡中的溶剂抽干。

11.将蜡回收瓶放在适宜的热源上蒸馏，除去石油醚后，放入真空干燥箱中干燥1h，干燥条件为105±5℃，残压力21～35kPa。然后将蜡回收瓶放入干燥器中冷却1h后，称其质量，得到析出蜡的质量(m_w)，准确至0.1mg。按下式计算试样的蜡含量：

$$P_p = \frac{m_1 \times m_w}{m_b \times m_2} \times 100$$

式中：P_p——蜡含量(%)；

m_b——沥青试样质量(g)；

m_1——馏分油总质量(g)；

m_2——用于测定蜡的馏分油质量(g)；

m_w——析出蜡的质量(g)。

11.整个试验完成后，关闭所有电源开关。

五、使用仪器注意事项及维护

(一)使用注意事项

1.注意检查冷浴中的冷液(工业酒精)其液面比试样冷却内液面(乙醚—乙醇)高约70mm以上，以便向冷浴内加干冰不致溅入试样冷却筒内，如低于70mm应及时补上。

2.应经常用经过校准的温度计，校对冷浴筒中的温度与控制板上的温度是否一致。

(二)仪器的维护

1.仪器如长期不用，过一段时间，应接通电源让电机及其电器零件工作一段时间，以防止电器零件受潮。

2.如出现冷浴筒的温度不能降到－20℃，应首先检查制冷系统是否出现异常，如压力是否不够、循环系统是否有漏气现象等。

第五节　离心沉淀机

一、用　　途

离心沉淀机主要是利用高速旋转所产生的离心力，对悬浮溶液的样品进行分离，沉淀浓缩精制后提取溶液中各种不同的成分。

二、技术参数

1.最高转速：4000r/min±10%。

2.最大相对离心力：3790g。

3.最大容量：4×400mL。

4.转速范围：200～4000r/min。

5.时间范围：0min～60min。

6.驱动电机：串激电机。

7.电源：交流电220V，50Hz。

三、主要结构及工作原理

(一)结构：仪器由机体部分、转头部分、传动系统、减震系统、控制系统等组成；其外壳及控制面板结构见图7-13及图7-14。

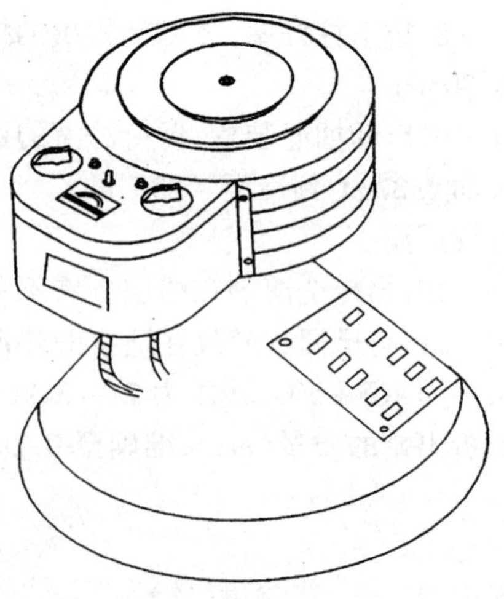

图7-13　离心机外形示意图

(二)工作原理

仪器的所有转动部件均装于机器的中心位置，并装有吸振系统，使仪器运转平稳。在离心机的上方装有机盖，以保证操作人员的安全。试验时将装有等量试液的离心罐对

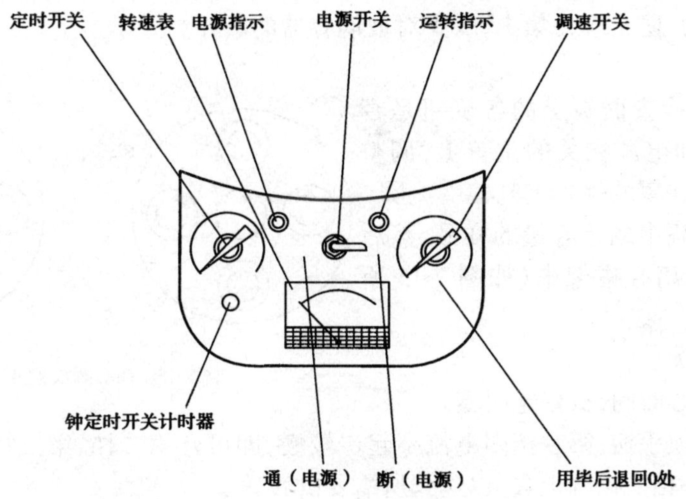

图 7-14　离心机控制面板示意图

称放置在水平转头四周的离心罐架中,电动机带动转头高速运转所产生的相对离心力使试液分离,相对离心力(RCF)的大小取决于试样所处的位置至轴心的水平距离,即旋转半径 R 和转速 V 的大小,其计算公式如下:

$$\mathrm{RCF} = 1.118 \times 10^{-7} V^2 R \quad (\mathrm{N})$$

式中:RCF——离心力(N);

V——转速(r/min);

R——旋转半径(mm)。

混合液中粒子分离、沉淀所需的时间 T_s 由下式计算:

$$T_s = \frac{27.4(\ln R_{Max} - \ln R_{Min})\mu}{V^2 r^2(\sigma - \rho)} \quad (\mathrm{min})$$

式中:ρ——混合液密度(g/cm^3);

σ——粒子密度(g/cm^3);

μ——混合液粘度(Pa);

V——转速(r/min);

r——粒子半径 (cm);

R_{Max}——离心试液的底至轴心的水平距离(cm);

R_{Min}——离心试液的面至轴心的水平距离(cm)。

四、仪器的使用方法

(一)使用前的检查

1.使用离心仪前,操作者应首先了解仪器的结构和工作原理,并能掌握各操作开关、旋钮的功能,以确保安全。

2.需确认电源的频率、电压及电流符合要求,并应有良好的接地线。

3.在载液离心罐装到离心盘后,必须检查四只离心罐架是否妥善地与离心盘的钩子配合适宜,可用手把每个离心罐推一下,由其自行正直,然后将机盖盖妥,准备运转。

4.在离心罐中,如放入玻璃容器进行离心沉淀,则应在离心罐及玻璃容器之间注入一定数量的水,以减小压力,防止应力集中,减少对玻璃容器的破坏。

(二)操作步骤

1.使用前必须检查面板上的各旋钮是否在规定的位置上(即电源在关的位置上,调整旋钮及定时器旋钮在零的位置上)。

2.在每个离心罐中放置等量的样品,然后对称放入离心盘的离心罐架中(如图 7-15 所示),并盖好机盖。

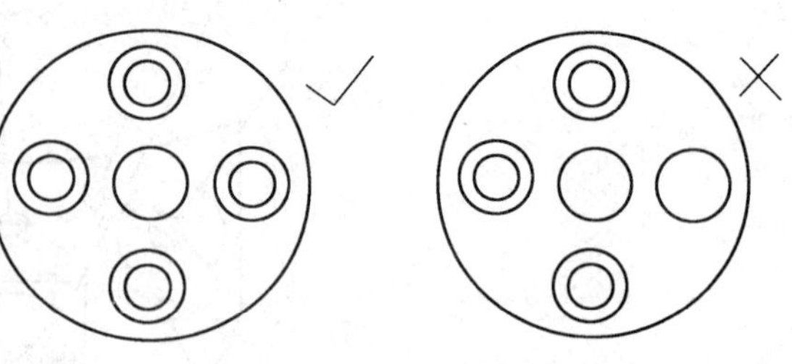

图 7-15　离心罐放置方法示意图

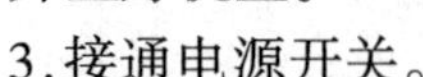

3.接通电源开关。

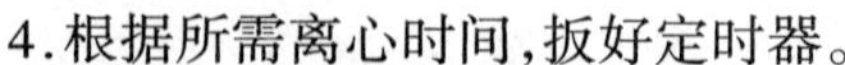

4.根据所需离心时间,扳好定时器。

5.渐渐开动高速手柄:第一档因电流小起步较慢,即可开第二档、第三档;稍停片刻,待转速指针稳定后,再一档一档开上去,以达到所需要的转速。

6.到预定离心时间后,定时器能自动断电停机,但因惯性作用,离心盘约需 6min 后才能完全停止,然后打开机盖,取出离心液。

五、使用仪器注意事项及维护

(一)使用注意事项

1.使用前必须正确掌握仪器结构,详细了解各旋钮的用途。

2.仪器必须放置在坚固平整的台面上,不允许倾斜,以免仪器运转时产生剧烈震动。

3.使用前应检查转子是否有伤痕、腐蚀等现象,同时应对离心盘、离心罐作裂纹、老化等方面的检查,发现问题应立即停止使用。

4.不可在机器盖门上放置任何物品,以免使盖面凹凸不平影响仪器的使用效果。

5.仪器的四个离心罐必须加入等量的溶液(允许误差 1g),并对称地放入离心盘的离心架上,否则会引起大的振动,影响仪器使用寿命,甚至会发生安全事故。

6.当听到异常声音时,必须切断机器电源。

7.不可在仪器运转过程中打开机盖或移动仪器。

8.易燃烧易挥发的溶液不能在仪器内离心沉淀。

9.每次用毕后应将调速钮退回到“0”处,否则下次使用时,电源将接不通。

10.仪器在使用完毕后如不再继续使用,应将电源开关关闭,下班时应全部切断电源。

(二)仪器的维护

1.离心机一般为单相交流电源,电压 220V,电源线用三股电线,其中一股为接地线,它的两端分别接在机壳和三脚插头的地线脚柱上,使用前必须接妥三眼插座有效接地线,三眼插座必须接一只铁壳开关(即闸刀开关),以便启闭电源。

2.离心机各电气操纵元件一般分别装于控制台及机身底部二处,当机器发生故障时,必须拔掉三眼插头切断电源,使指示灯不亮,电动机不转动,再将仪器下部两边百叶窗盖拆下,观察保险丝是否熔断,定时器是否失灵,以及旋下装电刷的螺帽,检查电刷磨损情况(此电刷要经常检查),当电刷磨损到镀铜处应及时调换。如仍不能排除故障时可将机身侧放,拆下底板,检修底部电器装置。检修控制台时,应先将其外缘螺钉旋下拆开,然后检修各电器装置。

3.仪器使用完毕,应将离心锅从转轴上取下,转轴应及时上油。离心锅长时间放在转轴上，常常因离心锅氧化而无法将其从转轴上取下，影响仪器的正常使用。

六、常见故障及排除

见表 7-2。

离心机常见故障及排除方法　　表 7-2

序号	常见故障	故障部位	处理方法
1	开关指示灯不亮	保险丝、发光二极管、变压器	检查更换受损元件
2	指示灯亮，仪器不转	定时器、门开关、变压器、调速变压器、控制板、电机	有无元件接触不良
3	开机处于高速运转状态	电位器不良	检查更换受损元件
4	转速表有指示，电机不运转	电机碳刷磨损	更换新碳刷
5	转速调不上，有嗡嗡声或有异味	电机线圈短路	更换电机
6	开机烧保险丝	线路板、主电路板可控硅或两极管被击穿；或电机不良	更换损坏的元件或电机
7	振动大	①每组离心罐内质量误差大，发生不平衡； ②电机紧固件松动； ③底板紧固件松动	重新称量配对； 均匀旋紧紧固件； 旋紧底板紧固件
8	转速表无指示	①碳刷磨损； ②转速表游丝断； ③定时器不复零	更换新碳刷； 调换表头； 将定时器开关复零后启动

第六节　沥青薄膜烘箱

一、用　途

该仪器满足了《公路工程沥青及沥青混合料试验规程》(JTJ 052—2000)中 T 0609—1993 的技术要求，适用于测定热和空气对石油沥青薄膜的影响，测定加热后沥青薄膜的质量损失。并根据需要，测定薄膜加热后残留物的针入度、粘度、软化点、脆点及延度等性质的变化，以评价沥青材料的耐老化性能。

二、技术参数

1. 使用环境：温度 10～40℃，相对湿度≤85%，无振动及腐蚀性、易燃气体存在。
2. 加热功率：3.6kW。
3. 工作室温度：163±1℃(最高工作温度 300℃)。
4. 温度范围：室温～300℃，温度波动度±0.1℃(开机后 2h 后检验)。

5. 电源电压:220V,频率:50Hz。

6. 转盘转速:每分钟 5±1 转。

三、主要结构及工作原理

(一)结构

该仪器由电气控制部分、烘箱工作室、机械旋转装置组成。仪器结构见图 7-16 所示,电气控制面板见图 7-17 所示。

该烘箱由薄钢板及型钢构成,隔热层采用玻璃棉绝热材料,工作室内壁涂耐热层,并装有照明灯,方便室外观察工作情况。外表喷高强度涂层,正门打开后,有玻璃门可供观察试样。工作室底部装置电加热器,箱顶装有传动机构。并且中央装有可放置四只沥青盛样皿的转盘,也可除去转盘,作为普通恒温箱使用。

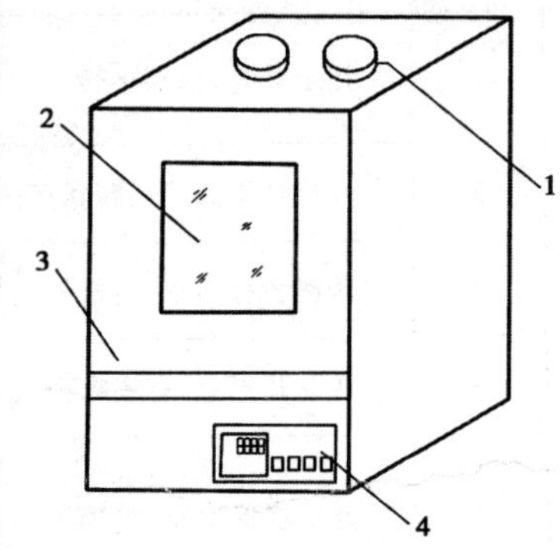

图 7-16 沥青薄膜烘箱结构示意图
1-风顶;2-控制面板;3-工作室;4-视窗

(二)工作原理

沥青薄膜在 163℃的烘箱中加热 5h,通过测定试样在加热前后的粘度、针入度和延度等的变化来确定热和空气对沥青薄膜的影响。

当仪器通电后,打开电源,设定所需工作温度,这时电加热器工作。当工作室内达到需要的工作温度时,工作室内温度传感器将温度传送到温控仪,由温控仪显示工作室内温度,并发出断电信号,继电器断电,停止加热,反之继电器将接通后工作,电加热器工作升温,如此往复,即进入恒温状态。工作室内圆盘架均匀旋转,变速电机确保转盘转速为每分钟 5 转,经过一定的时间,即可测定出加热及空气对沥青材料性能的影响。

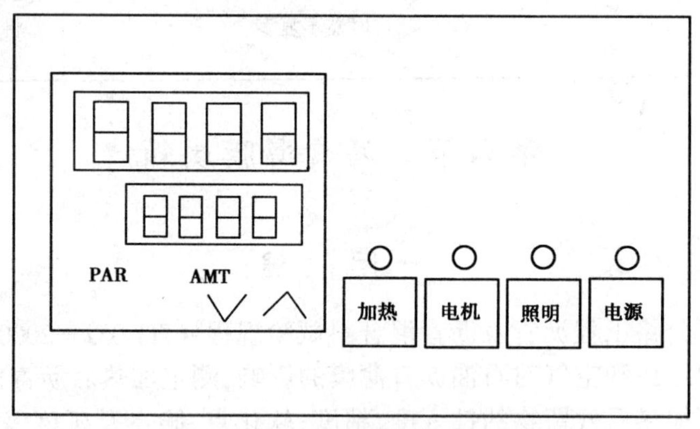

图 7-17 电气控制面板示意图

四、仪器的使用方法

(一)使用前的检查

1. 烘箱应安置在室内干燥和水平之处,因为不断有含沥青的热空气溢出,所以需装在通风良好的房间内或者通风橱内使用。

2. 烘箱必须安装专用电源开关,保险装置的容量根据产品的加热功率选配。

3.电源设备:烘箱必须用比电源线粗1倍的多股铜导线作保险接地,并且要求可靠牢固。

4.在使用前应用兆欧表检查仪器的外壳绝缘性能,冷态电阻≥1MΩ,如果过小应查明原因。

(二)操作步骤

1.温控仪温度设定:接通电源,温控仪上有显示工作室内温度及设定温度显示窗,直接按增加或减少键到需要的温度数值。

2.温控仪温差修正:按"PAR"设定键约3s,温度显示窗出现SC,按增加或减少键,误差修正值的设置为误差方向相反的相同值。若偏高3℃即设置-3;若偏低3℃,即设置3。按"AMT"键3s退出菜单。

3.在烘箱工作室内挂好温度计,启动"电源"、"加热"开关,并设定好温控仪至所需温度163℃。

4.当温度在163℃平衡时,即可打开烘箱门,按试验方法规定,称取一定量沥青试样分别装入盛样皿中,然后迅速均匀地安装在转盘上,关上烘箱门。

5.开启"电机"、"照明"按钮,转盘以5转/min的速度转动。从烘箱内温度回升至162℃时开始计时,连续5h使试样保持温度163℃±1℃。

6.加热结束后,按下"电机"、"加热"按钮,将试样从烘箱中移出,按规范要求测试加热后的试样性能,然后按下"照明"、"电源"按钮。

7.试验结束后必须切断电源。

五、使用仪器注意事项及维护

(一)使用注意事项

1.烘箱工作时,必须有专人监测。这是提高安全性的有效方法,一旦温控失灵,应及时断电检查,以避免事故发生。

2.每次使用后应切断自备专用电源,并保持箱内箱外的清洁,以防腐蚀。

3.应在供电线路中安装铁壳闸刀一只,供烘箱专用,并用比电源线粗一倍的导线作接地线。

4.放置试样时,烘箱内温度已达到163℃,应注意安全。

5.试样加热时间为5h,应从放入试样后,烘箱内温度回升到162℃开始计时。且从放置试样开始至试验结束的总时间,不得超过5.25h。

(二)仪器的维护

1.烘箱初次使用时,应该检查电源是否符合要求,启动转盘检查一下转盘转数应是每分钟5±1转。

2.转盘在水平面上旋转,旋转时与水平面的倾角不得大于3度。

3.加热时,工作室显示温度与温度计读数有一定偏差,待一定时间稳定后,两数值偏差应为±1℃,若两数值偏差超值,应将设定温度重新调整。

4.设定值与显示值偏差较大时,可用烘箱顶部的气流调节孔适当调节。

5.工作室内照明灯不要随意开启,并且开的时间不宜过长,以免烧毁。

六、常见故障及排除

见表7-3。

沥青薄膜烘箱常见故障及排除方法 表 7-3

序号	故　障	原　因	修理方法
1	指示灯不亮	1.无供电电源； 2.保险丝断路	1.接通电源； 2.换保险丝
2	不加热	1.熔断器开路； 2.温控仪接触不良； 3.电热丝断	1.换熔断器； 2.更换温控仪； 3.换加热丝
3	温控仪数显偏差	1.修正不准； 2.传感器出故障	1.重新修正； 2.换传感器
4	转盘不动	1.电机损坏； 2.连接不良	1.换电机； 2.检查连接好

第七节　沥青旋转薄膜烘箱

一、用　途

该仪器满足了《公路工程沥青及沥青混合料试验规程》(JTJ 052—2000)中 T 0610—1993 的技术要求，用于测定道路沥青在加热和空气的作用下的质量损失，并根据需要测定旋转薄膜加热后，沥青残留物的针入度、粘度、延度及脆点等性能变化情况，以评价沥青的老化性能。该项试验方法比较接近沥青在使用过程中加热及拌和的实际情况，在短时间内即可考核出沥青的老化性能。

二、技术参数

1.加热功率：2.4kW。

2.工作室温度：163℃。

3.控温精度：±0.5℃。

4.转盘转速：15 转/min。

5.供风量：4000 mL/min ± 200mL/min。

6.喷嘴直径：1mm。

7.温度计：155～170℃，分度 0.5℃。

8.试样瓶尺寸：64mm × 140mm × 32mm。

9.电源电压：220V，频率：50Hz。

三、主要结构及工作原理

(一)结构

该烘箱由电气控制部分、烘箱工作室、机械转动装置组成，见图 7-18 所示，电气控制面板见图 7-19 所示。

1.主体外表喷塑，工作室内胆采用不锈钢制造，工作室和箱壳之间是保温层和风道，为使工作室内温度不外流而影响恒温及控温灵敏度，保温层内充填硅酸铝棉。室内装有照明灯，方便室外观察工作情况。室内装有可放置八只沥青试样瓶的转盘，也可除去转盘，作为普通恒温箱使用。

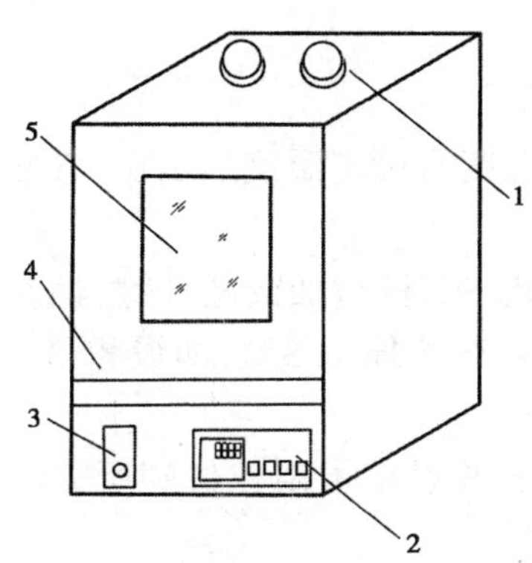

图 7-18　沥青旋转薄膜烘箱结构示意图

1-风顶；2-控制箱；3-流量计；4-工作室；5-视窗

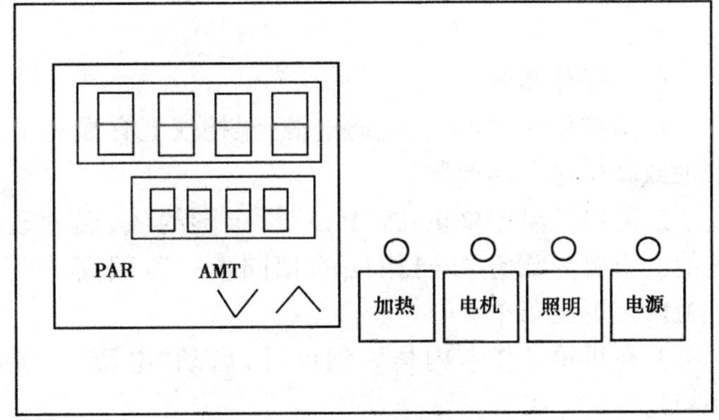

图 7-19　电气控制面板示意图

2.烘箱内附有一台空气压缩机，供应试验所需空气，空气通过面板上流量计计量后进入烘箱通风道内的铜盘管预热，然后由喷嘴喷入转盘上的试样瓶中。烘箱内空气流在强制通风道及风扇的作用下，按一定的方向回转流通，保证控温精度，其它多余部分气体由上部溢流口排出烘箱外。

3.烘箱加热装置装在工作室底部，采用空气自然对流法加热空气，通过上下和背后的风道均匀加热工作室。加热装置为扇形加热管，无明火，分布均匀，确保工作室内加热均匀，室内装有温度传感器，通过数字显示控制仪对工作室进行温度控制。

4.烘箱后部装有电机及变速机构，工作室内正中心有一个转速为 15r/min 的转盘，上面可同时安装八个沥青试样的玻璃缩口试样瓶。转盘由链轮带动，装样时可以用手轻轻地任意转动转盘，方可操作。

(二)工作原理

沥青薄膜在 163℃的烘箱中加热一定时间，通过测定试样在加热后的粘度、针入度和延度的变化来确定热和空气对沥青薄膜的影响。

当仪器通电后，打开电源，设定所需工作温度，这时电加热器工作。当工作室内达到需要的工作温度时，工作室内温度传感器将温度传送到温控仪，由温控仪显示工作室内温度，并发出断电信号，继电器断电，停止加热，反之继电器将接通后工作，电加热器工作升温，如此往复，即进入恒温状态。工作室内圆盘架均匀旋转，变速电机确保转盘转速为每分钟 15 转，同时以一定流速的热空气喷入转动着的试样中，经过一定的时间，即可测定出加热及空气对沥青材料性能的影响。

四、仪器的使用方法

(一)使用前的检查

1.烘箱应安置在室内干燥和水平之处，因为不断有含沥青的热空气溢出，所以需装在通风良好的房间内或者通风橱内使用。

2.烘箱必须安装专用电源开关，保险装置的容量根据产品的加热功率选配。

3.电源设备:烘箱必须用比电源线粗1倍的多股铜导线作保险接地,并且要求可靠牢固。

4.将旋转加热烘箱调节水平,并预热不少于16h,使箱内空气充分加热均匀。

5.在使用前应用兆欧表检查仪器的外壳绝缘性能,冷态电阻$\geqslant 1M\Omega$,如果过小应查明原因。

(二)操作步骤

1.温控仪温度设定:接通电源,温控仪上有显示工作室内温度及设定温度显示窗,直接按增加或减少键到需要数。

2.温控仪温差修正:按"PAR"设定键约3s,温度显示窗出现SC,按增加或减少键,误差修正值的设置为误差方向相反的相同值。若偏高3℃即设置-3;若偏低3℃,即设置3。按"AMT"3s退出菜单。

3.在烘箱工作室内挂好温度计,启动"电源"、"加热"开关,并设定了温控仪到所需温度163℃。

4.当温度在163℃平衡时,即可打开烘箱门,按试验方法规定,称取一定量沥青试样分别装入盛样皿中,然后迅速均匀地安装在转盘上,关上烘箱门。

5.开启"电机"、"照明"按钮,转盘以15转/分钟的速度转动,同时空气压缩机启动对烘箱供气,调节流量计稳流阀,使其流量为4L/min。且箱内温度重新上升到要求温度163℃下保持85min。

6.加热结束后,按下"电机"、"加热"按钮,停止环形架及喷谢热空气,立即将试样从烘箱中移出,按规范要求测试加热后沥青试样的性能,然后按下"照明"、"电源"按钮。

7.试验结束后必须切断电源。

五、使用仪器注意事项及维护

(一)注意事项

1.烘箱工作时,必须有专人监测。这是提高安全性的有效方法,一旦温控失灵,应及时断电检查,以避免事故发生。

2.每次使用后应切断自备专用电源,并保持箱内箱外的清洁,以防腐蚀。

3.应在供电线路中安装铁壳闸刀一只,供烘箱专用并用比电源线粗一倍的导线作接地线。

4.放置试样时,烘箱内温度已达到163℃,应注意安全。

5.试样加热时间为85min,但放入试样后,烘箱内温度应在10min内回升到163℃±0.5℃,使试样在163℃±0.5℃温度条件下,受热时间不少于75min。若10min内达不到试验温度时,试验不得继续进行。

(二)仪器的维护

1.烘箱初次使用安装时,应该检查电源是否符合要求,启动转盘检查一下转盘转速应是15转/分钟。

2.使用烘箱配备的空气压缩机时,应接好电源,应经常检查流量计的指示是否符合试验要求。

3.加热时,工作室显示温度与温度计读数有一定偏差,待一定时间稳定后,两数值偏差在±1℃范围内,若两数值偏差超值,用设定温度重新调整。

4.设定值与显示值偏差较大时,可用烘箱顶部的气流调节孔适当调节。

5.工作室内照明灯不要随意开启,并且开的时间不宜过长,以免烧坏。

六、常见故障及排除

见表 7-4 所示。

沥青旋转薄膜烘箱常见故障及排除方法　　表 7-4

序号	故　　障	原　　因	修　理　方　法
1	指示灯不亮	1.无供电电源 2.保险丝断路	1.接通电源 2.换保险丝
2	不加热	1.熔断器开路 2.温控仪接触不良 3.电热丝断	1.换熔断器 2.更换温控仪 3.换加热丝
3	温控仪数显偏差	1.修正不准 2.传感器出故障	1.重新修正 2.换传感器
4	转盘不动	1.电机损坏 2.链条脱落 3.连接轴螺丝松脱	1.换电机 2.上好链条 3.上紧螺丝
5	无气流	1.空气压缩机损坏 2.流量计不稳 3.皮管脱落	1.换空气压缩机 2.重新调整 3.查管路并连接好

第八节　沥青闪燃点测定仪

一、用　　途

该仪器是按照石油和石油产品试验方法国家标准(GB/T 3536—1991)石油产品闪点和燃点测定法(克利夫兰开口杯法)来设计制造的;也适用于(JTJ 052—2000)公路规程 T 0611—1993 沥青闪点和燃点试验(克利夫兰开口杯法);同时符合国际标准 ISO2592 及美国国家试验和材料协会标准 ASTM D92 试验方法。可用于测定除燃料油和开口闪点低于 79℃(用本方法测定)的石油产品。

二、技术参数

1.电源电压:220V±10%,频率:50Hz。

2.环境温度 -10~50℃,相对湿度≤85%。

3.克利夫兰油杯:内径 ϕ63.5±0.5mm,杯深 33.6±0.1mm,在内壁与杯上口的距离为 9.4mm±0.4mm 处,刻不一道环状标线,带一个弯柄把手,形状及尺寸见图 7-20。

4.温度计:-6~+400℃,最小分度值 2℃。

5.电炉加热功率 0～400W 连续可调。

6.点火器:金属管制,端部为产生火焰的尖嘴,端部外径约 1.6mm,内径为0.7mm～0.8mm,火焰大小可调节。

三、主要结构及工作原理

(一)结构

该仪器主要由克利夫兰油杯、点火器、电炉、温度计及控制装置等组成。仪器结构如图 7-20 所示,克利夫兰开口杯结构如图 7-21 所示。

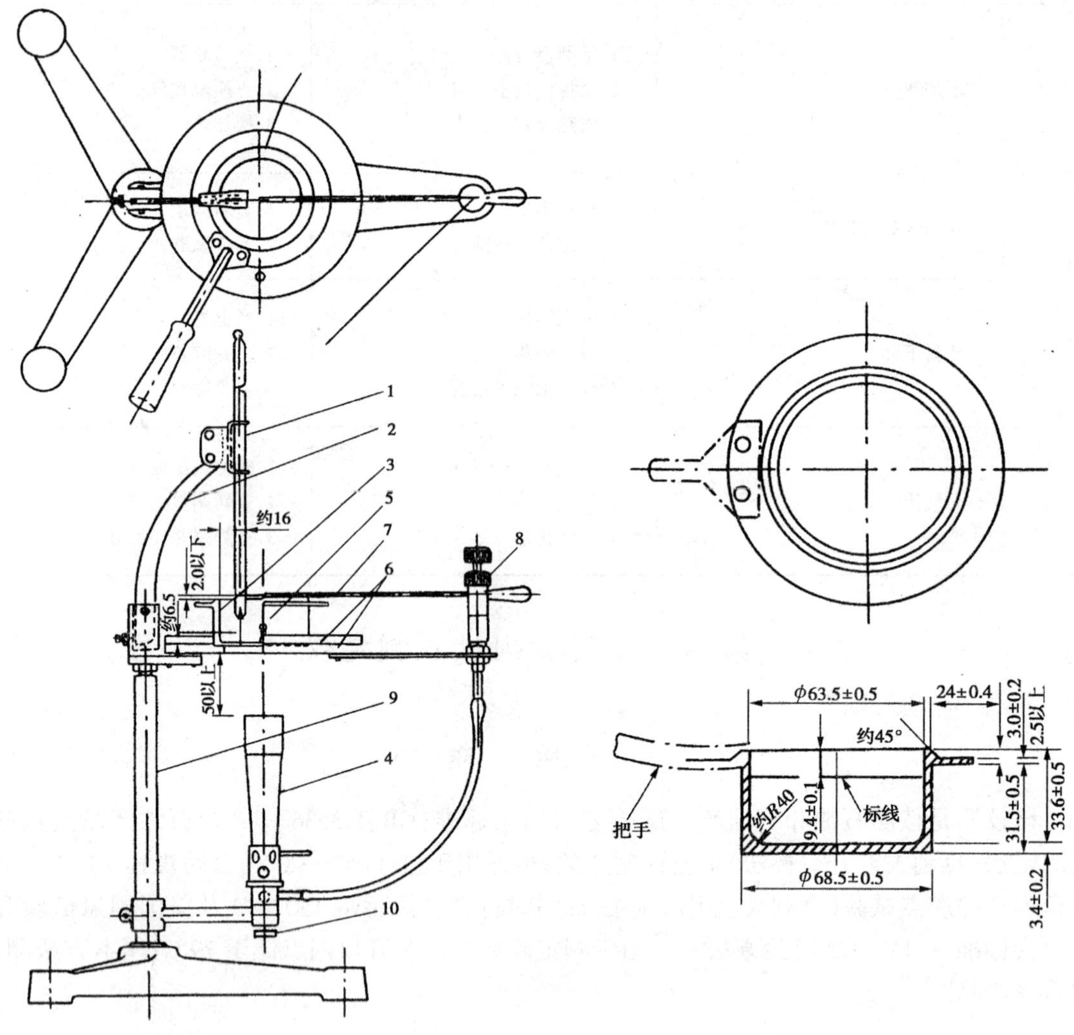

图 7-20 克利夫兰开口闪点仪结构图(尺寸单位:mm)

1-温度计;2-温度计支架;3-金属试验杯;4-加热器具;5-试验标准球;6-加热板;7-试验火焰喷嘴;8-试验火焰调节开关;9-加热板支架;10-加热器调节钮

图 7-21 克利夫兰开口杯(尺寸单位:mm)

(二)工作原理

沥青材料的闪点是指加热沥青挥发出可燃气体与空气组成的混合气体在规定条件下与火接触,产生闪光时的沥青温度,是沥青材料安全性能的重要指标。试验时,利用加热装置不断对沥青进行加热,使试样中可燃性气体不断挥发出来并与空气混合,达到一定温度后,利用点火装置点火,在油面上任何一点出现蓝色闪火时,记录沥青试样的温度,即为该试样的闪点。继续加热,当试样接触火焰立即着火,并能继续燃烧不少于5s时,记录沥青试样的温度,即为该试样的燃点。

四、仪器的使用方法

(一)使用前的检查

1.正确安装仪器,并检查各部件联结牢固。

2.检查电源接地是否良好。

3.将试样杯用溶剂洗净、烘干,装置于支架上。

4.按规范要求制作试样。

5.打开电源开关,指示灯亮,随后即可以进行试验操作。

(二)操作步骤

1.将试样倒入克利夫兰油杯中,至刻线处。

2.把油杯放在电炉上,调节好点火装置和温度计的高度及火焰的大小。

3.根据规范的规定调节电位器,即调节升温速度。开始加热时,升温速度可达14~17℃/min,待试样温度达到预期闪点前56℃时,调节加热器降低升温速度,在预期闪点前28℃时,应使升温速度控制在5.5℃/min±0.5℃/min。随后就可以进行点火试验。

4.在预期闪点前28℃时,按动自锁按钮开关,点火杆点火。如未出现闪点现象,则每升温2℃后,再次按动自锁按钮开关,点火杆向相反方向点火。每次通过扫划试验的火焰,所耗时约为1s。此时应确认点火器的火焰为直径4 mm±0.8mm的火球,并位于坩锅上方2~2.5 mm处。

5.在油面上任何一点出现闪火时,立即记录温度计上的温度作为闪点。

6.继续加热试样,保持试样升温速度5.5℃/min±0.5℃/min,并按上述规定点火试验。

7.当试样接触火焰立即着火,并能继续燃烧不少于5s时,停止加热,并立即记录温度计上的温度作为燃点。

8.试验结束后,作好清洁工作,并应切断电源。

五、使用仪器注意事项及维护

1.为保证清楚地观察闪火,仪器在试验测试时应尽可能选择避风和光线较暗的地点。

2.仪器应放置在干燥、绝缘、没有污染及酸碱等腐蚀性气体的环境中,保持清洁。

3.试验时,试杯应轻拿轻放,以防玻璃管破碎,造成漏电。

4.电源开启后顺时针旋转定位器旋钮,电流指示仍未过零,可向右旋一点角度即可。

5.调节加热速率时,应注意尽量不要使加热电流长时间地超过1.8A,以保证仪器的长期稳定使用。

6.试验时不应对着试样杯呼气。

六、常见故障及排除

见表7-5。

沥青闪燃点测定仪常见故障及排除方法 表7-5

序号	常 见 故 障	原 因 分 析	排 除 方 法
1	电源指示灯不亮	1.指示灯坏； 2.保险丝断； 3.电源未接通	1.更换电源开关或电源指示灯； 2.更换保险丝； 3.检查外电源是否供电；
2	机壳带电	仪器接地不良	检查接地线，使之接地良好
3	加热丝不加热变红	1.电位器坏； 2.固态调压器坏； 3.加热丝熔断；	1.更换电位器 2.更换固态调压器； 3.更换加热丝
4	电流表无电流指示	电流表坏	更换电流表

复习思考题

1.测定针入度时，如何保证标准针的针头尖端与试样表面刚刚接触？

2.沥青针入度仪的检校项目有哪些？

3.做沥青延度试验时，若如发现沥青细丝浮于水面，或沉入槽底时，应采取什么措施？

4.延度试验试验结果应如何取值？

5.什么原因会造成软化点试验时，钢球下落，仪器不能自动停止试验、显示结果？应如何处理？

6.试叙述沥青软化点仪的钢球直径和钢球质量校验方法？

7.试叙述沥青含蜡量测定仪的使用方法？

8.离心沉淀机在使用时，出现转速表有指示，电机不运转的情况，是什么原因造成的，应如何处理？

9.试叙述沥青薄膜烘箱与沥青旋转薄膜烘箱有何区别？若烘箱出现不加热的情况，是什么原因造成的，应如何处理？

10.沥青闪燃点测定仪对使用环境有什么要求？

第八章　沥青混合料试验仪器

[重点内容和学习要求]

本章重点讲述沥青混合料试验检测常用仪器的结构、工作原理、使用方法、注意事项及维护。同时对仪器故障的排除也作了简单介绍。

通过学习，要求学生必须掌握沥青混合料搅拌机、马歇尔电动击实仪、自动马歇尔稳定度试验仪及沥青混合料车辙试验机等试验仪器的正确使用方法；了解各仪器的工作原理。能掌握仪器使用注意事项，对仪器常见的故障能分析原因并加以检查维护。

第一节　沥青混合料搅拌机

一、用　　途

该仪器满足了《公路工程沥青及沥青混合料试验规程》(JTJ 052—2000)的各项技术要求，可适用于公路建设部门的试验室，或工地试验室及教学科研单位备制试件。既可热拌沥青碎石、沥青混凝土、沥青砂石等各种类型的沥青混合料。当加热锅不加热时亦可拌制石灰、水泥(粉煤灰)稳定土或粒料等基层混合料。

二、技 术 参 数

1. 拌和容量：10L。
2. 控温精度：±5℃。
3. 加热锅温度范围：室温～250℃(任意设定)。
4. 拌和时间：1～999s(任意设定)。
5. 搅拌桨转速：公转48转/min；自转90转/min。
6. 工作条件：温度－10～40℃，相对湿度：不大于80%。
7. 电源电压：220V±10%；电流：10A。

三、主要结构及工作原理

1. 结构

该仪器由加热拌和锅、搅拌器和升降机共三大部分组成，其结构如图8-1所示。

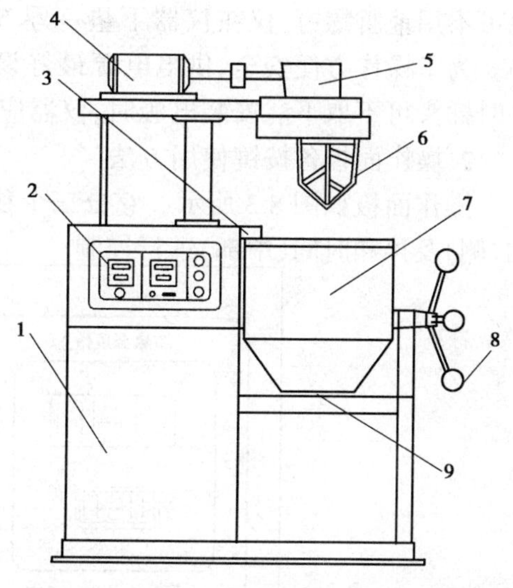

图8-1　沥青混合料搅拌机结构原理图

1-机体；2-操作面板；3-定位器；4-搅拌电机；5-搅拌头；6-搅拌桨；7-加热拌和锅；8-紧固手把；9-温度传感器

2. 工作原理

试验时，将原材料按规定装入加热拌和锅中，加热锅温度从室温～250℃范围内任意设定；并自动控温。搅拌器由搅拌头、电机和搅拌桨组成。工作时，搅拌桨在锅内进行公转与自转，对混合料进行拌和。其搅拌时间由定时器控制，可在 1～999s 范围内任意设定。升降机构由电机、皮带减速器、丝杠等部件组成，用来实现搅拌器的升降。当加料或出料时，搅拌器升到最高位置；而当搅拌时，搅拌器降到最低位置。图 8-2 表明了该机的三个不同工作状态。

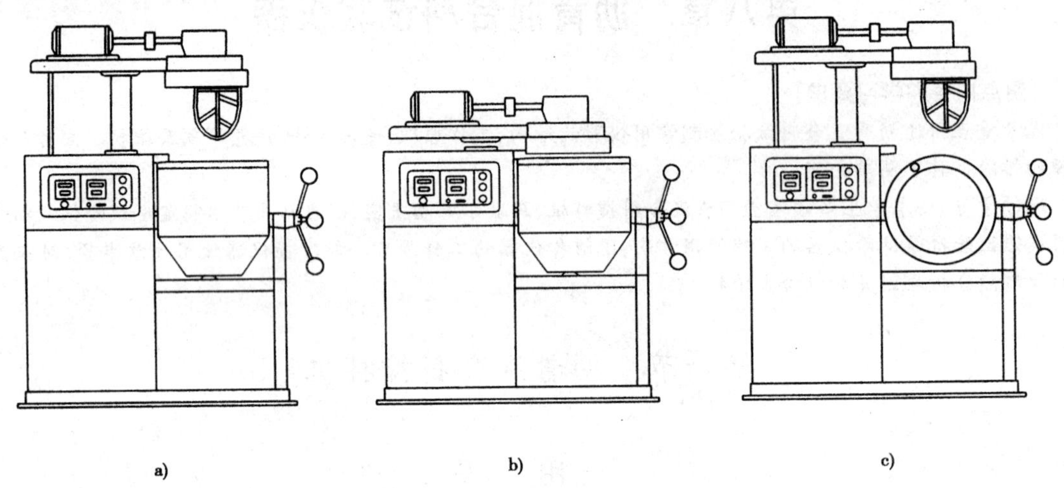

图 8-2 搅拌机三个不同工作状态

a)加料；b)搅拌；c)出料

四、仪器的使用方法

(一)使用前的检查

1. 仪器的安装

仪器应安装在有较好基础的地面，距墙及附近固定物应大于 0.6m。可用地脚螺钉固定，也可不用地脚螺钉，仅在仪器下垫一厚 5mm 的橡胶板亦能正常工作。安装时仪器应尽量水平。为了操作方便安全，供电电源最好设一空气开关(10A)，专门做为搅拌机的总开关，这样平时插头可不取下。安装电源时，仪器应有良好的接地，以防漏电伤人。

2. 操作面板各按键使用方法

操作面板如图 8-3 所示。它分三个独立的部分，分别对加热锅温度(左侧)、搅拌器的升降(右侧)及拌和时间(中部)进行控制。

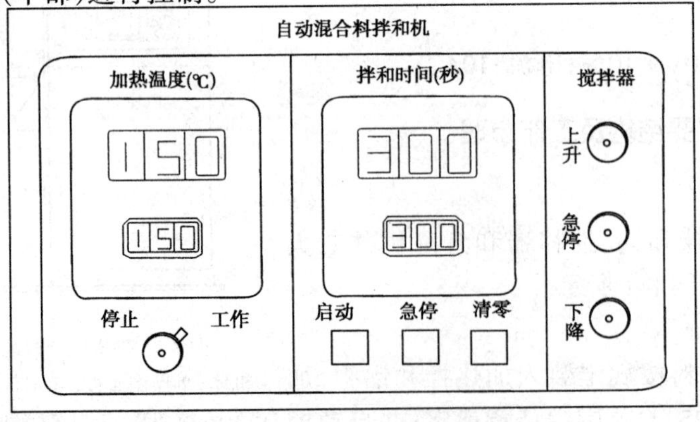

图 8-3 搅拌机操作面板

(1)加热锅温度控制

根据工作需要由拨盘设定所需温度，并由控温表控制与显示温度。该仪器的控温方式为通断式，由于热惯性原因，温控表上的显示数值有过冲现象，这是正常的，应以预置温度为准。该部分下部有一旋钮，指示“工作”与“停止”位置。当混合料需要控温时，则旋到“工作”位置。当不需控温时，如水泥混合料的拌和，则将该旋钮置于“停止”位置。这时加热器停止工作。

(2)拌和时间控制

根据规程要求，由预置键设定所需时间。工作时，按下“启动”按钮，搅拌电机开始转动，通过搅拌头驱动搅拌桨做公转与自转运动。到达设定时间后，电机自动停止。“清零”后方可进行下一次操作。当遇到紧急情况，可随时按下“急停”键，则搅拌器立即停止工作。

(3)搅拌器升降控制

在操作面板的右侧，有“上升”、“下降”及“急停”按钮。当按下“上升”或“下降”按钮，则搅拌器自动升至最高或降至最低位置，搅拌器在运动过程中如遇到紧急情况，可随时按下“急停”键，则搅拌器立即停止运动。

(二)操作步骤

1.准备工作

当接通电源后，各部即进入准备状态。首先根据规程或工作需要预置拌和时间和加热温度。控温部分的旋钮置于“工作”位置，则控温加热系统开始工作。约20min锅的内壁即可达到设定的温度，这时仪器即可开始工作。

2.填料

按下操作面板右侧的“上升”按钮，则搅拌器自动升到最高位置。这时将事先预热好的混合料倒入锅中。

3.拌和

按下“下降”按钮，则搅拌器自动降到最低位置，伸入锅内，按下面板中部的“启动”按钮，则搅拌桨开始搅拌。当搅拌到预置时间时，自动停机。“清零”后可进行下一次搅拌。在搅拌过程中如遇到紧急情况，可随时按下“急停”键，则搅拌器立即停止运动。为了减少搅拌桨下降的阻力，可在搅拌桨下降刚刚触到料面时，立即启动搅拌器。

4.出料

按下“上升”按钮，搅拌头升至最高位置，通过手把松开锁紧螺母，打开定位器，用手把将锅转置90°，用掏料勺将混合料掏出，通过滑板落入模具内，然后根据需要制备试样。

5.清洗

当混合料的拌和与试样制备完毕后，切断电源，对仪器进行清洗。特别是加热锅、滑板及搅拌桨上不得留有沥青残渣或污物。

五、使用仪器注意事项及维护

(一)注意事项

1.自动控制系统的设定与调整，必须按照操作步骤的要求严格执行。

2.在拌和过程中，操作人员应及时注意搅拌机的工作情况，如遇特殊、紧急情况，应及时按下“急停”键，并切断电源，待排除故障后，方可重新开机工作。

3.混合料拌制完毕，必须检查温控与时控系统的按键是否按顺序关闭，并切断电源。

4.试验结束后,必须用三氯乙烯或煤油将拌和锅及搅拌桨清洗干净。

5.拌和机使用一定时间后,应通过温度传感器的导热棒检查油浴锅内的油位,如缺油时应及时补充导热油(导热油一般应向厂家购买,不得加入其它油品)。

(二)仪器的维护

1.升降机构的丝杠及导向轴要经常涂抹润滑脂。

2.搅拌器的减速箱应每年更换一次润滑油。

3.面板仪表配有有机玻璃罩,长期不用时,应将其罩住,以防灰尘侵入。

4.保护好露在外面的电线,不得使其受力,也不得被尖锐物刺伤或被重物砸伤。

第二节 马歇尔电动击实仪

一、用 途

马歇尔电动击实仪是沥青混合料马歇尔稳定度试验中试样成型的专用仪器,适用于沥青混合料马歇尔试验(JTJ 052—2000)标准。该仪器用于标准击实法制作沥青混合料试件,供试验室进行沥青混合料物理力学性质试验使用。

二、技术参数

1.击实锤质量:4536g ± 9g。

2.落锤高度:453.2mm ± 1.5mm。

3.锤击次数:60 次/min ± 5 次/min。

4.击实次数预置数:0 ~ 99 次。

5.试模:ϕ101.6mm,高约 87mm。

6.电源电压:380V,频率:50Hz。

三、主要结构及工作原理

(一)结构

该仪器由击实锤与标准击实台两部分组成,两者安装成一体,如图 8-4 所示。

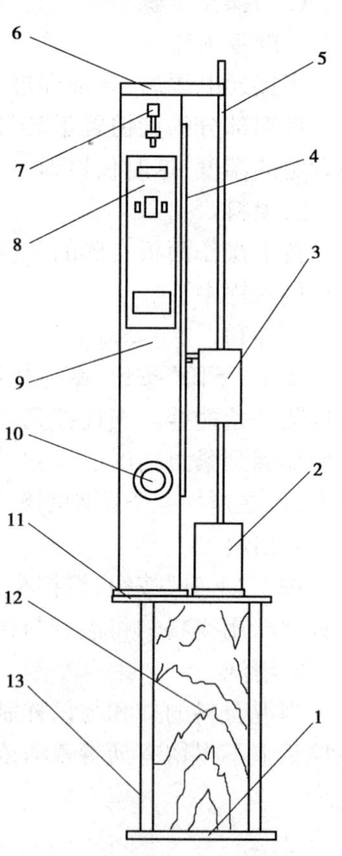

图 8-4 马歇尔电动击实仪结构组成

1-底座;2-试模筒;3-击实锤;4-链条;5-导杆;6-顶板;7-调整螺栓;8-控制器;9-立柱;10-电机蜗轮箱;11-工作台;12-基木块;13-拉杆

(二)工作原理

仪器由机械传动与控制器两部分组成,机械传动部分主要有:电机、离合器、链条驱动等,其结构如图 8-5a)所示。电动机动力通过离合器 2 传到蜗杆轴 I,经蜗杆、蜗轮将动力传入蜗轮 II,再由离合器 16 将动力传到主动链轮轴 III,链轮 3 转动,链条 15 做周期旋转运动,挑锤键 14 也随之周期转动。当挑锤键向上移动碰到滑键 11 后,在挑锤键的作用下,使锤体 9 向上提升,当锤体滑键碰到放锤键 10,滑键 11 向远离挑锤键的方向移动,滑键与挑锤键脱离时,锤体自由落下,完成一次击实。下次击实,挑锤键、滑键、放锤键重复上述动作而作周期击实。当实际锤击数与预先所设置的击实数相同时，仪器自动停止工作。

电路控制采用集成电路并预置计数器，计数器可在 0～99 范围内任意选择。仪表面板上设有置数开关、数码显示，装有启动、置数、开、关按钮，控制面板结构如图 8-5b)所示。

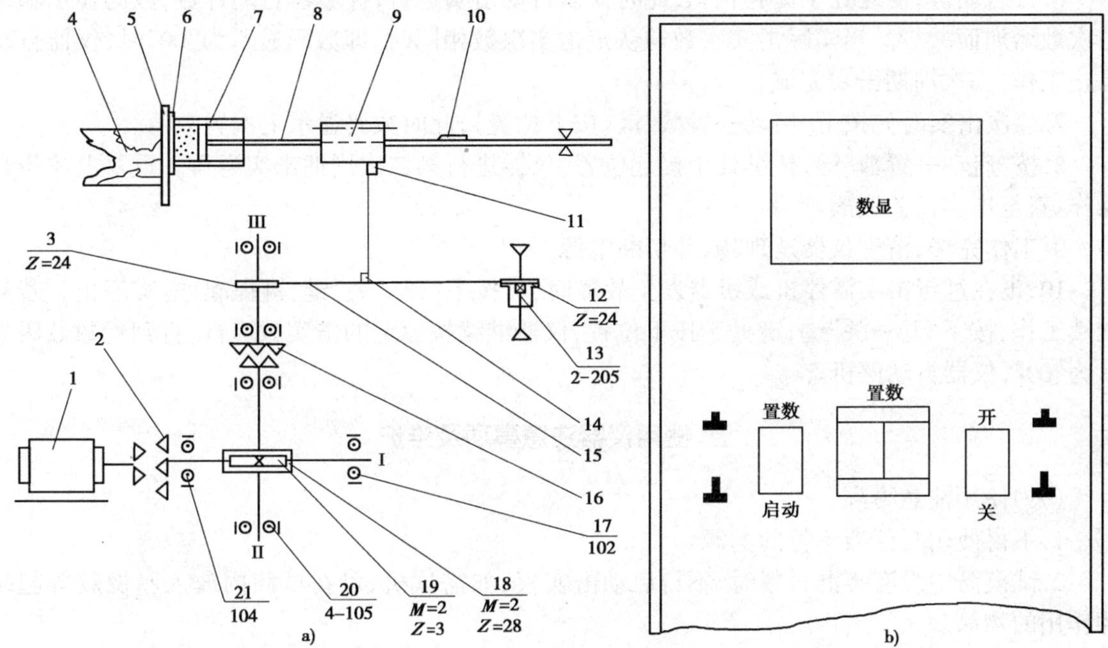

图 8-5　马歇尔击实仪工作原理示意图

a)马歇尔击实仪传动系统示意图；b)马歇尔击实仪控制面板示意图

1-电机；2-离合器；3-链轮；4-基木；5-工作台；6-底座；7-模筒；8-导杆；9-击实锤；10-放锤键；11-滑键；12-链轮；13-轴承；14 挑锤键；15-链条；16-离合器；17-轴承；18-蜗轮；19-蜗杆；20-轴承；21-轴承

四、仪器的使用方法

(一)使用前的检查

1.新击实仪应安装在平整而牢固的水泥混凝土基础上，按要求用地脚螺钉固定，并用水泥混凝土浇灌。待水泥混凝土凝固达到足够强度后，才可进行击实试验。

2.试验前应清理仪器各部件，仔细清理工作台。

3.检查控制器各操作键的位置，“启动—置数”、“开—关”两键均处于按下位置。

4.接好电源线及地线，检查供电安全情况。

5.接通总开关，按启动键使之提起，电机运转，链条自下向上运行，若反向运行，应及时按下启动键，使之处于按下状态，电机停转，调整电机旋转方向。

6.再次按启动键，此时键处于提起状态，仪器击实运行，经空运转无异常后，方可进行正式击实操作。

(二)操作步骤

1.每次击实试验前应将击实压头、试模内壁及试模底座涂刷机油。

2.按规范要求将拌合好的沥青混合料，称取适当数量，装入试模内，将试模推入工作台的试模定位销内，锁紧试模。

3.检查控制器各操作键所处状态(图 8-5b)，“启动—置数”、“开—关”两键均处于按下位置。

4.打开电源开关。

5.按所要求的击实次数置数,则控制器的数显窗口显示所设数字。

6.按启动键,使之处于提起状态,此时仪器自动击实运行,计数器自动计数,数码显示随锤击次数增加而减少。当实际击实次数与认定击实次数相同时,即数码显示为“00”时,仪器自动停止工作,一次周期击实完成。

7.二次击实时先按下“启动—置数”键(按下位置),此时数码显示上次置数值。

8.按“启动—置数”键,按键处于提起位置,仪器进行第二次周期击实运行。重复上述步骤操作,直至击实试验完成。

9.工作完毕,清理仪器及现场,并切断电源。

10.正在进行击实需停机或机器发生故障时,可按下“开—关”键,键提起,击实停止。若需继续工作,按下“开—关”键,键处于按下位置,仪器继续按原定的击实数运行,直到置数数码显示为“00”,仪器自动停机。

五、使用仪器注意事项及维护

(一)使用注意事项

1.不得使用与仪器不符的电源。

2.试模筒中没有装混合料时,不得启动击实仪,如需试机,可在试筒内放入厚橡胶等起缓冲作用的物品。

3.应定期对链条、重锤滑动部分进行润滑。

4.每次击实结束后,应立即对试模、击实压头、工作平台进行清洗处理。

5.应经常检查工作平台与混凝土底座的张紧度。

6.若开机不工作时,应检查电源是否接通(包括检查保险丝管是否完好)。

7.经常检查锤头定位销钉是否因振动而松动,如松动,应及时上紧,以保护锤头螺纹。

(二)仪器的维护

1.仪器表面应经常擦拭,保持仪器清洁,若较长时间停用时,应及时套机罩保护。

2.经常注意在链条部分加少许机油(规定型号),以保证链条的灵活传动。

3.工作时经常查看仪器工作情况,发现仪器运转出现异常时,应立即停机检查,待故障排除后,再进行使用。

4.使用一段时间后,若发现链条较松时,可调整链条的拉紧螺钉(图 8-4),将链条拉紧。

5.电机应每年拆卸一次,更换轴承内的润滑脂,并检查轴承,若轴承已磨损,则应更换轴承。

6.检查电器设备要切断电源,电器设备灰尘应用压缩空气清除。不允许用汽油或煤油清洗。

第三节　自动马歇尔稳定度试验仪

一、用　途

沥青混合料马歇尔稳定度试验仪是公路建设及铺设沥青路面材料试验的专用仪器,满足了沥青混合料马歇尔试验(JTJ 052—2000)T 0709 的技术要求。可用于马歇尔稳定度试验和浸水马歇尔试验,以进行沥青混合料的配合比设计或进行沥青路面施工质量检验。浸水马歇尔稳定度试验,供检验沥青混合料受水损害时,抵抗剥落能力时使用,通过测试其水稳定性检验配合比设计的可行性。

二、技术参数

1.压力机最大荷载 40kN。

2.稳定度测量传感器测量范围 > 30kN。

3.具有荷载值大于 40kN 过载保护功能。

4.沥青混合料稳定度测量误差 < ±0.02kN。

5.垂直变形(流值)测量范围 1 ~ 15mm,测量误差 < ±0.05mm。

6.压力机上升速度 50 ± 5mm/min。

7.工作电压:AC220V ± 10%,50Hz。

8.工作环境温度:0 ~ 60℃。

9.消耗功率:600W。

三、主要结构及工作原理

(一)结构

该仪器底部机箱内装有减速机,在减速机壳体上安装两根支柱,支柱上装有高度可调的支承横梁,横梁下装有荷载传感器,如图 8-6 所示。

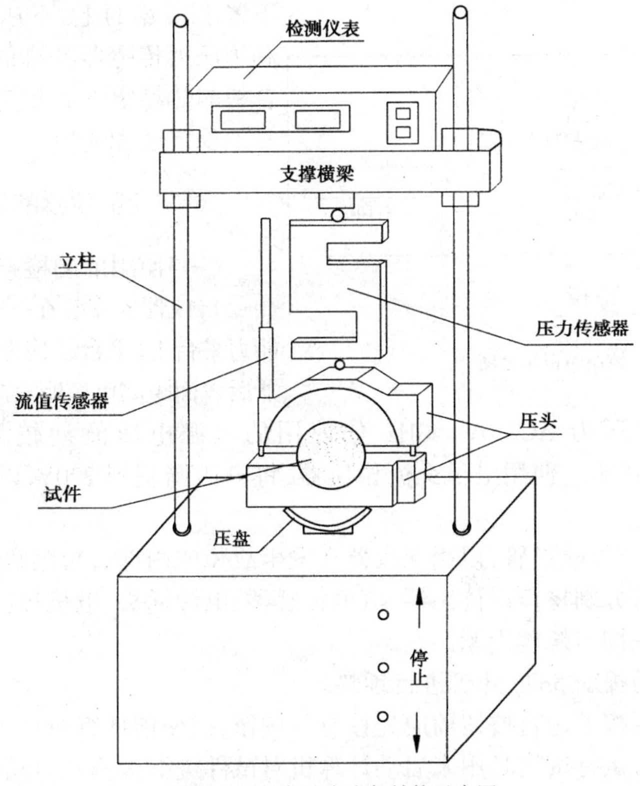

图 8-6 马歇尔稳定度仪结构示意图

底座上的螺旋千斤与压盘相连，见图 8-7。压盘以 50.8mm/min 的恒定速度在荷载架两支柱之间向上推进，最大荷载为 40kN。螺旋千斤为一个单相电动机，电机经机械传动系统驱动螺旋千斤，如图 8-7。压盘上装有上、下压头，它们的运动是通过仪表面板上的运行按钮以及设置在机箱面板上的"向上"、"停止"、"下降"三个按钮开关来控制的。上下限位功能：限位功能是由机箱内部装置的微型开关来实现的。压盘的上下限位行程约为 25mm。检测仪表由 MCS-51 单片计算机系统配以相应的辅助电路组成，荷载测量传感器采用高精度拉式传感器。流值测量采用位移传感器，如图 8-8 所示。

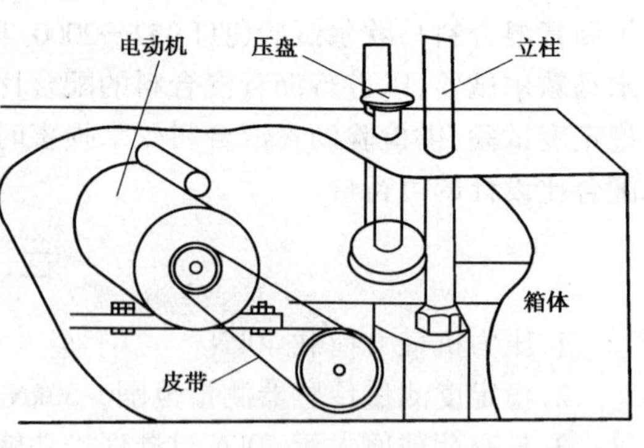

图 8-7　底盘结构图

（二）工作原理

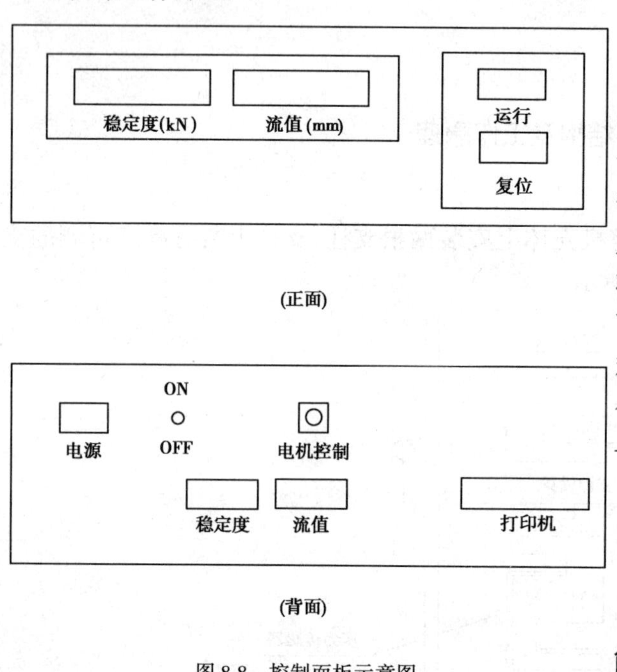

图 8-8　控制面板示意图

沥青混合料是一种感温材料，其强度随着温度的变化有很大的差别，高温时，它的强度处于最低值。为了保证沥青混合料修成路面后，在行车作用下，不产生推移、拥包等病害，混合料必须具备一定的热稳定性。沥青混合料马歇尔稳定度试验就是将一定的试件，在规定的时间与温度条件下置于仪器的上、下压头之间，开动仪器，利用压力传感器及流值传感器测定沥青混合料的热稳定性和抗塑性变形的能力指标——稳定度和流值。

四、仪器的使用方法

（一）使用前的检查

1.仪器应安装在一个水平且有足够支撑能力平台上（平台结构为水泥混凝土结构），仪器后表面距离墙壁距离应不小于5～10cm。

2.仪器使用的电压为 AC220V、50Hz，如使用的电源电压波动较大时（超过 220V 的 ±10%），应采取稳压措施。使用电子交流稳压器，将电压调整到 220V，以保证仪器的正常使用。

3.仪器背面安装有保险丝管，以确保仪器在发生故障或内部有短路状况时能瞬时熔断。

4.仪器安装时，应分别将荷载传感器、流值传感器、电源插头、电机控制插头等插入仪表背面的插座中，并将插头固定螺丝上紧。

5.仪器使用时，需提前 5min 开机进行预热。

6.仪表复位按钮：按下运行按钮前应先按复位按钮，以便使计算机系统处于等待状态。

7.仪表运行按钮：运行按钮是用来启动计算机对试件进行检测及启动电机驱动压盘上升。

8.上升按钮：按下上升按钮，压盘以 50.8mm/min 的速度向上运行。

9.下降按钮:按下下降按钮,则压盘向下运行,至初始位置时自动关机。

10.停止按钮:按下停止按钮,压盘不论在哪个方向运行均会停止。

(二)操作步骤

1.按试验规范要求,试验前应将试件及上下压头放入恒温水槽中,进行恒温。

2.将按规范要求保温好的试件放入上下压头之间,插入流值传感器。

3.若仪器处于正常复位状态时,按下运行按钮,压头上升,仪表面板上的显示器自动清零,检测到最大荷载时计算机近自动关闭压力机,同时将荷载值、流值显示结果锁定在仪表面板上,读取稳定度值、流值后,按下下降按钮,压盘下降到初始位置自动关机,试验结束。

4.若按下运行按钮时仪表显示出不正常的数字,应重新操作一次,即先按下复位按钮,再按下运行按钮(重新操作应在上压头与荷载传感器还没有接触时进行)。

5.按下运行按钮,当荷载值超过 40kN 时,仪器自行保护,关闭驱动电机,按“上升”按钮时无此功能。

6.若按下运行按钮后需停机时,按复位按钮,

7.需要打印数据或荷载—流值曲线时,将打印机电缆插头插入仪表背面的打印机插座中,开启打印机电源(操作时应先开打印机电源,后开马歇尔仪电源),当试验结束时自动打印出数据及曲线。打印机打印时按下运行按钮,打印机停止工作,第二次按下运行按钮,打印机继续打印。

8.打印机具有重复打印功能,当变形曲线打印结束后,按下运行按钮,打印机即可重新打印一次。

五、使用仪器注意事项及维护

(一)使用注意事项

1.使用仪器前应详细了解各部件的性能。

2.使用前应检查电源电压是否符合要求,电压不符合要求时,严禁使用操作仪器,否则将会导致仪器的严重损坏。

3.严禁使用与试验仪器不符的试件进行试验。

4.操作过程中,需要改变压盘的运行方向时,必须首先按下停止按钮,而且在按下相反方向的按钮之前电机转动必须停止,否则将会导致机器的严重损坏。

5.试验结束后应切断电源,并清洗压盘,上、下压头,及仪器外表面。

(二)仪器的维持

1.压头与荷载传感器间隙的调整:按下下降按钮,使压盘及压头降至初时位置,测量上压头与荷载传感器球状体之间的间隙应约为 15~18mm。若偏差较大时,可通过调整支承横梁的高度来实现,此间隙在出厂时已调好,一般不需调整。

2.荷载传感器的输出零点,已调试好,一般不需调整。

3.流值传感器输出调整:将直径为 101.6mm 的试件放入上下压头之间,插入流值传感器,仪表指示应在 2~3mm 之间,若显示为小于 2mm 或大于 3mm,应重新调整,通过调整传感器的测量头来实现(旋进或旋出),如图 8-9。

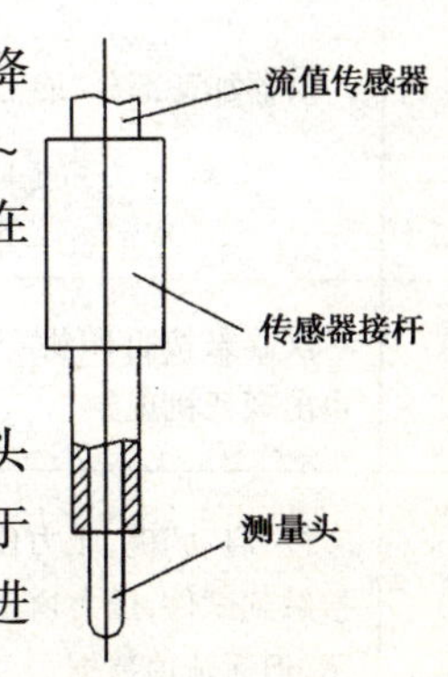

图 8-9　流值传感器示意图

六、常见故障及排除

见表 8-1。

马歇尔稳定度试验仪常见故障及排除方法　　表 8-1

序号	常见故障	故障原因	解决方法
1	开机后，仪器左边窗口显示为 0.00，右边显示不为 0.00	打印机：①打印机缺纸；②打印机没有联机	装上打印机，按一下打印机上的“联机”键
		仪器内部插脚件松动	将仪器后面的四个螺丝松开，抽出盖板，将插脚件压紧
2	关机后立即开机键盘无效或其它部分不正常	时间不够长	关机 10s 后再开机
3	不接打印机，或关掉打印机，仪器开机工作正常，否则仪器工作不正常	打印机缺纸	装上打印纸
		打印机的“联机”指示灯灭	按一下打印机上的“联机”键，使“联机”指示灯亮
4	仪器正常，打印机不打印	打印电缆线没有装或没装好	将打印电缆线插好
		打印电缆线内部断线	更换打印电缆线
5	仪器启动后，加荷部分加荷，试件受压变形，但压力窗口无数据变化	①传感器接头松动或掉下来；②传感器联接线断，或其它部分有问题	①立即停机，同时将加荷部分停止加荷；②重新装好传感器；③查明原因或与厂家联系
6	按“启动”键后，仪器下降，左边窗口显示 99.99，右边显示 0.00	①传感器是否联接好及联接是否正常；②传感器联接线断或其它部分有问题	①立即停机；②重新装好传感器；③查明原因或与厂家联系
7	加荷部分不加荷	①“执行”接头松动或掉下来；②执行联接线断或其它部分有问题；	①立即停机；②重新插好接头；③查明原因或与厂家联系
8	仪器加荷部分“能上不能下”	①打印机没有联机或打印机没有纸；②“执行”接头松动或掉下来；③执行联接线断或其它部分有问题	①装上纸，使打印机打印；②重新插好接头；③查明原因或与厂家联系
9	仪器未按打印机，开机后，仪器也出现死机现象	供电电源质量差	配交流净化电源或配交流稳压器
10	按“启动”键，压力传感器还没有接触到试件，压力窗口就有数据显示，但无流值数据	仪器的地线接在电源的零线上	将仪器地线浮空或单独接地即可

第四节　沥青混合料车辙试验机

一、用　途

该仪器适用于按《公路工程沥青及沥青混合料试验规程》(JTJ 052—2000)规定的沥青混合料车辙试验(T 0719—2000),用于测定沥青混合料的抗车辙性能,并用于沥青混合料配合比设计高温稳定性检验。

二、技术参数

1.车辙试验机外形尺寸:长×宽×高=1390mm×1030mm×1130mm。

2.试验轮:外径 φ200mm,轮宽 50mm;橡胶层厚 15mm,橡胶硬度(国际标准硬度)20℃时为84±4,60℃时为78±2;试验轮行走距离为230±10mm,往返碾压速度为42±1次/min。

3.轮压:在60℃时为0.7±0.05MPa。

4.总荷重:700N。

5.试模:内侧长300mm,宽300mm,厚50mm。

6.试验台:可牢固地安装两种宽度(300mm及150mm)的规定尺寸试件的试模。

三、主要结构及工作原理

(一)结构

车辙试验机由以下各部分组成:试件台、试验轮、加载装置、试模、变形测量装置、温度检测装置、润滑系统及电气系统,如图8-10所示。

(二)工作原理

沥青混合料的车辙试验是在规定尺寸的板块状压实试件上,用固定荷载的橡胶轮反复行走,测定其在变形稳定期内,每增加变形1mm的碾压次数,即动稳定度,以次/mm表示。

车辙试验的试验温度与轮压可根据有关规定和需要选用,非经注明,试验温度为60℃,轮压为0.7MPa。适用于用轮碾成型机碾压成型的长300mm,宽300mm,厚50mm的板块状试件,也适用于现场切割制作的长300mm,宽300mm,厚50mm的板块状试件。

四、仪器的使用方法

(一)试验前的检查

1.试验轮接地压强调节与测定:测定在60℃时进行,在试验台上放置一块50mm厚的钢板,其上铺一张方格纸,上铺一张复写纸,以规定的700N荷载后试验轮静压复写纸,即可在方格纸上得出轮压面积,并由此求得接地压强。当压强不符合0.7±0.05MPa时,荷载应予以适当调整。

2.按《公路工程沥青及沥青混合料试验规程》用轮碾成型法制作车辙试验试块。在试验室或工地制备成型的车辙试件,其标准尺寸为300mm×300mm×50mm,也可从路面切割得到300mm×300mm×50mm的试件。

3.将试件脱模按规程规定的方法测定密度及空隙率等各项物理指标。如经水浸,应用电扇将其吹干,然后再装回原试模中。

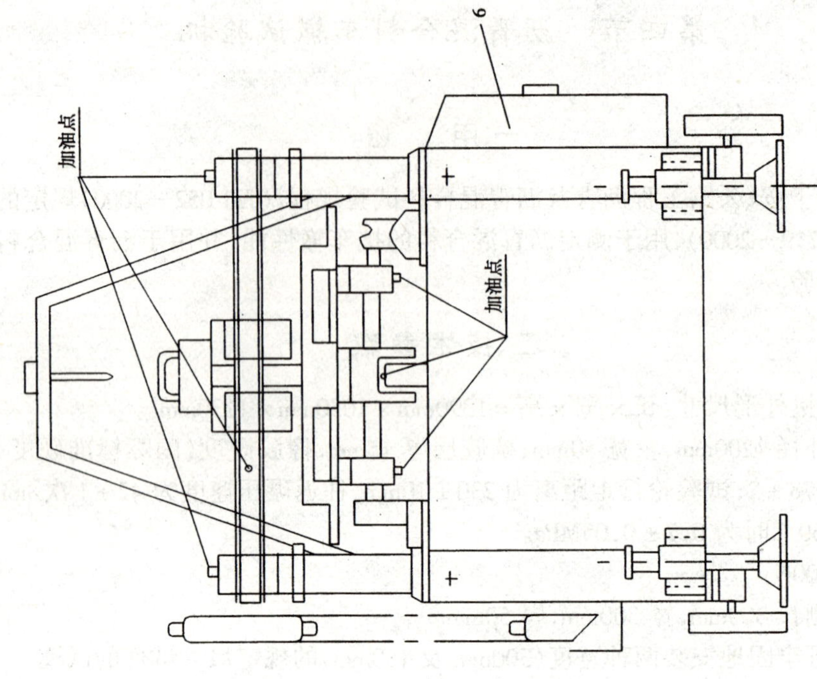

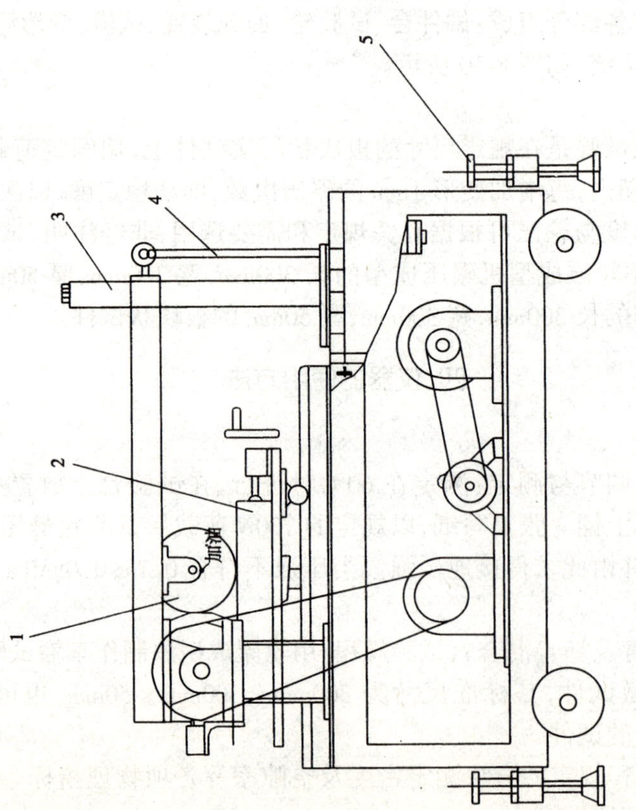

图 8-10　车辙试验机结构示意图

1-碾压轮横向进给机构;2-行车平台纵向进给机构;3-吊架;4-加载机构;5-支脚;6-电器箱

4.机器调试操作方法如下所示：

(1)操作面板见图 8-11 所示，控制面板的按钮有两组操纵装置，左侧两个按钮主管行车平台纵向运动，进行车辙试验。试验开始时按下“纵起”键，结束时按“纵停”键。右侧五个按钮是横向运动和定位用的，“正起”“反起”为横向起动按钮，“正点”“反点”是横向定位小量移动按钮。“横停”是横向移动停止按钮。

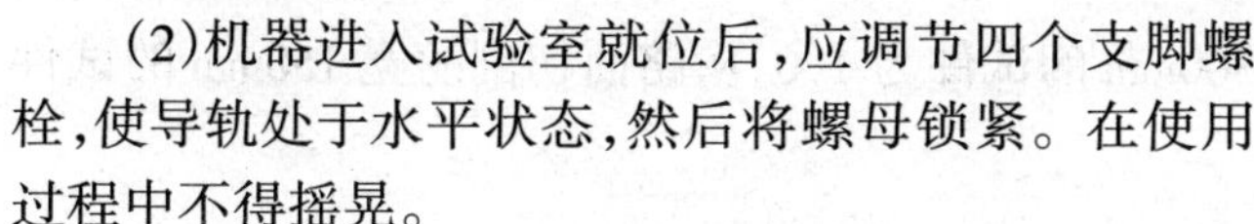

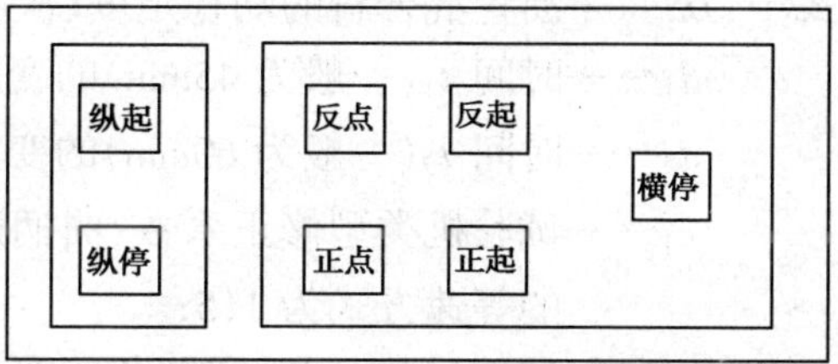

图 8-11　车辙试验仪操作面板图

(2)机器进入试验室就位后，应调节四个支脚螺栓，使导轨处于水平状态，然后将螺母锁紧。在使用过程中不得摇晃。

(3)在空车运转之前，先检查各联接处的紧固情况，然后加好润滑油。开车后检查各行程开关是否牢固，工作是否正常，及各向运动是否灵活和平稳。一切正常后，方可进行试验。

(二)操作步骤

1.将试件连同试模一起，置于达到试验温度 60±1℃的恒温室中，恒温不少于 5h，且不得多于 24h。在试件的试验轮不行走的部位上，粘贴一个热电偶温度计(也可在试件制作时预先将热电偶导线埋入试件一角)，控制试件温度稳定在 60±0.5℃。

2.在机器操作前，应将碾压轮部分保持在吊架上，加好砝码。将试件连同试模移到车辙试验机的试验台上，调整好纵向位置，使试件中心与试验轮中心一致。利用点动开关将试验轮横向移动至试件的中央部位或希望的试验部位就位(见注)。其行走方向须与试件碾压或行车方向一致，放下加载杠杆。

注：对 300mm 宽且试验时变形较小的试件也可对一块试件在两侧 1/3 位置上进行两次试验，取平均值。

3.开动车辙变形记录系统，然后启动试验机“纵起”开关，使试验往返行走，时间约 1h，或最大变形达到 25mm 时为止。试验结束时按“纵停”开关。试验时，记录仪自动记录变形曲线及试件温度。

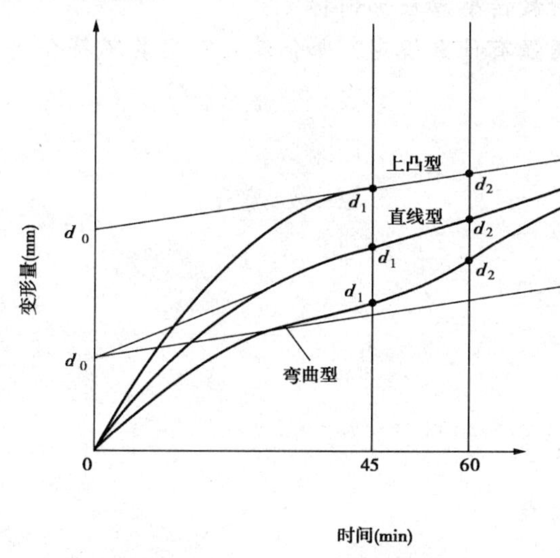

图 8-12　车辙试验自动记录的变形曲线

4.在纵向行车试验的同时，如需横向搓揉碾压，则在开动“纵起”开关后，再开动“横向”的“正起”、“反起”按钮，此时，横移范围的限位开关位置应事先正确设定。

5.当进行浸水车辙试验时，在水槽中放水，浸没试件，保温至要求温度（通常为 40℃），上面放一些泡沫塑料块，防止水在运动中晃出。

(三)结果计算

1.从图 8-12 上读取 45min(t_1)及 60min(t_2)时的车辙变形 d_1 及 d_2，准确至 0.01mm。当变形过大，在未到 60min 变形已达 25mm 时，则以达到 25mm(d_2)时的时间为(t_2)。将其前 15min 的时间为(t_1)，此时的变形量为 d_1。

2.沥青混合料的动稳定度按下式计算：

$$DS = \frac{(t_2 - t_1) \times 42}{d_2 - d_1} \times c_1 \times c_2$$

式中：DS——沥青混合料的动稳定度(次/mm)；

d_1——时间 t_1(一般为 45min)的变形量(mm)；

d_2——时间 t_2(一般为 60min)的变形量(mm)；

c_1——试验机类型修正系数，曲柄连杆驱动试件的变形行走方式为 1.0，链驱动试验轮的等速方式为 1.5；

c_2——试件系数，试验室制备的宽 300mm 的试件为 1.0，从路面切割的宽 150mm 的试件为 0.8。

五、仪器使用注意事项及维护

1.仪器一旦发现有故障，应立即先按下“横停”按钮，再排除故障。

2.注意水槽中的水不溢出，以免损坏电机。

3.应保障润滑系统的完好，在图 8-10 中所标出手润滑点下，应予每次试验前加 30 号机械油。

复习思考题

1.试叙述沥青混合料搅拌机的使用方法？仪器在使用过程中如遇特殊、紧急情况需要立即停机时，应按下哪个键？

2.马歇尔电动击实仪的安装有哪些要求？

3.马歇尔电动击实仪使用时，应注意哪些事项？

4.试叙述自动马歇尔稳定度试验仪的使用方法？

5.自动马歇尔稳定度试验仪在使用时，出现加荷部分不加荷或仪器加荷部分“能上不能下”等情况，试分析其产生的原因，如何排除？

6.自动马歇尔稳定度试验仪的位移传感器及荷载传感器应如何标定？

7.规范对沥青混合料车辙试验机试验轮接地压强有什么规定？如何测定？当其不符合要求时，应如何调整？

8.如何计算沥青混合料车辙试验结果？

第九章　基本测量仪器

[内容提要和学习要求]

本章着重论述了公路工程测量常用仪器的分类、基本结构、工作原理、使用、维护和检校。

通过本章的学习，必须掌握 DS_3 微倾式水准仪、J_6 和 J_2 经纬仪的构造、工作原理、日常使用以及检校和保养维护。同时还应掌握自动安平水准仪、电子水准仪、红外线测距仪、全站仪的基本原理和使用维护。

测量仪器在公路工程常用仪器中占据很大一个部分。从道路的勘测设计到竣工的验收检测，这期间(包括建设)一直都离不开测量仪器的作用。在公路工程施工中，测量仪器主要被用作导线复测、中线放样、纵横断面的测量、路基施工放样、挡墙放样、路线竣工测量、桥梁三角网、桥梁施工高程控制、墩台定位、墩台纵横轴线的测设、桥梁基础施工放样、桥梁竣工测量等方面。此外在缺陷责任期内，对道路工程检测中也要用到测量仪器，甚至在道路运营若干年后的养护、质量调查等方面也离不开测量仪器。

测量仪器包括的种类很多。按照测量仪器的用途分类，可将仪器分为测角、测距、测高程三大类；按照仪器的工作原理又可分为普通光学仪器、电子及红外线测量仪器、自动安平测量仪器、激光测量仪器等。目前，在公路工程施工中大量使用的测量仪器主要包括：微倾式水准仪、自动安平水准仪、电子水准仪、光学经纬仪、电子经纬仪、红外测距仪、电子全站仪等。本章节将就常用的几种公路工程测量仪器的构造、工作原理、使用、检校和维护进行详细阐述。

第一节　水　准　仪

一、用　途

水准仪是水准测量时提供水平视线的仪器，在检测中它主要用于测定道路的纵、横断面高程，还广泛的用于道路纵、横坡的测量等。

二、技术参数

我国对水准仪按其精度从高到低分为 $DS_{0.5}$、DS_1、DS_3、DS_{10}、DS_{20} 等几个等级。“D”、“S”分别是“大地测量”和“水准仪”的汉语拼音的第一个字母，其下标 0.5、1、3、10、20 表示该类仪器的精度，即每公里往返测高差中数中误差，以毫米为单位。

三、DS_3 水准仪

(一)DS_3 水准仪的构造

图 9-1 为 DS_3(简称 S_3)型水准仪，主要由望远镜、水准器和基座等部分组成。

1.望远镜

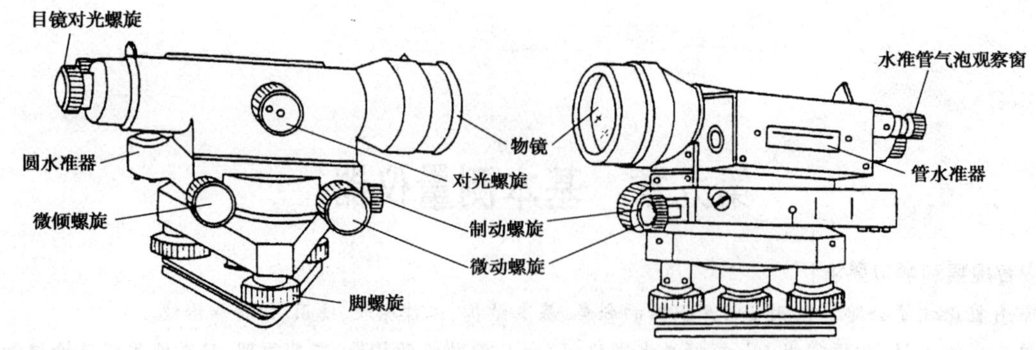

图 9-1　DS_3 型水准仪

望远镜是用来精确瞄准目标并进行读数的。如图 9-2 所示，它由物镜、对光透镜、对光螺旋、十字丝分划板和目镜组成。

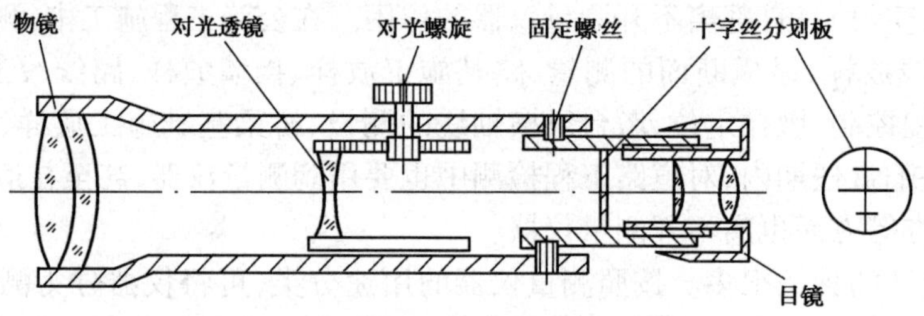

图 9-2　望远镜

物镜是用两片以上的透镜组成，其作用是使目标成像在十字丝平面上，形成缩小的实像。旋转对光螺旋，可使不同距离目标的像清晰地位于十字丝分划板上，称为物镜对光。目镜也是由一组复合透镜组成，其作用是将物镜所成的实像连同十字丝一起放大成虚像，如图 9-3 所示。转动目镜调焦螺旋，可使十字丝影像清晰，称为目镜调焦。

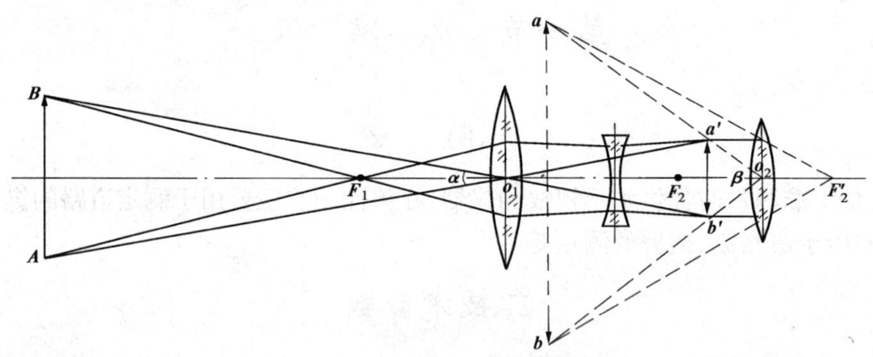

图 9-3　望远镜成像原理

从望远镜内所看到的目标放大虚像的视角 β 与眼睛直接观察该目标的视角 α 的比值，称为望远镜的放大倍率，一般用 V 表示，即

$$V = \beta / \alpha$$

DS_3 型水准仪望远镜的放大倍率一般为 25 ~ 30 倍。

十字丝分划板是安装在目镜筒内的一块光学玻璃板，上面刻有两条相垂直的细线，称为十字丝。竖直的一条称为纵丝，水平的一条称为横丝或中丝，用以瞄准目标和读数用。与横丝平行的上下两条对称的短线称为视距丝，用以测定距离（视距测距法）。上视距丝简称上丝，下视距丝简称为下丝。

物镜光心与十字丝交点的连线称为望远镜的视准轴，观测时的视线即为视准轴的延长线。目前使用的望远镜有正像与倒像两种。

2.水准器

水准器有管水准器和圆水准器两种。圆水准器主要用于粗平仪器，使仪器旋转轴处于铅垂位置；管水准器用于获取水平视线。

（1）水准管。它是一个管状玻璃管，其内壁磨成一定半径的圆弧，管内装满酒精或乙醚，加热后封闭冷却，在管内形成一个气泡，如图 9-4 所示。水准管内壁圆弧的中心点（最高点）为水准管的零点，过零点与圆弧相切的切线 LL 称为水准管轴。当气泡中点位于零点位置时，称为气泡居中，此时水准管轴处于水平位置。安装水准管时，若使水准管轴平行于望远镜的视准轴，当气泡居中，视准轴即水平，就得到了水平视线。

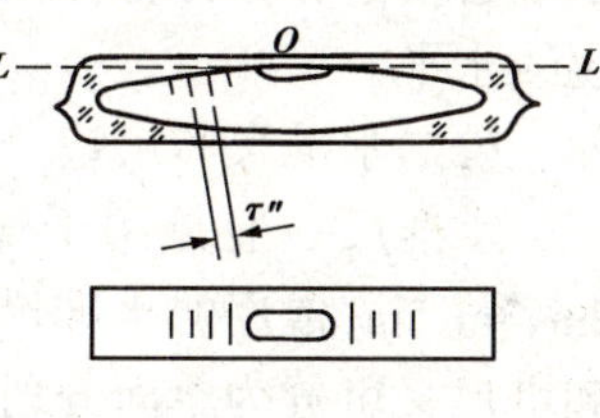

图 9-4　管水准器

水准管上对称于零点，向两侧刻有数条间隔为 2mm 的分划线，相邻两分划线间的圆弧所对的圆心角，称为水准管分划值，用 τ 表示，即

$$\tau'' = (2/R)\rho''$$

$$\rho'' = 206256''$$

式中：R——水准管的圆弧半径。

水准管的圆弧半径越大，分划值越小，则水准管的灵敏度就越高。DS_3 型水准仪上的水准管分划值通常为 20″/2mm。

为了提高水准气泡的居中精度和便于观测，在水准管的上方装有符合棱镜系统，如图 9-5 所示，通过棱镜的同次全反射，将气泡两端的影像同时呈现在望远镜旁的观测窗内。当气泡两端的影像符合时，表明气泡居中，如图 9-5a）所示；若两侧影像错开时，则表明气泡没有居中，如图 9-5b），此时可转动微倾螺旋使气泡居中。

（2）圆水准器。圆水准器外形如圆盒状，顶部玻璃的内表面为球面，内装有酒精或乙醚，密封后留有气泡。球面中心刻有圆圈，其圆心即为圆水准器零点，如图 9-6 所示。通过零点与球面球心的连线 $L'L'$，称为圆水准轴。当气泡居中，轴线处于铅垂位置，气泡偏离零点，轴线呈倾斜状态。气泡中心偏离零点 2mm 所对圆心角，称为圆水准器的分划值。DS_3 型水准仪圆水准器分划值一般为 8′/2mm。由于圆水准器精度低，故只用于水准仪的粗略整平。

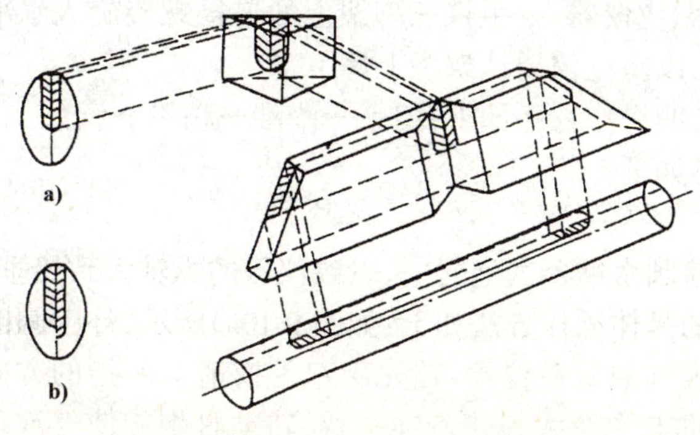

图 9-5　水准管的符合棱镜系统

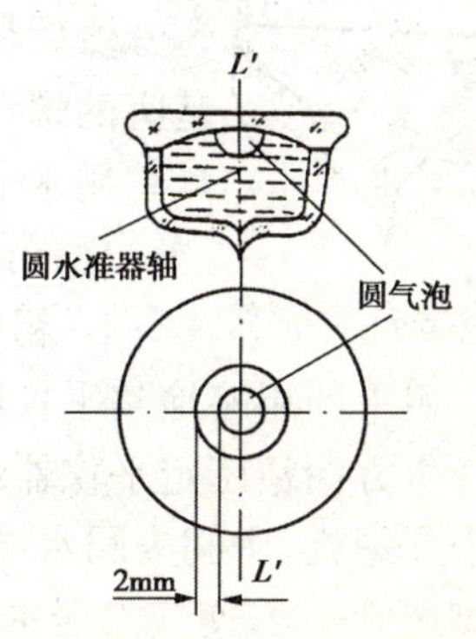

图 9-6　圆水准器

3．基座

基座呈三角形，是由轴座、三个脚螺旋和连接板组成。仪器上部通过竖轴插入轴座内，由基座承托。转动脚螺旋调节圆水准器使气泡居中。整个仪器通过连接螺旋同三脚架相连接。

此外，为了控制望远镜在水平方向转动，仪器还装有制动螺旋和微动螺旋。当旋紧制动螺旋时，仪器就固定不动，此时转动微动螺旋，可使望远镜在水平方向作微小的转动，用以精确瞄准目标。为使仪器精密水平，水准仪还装有微倾螺旋。当圆水准气泡居中后，转动微倾螺旋使水准管气泡影像符合，由于望远镜和水准管连成一个整体，且使水准管轴与视准轴平行，因此视线水平。

(二)水准尺和尺垫

水准尺一般是用干燥优质木材、铝材或玻璃钢制成，长度有2m、3m、5m，常用的水准尺有整尺和塔尺两种，如图9-7所示。整尺和塔尺又可分为单面分划和双面分划两种。

水准尺的尺面每隔1cm印刷有黑白或红白相间的分划，每分米处注有数字，数字有正写的和倒写的两种，分别与水准仪的正像或倒像望远镜相配合。双面水准尺的一面为黑白分划，称为“黑面尺”；另一面为红白分划，称为“红面尺”。黑面尺的尺底是从零开始，而红面尺的尺底是从某一数值(4687mm或4787mm)开始，称为零点差。水准仪的水平视线在同一根尺上的红、黑面读数差称为读数的零点差，可以作为水准测量时读数的检核。

塔尺一般由三节尺身套接而成，不用时缩在最下一节之内，长度不超过2m。如果把它全部拉出，长度可达5m。塔尺携带方便，但连接处常会产生误差，一般用于精度较低的水准测量。

水准测量中需要设置转点之处，为防止观测过程中尺子下沉而影响准确读数，应在转点处放一尺垫，如图9-8所示。它由铸铁制成，有三角形图形等，中央有突起的半球状圆顶，以来传递高程和防止点位移动和水准尺下沉。

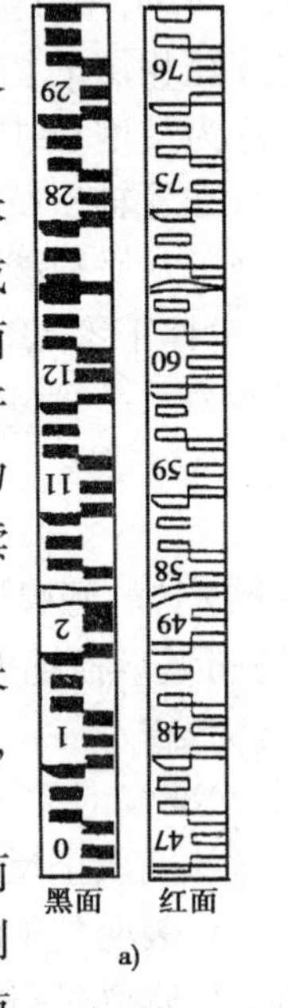

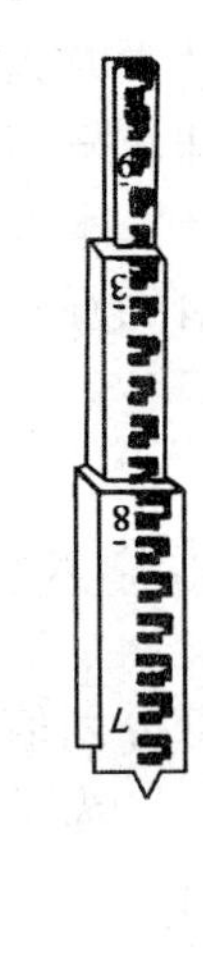

图9-7　水准尺

(三)DS_3水准仪的使用

在安置水准仪之前，应放好仪器的三脚架，如图9-9所示。松开架腿上的3个制动螺旋，伸缩架腿，使三脚架的安置高度约在观测者的胸颈部，旋紧制动螺旋，三脚等距分开，使架头大致水平。如在泥土地面，应将三脚架的3个脚尖踩入土中，使脚架稳定。

然后将仪器取出，一手握住仪器，一手将三脚架上的连接螺旋旋入水准仪基座的螺孔内，使连接牢固，以防止仪器从架头上摔下来。

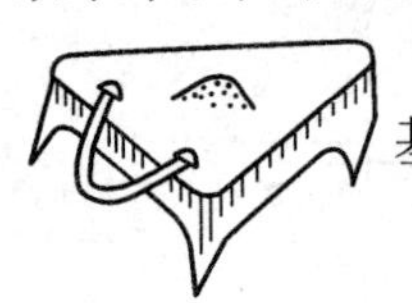

图9-8　尺垫

用水准仪进行水准测量的操作程序如下：粗平→瞄准→精平→读数。

现将详细操作方法分述如下：

1．粗平

粗平即粗略地整平仪器，转动脚螺旋，使圆水准器气泡居中，以致仪器的纵轴大致铅垂，为在各个方向精密定平仪器创造条件。粗平的具体操作方法如下：如图9-10a)所示，外围圆圈为三个脚螺旋，中间为圆水准器，虚线圆圈代表气泡所在位置，首先用双手按箭头所指的方向转动脚螺旋1、2，使气泡居中。气泡移动的方向与左手大拇指旋向一致，转动脚螺旋使气泡移至中间，然后再按图9-10b)中箭头所指的方向，用左手转动脚螺旋3，使气泡居中。气泡移动的方向与左手大拇指转动脚螺旋时的移动方向相同，故称为“左手大拇指规则”。

2.瞄准

瞄准是把望远镜对准水准尺，进行目镜和物镜调焦，使十字丝和水准尺像十分清晰，消除视差，以便在尺上进行正确读数。具体操作方法如下：转动目镜，进行调焦，使十字丝十分清晰（以后再瞄准时，就不需要再调节目镜）；放松水准仪制动螺旋，用望远镜上部的照门和准星对准水准尺，粗略地进行物镜调焦，在望远镜内找到水准尺像，旋紧制动螺旋，用微动螺旋使十字丝的纵丝靠近水准尺一侧，如图 9-11 所示；此时，可检查水准尺在左、右方向是否有倾斜，如有倾斜，则要指挥立尺者纠正，转动物镜调焦螺旋，使水准尺像十分清晰，消除视差。

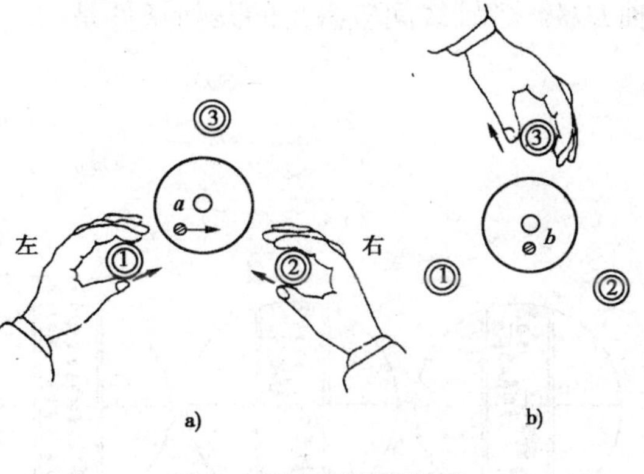

图 9-9　圆水准器整平方法

3.精平

精平就是在读数前转动微倾螺旋使符合水准气泡居中，从而得到精确的水平视线。微倾螺旋转动方向与符合气泡移动的关系如图 9-11 所示。转动微倾螺旋时速度应缓慢，直至气泡稳定不动而又居中时为止。必须注意，当望远镜转到另一方向观测时，气泡不一定符合，应重新精平，符合水准气泡居中后才能读数。

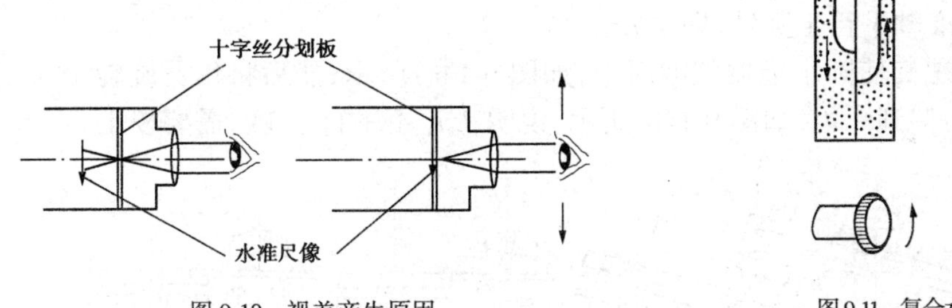

图 9-10　视差产生原因

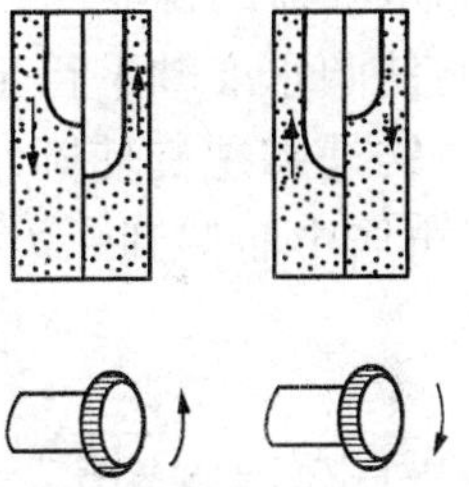

图 9-11　复合水准器精平

4.读数

当气泡居中后，立即用十字丝横丝在水准尺上读数。读数前要认清水准尺的注记特征。望远镜中看到的水准尺是倒像时，读数应自上而下，从小到大读取，直接读取 m、dm、cm、mm（为估读数）四位数字，如图 9-12 的读数分别为 1.274m、5.960m、2.534m。读数后应立即检查气泡是否仍符合居中，否则，重新符合后读数。

精平与读数是两项不同的操作步骤，但在水准测量施测过程中，应把两项操作视为一个整体。即一边观察气泡，一边观察读数，当气泡符合稳定后立即读数。

（四）DS_3 水准仪的检验与校正

在水准仪检校之前，应先进行一般性的检查，包括望远镜的成像是否清晰，制、微动螺旋和调焦螺旋是否有效，脚螺旋转动是否灵活，气泡运动是否正常等等。如发现有故障，应及时修理。

1.水准仪的主要轴线及应满足的条件

如图 9-13 所示，水准仪的主要轴线包括视准轴 CC、水准管轴 LL、仪器竖轴 VV 及圆水准

轴 $L'L'$。各轴线间应满足的几何条件是：

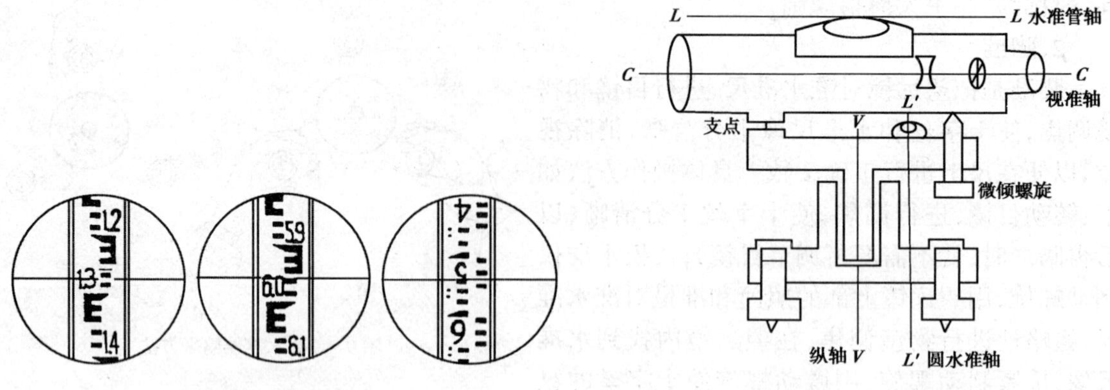

图 9-12 水准尺读数　　图 9-13 水准仪轴线

①水准管轴平行于视准轴，即 $LL // CC$。当此条件满足时，水准管气泡居中，水准管轴水平，视准轴处于水平位置。

②圆水准轴平行于仪器竖轴，即 $L'L' // VV$。当条件满足，圆水准气泡居中，仪器的竖轴处于垂直位置，这时仪器转动到任意位置，圆水准气泡都应居中。

③十字丝横丝垂直于竖轴，即当仪器竖轴铅垂时，十字丝横丝水平，这样在水准尺上进行读数时，可以用横丝的任何部位读数。

2.水准仪的检验和校正

(1)圆水准器的检验与校正

目的：使圆水准轴平行于竖轴，即 $L'L' // VV$。

检验：转动脚螺旋使圆水准器气泡居中，如图 9-14a)所示；然后将仪器旋转 180°，这时，如果气泡不再居中而偏到一边，如图 9-14b)所示，说明 $L'L'$ 不平行于 VV，需要校正。

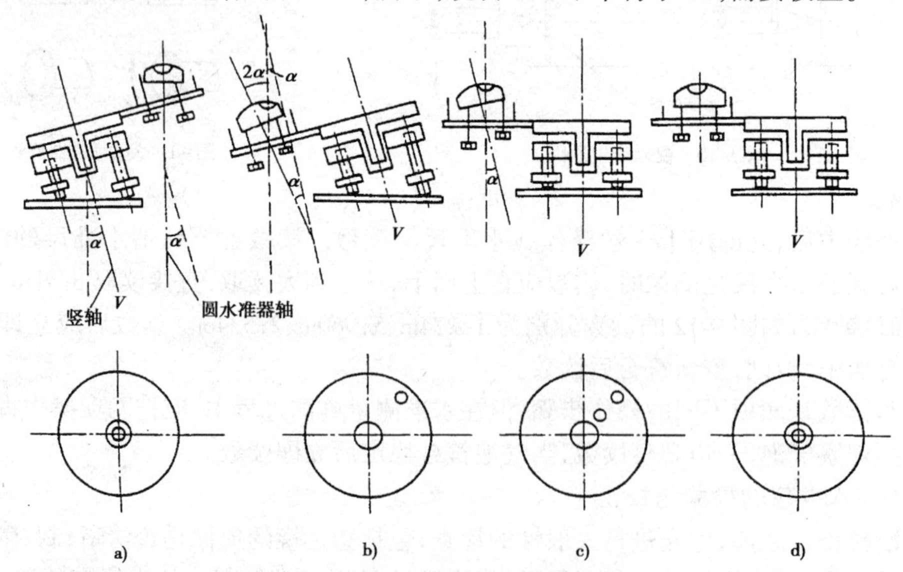

图 9-14 圆水准器的校正原理

检验原理：假设圆水准轴 $L'L'$ 不平行于竖轴 VV，二者相交角为 α 角，如图 9-14a)所示，转动脚螺旋使圆水准气泡居中，此时圆水准轴处于铅垂方向，而仪器竖轴倾斜一个 α 角。将仪器绕竖轴旋转 180°,这时圆水准器气泡不再居中,而与铅垂线之间的夹角为 2α 相对应的一段弧长。校正时,旋转脚螺旋使气泡向中心移动偏离量的一半,从而消除竖轴本身偏斜的一个 α 角,如图 9-14c)所示,使竖轴处于铅垂方向。然后再拨圆水准器上校正螺旋,使气泡居中,这样就消除了圆水准轴与竖轴间的交角,使两者互相平行,如图 9-14d)所示。

校正:旋转脚螺旋使气泡向中心移动偏距的一半,用校正针拨动圆水准器下面的三个校正螺旋使气泡居中,如图 9-15 所示。

检验和校正应反复进行,直至仪器转动到任何方向气泡都居中为止。

(2)十字丝横丝的检验与校正

目的:当仪器整平后,十字丝的横丝呈水平。

检验:整平仪器后,用望远镜十字丝横丝的一端瞄准一明晰点 P,如图 9-16,旋紧制动螺旋,转动微动螺旋,如果 P 点偏离横丝,表明横丝不水平;如果 P 点始终在横丝上移动,则表明横丝水平。

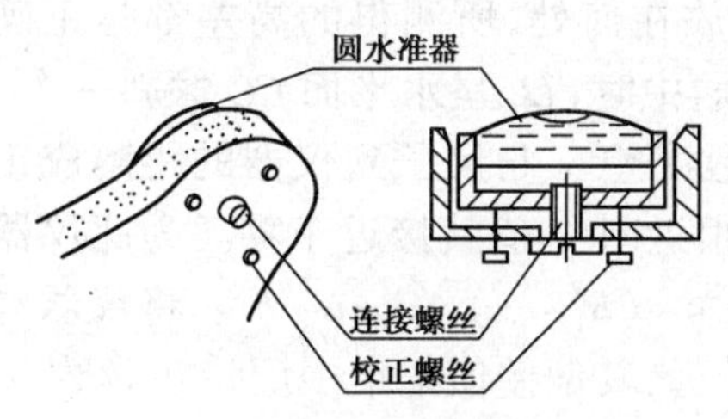

图 9-15　圆水准器校正螺丝

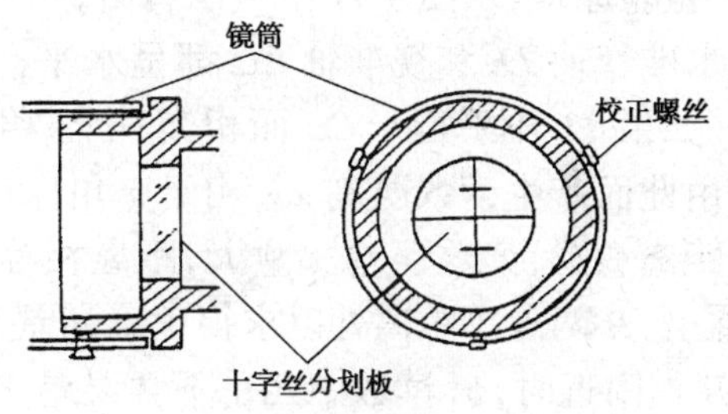

图 9-16　十字丝的检验与校正

校正:松开三个十字丝环的固定螺丝,按十字丝倾斜方向的反方向微微转动十字丝环,使横丝水平。校正后应重复检验,直到满足要求为止。最后将固定螺丝拧紧。

(3)水准管轴的检验与校正

目的:使水准管轴平行于望远镜的视准轴,即 $LL // CC$。

检验:如图 9-17 所示,在平坦的地面上选定相距为 80m 左右的 A、B 两点,各打一木桩或放置尺垫,将水准仪置于 A、B 之中点 C 处,用变更仪器高法(或双面尺法)测定 A、B 两点间的高差 h_{AB},设其读数分别为 a_1 和 b_1,则 $h_{AB} = a_1 - b_1$,两次高差之差应小于 3mm,取其平均值作为正确的高差。

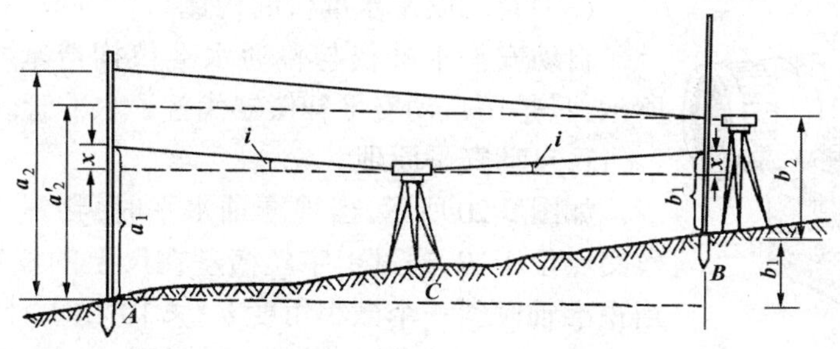

图 9-17　视准轴平行于水准管轴的检验

将仪器搬至 B 点(或 A 点)近处,B 点(或 A 点)立尺后,望远镜的目镜距尺面约 2m。整平仪器后,目镜朝向尺面,从物镜中观察目镜在尺面上形成的小圆圈,用铅笔尖在尺面定出圆圈中心,直接在水准尺上读数 b_2。b_2 为正确读数,A 尺的正确读数应为 $a_2' = b_2 + h_{AB}$。然后调

转望远镜瞄准 A 点上水准尺，精平仪器读取读数 a_2。如果 $a_2 = a_2'$，或者两者相差小于 5mm，说明 $LL /\!/ CC$。否则需要校正。

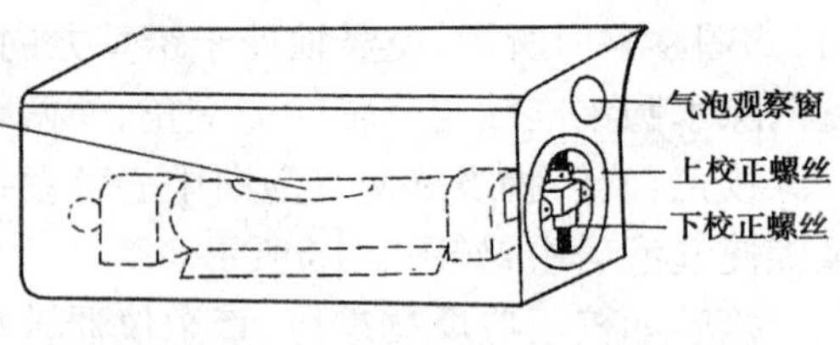

图 9-18　水准管的校正

校正：转动微倾螺旋，使中丝在 A 尺上的读数从 a_2 移到 a_2'，此时视准轴已水平，但水准管气泡不居中，用校正针拨动水准管一端的上下两个校正螺丝，如图 9-18 所示，使符合气泡居中。具体操作时，应先将左（或右）面校正螺丝松开一点，然后再校正上、下两校正螺丝，一松一紧，先松后紧，校正结束后仍将松开的左（或右）面校正螺丝上紧。

校正以后，变动仪器高再进行一次高差检测，将测得高差与正确高差比较，其差值应小于 5mm，否则应再进行校正。

检验原理：从图 9-17 中可以看出，如果视准轴 CC 平行于水准管轴 LL，当水准管气泡居中时，水准管轴 LL 和视准轴 CC 都呈水平。此时，不管仪器放在何处，所测得的高差都是正确的。如果 LL 不平行于 CC 而相交一个 i 角，当水准管气泡居中时，LL 呈水平而 CC 倾斜一个 i 角，由此而产生读数误差 x。由于 i 角保持不变，所以，读数误差 x 与尺子到仪器的距离成正比，距离愈远，读数误差 x 愈大，距离相等 x 值相等，距离很近时 x 值就接近于零。为此仪器放在 A、B 两点等距离处以求得正确高差 h，即 $h = (a_1 - x) - (b_1 - x) = a_1 - b_1$。将仪器置于 B 点附近时，b_2 读数中几乎不含误差。而 A 点距仪器较远，其偏差值都集中反映在读数 a_2 上，其正确读数应满足 $a_2' = b_2 + h_{AB}$。由此可见，水准测量时前后视距相等，可以消除水准管轴不平行视准轴产生的影响（误差）。

四、自动安平水准仪

自动安平水准仪是利用自动安平补偿器代替水准管，观测时能自动获得水平视线。用普通水准仪测量时，用圆水准器使水准仪粗平后，在读数之前要用微倾螺旋使符合水准气泡居中，这项操作影响了观测速度。由于观测时间延长，受温度变化、风力、仪器下沉等因素的影响就会增加，从而降低了观测质量。而使用自动安平水准仪进行水准测量，只需要用圆水准进行粗平，便可在望远镜中读数，不仅操作简便，提高了测量工作的效率，而且提高了观测质量。

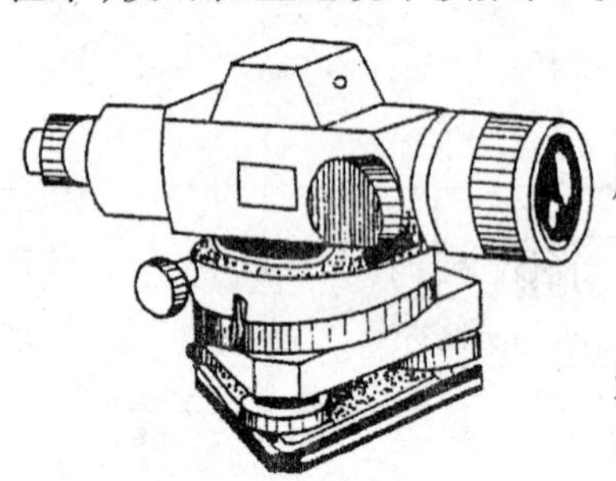
图 9-19　自动安平水准仪

（一）自动安平水准仪的构造

自动安平水准仪与普通水准仪构造基本相似，如图 9-19 所示，只是用自动安平补偿器代替了水准管。

1. 自动安平原理

如图 9-20 所示，当视准轴水平时，物镜光心位于 O，十字丝交点位于 B，通过十字丝横丝在尺上的读数为正确读数 a。当视准轴倾斜一个微小角度 α（$< 10'$）时，十字丝交点从 B 移至 A，通过十字丝横丝在尺上的读数，A 不再是水平视线的读数 a。为了能使十字丝横丝读数仍为水平视线的读数 a，可在望远镜的光路上加一个补偿器，使通过物镜光心的水平视线经过补偿器的光学原件后偏转一个 β 角，这样在 A 点处十字丝横丝仍可读得正确读数 a。由于 α 角和 β 角都是很小的角值，如能满足 $f\alpha = d\beta$，即能达到补偿的目的。式中 d 为补偿器到十字丝的距离，f 为物镜到十字丝的

距离。

另外一种补偿方式是在光路上安置一个移动十字丝分划板的补偿装置，在视准轴倾斜时，十字丝交点 A 仍能回到原来的 B 点位置，因此，按十字丝横丝读数，即为水平视线的读数，从而达到补偿的目的。

2.补偿器

补偿器的结构形式较多，图 9-19 所示的是我国生产的 DZS_3 型自动安平水准仪，采用悬挂一组棱镜，借重力作用以达到补偿目的。为使悬挂的棱镜组尽快稳定下来，安装有阻尼装置。

图 9-21 所示为该仪器的结构剖面图。在对光透镜 2 与十字分划板 6 之间安装一个补偿器，这个补偿器由固定在望远镜上的屋脊棱镜 4 以及用金属丝悬吊的两块直角棱镜 3 和 5 组成。当望远镜倾斜时，直角棱镜在重力摆作用下，作与望远镜相反的偏转运动，而且由于阻尼器 8 的作用，很快会静止下来。当视准轴水平时，水平光线进入物镜 1 后经过第一个直角棱镜 3 反射到屋脊棱镜 4，在屋脊棱镜内作三次反射后，到达另一直角棱镜 5，再经反射后光线通过十字丝的交点。

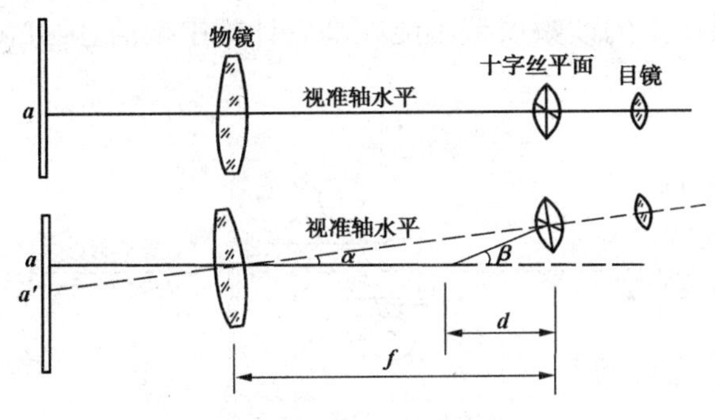

图 9-20 自动安平原理

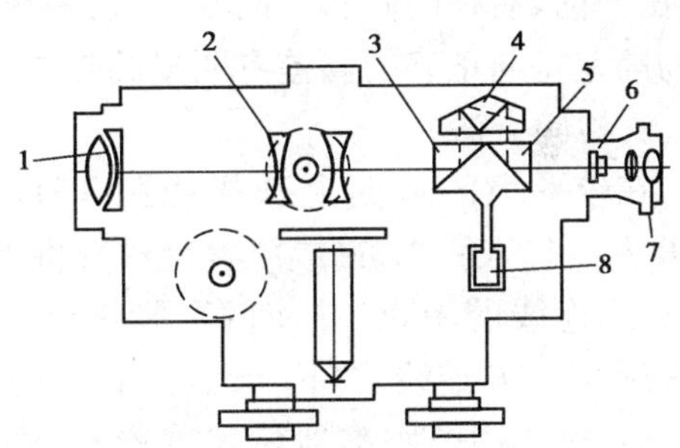

图 9-21 DZS_3 结构剖面图

1-物镜；2-调焦镜；3-直角棱镜；4-屋脊棱镜；5-直角棱镜；6-十字丝分划板；7-目镜；8-阻尼器

图 9-22a）中，当望远镜视准轴倾斜 α 角，如果直角棱镜也随之倾斜，水平光线经两个直角棱镜反射后，并不通过十字丝交点 A，而是通过 B，如图中虚线所示，所以在 B 处无法读得水平视线时的读数。实际上，悬吊的两直角棱镜并不随望远镜倾斜，而在重力作用下相对于望远镜的倾斜方向作反向偏转，如图 9-22b）所示。这时水平光线通过偏转后的棱镜的反射，最后通过十字丝交点 A，如图中粗线所示。这样在 A 点仍能读得视线水平时的读数，从而达到补偿的目的。

自动安平补偿器不仅用在 DS_3 级水准仪上，精密水准仪也广泛采用了自动安平装置，如瑞士 NA_2、德国 N1007、N1002、NIZ 等水准仪，均为自动安平水准仪。

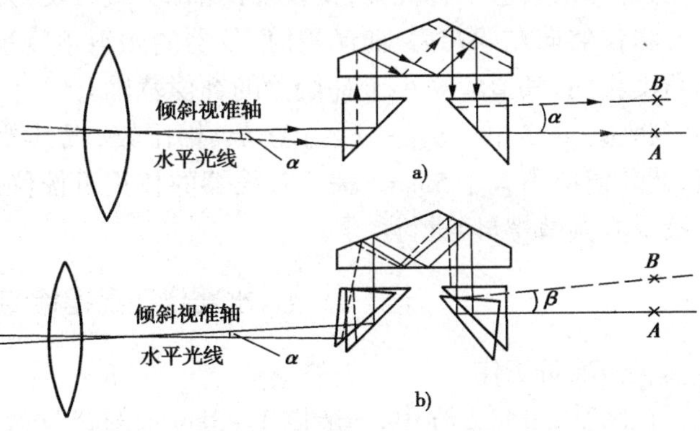

图 9-22 补偿器工作原理

(二)自动安平水准仪的使用

自动安平水准仪的操作方法与普通水准仪的操作方法不同处在于，自动安平水准仪经过圆水准器粗平后，即可观测读数。对于北京光学仪器厂生产的 DZS_3 自动安平水准仪，在望远镜内设有警告指示窗。当警告指示窗全部呈绿色，表明仪器竖轴倾斜在补偿器补偿范围内，即可进行读数。否则警告指示窗会出现红色，表明已超出补偿范围，应重新调整圆水准器。

对于没有警告指示窗的自动安平水准仪，在使用中，如要检查补偿器功能是否正常，可按以下方法进行：在仔细将圆水准器气泡居中后，读取水准尺读数，再用手轻拍仪器，但不得使仪器变动，此时在望远镜中可看到读数有跳动，当静止后再行读数。如果两次读数相同，说明补偿器功能正常。

（三）自动安平水准仪补偿器性能的检验

1.检验原理

自动安平水准仪补偿器的作用是当望远镜视准轴倾斜时（应在补偿器的允许范围内，即圆水准器气泡不超出刻划圈的范围），仍能在十字丝上读得水平视线的读数。因此，检验补偿器性能时，可使仪器竖轴作少许倾斜，测定两点间的高差与其正确高差相比较。如将仪器安置在 A、B 两点连线的中间，由于仪器竖轴倾斜，若后视读数时视准轴向下（或上）倾斜，那么将望远镜转向前视时，视准轴将向上（或下）倾斜。如果补偿器的补偿性能正常，无论视线下倾或上倾，都可读得水平视线的读数，测得的高差亦是 A、B 两点间的正确高差；如果补偿器性能不正常，由于前、后视的倾斜方向不一致，视线倾斜产生的读数误差不能在高差计算中抵消，因此测得的高差将与正确的高差有明显的差异。

2.检验方法

在较平坦的地面上选择相距 100m 左右的 A、B 两点打入一木桩（或放置尺垫），将水准仪置于 A、B 连线的中点，并使两个脚螺旋（第①、②脚螺旋）与 AB 连线方向一致，如图 9-23 所示。

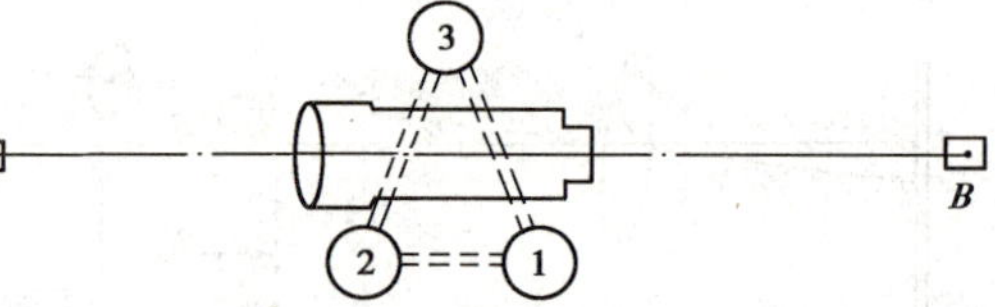

图 9-23　补偿器性能的检验

（1）首先用圆水准器将仪器置平，测出 A、B 两点间的高差 h_{AB}，此值作为正确高差。

（2）升高第③个脚螺旋，使仪器向左（或向右）倾斜，测出 A、B 两点间的高差 $h_{AB左}$。

（3）降低第③个脚螺旋，使仪器向右（或向左）倾斜，测出 A、B 两点间的高差 $h_{AB右}$。

（4）升高第③个脚螺旋，使圆水准气泡居中。

（5）升高第①个脚螺旋，使仪器向后视（或前视）方向倾斜，测出 A、B 两点间的高差 $h_{AB后}$。

（6）降低第①个脚螺旋，使仪器向前视（或后视）方向倾斜，测出 A、B 两点间的高差 $h_{AB前}$。

将仪器向左、右、后、前倾斜时，仪器的倾斜角度均应由圆水准器气泡位置确定，四次倾斜的角度相同，其值应略小于补偿器的补偿范围。

将 $h_{AB左}$、$h_{AB右}$、$h_{AB后}$、$h_{AB前}$与 h_{AB}相比较，视其差数确定补偿器的性能。对于 DZS_3 水准仪，此差值应不大于 5mm。关于补偿器的校正可按仪器说明书上指明的方法和步骤（如调节补偿器重心调节螺母）进行。

五、水准仪在高程检测中的应用

（一）准备工作

在路基、路面工程中，一般以 1～3km 长的路段为一检验评定单元。所以沿线可以划分为若干个评定单位。根据前述检验频率，每 200m 为一个小单元，这 200m 在 1～3km 范围内可指定，也可随机取样。

取样点位置应根据随机数表计算确定[详见《公路路基路面现场测试规程》（JTJ 059—95）附录 A]，恢复取样点的里程桩号。

(二)纵断面高程检测

1.一般要求

纵断面高程检测一般采用图根(等外)水准测量,所用仪器为 S_{10}或 S_3 型,即望远镜放大率不小于 20 倍,水准管分划不大于 25″/2mm 的仪器,水准尺可用单面尺。测量时,水准仪应置于两水准尺之间,前、后视距离尽可能相等,仪器至水准尺的距离一般不超过 100m,成像清晰稳定时,也不应超过 150m 。闭合和附合水准路线,通常采用单程观测,但施测支水准路线时,应进行往、返观测。

2.测量程序

(1)安置水准仪于距已知高程点 A 一定距离,一尺立于 A 点,另一尺立于第一个测点桩位处 B_1。

(2)仪器粗平后瞄准 A 点后视尺,消除视差后精平,读取 a_1 并记录,转动望远镜,瞄准 B_1 点前视尺,消除视差后精平,读取并记录 b_1。

(3)立尺于第二个测点桩位 B_2,同理读取并记录 b_2,依次读 b_3、b_4,并记录。

(4)重新读 A 点水准尺读数 a_2,不设转点,一次架仪器读完 5 个点、6 个读数(其中 A 点有 2 个读数),则 a_1、a_2 差值应不超过 3mm。如设转点,则可按中平测量方法进行。

(三)举例

某段 K5+100~300 路基检测结果见表 9-1。

某段路基检测结果 表 9-1

测 点	标尺读数		高 差(m)		高差(m)	设计高程(m)	差值(mm)
	后视	前视	+	−	(H_2)	(H_2)	(H_2-H_2)
A	2.487				454.822		
K5+100		2.149	0.338		455.160	455.150	+10
+120		1.994	0.543		455.365	455.350	+15
+150		1.678	0.809		455.631	455.650	−19
+290		0.255	2.232		457.054	457.050	+4
A		2.485	0.002				

(四)分析

1.A 前后视差读数值小于 3mm,满足测设要求。

2.该公路等级允许偏差为 +10~−20mm,从表 9-1 知,有 1 个桩号 K5+120 为 15mm,超限,其余 3 个桩号在限差内。

3.计算项目合格率。

$$检查项目合格率=\frac{检查合格的点数}{该检查项目全部检查点数}\times 100\%=\frac{3}{4}\times 100\%=75\%$$

第二节 经 纬 仪

一、用 途

目前使用最广泛的测角仪器是光学经纬仪和电子经纬仪。光学经伟仪采用玻璃度盘和光学测微装置,具有读数精度高、体积小、质量轻、价格低、使用方便等优点。它广泛用于中线偏位检测、点位放样、三角高程的测量等。

二、技术参数

光学经纬仪的类型很多，按其精度分，工程上常用的有 J_6、J_2 两类。"J"为"经纬仪"的汉语拼音第一个字母，"6"、"2"表示该种仪器野外一测回方向观测中误差是"6″"和"2″"，或略小于"6″"和"2″"。

三、J_6 光学经纬仪

(一)J_6 级光学经纬仪的构造和读数方法

各种 J_6 级光学经纬仪的构造大致相同，图 9-24 为我国北京光学仪器厂目前生产的 J_6 级光学经纬仪。

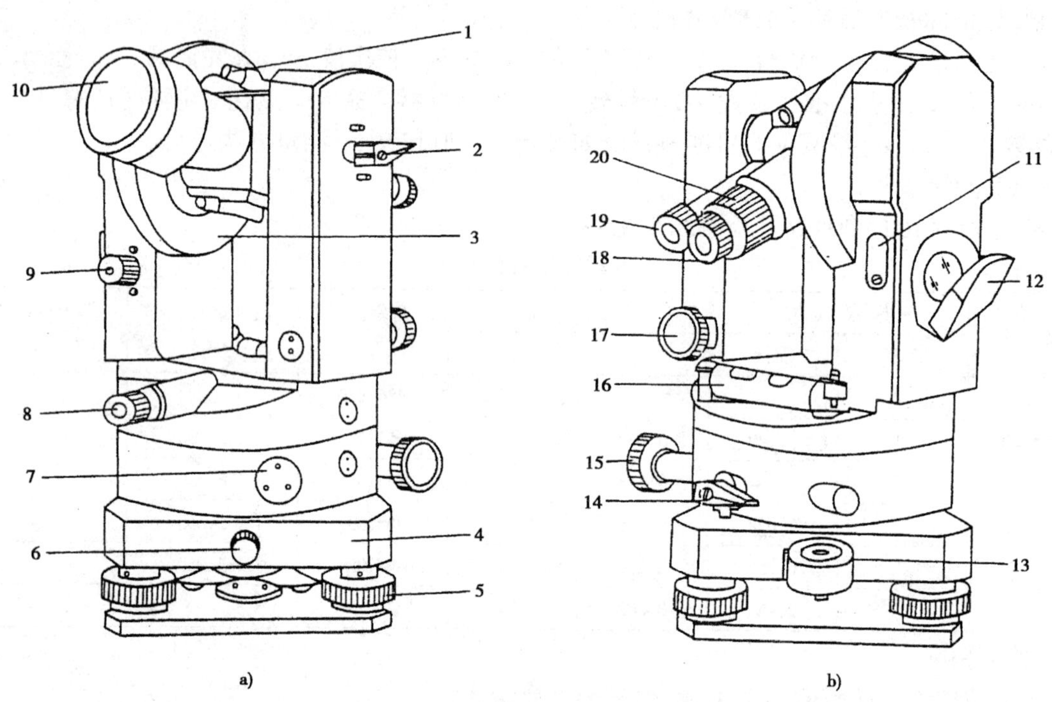

图 9-24 J_6 级光学经纬仪

1-精瞄器；2-望远镜制动螺旋；3-竖盘；4-基座；5-脚螺旋；6-固定螺旋；7-度盘变换手轮；8-光学对中器；9-自动归零旋钮；10-望远镜物镜；11-指标差调位盖板；12-反光镜；13-圆水准器；14-水平制动螺旋；15-水平微动螺旋；16-照准部水准管；17-望远镜微动螺旋；18-望远镜目镜；19-读数显微镜；20-对光螺旋

J_6 级光学经纬仪主要由照准部、水平度盘和基座三部分组成。

1.照准部

照准部是基座上方能够转动的部分的总称，主要包括望远镜、竖直度盘、水准器以及读数设备等。望远镜用于瞄准目标，其构造与水准仪相似。望远镜与横轴固连在一起安置在支架上，支架上装有望远镜的制动和微动螺旋以控制望远镜在竖直方向的转动。竖直度盘(简称竖盘)固定在横轴的一端，用于测量竖直角。竖盘随望远镜一起转动，而竖盘读数指标不动，但可通过竖盘指标水准管微动螺旋作微小移动。调整此微动螺旋使竖盘指标水准管气泡居中，指标位于正确位置。目前，有许多经纬仪已不采用竖盘指标水准管，而用自动归零装置代替。照准部水准管是用来整平仪器的,圆水准器用作粗略整平。读数设备包括一个读数显微镜、测微器以及光路中一系列的棱镜、透镜等。此外为了控制照准部水平方向的转动,装有水平制动和微动螺旋。

2.水平度盘

水平度盘是由光学玻璃制成的精密刻度盘,分划从0°至360°,按顺时针注记,每格1°或30′,用以测量水平角。水平度盘的转动由度盘变换手轮来控制。转动手轮,度盘即可转动,但有的经纬仪在使用时,须将手轮推压进去再转动手轮,度盘才能随之转动,这种结构不能使度盘随照准部一起转动。还有少数仪器采用复测装置。当复测扳手扳下时,照准部与度盘结合在一起,照准部转动,度盘随之转动,度盘读数不变;当复测扳手扳上时,两者相互脱离,照准部转动时就不再带动度盘,度盘读数就会改变。

3.基座

基座是仪器的底座,由一固定螺旋将两者连接在一起。使用时应检查固定螺旋是否旋紧。如果松开,测角时仪器会产生带动和晃动,迁站时还容易把仪器摔掉,造成损坏。将三脚架上的连接螺旋旋进基座的中心螺母中,可使仪器固定在三脚架上。基座上还装有三个脚螺旋用于整平仪器。

目前生产的光学经纬仪一般均装有光学对中器,与垂球对中相比,具有精度高和不受风的影响等优点。

J_6级光学经纬仪采用的测微装置有两种类型:

(1)分微尺测微器及其读数方法

目前生产的J_6级光学经纬仪多数采用分微尺测微器进行读数。这类仪器的度盘分划值为1°,按顺时针方向注记每度的度数。在读数显微镜的读数窗上装有一块带分划的分微尺,度盘上1°的分划线间隔经显微物镜放大后成像于分微尺上。图9-25就是读数显微镜内所看到的度盘和分微尺的影像,上面注有“H”(或水平)的为水平度盘读数窗,注有“V”(或竖直)的为竖直度盘读数窗,分微尺的长度等于放大后度盘分划线间隔1°的长度,分微尺分为60个小格,每小格为1′。分微尺每10小格注有数字,表示0′、10′、20′…60′,注记增加方向与度盘相反。这种读数装置直接读到1′,估读到0.1′(6″)。

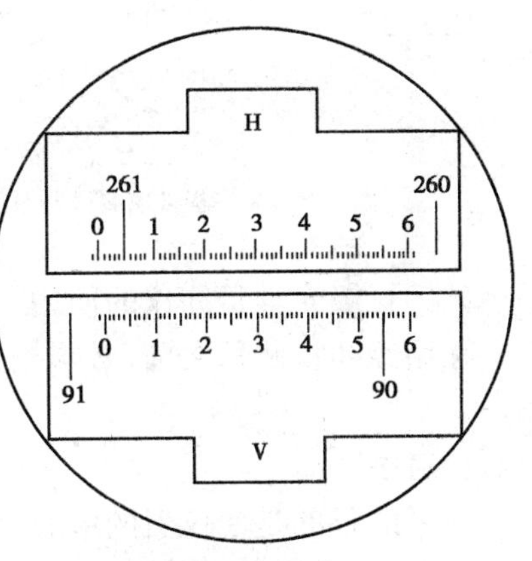

图9-25 分微尺读数窗

读数时,分微尺上的0分划线为指标线,它所指的度盘上的位置就是度盘读数的位置。例如在水平度盘的读数窗中,分微尺的0分划线已超过261°,水平度盘的读数应该是261°多。所多的数值,再由分微尺的0分划线至度盘上261°分划线之间有多少小格来确定。图中为4.4格,故为04′24″。水平度盘的读数应是261°04′24″。同理,在竖直度盘的读数窗中,分微尺的0分划线超过了90°,但不到91°,读数应为90°54′36″。

实际上在读数时,只要看度盘哪一条分划线与分微尺相交,度数就是这条分划线的注记数,分数则为这条分划线所指分微尺上读数,估读至0.1′(6″)。

(2)单平板玻璃测微器及其读数方法

如图9-26,光线通过平板玻璃时,将产生平移,当平板玻璃的折射率及厚度一定时,平移量的大小将取决于光线的入射角。单平板玻璃测微器即根据这一原理制成,它的组成部分主要包括平板玻璃、测微尺、连接机构和测微轮。当转动测微轮时，平板玻璃和测微尺即绕同一轴作同步转动。如图 9-26a)，光线垂直通过平板玻璃，度盘分划线的影像未改变原来位置，与未设置平板玻璃一样，此时测微尺上读数为零，如按设在读数窗上的双指标线读数应为 $92° + \alpha$。转动测微轮，平板玻璃随之转动，度盘分划线的影像也就平行移动，当 92°分划线的影像夹在双指标线的中间时，如图 9-26b)，度盘分划线的影像正好平行移动一个 α，而 α 的大小则可由与平板玻璃同步转动的测微尺上读出，其值为 18′20″。因此整个读数则为 92° + 18′20″ = 92°18′20″。

图 9-27 为这种读数装置在读数显微镜中看到的情况。上面是测微尺的影像，中间是竖直度盘的影像，下面是水平度盘的影像。度盘的分划值为 30′，测微尺上共有 30 个大格，每大格为 1′，每大格又分成 3 小格，每小格为 20″。读数时，先转动测微轮，使度盘某分划线精确地移在双指标线的中央，读出该分划线的度盘读数，再根据单指标线在测微尺上读取分、秒数，然后相加，即为全部读数。如图中水平度盘读数为 39°30′ + 22′30″ = 39°52′30″。如果还要读取竖盘读数，则需重新转动测微轮，把竖盘某分划线精确移在双指标线的中央，才能读数。

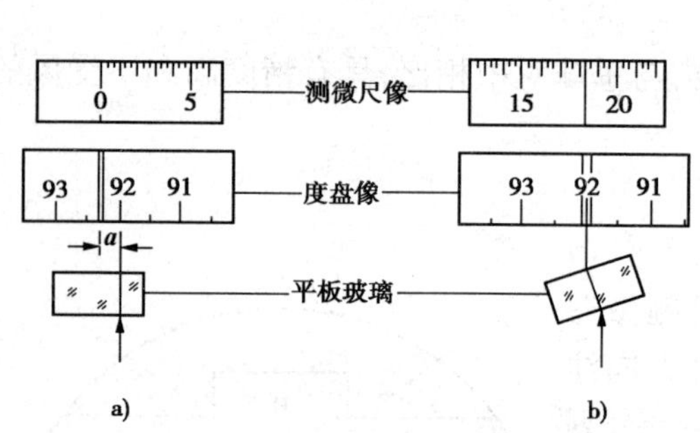

图 9-26　单平板玻璃测微器原理

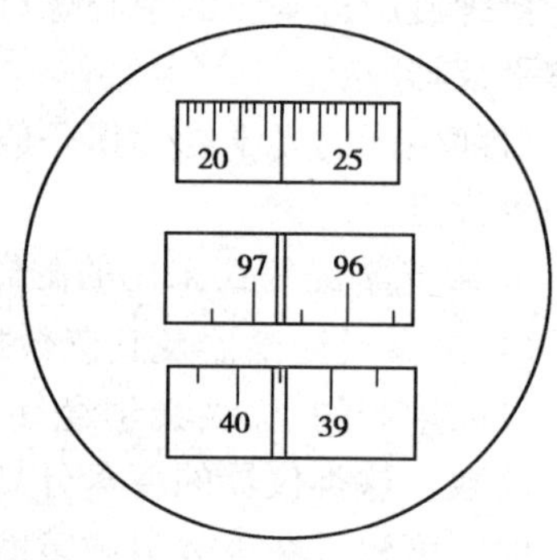

图 9-27　平板玻璃测微装置读数窗

(二)J_6 级光学经纬仪的使用

在用经纬仪测角之前，必须把仪器安置在测站上。经纬仪的安置包括对中和整平两项工作。

1.对中

对中的目的是使仪器的中心(竖轴)与测站点位于同一铅垂线上。

对中时，先把三脚架张开，架在测站点上，要求高度适宜，架头大致水平。然后挂上垂球，平移三脚架使垂球尖大致对准测站点。再将三脚架踏实，装上仪器，此时应把连接螺旋稍微松开，在架头上移动仪器精确对中，误差小于 2mm，旋紧连接螺旋即可。

在用垂球对中时，应及时调整垂球线的长度，使得垂球尖尽量靠近测站点，以保证对中精度。但不得与测站点接触。

2.整平

整平的目的是使仪器的竖轴竖直，水平度盘处于水平位置。整平时，松开水平制动螺旋，转动照准部，使水准管大致平行于任意两个脚螺旋的连接，如图 9-28a)，两手同时向内或向外旋转这两个脚螺旋使气泡居中。气泡的移动方向与左手大拇指(或右手食指)移动的方向一致。再将照准部旋转 90°，水准管处于原来位置的垂直位置，如图 9-28b)，用另一个脚螺旋使气泡居中。如此反复操作，直至照准部转到任何位置，气泡都居中为止。

3.使用光学对中器对中和整平

由于用垂球对中不仅受风力影响，而且当三脚架架头倾斜较大时，也会给对中带来影响，因此目前生产的光学经纬仪均装有光学对中器。用光学对中器对中，精度可达到 1 ~ 2mm，高于垂球对中精度。

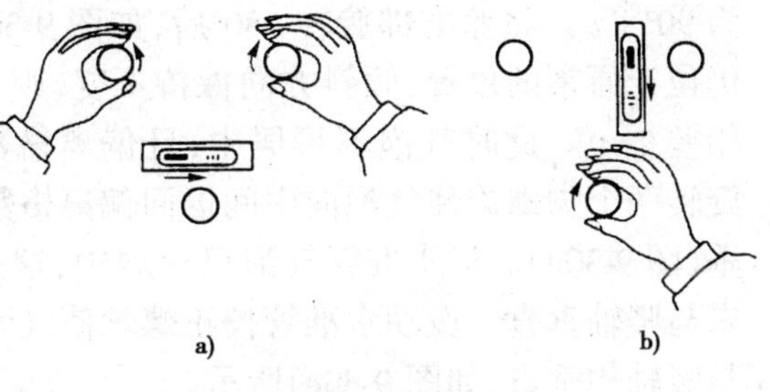

图 9-28 整平

使用光学对中器对中，应与整平仪器结合进行。其操作步骤如下：

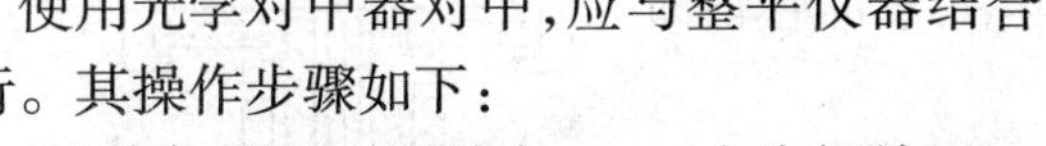

(1)将仪器置于测站点上，三个脚螺旋调至中间位置，架头大致水平，仪器大致位于测站点的铅垂线上，将三脚架踩实。

(2)旋转光学对中器的目镜，看清分划板上圆圈，拉或推动目镜使测站点影像清晰。

(3)旋转脚螺旋使光学对中器对准测站点。

(4)利用三脚架的伸缩螺旋调整脚架的长度，使圆水准气泡居中。

(5)用脚螺旋整平照准部水准管。

(6)用光学对中器观察测站点是否偏离分划板圆圈中心。如果偏离中心，稍微松开三脚架连接螺旋，在架头上移动仪器，圆圈中心对准测站点后旋紧连接螺旋。

(7)重新整平仪器，直至在整平仪器后，光学对中器对准测站点为止。

(三)J_6 级学经纬仪的检验与校正

1.经纬仪轴线应满足的条件

如图 9-29 所示，经纬仪的主要轴线有望远镜的视准轴 *CC*、仪器的旋转轴竖轴 *VV*、望远镜的绕转轴横轴 *HH*，以及水准管轴 *LL*。根据水平角测量原理，这些轴线之间应满足以下条件：

(1)水准管轴应垂直于竖轴($LL \perp VV$)；

(2)视准轴应垂直于横轴($CC \perp HH$)；

(3)横轴应垂直于竖轴($HH \perp VV$)；

(4)为了检查目标是否竖直，便于瞄准测角，要求十字丝竖丝应垂直于横轴；

(5)竖盘指标差应为零；

(6)光学对中器的光学垂线与竖轴重合。

2.经纬仪的检验与校正

(1)照准部水准管轴的检验与校正

①目的：使水准管轴垂直于竖轴。

②检验：将仪器概略整平，松开照准部制动螺旋，转动照准部，使水准管平行于一对脚螺旋的连线，转动这两个脚螺旋使气泡居中，然后将照准部旋转 180°，若气泡仍居中，则水准管轴垂直于竖轴，若气泡偏离超过一格则应校正。

③校正：先旋转脚螺旋，使气泡进回到偏离中点格数的一半，再用校正针拨动水准管一端的校正螺旋，使气泡居中。此项检验与校正要反复进行，直至仪器整平时在任何位置气泡偏离中点均不大于一格为止。

④检校原理：图 9-30a)为水准管轴已垂直于竖轴，当水准管气泡居中，水准管轴水平，竖轴铅垂，此时照准部旋转 180°后，水准管气泡仍居中。

若水准管轴不垂直于竖轴，如图 9-30b)所示，此时水准气泡居中，水准管轴水平，而竖轴不铅垂,竖轴与铅垂线夹角为 α 角;水准管轴与仪器竖轴的夹角为 $90° \pm \alpha$。将照准部旋转 180°后,如图 9-30c)所示,由于竖轴仍位于原来的位置,倾斜方向保持不变,则水准管轴与水平线相差 2α 角,此时气泡不再居中,且偏离格数就是 2α 的反映,旋转两个脚螺旋使气泡向中间退回偏离格数的一半,竖轴已铅垂(图 9-30d)。但水准管气泡仍未居中,这是由于水准管轴尚未与竖轴垂直。拨动水准管校正螺丝使气泡居中,水准管轴即与竖轴相垂直,如图 9-30e)所示。

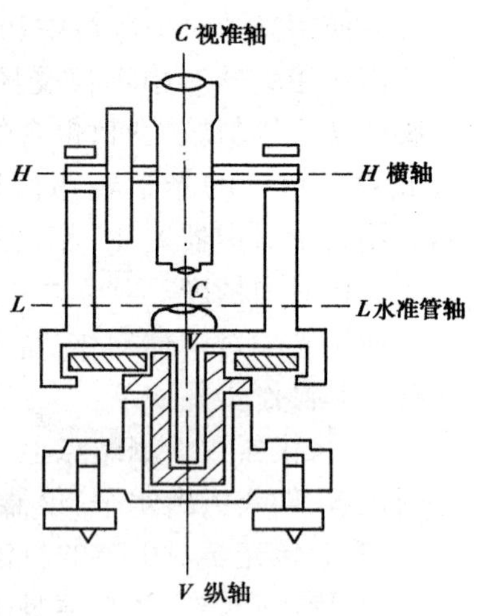

图 9-29 经纬仪轴线关系

圆水准器的检校:用照准部水准管整平仪器,看圆水准器气泡是否居中,若有偏离,用校正针拨动圆水准器底下的三个校正螺丝,使气泡居中即可,这时圆水准器轴平行于竖轴。此项检验应在照准部水准管检验之后进行。

(2)十字丝竖丝垂直于横轴的检验与校正

①目的:仪器整平后,当横轴水平,竖丝位于铅垂面内。

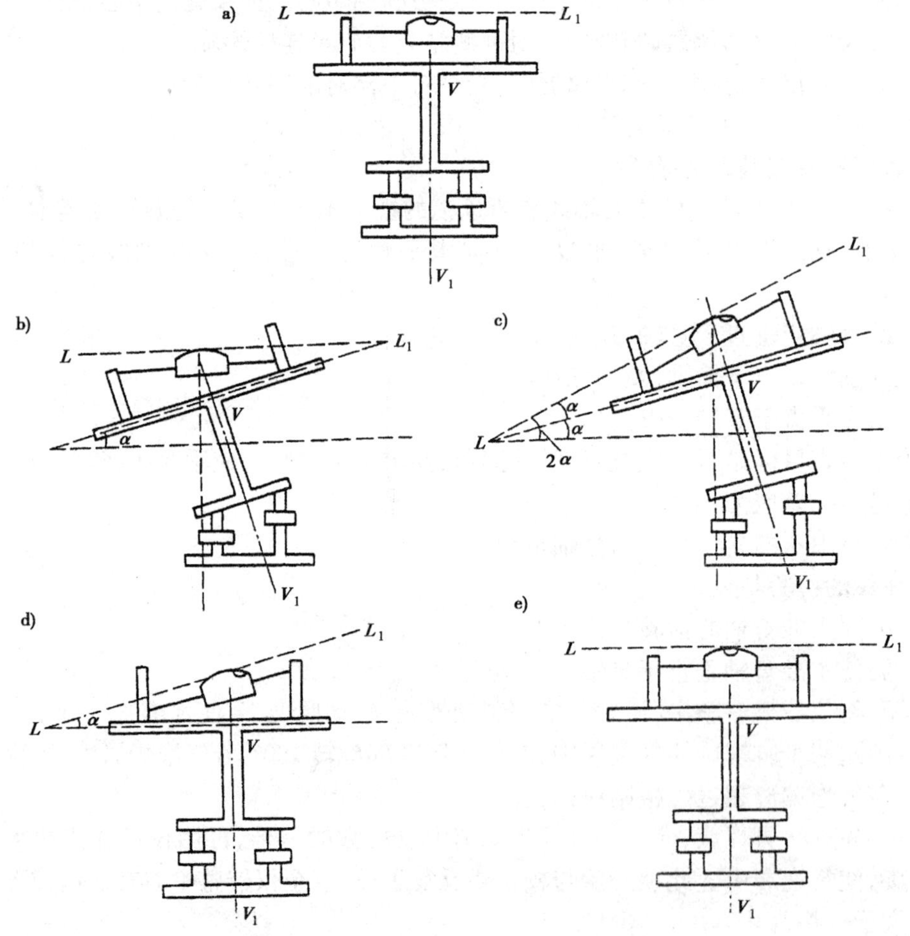

图 9-30 照准部水准管轴的检验与校正

②检验:如图 9-31 所示,仪器严格整平后,用十字丝交点瞄准一个清晰的目标 P,旋紧水

平制动螺旋，转动望远镜的微动螺旋，使望远镜上、下移动，如 P 点移动轨迹明显地偏离竖丝，如图 9-31a）中虚线所示，则需要校正。

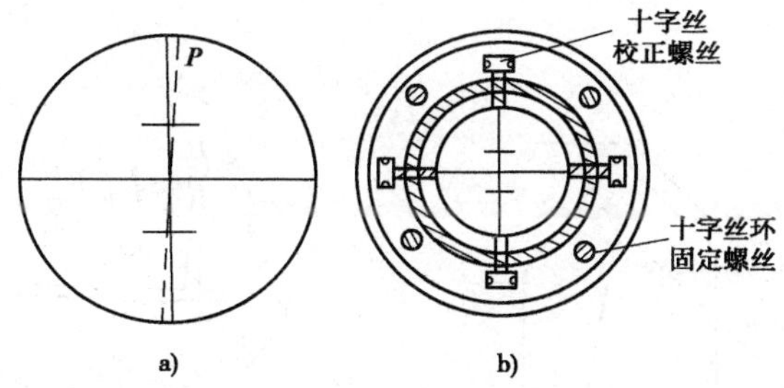

图 9-31　十字丝竖丝的检校

③校正：卸下目镜处的外罩，松开 4 个十字丝环的固定螺丝，如图 9-31b），转动十字丝环，直到望远镜上、下移动，P 点始终在竖丝上移动为止。最后拧紧固定螺丝，旋上外罩。

（3）视准轴垂直于横轴的检验与校正

①目的：使视准轴垂直于横轴。

②检验：在平坦地面上，选择相距 100m 左右的 A、B 两点，在 A 点竖立一标志，B 点横置一个刻有毫米分划的小尺，并使其垂直于 AB。将仪器安置于 AB 连线的中点 O 上，如图 9-32a）所示，整平仪器，盘左位置照准 A，固定照准部，倒转望远镜，用十字上竖丝在 B 点尺上读数 B_1。旋转照准部以盘右瞄准 A 点，固定照准部，倒转望远镜在 B 点尺上用竖丝读得 B_2，如图 9-32b）所示，如果 $B_2=B_1$，说明视准轴垂直于横轴。如果 $B_2 \neq B_1$，则应进行校正。

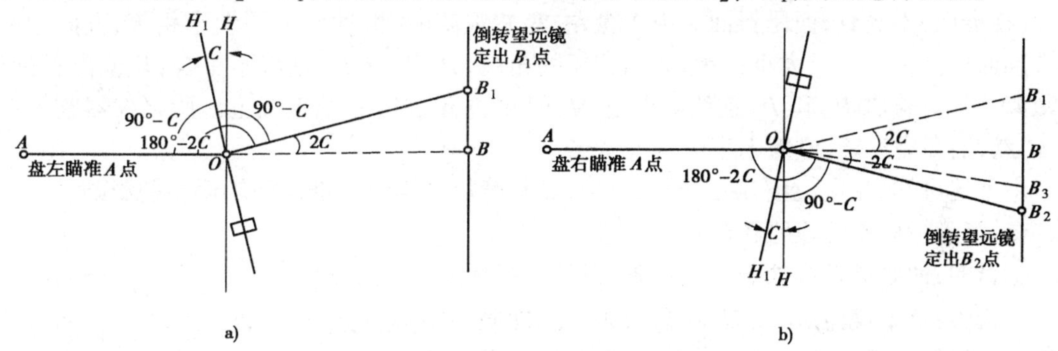

图 9-32　视准轴检验与校正

③校正：在盘右位置由 B_2 点向 B_1 点量 $1/4B_1B_2$ 长度，定出 B_3 点，见图 9-32b），然后用校正针拨动十字丝左、右两个校正螺丝，使十字丝交点与 B_3 点重合。此项检验与校正要反复进行，直到满足规定。

④检校原理：由图 9-32a）知，设视准轴误差为 C，盘左照准 A 点，倒转望远镜后定出 B_1 点，则 OB_1 与 OB 的夹角为 $2C$；同理图 9-32b）中 OB_2 与 OB 的夹角亦为 $2C$，但偏离方向与 OB_1 相反，因此$\angle B_1OB_2=4C$。由于 B_1B_2 长度一般很短，可视为 $4C$ 所对的圆弧，故以 B_1B_2 来校正 C 角。

由上述原理可知，盘左、盘右照准同一目标取读数的平均值，可抵消视准轴误差的影响。

（4）横轴垂直竖轴的检验与校正。

①目的：使横轴垂直于竖轴。

②如图 9-33 所示，选择一较高的墙面，在离墙 10～20m 处安置仪器，盘左瞄准墙上高处一

点 P(其仰角大于 30°),然后放平望远镜,在墙面上定出一点 P_1,倒转望远镜以盘右瞄准 P 点,再将望远镜放平,在墙上定出一点 P_2,如 P_1 点和 P_2 点重合,说明横轴垂直于竖轴,否则需要校正。

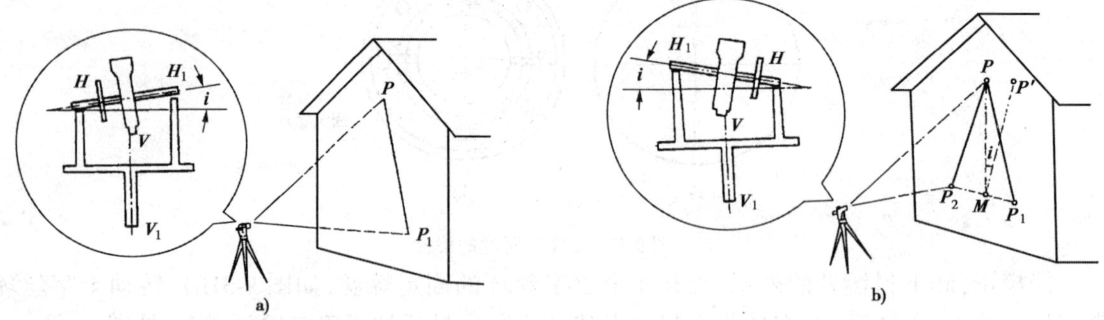

图 9-33　横轴的检验与校正

③校正:在墙上定出 P_1P_2 连线的中点 M,用望远镜瞄准 M 点,然后固定照准部,抬高望远镜,此时十字上交点必然偏离 P 点而位于 P' 点。打开支架的护盖,调整横轴一端的偏心轴承,将横轴一端升高或降低,使十字丝交点对准 P 点。这时,横轴即垂直于竖轴。

现代光学经纬仪的横轴是密封的,在制造时保证了横轴与竖轴的垂直关系,故使用时一般只需进行此项检验,如需校正,应由专门检修人员进行。

④检校原理:如果横轴不垂直于竖轴,当竖轴铅垂时,横轴不水平,望远镜绕横轴转动扫出的面(视准面)不竖直,而是斜面。由于盘左、盘右观测时,横轴倾斜的大小相等、方向相反,因此视准面也倾斜了一个大小相等、方向相反的角度,P_1 点与 P_2 点就不重合,且偏离正确位置的距离相等。若取 P_1 和 P_2 连线的中点 M,即和 P 点在同一铅垂线上。所以仪器整平后,瞄准 M 点,抬高望远镜,应使十字丝对准 P 点。

由上述可知,盘左、盘右瞄准同一目标,取其读数平均值可抵消横轴误差的影响。

(5)竖盘指标差的检验和校正

①目的:使竖盘指标处于正确位置,以消除指标差。

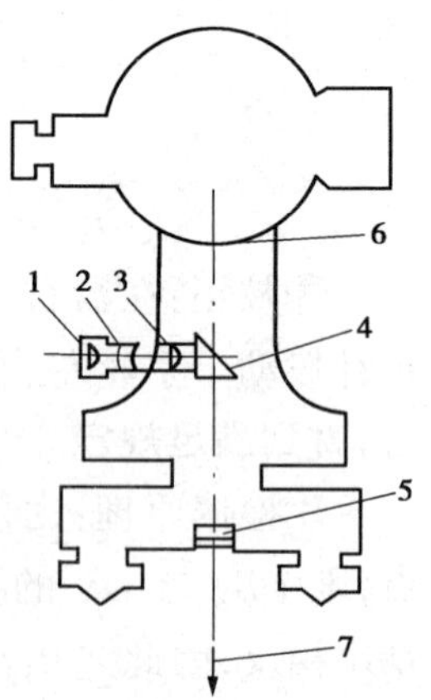

图 9-34　光学对中器的检验与校正

1-目镜;2-分划板;3-物镜;4-转向棱镜;5-保护玻璃;6-光学垂线;7-竖轴

②检验:整平仪器后,以盘左、盘右先后瞄准同一明显目标,在竖盘指标水准管气泡居中的情况下,读取竖盘读数 L 和 R,按下式

$$x = (L + R - 360°) / 2$$

计算指标差,应不大于限差规定。

③校正:先计算盘右的正确读数 $R_0 = R - x$,保持望远镜在盘右位置瞄准原目标不变,旋转竖盘指标水准管微动螺旋使竖盘读数为 R_0,这时竖盘指标水准管气泡不再居中,用校正针拨动竖盘指标水准管的校正螺丝气泡居中。此项检验需反复进行,直至指标差不超过限差为止。J_6 级仪器限差为 30″。

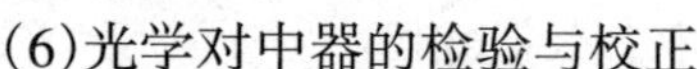

(6)光学对中器的检验与校正

①目的:使光学对中器的视准轴经转向棱镜折射后与仪器的竖轴重合。

②检验:光学对中器由目镜、分划板、物镜和转向棱镜组成,如图 9-34 所示。分划板刻划中心与物镜光心的连线称为光学对中器的视准

轴。检验时,安置仪器于平坦地面上,仪器高约 1.4m,精密整平仪器,在脚架上中央的地面铺一张白纸,按光学对中器刻划圈中心,在纸上定出一点 A,然后将照准部旋转 180°,再按刻划圈中心在纸上定出一点 A',如 A 和 A' 重合,可将白纸抬高 0.5m 左右放在小凳上,同法定出 A 和 A',如仍重合,则条件满足,否则应校正。

③校正:当 A 和 A′两点不重合时,定出它们连线的中点 A_M,调整对中器的校正螺丝使其对准 A_M。光学对中器的校正部位随仪器类型而异,有的校正分划板,有的校正转向直角棱镜。此项校正一般应由检修人员进行。

四、J_2 光学经纬仪

J_2 经纬仪是一种精密测角仪器,用于国家和城市三、四等三角测量、精密导线测量以及精密工程测量。

(一)J_2 光学经纬仪的构造和读数方法

如图 9-35 所示为苏州第一光学仪器厂生产的 J_2 级光学经纬仪。其基本构造与 J_6 级光学经纬仪大致相同。两者主要不同在读数设备上,J_2 增设了换像手轮,用它可以变换读数显微镜中水平度盘与竖盘的影像,当手轮上的指示线旋至水平时,读数显微镜看到的是水平度盘分划线影像,指标线旋至竖直时则为竖盘影像。J_2 光学经纬仪采用对径符合法读数,消除了照准部偏心误差的影响,提高了读数精度。

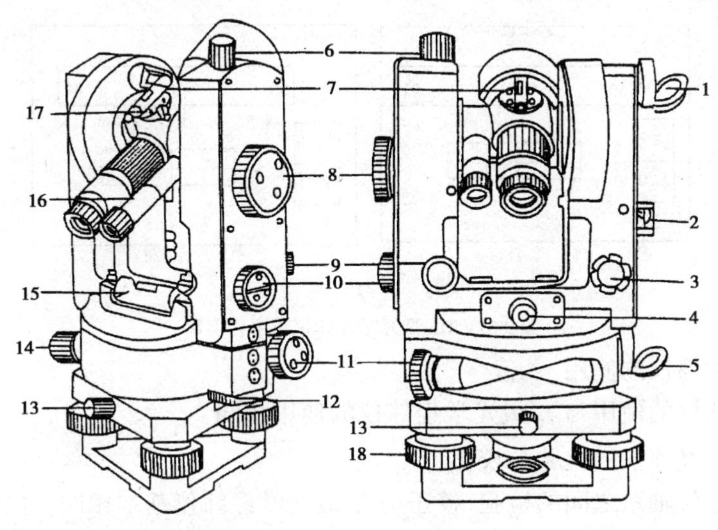

图 9-35　DJ_2 型光学经纬仪

1-竖盘反光镜;2-竖盘指标水准管观察镜;3-竖盘指标水准管微动螺旋;4-光学对中器目镜;5-水平度盘反光镜;6-望远镜制动螺旋;7-光学瞄准器;8-测微轮;9-望远镜微动螺旋;10-换像手轮;11-水平微动螺旋;12-水平度盘变换手轮;13-中心锁紧螺旋;14-水平制动螺旋;15-照准部水准管;16-读数显微镜;17-望远镜反光扳手轮;18-脚螺旋

符合读数装置是让外界光线通过光楔、棱镜、透镜的作用,将度盘直径两端分划线的影像和测微尺影像同时呈现到读数窗内,大读数窗为度盘读数窗,小读数窗为测微尺读数窗。度盘读数窗中处于度盘对径位置的分划线被一横线分为上、下方,上方为正像,下方为倒像,如图 9-36 所示。度盘分划值为 20′。测微尺读数窗中间有测微尺读数指标线,测微尺左侧注记为分,右侧注记数字为 10 秒数,每小格代表 1″,可估读到 0.1″。

读数前，先转动测微轮，使正倒像分划线精确符合，如图 9-36a)所示，然后找出正像在左、倒像在右、且度数相差 180°的一对整度分划线，按正像读取度数，并将这对整度分划线之间的格数乘以度盘分划值之半，即读得整 10′数。不是 10′的分、秒数在小读数窗中用指标线在测微尺上读取。三者相加即为一个观测方向的读数。如图 9-36b)的读数为：度盘的度数 62°，度盘的整 10′数，(2×10′)=20′，测微尺的分、秒数 8′51.0″，全部读数 62°28′51.0″。

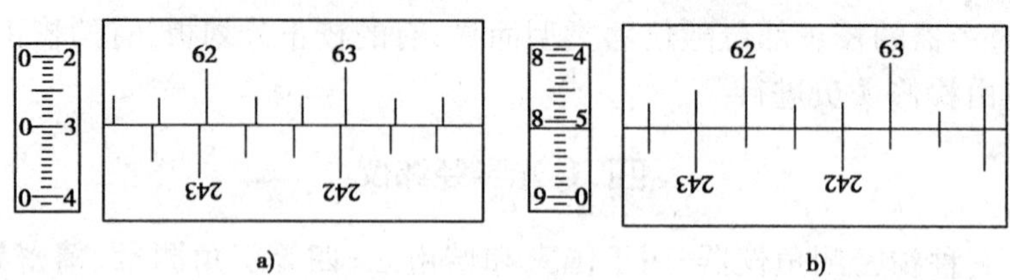

图 9-36 DJ_2 型光学经纬仪读数

为了方便读数，J_2 级光学经纬仪目前大都采用数字化读数装置，如图 9-37 所示。上部读数窗中数字为度数，该读数窗下方突出的小方框中所注数字为整 10′数，中间为正倒像分划线符合窗，左方为测微尺读数窗。

读数前先转动测微轮，使正倒像分划线与符合窗内分划线重合，然后在上部读数窗中读出度数为 151°，在小方框中读 10′，在测微尺读数窗中读出分、秒为 1′54.0″。图 9-37a)的全部读数为 151°11′54.0″，图 9-37b)的读数为 83°46′16.0″。

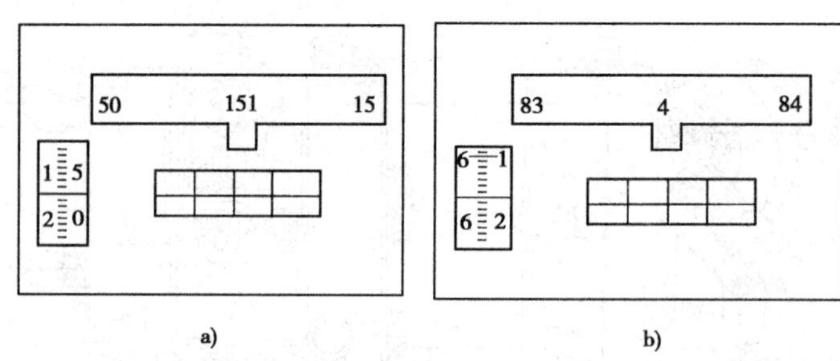

图 9-37 DJ_2 型光学经纬仪数字化读数

(二)J_2 级光学纬仪的使用

J_2 级光学经纬仪的使用与 J_6 级光学经纬仪的使用相同。

(三)J_2 级光学经纬仪的检验与校正

J_2 级光学经纬仪轴系之间的检验、校正与 J_6 级光学经纬仪基本相同。由于 J_2 级光学经纬仪采用了对径符合读数装置，其度盘读数不受照准部偏心差的影响。因此，视准轴垂直于横轴的检验、校正采用读数法。其具体做法是：选择一与仪器同高的点(称为平点)，以盘左、盘右依次瞄准 P 点，读取水平度盘读数。设水平度盘读数为 L、R，则视准轴不垂直于横轴的误差 C 为：

$$C = (L + R \pm 180°) / 2$$

校正时，计算出盘右 P 方向的正确读数：

$$R_{正} = R + C$$

旋转测微轮，显示测微尺上读数为 $R_{正}$ 的不足 10′的分数及秒数，再旋转水平微动螺旋使度盘上的读数为 $R_{正}$ 的度数、整 10′数，并使度盘分划线精确符合。此时望远镜十字丝不再瞄准 P 点。旋下望远镜目镜端的护盖，校正左、右两个校正螺丝，使十字丝竖丝对准 P 点。重复上述方法，直至达到限差要求为止，最后旋上护盖。

五、电子经纬仪

电子经纬仪与光学经纬仪相同，是一种精密测角仪器。它们总体结构相似，也是由照准部、水平度盘、基座三个部分组成，其主要区别在读数系统。光学经纬仪的度盘是在360°全圆上均匀地刻上度(分)的刻划并标有注记，利用光学测微器读出分、秒值。电子经纬仪则采用光电扫描度盘及自动归算液晶显示系统。接上记录器能自动记录，加配适当接口还可将野外采集的数据直接输入计算机进行计算机绘图。图9-38为瑞士徕卡(Leica)公司生产的T—2002型电子经纬仪。

目前，电子测角有三种度盘形式，即编码度盘、光栅度盘和格区式度盘。下面分述其测角原理。

(一)编码度盘测角原理

编码度盘属于绝对式度盘，即度盘的每个位置均可读出绝对的数值。

图9-39为一编码度盘，整个圆盘被均匀地分成16个扇形区间，每个扇形区间由里到外分成4个环带，称为4条码道。图中黑色部分表示透光区，白色部分表示不透光区。透光用二进制代码表示为“1”，不透光表示为“0”。这样通过各区间的4个码道的透光和不透光，即可由里向外读出4位二进制数来。由码道组成的状态如表9-2所示。

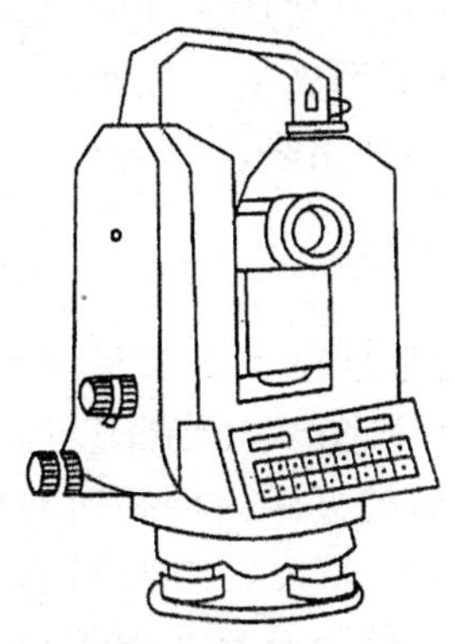

图9-38 T-2002型电子经纬仪

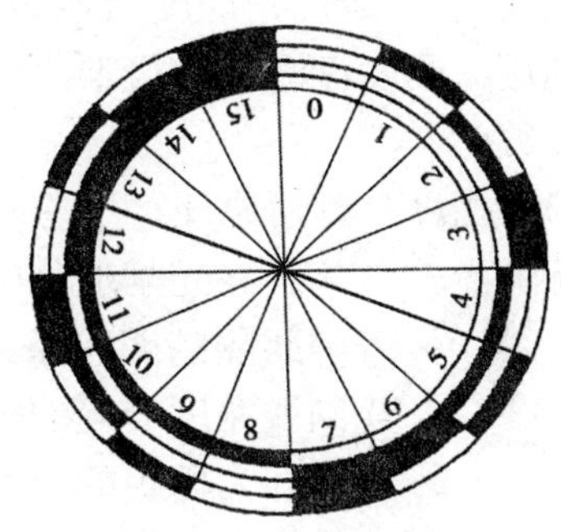

图9-39 编码度盘

码道状态表　　表9-2

位间	二进制编码	角　值	位间	二进制编码	角　值
0	0000	0°00′	8	1000	180°00′
1	0001	22°30′	9	1001	202°30′
2	0010	45°00′	10	1010	225°30′
3	0011	67°30′	11	1011	247°30′
4	0100	90°00′	12	1100	270°00′
5	0101	112°30′	13	1101	292°30′
6	0110	135°00′	14	1110	315°00′
7	0111	157°30′	15	1111	337°30′

利用这样一种度盘测量角度,关键在于识别照准方向所在的区间。例如已知角度的起始方向在区间 1 内,某照准方向在区间 8 内,则中间所隔 6 个区间所对应的角度值即为该角角值。

图 9-40 所示的光电读数系统可译出码道的状态,以识别所在的区间。

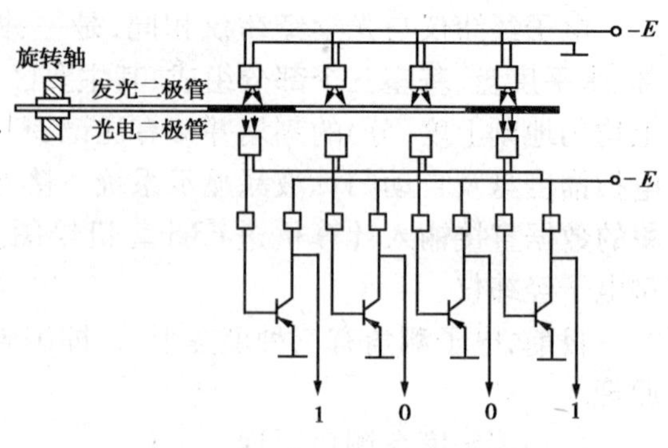

图 9-40　光电读数系统

图中 8 个二极管的位置不动,度盘上方的 4 个发光二极管加上电压后就发光,当度盘转动停止后,处于度盘下方的光电二极管就接收来自上方的光信号。由于码道分为透光和不透光两种状态,接收管上有无光照就取决于各码道的状态。如果透光,光电二极管受到光照后阻值大大减小,使原处于截止状态的晶体三极管导通,输出高电位(设为 1),而不受光照的二极管阻值很大,晶体三极管仍处于截止状态,输出低电位(设为 0)。这样,度盘的透光与不透光状态就变成电信号输出。通过对两组电信号的译码,就可得到两个度盘位置,即为构成角度的两个方向值。两个方向值之间的差值就是该角值。

上面谈到的码盘有 4 个码道,区间为 16,其角度分辨率为 360°/16 = 22°30′。显然,这样的码盘不能在实际中应用。要提高角度分辨率,必须缩小区间间隔,要增加区间的状态数,就必须增加码道数,由于测角的度盘不能制作得很大,因此码道数就受到光电二极管尺寸的限制。所以单利用编码度盘测角是很难达到很高精度的。在实际中,都是用码道和各种细分法相结合进行读数的。

(二)光栅度盘测角原理

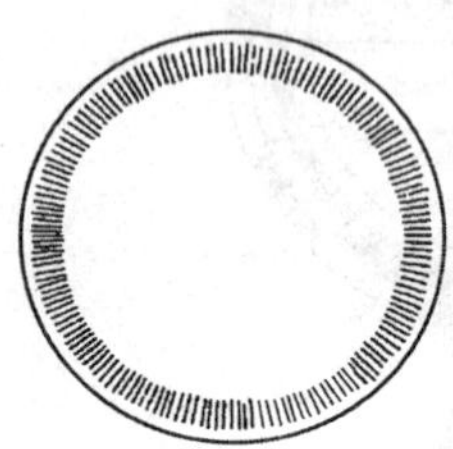
图 9-41　径向光栅

在光学玻璃圆盘上(全圆 360°)均匀而密集地刻出许多径向刻线,构成等间隔的明暗条纹——光栅,称做光栅度盘,如图 9-41 所示。通常光栅的刻线宽度与缝的宽度相同,二者之和称为光栅的栅距。栅距所对应的圆心角即为栅距的分划值。如在光栅度盘上下对应位置安装照明器和光电接收管,光栅的刻线不透光,缝隙透光,即可把光信号转换为电信号。当照明器和接收管随照准部相对于光栅度盘转动,由计数器计出转动所累计的栅距数,就可得到转动的角度值。因为光栅度盘是累计计数的,所以通常称这种系统为增量式读数系统。

仪器在操作中会顺时针转动或逆时针转动,因此计数器在累计栅距时也有增有减。例如在瞄准目标时,如果转动过了目标,当反向回到目标时,计数器就会减多转的栅距数,所以这种读数系统具有方向判别的能力。顺时针转动就进行加法计算,而逆时针转动时就进行减法计数,最后结果为顺时针转动时相应的角值。

光栅度盘上每毫米的刻线条数称为刻线密度,它反映了栅距分划值的大小。当度盘的直径为 80mm,刻线密度为 50 线/mm 时,栅距为 0.02mm,其栅距分划值为 1′43。这样小的栅距,分划值仍然较大,如果再增大刻线密度,对于光电转换器的安装、计数、细分,都将是困难的。为此该测角系统采用了莫尔条纹技术,借以将栅距放大、再细分和计数。莫尔条纹如图 9-42 所示,是用与光栅度盘相同密度和栅距的一段光栅(称为指示光栅),与光栅度盘以微小的间距重叠起来,并使两光栅刻线互成一微小的夹角 θ,这时就会出现放大的明暗交替的条纹,这些条纹就是莫尔条纹。通过莫尔条纹即可使栅距 d 放大至 D。

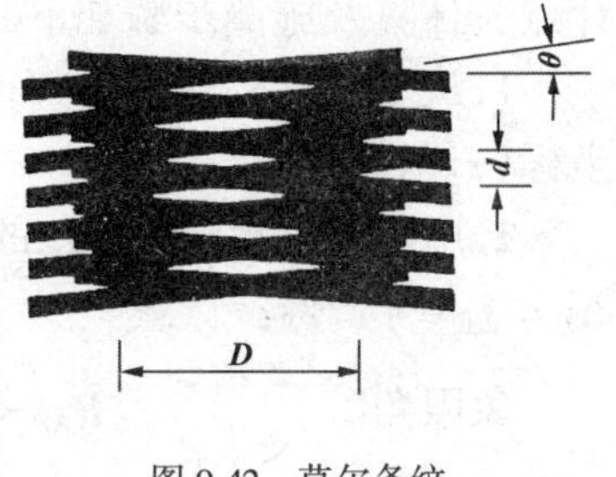

图 9-42　莫尔条纹

日本索佳的电子经纬仪均采用光栅度盘。

(三)格区式度盘动态测角原理

如图 9-43 为格区式度盘,度盘刻有 1024 个分划,每个分划间隔包括一条刻线和一个空隙(刻线不透光,空隙透光),其分划值为 φ_0。测角时度盘以一定的速度旋转,因此称为动态测角。度盘上装有两个指示光栏,L_S 为固定光栏,L_R 可随照准部转动,为可动光栏。两光栏分别安装在度盘的内外缘。测角时,可动光栏 L_R 随照准部旋转,L_S 与 L_R 之间构成角度 φ_0。度盘在电动机带动下以一定的速度旋转,其分划被光栏 L_S 和 L_R 扫描而计取两个光栏之间的分划数,从而求得角值。

由图 9-43 可知,即 $\varphi = n\varphi_0 + \Delta\varphi$。即 φ 角等于 n 个整周期 φ_0 与不是整周期的 $\Delta\varphi$ 之和。n 与 $\Delta\varphi$ 分别由粗测和精测求得。

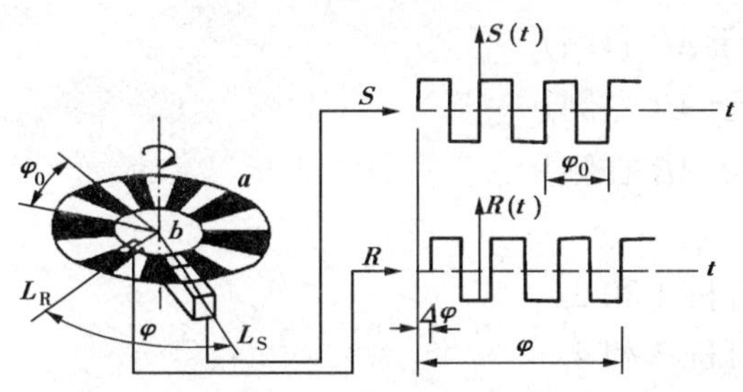

图 9-43　动态测角原理

(一)粗测

在度盘同一径向的外内缘上设有两个标记 a 和 b,度盘旋转时,从标记 a 通过 L_S 时起,计数器开始计取整间隔 φ_0 的个数,当另一标记 b 通过 L_R 时计数器停止记数,此时计数器所得到的数值即为 φ_0 的个数 n。

(二)精测

度盘转动时,通过光栏 L_S 和 L_R 分别产生两个信号 S 和 R,$\Delta\varphi$ 可通过 S 和 R 的相位关系求得。如果 L_S 和 L_R 处于同一位置,或相隔的角度是分划间隔 φ_0 的整倍数,则 S 和 R 同相,即二者相位差为零;如果 L_R 相对于 L_S 移动的间隔不是 φ_0 的整倍数,则分划通过 L_R 和通过 L_S 之间就存在着时间差 ΔT,亦即 S 和 R 之间存在相位差。

$\Delta\varphi$ 与一个整周期的比显然等于 ΔT 与周期 T_0 之比,即 $\Delta\varphi = (\Delta T / T_0)\ \varphi_0$。$\Delta T$ 为任意分划通过 L_S 之后,紧接着另一分划通过 L_R 所需要的时间。

粗测和精测经微处理器处理后组合成完整的角值。

瑞士徕卡公司生产的 T-2002 型即采用动态测角系统。

六、经纬仪在道路中线偏位检测中的应用

如图 9-44,待测点为 P,在 P 点附近有两个控制点 A、B。现在的任务是,利用已知坐标的两个控制点,检测 P 点偏位。

这里的 P 点,必须分清是“设计”点还是“施工”点。所谓设计点,是指在设计文件中该点应处的位置,即“逐桩坐标表”中所列出的中桩坐标或者是由检测人员按“直线、曲线及转角表”中提供的数据而计算出来的坐标值。而施工点是在公路修成后,该中桩实际所在位置。需要检测的点是施工点,它可以在施工完成后,通过测量路面的实际中线和丈量路线的长度求得。对于有分隔带的公路,中桩位于分隔带中,若在施工中妥善保管则到公路建成仍然完好。对于无分隔的公路,则要在检测之前进行中桩的恢复工作,将公路的实际中线用粉笔标出,写上桩号,这些点就是要检测的点。

在下面的计算中,用 P 表示实际的中桩位置,即“施工点”;用 P' 表示设计的位置,即“设

计点”，计算及施测步骤如下：

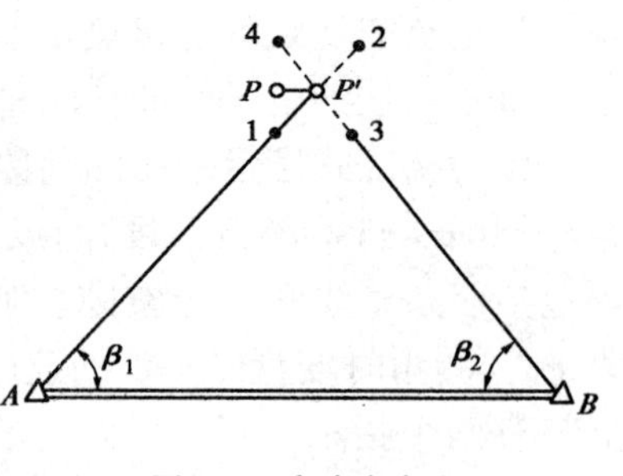

图 9-44　角度交会法

1.从“逐桩坐标表”中查得 P' 点的坐标或由计算获得 P' 的坐标(x_p, y_p)。

2.用坐标反算计算 AB 的正、反方位角。由 $\Delta x = x_B - x_A$，$\Delta y = y_B - y_A$，得：

象限角　　$R_{AB} = \tan^{-1}\dfrac{\Delta y}{\Delta x}$

再按式 $R_n = \arctan\dfrac{|\Delta y|}{|\Delta x|}$确定方位角 θ_{AB}，则

反方位角　　$\theta_{BA} = 180° + \theta_{AB}$

3.同理，按上式计算方位角 θ_{AP}和 θ_{BP}。

4.计算夹角：

$$\beta_1 = \theta_{AB} - \theta_{AP}(P\text{ 点位于 }AB\text{ 左侧})$$

$$\beta_1 = \theta_{AP} - \theta_{AB}(P\text{ 点位于 }AB\text{ 右侧})$$

$$\beta_2 = \theta_{BP} - \theta_{BA}(P\text{ 点位于 }AB\text{ 左侧})$$

$$\beta_2 = \theta_{AB} - \theta_{BP}(P\text{ 点位于 }AB\text{ 右侧})$$

5.施测：

置经纬仪于 A，后视 B，拨角度 β_1，在视线方向钉桩 1 和 2。

置经纬仪于 B，后视 A，拨角度 β_2，在视线方向钉桩 3 和 4。

用细绳拉出 1-2 和 3-4 的交点 P'，量取 PP' 的长度即为偏位。

此法的优点是计算和测量比较简单，只使用普通经纬仪就可达到较高的精度，如果通讯条件良好，在两个控制点上各安置一次仪器，可以测出许多点的路线偏位。

另外一种方法是直接测量 P 点坐标，将测得的数值与设计值相比较，从而求出偏位，方法如下：

(1)分别在 A、B 两点安置经纬仪，瞄准 P 点，测量 β_1 和 β_2 角。

(2)用上式和 $D = \sqrt{\Delta x^2 + \Delta y^2}$计算 AB 的方位角 θ_{AB}及长度。

(3)用正弦定理计算长度 D_{AP}和 D_{BP}。

(4)用 θ_{AB}和 β_1(或 θ_{BA}和 β_2)计算 AP(或 BP)的方位角 θ_{AP}或 θ_{BP}。

(5)用公式 $x = x_0 + D\cos\theta$ 和 $y = y_0 + D\sin\theta$ 计算 P 点的坐标。

6.偏位 PP' 为

$$PP' = \sqrt{(x_{p'} - x_p)^2 + (y_{p'} + y_p)^2} \quad (\text{m})$$

第三节　光电测距仪

一、概　　述

光电测距的研究迄今已有数十年的历史，但由于早期的光电测距仪主要采用白炽灯、高压汞灯等普通光源，加上受到当时电子元件的限制，致使仪器较重，操作和计算也较复杂，并需在夜间观测，难以在工程测量中应用。

20 世纪 60 年代初期激光技术的出现，对光电测距的实际应用起了极大的推动作用。激

光作为光电测距仪的光源，具有亮度高、方向性强、单色性好等优点。由于激光的亮度高、方向性强，使得仪器不再受夜间观测的局限，而且测程大为增加，同时也有利于缩小仪器光学系统的孔径，从而减小仪器的体积和质量；由于激光的单色性好，受大气条件变化的影响小，使得在不同大气条件下测距均可获得较高的精度，得到满意的结果。电子技术的高度发展，也大大提高了仪器的自动化水平。尤其是砷化镓半导体激光器和砷化镓、砷铝化镓红外荧光发光管的研制成功，为小型测距仪的发展创造了条件。由于砷化镓发光管同时可作为光源和调制器，因此减小了仪器的质量和体积，也节省了电源。

近年来，光电测距仪向轻便、多功能、高精度和自动化的方向飞速发展，在工程测量中得到广泛应用。目前光电测距仪的种类很多，有以下分类方法：

1.按测程分类

根据中华人民共和国专业标准《中、短程光电测距规范》(ZBA 76002—87)的规定，光电测距仪分为短程、中程和远程三类。测程小于或等于 3km 的称为短程测距仪；测程为 3 ~ 15km 的称为中程测距仪；测程大于 15km 的称为远程测距仪。工程测量所采用的一般为中、短程光电测距仪。

2.按电磁波往返传播时间 t 的测定方法分类

目前较为成熟的方法有脉冲法测距和相位法测距。

(1)脉冲法测距

由测距仪的发射系统发出的光脉冲，经被测目标反射后，再由测距仪的接收系统接收，根据发射和接收光脉冲的时间差来确定距离的方法，称为脉冲法测距。

激光技术最早使用在脉冲法测距中。由于脉冲发射的瞬时功率很大，所以测程远，一般在被测地点也不需要安置合作目标。但目前由于受电子技术(主要是激光器脉冲宽度)的制约，绝对精度较低，一般只能达到“米”级，使脉冲法测距的应用受到一定限制。

(2)相位法测距

由测距仪的发射系统发射的调制光波，经安置在被测地点的反射镜反射，再返回到测距仪的接收系统，以测定调制光波在待测距离上往返传播所产生的相位差，计算出距离，称为相位法测距。

相位法测距的最大优点是测距精度高，一般精度均可达到厘米以下。因此在工程测量中使用的测距仪均为相位法测距。

3.按测距仪所使用的光源分类

按仪器所使用的光源可以分为普通光源、红外光源和激光光源三类。红外测距仪是以砷化镓(CaAs)发光二极管作为光源的，它具有体积小、效率高、能直接调制、结构简单、耗电省、寿命长等优点，在中、短程测距仪中得到广泛采用。

4.按测距仪的测距精度分类

我国中、短程光电测距规范是根据测距仪出厂的标称精度[仪器说明书中技术规格所载明的测距标准差，如 ± (5 + 5 × 10D)的绝对值]分类。按照 1km 的测距中误差小于 5mm 的为 I 级，5 ~ 10mm 的为 II 级，11 ~ 20mm 为 III 级。

二、红外测距仪的基本原理

目前红外测距仪均采用相位法测距。

红外测距仪以砷化镓发光二极管作为光源。若给砷化镓发光二极管注入一定的恒定电流，它发出的红外光其光强恒定不变；若改变注入电流的大小，砷化镓发光二极管发射的光强也随之变化，注入电流大，光强就强，注入电流小，光强就弱。若在发光二极管上注入的是频率为 f 的交变电流，则其光强也按频率 f 发生变化，这种光称为调制光。相位法测距仪发出的光就是连续的调制光。如图 9-45 所示，设用测距仪测定 A、B 两点间的距离 D，在 A 点安置测距仪，在 B 点安置反射镜。由仪器发射调制光，经过距离 D 到达反射镜，经反射回到仪器接收系统。如果能测出调制光在距离 D 上往返传播的时间 t，则距离 D 即可按下式求得：

$$D=\frac{1}{2}ct \tag{9-3-1}$$

式中：c——调制光在大气中的传播速度。

为便于说明，将从反射镜 B 返回的光波在测距方向上展开，如图 9-46 所示，显然，调制光返回到 A 点的相位比发射时延迟了 φ：

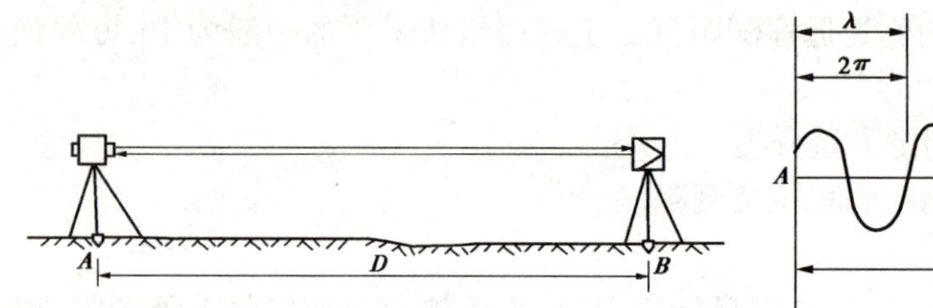

图 9-45　红外光电测距

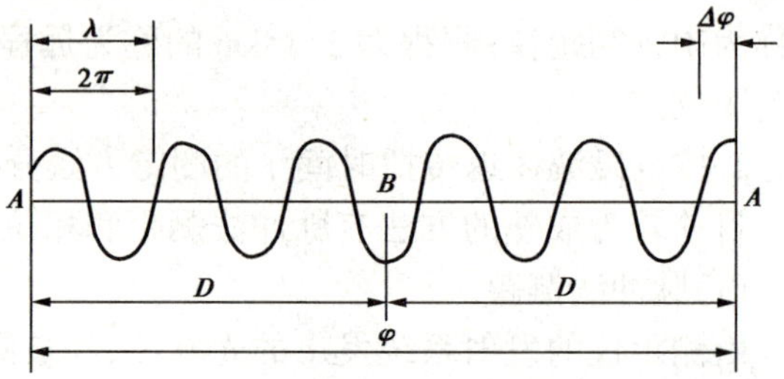

图 9-46　相位式光电测距原理

$$\varphi=2\pi N+\Delta\varphi \tag{9-3-2}$$

又
$$\varphi=2\pi ft \tag{9-3-3}$$

式中：f——调制光频率。

则有：
$$t=\frac{\varphi}{2\pi f} \tag{9-3-4}$$

将式(9-3-2)和式(9-3-4)代入式(9-3-1)，得

$$D=\frac{1}{2}c\,\frac{\varphi}{2\pi f}=\frac{c}{2f}\left(N+\frac{\Delta\varphi}{2\pi}\right) \tag{9-3-5}$$

已知调制光的波长：
$$\lambda=\frac{c}{f} \tag{9-3-6}$$

则：
$$D=\frac{\lambda}{2}\left(N+\frac{\Delta\varphi}{2\pi}\right) \tag{9-3-7}$$

为明显起见，令 $\mu=\frac{\lambda}{2}$，$\Delta N=\frac{\Delta\varphi}{2\pi}$，则

$$D=\mu(N+\Delta N) \tag{9-3-8}$$

与钢尺量距公式相比，若把 μ 视为整尺长，则 N 为整尺数，ΔN 为不足一个整尺的尺数，所以通常把 μ 称为“光尺”长度。它的长度可由下式确定：

$$\mu=\frac{\lambda}{2}=\frac{c}{2f}=\frac{C_0}{2nf}$$

式中：C_0——真空中的光速；

n——大气折射率。

在使用式(9-3-8)时，由于测相装置只能测定不足一个整周期的相位差 $\Delta\varphi$，不能测出整周期数 N 值，因此只有光尺长度大于待测距离时，此时 $N=0$，距离方可以确定，否则就存在多值解的问题。换句话说，测程与光尺长度有关。要想使仪器具有较大的测程，就应选用较长的"光尺"。但是，由于仪器存在测相误差，它与"光尺"长度成正比，约为光尺长度的1/1000，因此"光尺"长度越长，测距误差就越大。10m的"光尺"测距误差为±10mm，而1000m的"光尺"测距误差则达到±1m。为解决测程产生的误差问题，目前多采用两把"光尺"配合使用，一把的调制频率为15MHz，"光尺"长度为10m，用来确定分米、厘米、毫米位数，以保证测距精度，称为"精尺"；一把的调制频率为150kHz，"光尺"长度为1000m，用来确定米、十米、百米位数，以满足测程要求，称为"粗尺"。把两尺所测数值组合起来，即可直接显示精确的测距数字。

三、红外测距仪与棱镜反射镜

(一)测距仪

目前国内外生产的红外测距仪型号很多，虽然它们的基本工作原理和结构大致相同，但具体操作则有较大的差异。因此在使用时，应认真阅读仪器使用手册，严格按照其要求进行操作。本节将较为详细地介绍我国常州第二电子仪器厂生产的D3030E/D2000型红外测距仪。

图9-47为D3030E/D2000型红外测距仪，它的单棱镜测程为1.5～1.8km，三棱镜测程为2.5～3.2km，测距标准差为$\pm(5+3\times10^{-6}D)$mm。

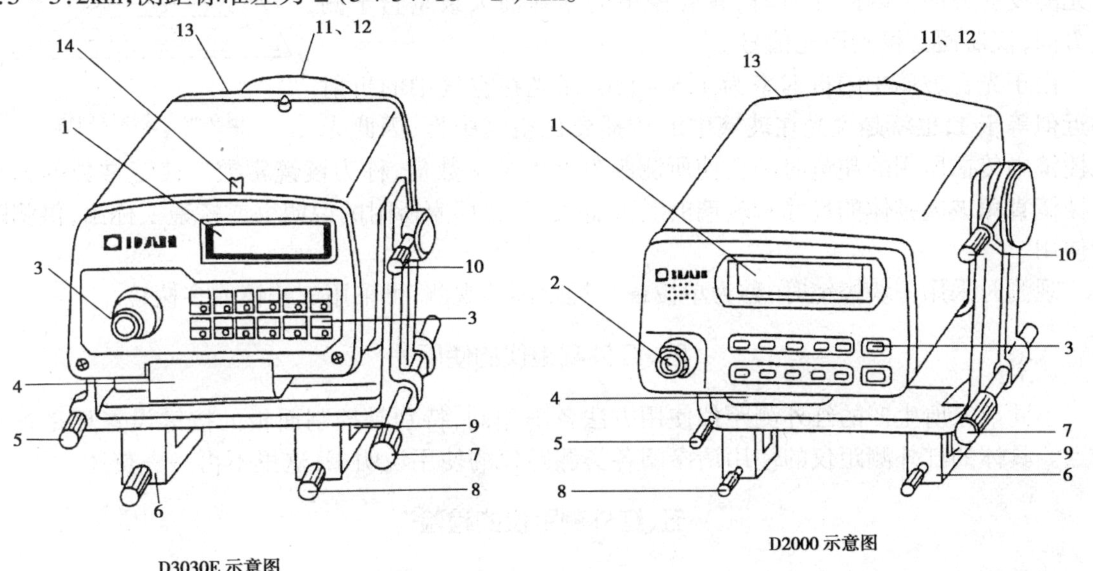

图9-47　D3030E/D2000型红外测距仪

1-显示器；2-照准望远镜；3-键盘；4-电池；5-照准轴水平调整螺旋；6-座架；7-俯仰螺旋；8-座架固定螺旋；9-间距调整螺旋；10-俯仰角锁定螺旋；11-物镜；12-物镜罩；13-RS—232接口；14-粗瞄器

该测距仪为国内首创三同轴测距仪，能与任何经纬仪配接，并可做正倒镜测量，气象参数与棱镜常数自动保存、自动换算，可进行坐标测量、定线放样等。

图9-48为D3030E/D2000型红外测距仪的操作面板。测距及其它计算的操作均在操作面板上按键进行，有关的信号及测量和计算结果则显示在面板上方的显示窗中。

V.H		T.P.C		SIG		AVE		MSR		ENT	
1	0	2	0	3	0	4	0	5	0	-	0
X.Y.Z		X.Y.Z		S.H.V		SO		TRK		PWR	
6	0	7	0	8	0	9	0	0	0	0	0

D3030E 键盘图

V.H	T.P.C	SIG	AVE	MSR	ENT
1	2	3	4	5	-
X.Y.Z	X.Y.Z	S.H.V	SO	TRK	PWR
6	7	8	9	0	0

D2000 键盘图

图 9-48　D3030E/D2000 操作键盘

(二)棱镜反射镜

棱镜反射镜简称棱镜。用红外测距仪测距时,棱镜是必不可少的合作目标。

构成反射棱镜的光学部分是直角光学玻璃锥体,它如同在正方体玻璃上切下的一角,如图 9-49 所示。图中 *ABC* 为透射面,呈等边三角形;另外三个面 *ABD*、*BCD* 和 *CAD* 为反射面,呈等腰直角三角形。反射面镀银,面与面之间相互垂直。由于这种结构的棱镜,无论光线从哪个方向入射透射面,棱镜必将入射光线反射回入射光的发射方向。因此测量时,只要棱镜的透射面大致垂直于测线方向,仪器便会得到回光信号。

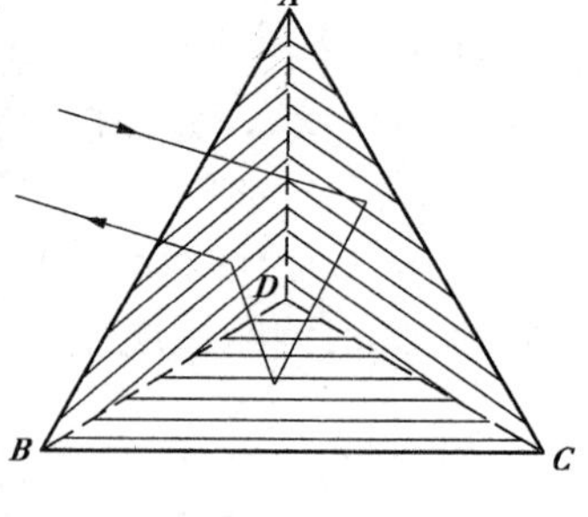

图 9-49　棱镜反射镜

由于光在玻璃中的折射率为 1.5~1.6,而光在空气中的折射率近似等于 1,也就是说光在玻璃中的传播要比空气中慢,因此光在棱镜中传播所用的超量时间会使所测距离增大某一数值,称为棱镜常数。棱镜常数的大小与棱镜直角玻璃锥体的尺寸和玻璃的类型有关,已在厂家所附的说明书或棱镜上标出,供测距时使用。

观测时采用一块棱镜时,称为单棱镜。远距离的观测,可采用三棱镜或多棱镜。

四、红外测距仪的使用

不同厂家所生产的红外测距仪使用方法各不相同,特别是控制面板的按键设置更是各有特点。具体的红外测距仪的使用请参阅各类测距仪的使用说明书,这里不再一一赘述。

五、红外测距仪的检验

红外测距仪的检验项目主要有:

1.功能检视:察看仪器各部分是否完好,功能是否正常;

2.发射、接收、照准三轴关系正确性的检验;

3.周期误差的测定;

4.仪器常数——加常数、乘常数的测定;

5.内、外部符合精度的检验;

6.测程的检定等。

对于新购置或经过修理的仪器,一般应委托国家技术监督局授权的测绘仪器计量检定单位进行全部项目的检定工作。使用中的仪器，其检验周期一般为一年，检验项目视具体情况而定。

（一）发射、接收、照准三轴关系正确性的检验

测距仪测距时，是用望远镜视准轴瞄准，使发射光轴和接收光轴对准反射棱镜，因此三轴应保持平行或重合。如果满足这一条件，在用望远镜瞄准棱镜后，接收信号最强。发射光轴与接收光轴平行性的检验校正，只能由制造厂家和指定的专门维修点进行。

对于发射、接收光轴与视准轴平行的检验工作可在野外进行。在距离测距仪 200～300m 处安置反射棱镜，用望远镜精确地瞄准棱镜中心，读取水平度盘读数 H 和竖直度盘读数 V。然后用水平微动螺旋先使望远镜向左移动，直至接收信号消失为止，读取水平度盘读数 H_1，再向右移动，直至接收信号消失为止，读取 H_2。再重新精确瞄准棱镜中心，用望远镜微动螺旋使望远镜向上移动，直至接收信号消失为止，读取竖盘读数 V_1，然后再向下移动，直至接收信号消失为止，读取 V_2。如果下式成立，则说明满足平行条件。

$$\begin{cases}\dfrac{H_1 + H_2}{2} - H \leqslant 30'' \\ \dfrac{V_1 + V_2}{2} - V \leqslant 30''\end{cases}$$

如果平行条件不满足，有的仪器没有发射、接收光轴与视准轴平行的校正机构，可按使用说明书中的校正方法进行校正。

（二）周期误差的测定

周期误差是由仪器内部的光电信号串扰而引起的，使得“精尺”的尾数值呈现出一种周期性的误差。检定的目的是了解它的大小，以便在观测中对所测距离进行改正。周期误差改正 ΔD 可由下式表示：

$$\Delta D = A\sin\left(\varphi + \frac{D}{u}360^\circ\right)$$

式中：A——周期误差的振幅；

φ——起始相位角；

D——观测距离；

u——精尺长度。

周期误差的测定一般采用“平台法”。如图 9-50 所示，在室内设置一平台，平台距地面应有适当高度，其长度应略大于精测尺的尺长，台面呈水平。台面铺设导轨，并刻有精确的刻划，或者在台上平铺一经过检定的钢带尺，并在尺子两端施加检定时的标准拉力。反射棱镜可沿导轨移动，根据刻划精确地安置它的位置。仪器安置在导轨中心线的延长线上，距平台的距离应在 15～100m 之间，不宜过长，以免受比例误差的影响。仪器高度应与棱镜同高，以免加入倾斜改正。

检定时，将仪器安置在仪器墩上，通过升降仪器或棱镜使望远镜照准棱镜中心时视准轴水

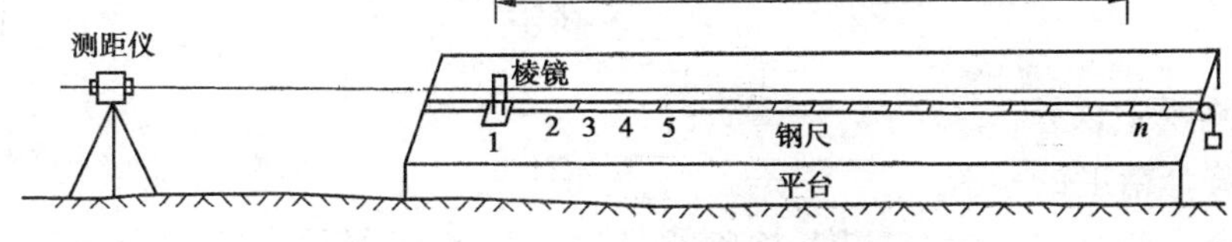

图 9-50 “平台法”测定周期误差

平。观测时由近及远地将棱镜安置在各测点上(图中 1,2,⋯,n 点),测点间距一般取精测尺长度的 1/40(如精测尺长度为 10m,间距可取 0.25m,测点个数为 40)。无论精测尺长度如何,测点数均不应少于 20 个。在每个测点上读数 4 次,取其平均值作为测点的距离观测值。观测时应提高观测速度,以减少大气变化的影响。通过各测点的距离观测值,根据最小二乘法原理,用计算机解算出周期误差的振幅 A 和起始相位角 φ,即可按前式对距离进行周期误差改正。

(三)仪器常数的测定

仪器常数包括加常数和乘常数。仪器常数检定的质量会直接影响到测距精度。仪器常数的测定方法较多,六段比较法是其中较好的一种。它能同时测定加常数和乘常数,而且计算工作量较小,检验结果精确可靠,但需要有一个精密的基线场。

如图 9-51 所示,将一条直线分成六段,它们的 21 个组合距离已用因瓦基线尺或用专门测量基线的测距仪精确测定,并以此作为标准长度,这条直线称为基线。用被检定的测距仪对该基线进行全组合观测,并与标准长度进行比较,按照最小二乘法原理,采用一元线性回归的方法解出加常数和乘常数。

图 9-51 六段比较法测定常数和乘常数

下面介绍一种野外检定加常数的方法。

在一平坦的场地上选 200m 左右长的直线 AB,如图 9-52 所示,并定出 AB 直线的中点 C,将测距仪置于 A 点测平距 AB 和 AC;置于 B 点测平距 AB 和 BC;置于 C 点测平距 AC 和 BC,必要时应进行气象改正。在操作中应尽可能减小对中误差的影响。测距使用同一棱镜。

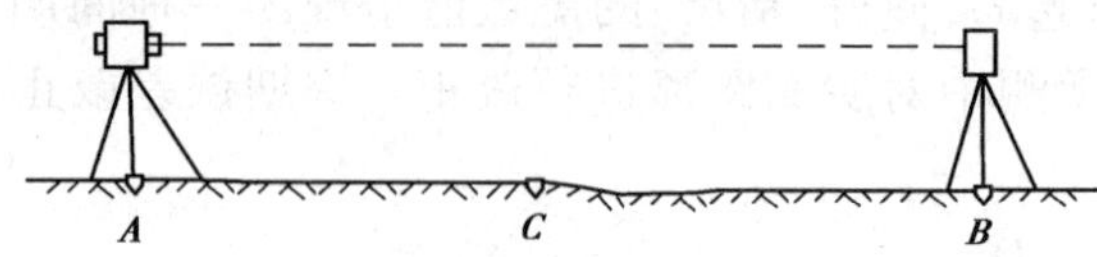

图 9-52 测定加常数

计算 AB、BC 和 AC 的平均值 $\overline{AB}$、$\overline{BC}$ 和 $\overline{AC}$,则加常数为

$$K = \overline{AC} + \overline{BC} - \overline{AB}$$

(四)内部符合精度的检验

内部符合精度反映一定的距离范围内仪器重复读数之间的符合程度。它表现为仪器本身测相的偶然误差,是仪器测量稳定性的主要表征。

在做这项检验时,可选择一气象条件良好的场地,布设 40 ~ 100m 的直线,在其两端分别安置仪器和反射棱镜,然后用望远镜瞄准棱镜,连续读取 30 个以上的距离观测值,记为 D_i($i = 1,2,\cdots,n$,n 为读数次数),平均值为

$$\overline{D} = \frac{[D]}{n}$$

观测值的改正数为

$$V_i = \overline{D} - D_i$$

内部符合精度为

$$m = \pm\sqrt{\frac{[VV]}{n-1}}$$

m 即一次测距中误差。

(五)外部符合精度的检验

外部符合精度亦称检定综合精度,检验的目的是检验仪器的实际测量精度是否符合仪器标称精度的要求。通常是利用六段比较法测定加、乘常数的 21 个观测值,经过加、乘常数等改

正，再与基线值比较，采用一元线性回归分析法进行计算，从而得到外部符合精度。

外部符合精度与仪器出厂时给出的标称精度采用同样的形式：

$$m = \pm(A + BD)$$

式中：A——固定误差(mm)；

B——比例误差系数(mm/km)；

D——距离值(km)。

(六)测程的检定

测距仪的测程是指在规定的大气能见度及棱镜组合个数的情况下，能满足仪器标称精度的测量距离。检验可按以下方法进行：

1.按照测距仪说明书上规定的长度，在已知精密长度的基线上选择相应棱镜个数的距离。

2.在选定的距离两端分别安置仪器和反射棱镜。对选定的每段距离各观测4个测回，取其平均值作为观测值。

3.对各观测值加入气象、仪器常数、周期误差和倾斜改正，然后与基线值比较，求出一测回观测中误差，不应大于仪器标称的测距中误差。

六、测距仪在距离放样中的应用

以SETC系列测距仪为例，距离放样的步骤为：

1.测距前的准备工作，包括各种改正数的输入；

2.将仪器架在已知点上，启动放样功能，输入放样距离；

3.瞄准放样方向，指挥棱镜，测出仪器与棱镜之间距离；

4.根据仪器上显示的放样值与实测值的差额值进行调整，达到精度要求为止。

测距仪测距误差可分为两类：一类是与距离无关的误差，如测相误差等，称为固定误差；另一类是与距离成比例的误差，如光速误差、频率误差等，称为比例误差。习惯上为方便起见，采用下列线性形式来表示测距精度：

$$m_D = a + bD$$

式中：a——固定误差；

b——比例误差系数；

D——所测距离。

第四节　全　站　仪

一、电子全站仪概述

电子全站仪是一种可以同时进行角度(水平角、垂直角)测量和距离(斜距、平距、高差)测量，由机械、光学、电子元件组合而成的测量仪器。由于只要一次安置，仪器便可以完成在该测站上所有的测量工作，故被称为“全站仪”。开始时，是将电子经纬仪与光电测距仪装置在一起，并可以拆卸，分离成经纬仪和测距仪两个独立的部分，称为积木式全站仪。后来又改进为将光电测距仪的光波发射接收系统的光轴和经纬仪的视准轴组合为同轴的整体式全站仪，并且配置了电子计算机的中央处理单元(CPU)、储存单元和输入输出设备(I/O)，能根据外业观测数据(角度、距离)，实时计算并显示出所需要的测量成果——点与点之间的方位角、平距、高差或点的三维坐标等。通过输入输出设备,可以与计算机交互通信,使测量数据直接进入计算机,进行计算、编辑和绘图。测量作业所需要的已知数据也可以从计算机输入全站仪。这样,不仅使测量的外业工作高效化,而且可以实现整个测量作业的高度自动化。

电子全站仪已广泛用于控制测量、碎部测量、施工放样、变形观测等方面的测量作业中。

电子全站仪各部分的组合框图如图9-53所示。各部分的作用如下:电源部分有可充电式电池,供给其他各部分电源,包括望远镜十字丝和显示屏的照明;测角部分相当于电子经纬仪,可以测定水平角、垂直角和设置方位角;测距部分相当于光电测距仪,一般用红外光源,测定至目标点(设置反光棱镜或反光片)的斜距,并可归算为平距及高差;中央处理单元接受输入指令,分配各种观测作业,进行测量数据的运算,如多测回取平均值、观测值的各种改正、极坐标法或交会法的坐标计算以及包括运算功能更为完备的各种软件;输入输出部分包括键盘、显示屏和接口;从键盘可以输入操作指令、数据和设置参数,显示屏可以显示出仪器当前的工作方式(Mode)、状态、观测数据和运算结果;接口使全站仪能与磁卡、磁盘、微机交互通信,传输数据。

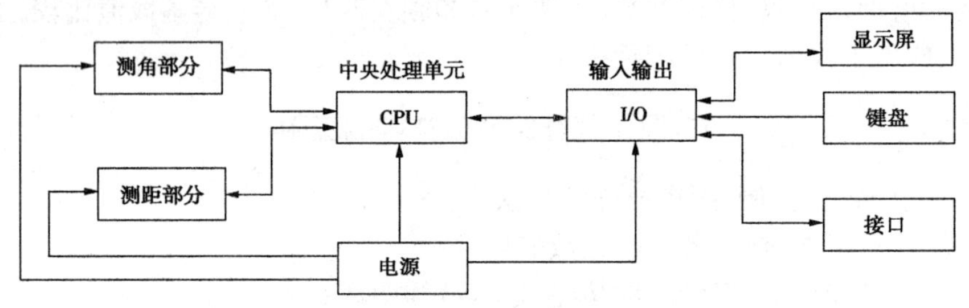

图9-53 全站仪框图

图9-54所示为两种型号的电子全站仪:TC1800(瑞士徕卡公司产品)、SET2000(日本索佳公司产品)。

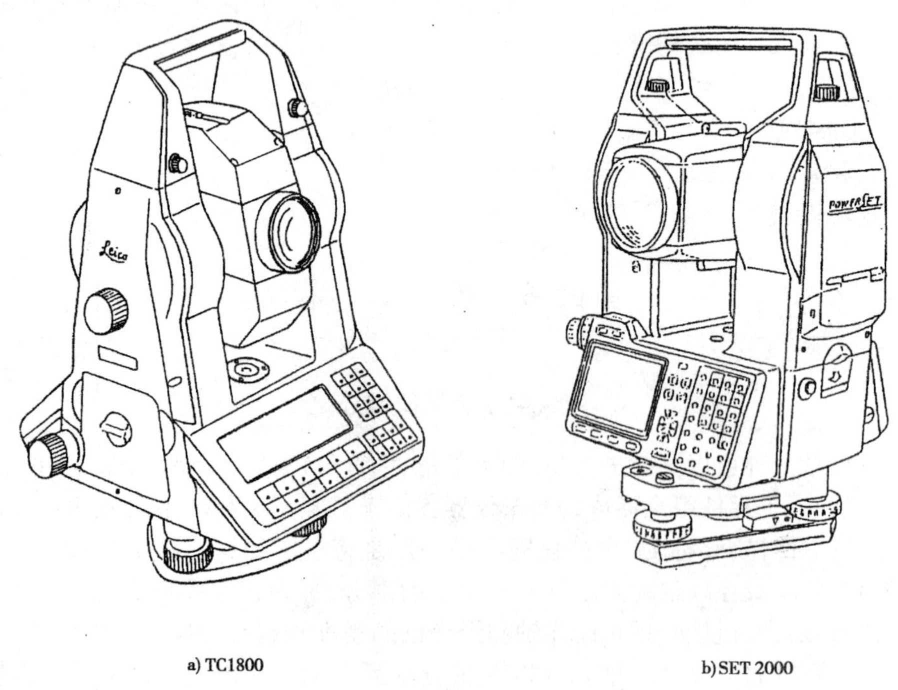

a) TC1800　　b) SET 2000

图9-54 电子全站仪

二、电子全站仪的特殊部件及其功能

（一）同轴望远镜

全站仪的望远镜中，瞄准目标用的视准轴和光电测距的红外光发射接收光轴是同轴的，其光路示意图如图 9-55 所示。在望远镜与调焦透镜中间设置分光棱镜系统，使它一方面可以接收目标发出的光线，在十字丝分划板上成像，进行测角时的瞄准；又可使光电测距部分的发光二极管射出的调制红外光经物镜射向目标棱镜，并经同一路径反射回来，由光敏二极管接收（称为外光路），同时还接收在仪器内部通过光导纤维由发光二极管传来的调制红外光（称为内光路），由内、外光路调制光的相位差计算所测得的距离。

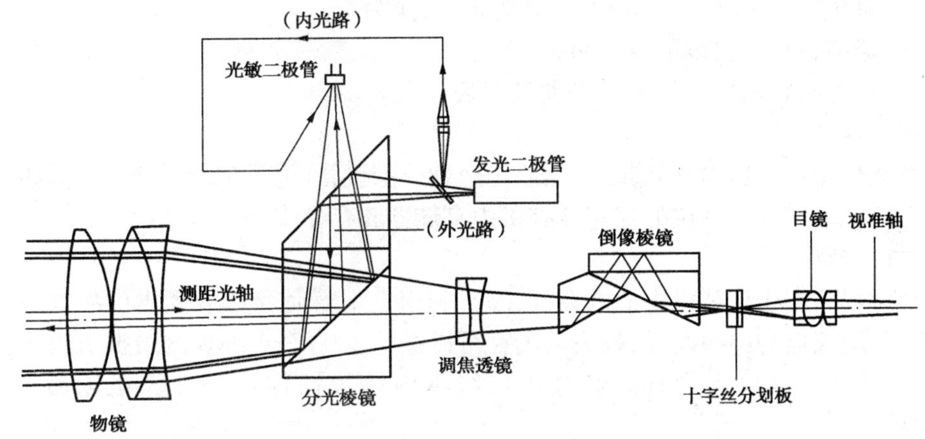

图 9-55 全站仪的望远镜光路

正因为全站仪望远镜是测角瞄准与测距光路同轴的，因此，一次瞄准目标棱镜（反光棱镜装置于觇牌中心），即能同时测定水平角、垂直角和斜距。望远镜也能作 360°纵转，通过直角目镜，甚至可以瞄准位于天顶的目标（工程测量中有此需要），并可测得其垂直距离（高差）。

（二）键盘

全站仪的键盘为测量时的操作指令和数据输入的部件，键盘上的键分为硬键和软件键（简称软键）两种。每一个硬键有一固定的功能，或兼有第二、第三功能；软键与屏幕最下一行显示的功能菜单或子菜单相配合，使一个软键在不同的功能菜单下有许多种功能。

（三）双轴倾斜传感器

如果仪器未严格置平使纵轴倾斜，从而会引起角度观测的误差，而且不能从盘左、盘右观测中得以抵消。双轴倾斜传感器经常监视着纵轴的倾斜，必要时，可令其显示，并通过微处理器在度盘读数中自动改正。

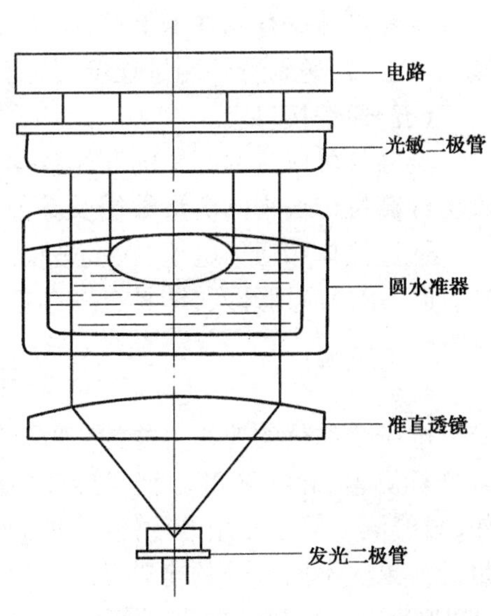

图 9-56 双轴倾斜传感器的结构

双轴倾斜传感器的结构原理如图 9-56 所示。从发光二极管发出的光透射过玻璃圆水准器，射在气泡上的光被反射或折射掉，其余直射到接收基板上，基板上装有 4 只彼此相距 90°的光敏二极管。当仪器完全整平时，气泡的投影位于接收基板的中央，各光敏二极管接收到均衡的光能量。仪器若稍有一点倾斜,气泡就相应移动,光敏二极管所接收的光能量就起变化,通过各二极管上光能量之比,即可求得纵轴倾角(以铅垂线方向为零)。

纵轴倾斜可以发生在任何方向。所谓“双轴”,是指定仪器的视准轴的水平投影方向为 X 轴、仪器的横轴方向为 Y 轴。由传感器测定的纵轴倾斜分别以 X 轴和 Y 轴方向的倾斜角度来表示。这样,一方面可以据此进一步精确地整平仪器;另一方面,即使暂不整平,通过微处理器自动按倾角改正水平度盘的读数显示,即所谓纵轴倾斜的自动补偿。水平度盘读数改正所根据的公式为

$$R = R' + i\tan\alpha$$

式中:R'——原水平度盘读数;

i——纵轴在 Y 轴方向的倾角(左倾为正,右倾为负);

α——瞄准目标时视线的垂直角;

R——经过改正后所显示的水平度盘读数。

(四)存储器

把测量数据先在仪器内存储起来,然后传送到外围设备(电子记录手簿和计算机),这是全站仪的基本功能之一。全站仪的存储器有机内存储器和存储卡两种。

1.机内存储器

机内存储器相当于计算机中的内存(RAM),利用它来暂时存储或读出(存/取)测量数据,其容量的大小随仪器的类型而异,较大的内存可以存储 3000 个点的观测数据。现场测量所必需的已知数据也可以放入内存。经过接口线将内存数据传输到计算机以后,可以将其清除。

2.存储卡

存储卡的作用相当于计算机的磁盘,用作全站仪的数据存储装置,卡内有集成电路、能进行大容量存储的元件和运算处理的微处理器。一台全站仪可以使用多张存储卡。通常,一张卡能存储大约 1000 个点的距离、角度和坐标数据。在与计算机进行数据传送时,通常使用称为卡片读出打印机(卡读器)的专用设备。

将测量数据存储在卡上后,把卡送往办公室处理测量数据。同样,在室内将坐标数据等存储在卡上后,送到野外测量现场,就能使用卡中的数据。

(五)通信接口

全站仪可以将内存中的存储数据通过 RS-232C 接口和通信电缆传输给计算机,也可以接收由计算机传输来的测量数据及其他信息,称为数据通信。

通过接口和通信电缆,在全站仪的键盘上所进行的操作,也同样可以在计算机的键盘上操作,便于用户应用开发,即具有双向通信功能。

三、电子全站仪的使用

电子全站仪的使用可分为:观测前的准备工作、角度测量、距离(斜距、平距、高差)测量、三维坐标测量、导线测量、交会定点测量和放样测量等。角度测量和距离测量属于基本测量工作,导线测量等有专用的软件(程序)控制。应用这些软件,配合基本测量工作,就可以获得测量的成果。不同型号的全站仪的使用方法大体上是相同的,但也有一些差别。本节介绍用 SET2000 全站仪进行角度、距离等基本测量工作的操作方法。

(一)SET2000 全站仪概述

图 9-57 所示为 SET2000 电子全站仪的外形及外部构件名称。

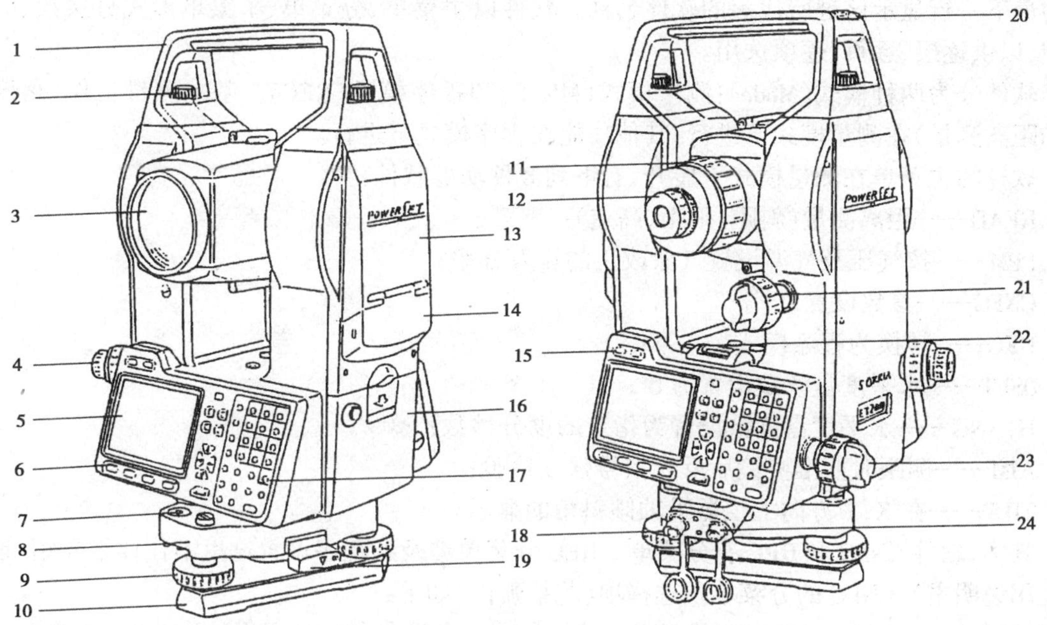

图 9-57 SET2000 电子全站仪

1-提柄;2-提柄固定螺旋;3-物镜;4-光学对中器目镜;5-显示屏幕;6-软件键;7-圆水准器;8-基座;9-脚螺旋;10-底板;11-物镜调焦环;12-望远镜目镜;13-横轴中心标志;14-存储卡护盖;15-电源开关及照明键;16-电池盒;17-键盘;18-外接电源插口;19-强制对中基座制紧杆;20-管状罗盘插口;21-垂直制、微动螺旋;22-平盘水准管;23-水平制、微动螺旋;24-通信接口

SET 2000 是一种 2″级电脑型电子全站仪,角度最小显示为 0.5″,测距精度为 ±(2mm + D × 2 × 10^{-6}mm),距离最小显示为 0.1mm。仪器有下列一些特点:

(1)望远镜的小型化,便于瞄准目标时的操作,这是由于仪器将电子测距部件不是设置在望远镜的上、下,而是设置在支架中横轴的一端;

(2)大屏幕显示(8 行 20 列),使能较完整地显示仪器状态、观测数据和计算成果;

(3)全字母数字键盘,便于英文字母和数字的输入。

图 9-58 所示为 SET 2000 显示屏和键盘。

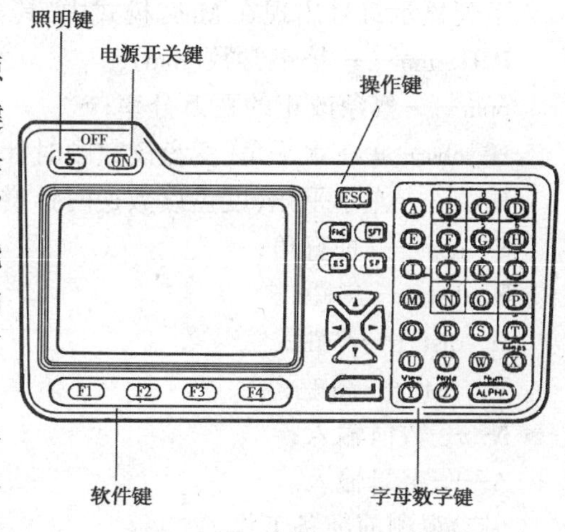

图 9-58 SET 2000 显示屏和键盘

键盘共有 43 个键。位于显示屏上方的为电源开关键和照明键。位于右边的为 26 个英文字母键和数字键(包括正负号和小数点,同一键代表字母和数字的,则可以用右下角的"数字/字母转换键"(Num/ALPHA)转换。字母键 X, Y, Z 有第二功能 MEAS(测量模式)、VIEW(查看文件内容)、Note(加注释),可以用操作键中的功能键(FNC)转换。以下一些键都属于操作键:换码键(ESC)用于转换模式、退回到前一显示屏、数据置零等,移位键(SFT)用于英文大、小写转换,删除键(BS)用于删除字符,空格键(SP)用于输入空格,三角形箭头键可使光标向上、下、左、右移动,用于菜单项的翻阅和选择,输入

键(↵)用于接收并储存数据。位于显示屏下方为4个软件键(F1,F2,F3,F4简称软键),显示屏的最下一行显示该键所代表的软件名称。软件以主菜单、分菜单、子菜单形式分层次、分页排列,以供逐层、逐页、逐项选用。

软件分为两种模式(Mode):测量模式(MEAS)和程序模式(REC)。基本测量工作(角度测量和距离测量)在测量模式下进行,其他功能在程序模式下进行。

软件的主菜单在测量模式下展开,有下列8种功能软件:

READ——距离测量(斜距、平距、高差);

PPM——按气压及气温设置气象改正的百万分率;

CNFG——参数设置;

REC——转换为程序模式;

0SET——水平度盘读数设置为0°;

H.ANG——水平度盘读数设置为指定的度分秒数;

AIM——测距时照准棱镜后反光信号强度检验;

TILT——在X,Y方向上仪器纵轴倾斜角的显示。

其中,软件CNFG和REC有分菜单。REC分菜单涉及到程序设置这里不作详细介绍(请参阅使用说明书),CNFG的分菜单及选择项(花括弧内)如下:

(1)Distance mode (距离测量显示方式):[S dist 斜距]、[H dist 平距]、[V dist 高差];

(2)H. obs(水平度盘顺逆方向):[Right 读数顺时针增加]、[Left 读数逆时针增加];

(3)V. obs(垂直角格式):[Zenith 天顶距(天顶为0°)]、[Horiz 高度角(水平为0°)];

(4)Meas mode(距离测量方式):[Fine 精测]、[Rapid 快速]、[Track 跟踪];

(5)Meas repeat(重复测距):[Yes 重复测量]、[No 不重复测量];

(6)Reflector type(反射器类型):[Prism 反射棱镜]、[Sheet 反射片];

(7)P. C. mm(棱镜加常数设置):(可输入以mm为单位的加常数的数值);

(8)Collimation crn(视准差改正):[Yes 视准差改正]、[No 不改正];

(9)H. indexing(水平度盘定标):[Auto 自动]、[Manual 手工];

(10)V. indexing(垂直度盘定标):[Auto 自动]、[Manual 手工];

(11)Reticle(十字丝照明强度极限):[Bright 明亮]、[Dim 暗淡]。

下列显示符号出现在Meas模式中,其含义如下:

P.C. mm——棱镜常数(mm);

ppm——气象改正的百万分率;

H. obs——右水平角(度盘读数顺时针增加);

HAL——左水平角(度盘读数逆时针增加);

V. obs——垂直角;

S. dist——斜距;

H. dist——平距;

V. dist——高差;

N——数值输入;

A——字母输入。

(二)观测前准备工作

1. 电池装入

进行测量之前,应将电池充足电。把电池底部定位导块插入仪器上的电池导孔内,把电池顶部按入仪器内。观测完毕须将电池从仪器上取下。

2.安置仪器

对中、整平(圆水准气泡居中、平盘水准管气泡居中),同一般经纬仪。

3.开电源准备观测

(1)仪器自检

按 ON 键开电源,仪器进行自检,以保证能正常工作。自检毕仪器正常,屏幕显示:“H 0 SET”,“V 0 SET”。

(2)水平度盘和垂直度盘定标

松开水平制动螺旋和垂直制动螺旋,旋转照准部和旋转望远镜,各听到一声音响,完成水平度盘和垂直度盘定标。屏幕显示如图 9-59a)所示:第一行显示为棱镜加常数 - 30mm,第二行显示为气象改正(百万分率)为 0,第三行显示为电池余量(参数 2 为 50% ~ 90%),第四行显示符号为纵轴倾角自动补偿,以下分别为望远镜当前位置的水平度盘读数、垂直度盘读数和斜距读数(Null 为未测),最后一行为 4 个软键所代表的软件名称(图中为第 1 页,还可以按 FNC 键转换为第 2 页的 4 个软件)。本屏幕显示称为测量模式屏幕。

如果在度盘定标后出现错误信息:“Tilt out of range”(倾斜超限),如图 9-59b)所示,说明仪器置平中纵轴倾角大于 3′,应重新用调节脚螺旋置平仪器。

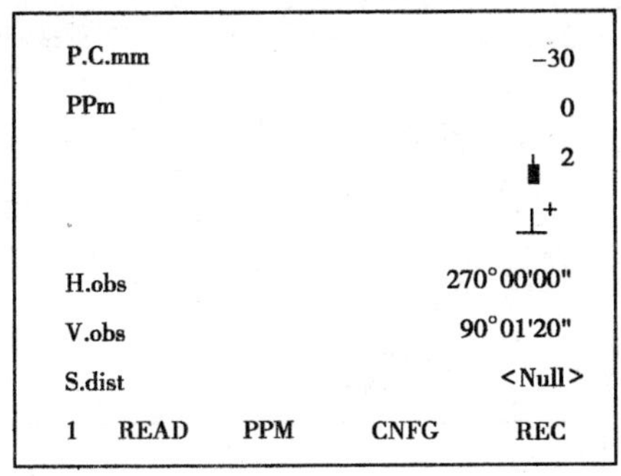

a)

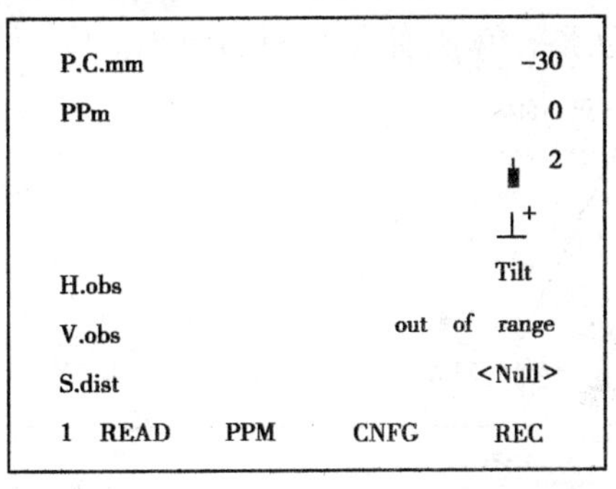

b)

图 9-59 度盘定标后的屏幕显示

(3)利用纵轴倾角显示精确置平仪器

利用双轴倾斜传感器,不但可以自动改正由于纵轴倾斜而影响的度盘读数,而且还可以利用软键 TILT 使显示 X 轴(视准轴的水平投影)方向和 y 轴(横轴)方向的纵轴倾角值,据此可以精确地置平仪器。其具体操作方法如下:

①旋转照准部使横轴平行一对脚螺旋 A,B(另一脚螺旋为 C),制紧水平制动螺旋,按 FNC 键,使显示主菜单的第二页软件,如图 9-60a)所示;

②按 TILT 软键,使显示 X 轴和 Y 轴方向的纵轴倾角,如图 9-60b)所示;

③旋转脚螺旋 C,使显示的 X tilt 角度尽可能小(例如 ± 5″以内);相对旋转一对脚螺旋 A,B,使显示的 Y tilt 角度尽可能小;

④精确置平仪器后,按 ESC 键退出倾角显示软件,回复到测量屏幕。

(三)角度测量

在 MEAS(测量)模式下进行水平角和垂直角测量。在测站上安置全站仪后,用水平制微动螺旋以纵丝瞄准目标，如果水平角与垂直角同时观测，则还应利用垂直制微动螺旋，以十字丝中心瞄准觇牌中心。

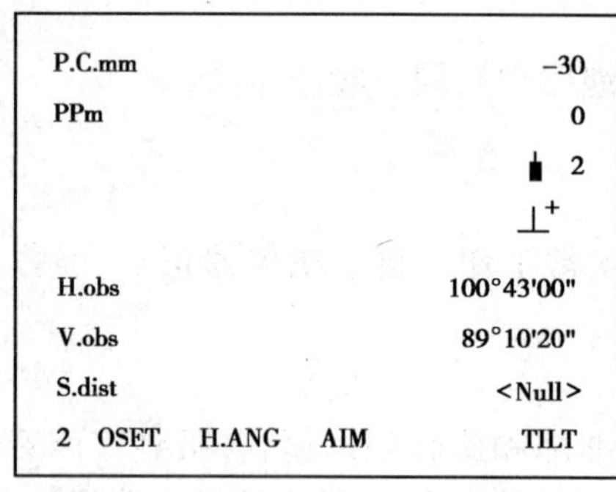

a)

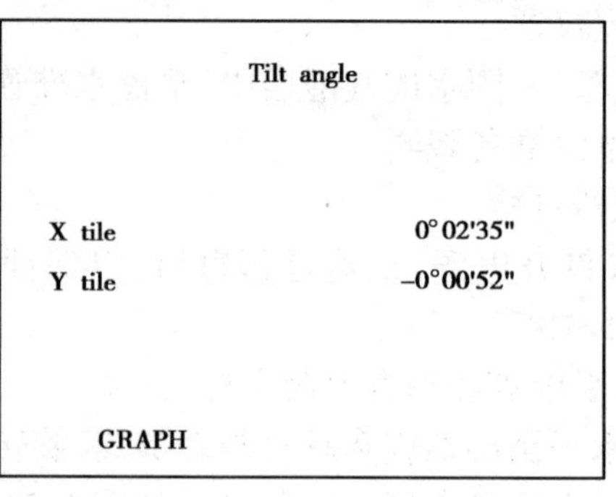

b)

图 9-60　X 轴、Y 轴方向的倾角显示

1.简单角度测量法

设 A，B，C 三点中测站为 B，需要测定相对于 A，C 的水平角 β。瞄准左边的目标 A（第一目标）后，按 FNC 键使显示主菜单第二页，按软键 0SET，使水平度盘读数为零，如图 9-61a）所示，垂直度盘则按视线倾角显示相应的天顶距读数。瞄准右边目标 C（第二目标），水平度盘显示读数即为水平角 β，如图 9-61b）所示。

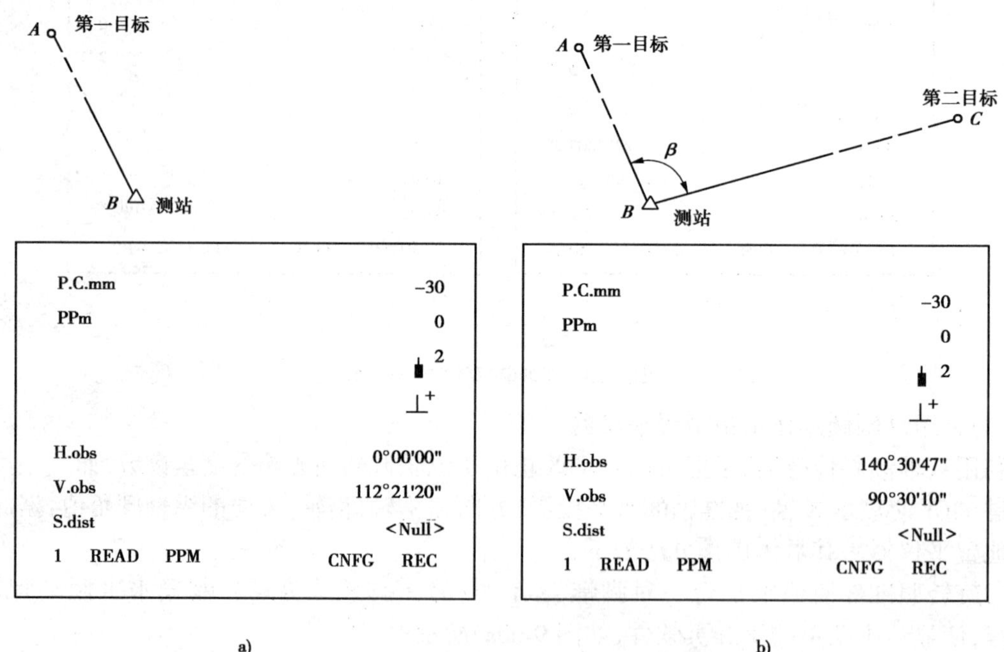

图 9-61　简单角度测量法

同样的方法可以在盘左、盘右进行。水平角和垂直角可以同时测得。

2.方位角设置法

利用主菜单中 H.ANG 软件可以设置水平度盘显示读数为任意数值。

当在已知点上设站瞄准另一已知点时，则该方向的坐标方位角为已知值，此时，可设置水平度盘读数为已知方位角值,称为水平度盘定向。此后,瞄准其他方向时,水平度盘显示读数即为该方向的方位角值。此法常用于极坐标法的点位坐标测定,或按设计坐标测设点位。

方位角设置法的具体方法为:瞄准已知点目标后,按 FNC 键,使测量屏幕出现第二页主菜单,如图 9-62a)所示;按 H.ANG 软键,则 H.obs 的角度显示转变为黑底白字,最下一行软件名消失,右下角出现"N",表示此时可以输入数字,如图 9-62b)所示;例如,欲指定水平度盘读数(已知方位角值)为 90°20′30″,则按数字及小数点键 90.2030,如图 9-62c)所示;再按软键 OK 或按输入键,则转变为测量屏幕,水平角已显示为指定的角值,如图 9-62d)所示。

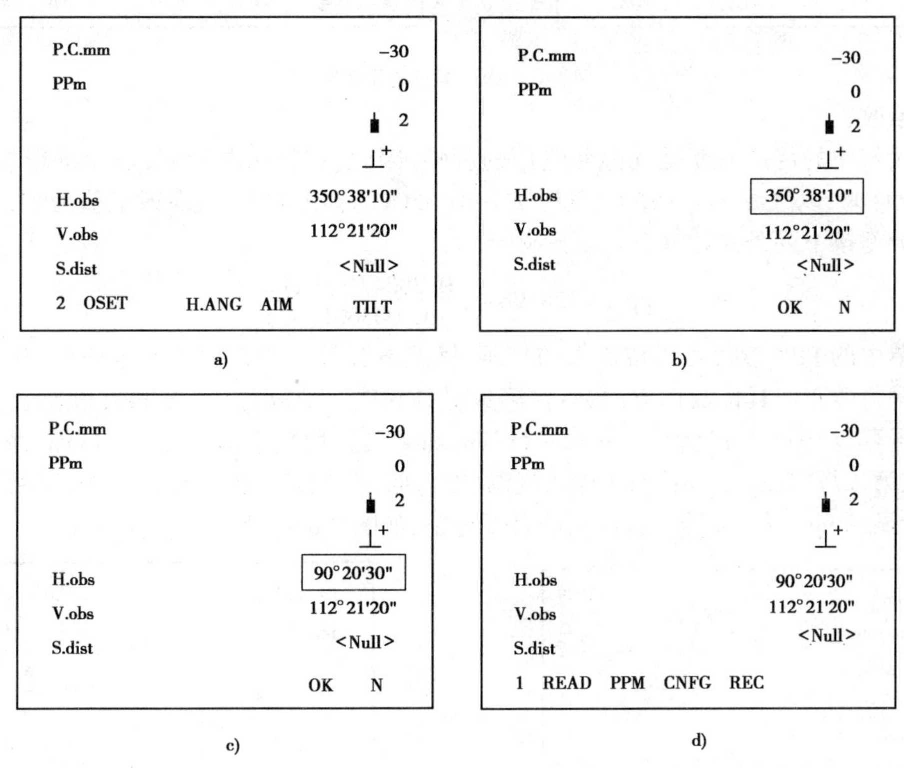

图 9-62　方位角设置

(四)距离测量

在进行距离测量时,要用到主菜单中 CNFG,PPM,AIM,READ 等软件,预先进行测距参数设置、气象改正比例系数设置、回光信号检验,然后开始测距。

1.测距参数设置

在测量屏幕中按 CNFG 软键,使显示 CNFG 软件的分菜单,如图 9-63 所示。用上、下箭头键进行菜单(行)选择,用左、右箭头键进行选择项(列)选择。有关距离测量参数有下列几行:第 1 行为距离测量显示方式,其选择项为斜距显示、平距显示、高差显示;第 4 行为距离测量方式,其选择项为精测距离、快速测距、跟踪测距,后者用于移动中的目标;第 5 行为重复测距,其选择项为"Yes"、"No","Yes"为连续重复测距并显示,直至按 STOP 软键或 ESC 键令其停止,"No"则仅测一次;第 6 行为反射器类型,其选择项为反射棱镜、反射片;第 7 行为棱镜加常数设置,例如一般棱镜为 −30mm、反射片为 0。

参数设置完毕,按 OK 软键返回测量屏幕(测量模式)。所选取的参数存储于 CNFG 软件中,一直到再次被更改为止,所以不需要每次测距都重新设置,必要时可查看。

Distance mode	S.Dist
H.obs	Right
V.obs	Zenith
Meas mode	Fine
Meas repeat	No
Reflector type	Prism
P.C.mm	−30
	OK

Tilt cm	No
Collimation cm	Yes
H indexing	Auto
V indexing	Auto
Reticle	Bright
	OK N

图 9-63 CNFG 软件的分菜单

2.气象改正

光在大气中的传播速度受气温和气压的影响,因此,在精密测距时,需要进行气象改正。SET2000 设计时,以气温 $t = +15℃$、气压 $P = 1013\text{kPa}$ 为标准状态,气象改正值为零,气象改正值的百万分率按下列公式计算:

$$\text{ppm} = 278.96 - \frac{0.2904P(\text{kPa})}{1 + 0.003661(℃)}$$

主菜单中的 PPM 软件可以按输入的气压、气温设置气象改正值的百万分率,并对距离观测值自动进行改正。具体操作方法为:在测量屏幕的第一页软件中,按 PPM 软键,出现气压、气温设置屏幕,如图 9-64a)所示。在第一行"Pressure"右边用数字输入大气压(kPa),如 1000,按输入键;在第二行"Temperature"右边输入气温(℃),如 25,按输入键。输入完毕,退回到测量屏幕,第二行显示 ppm 为 13,即气象改正的百万分率,如图 9-64b)所示。

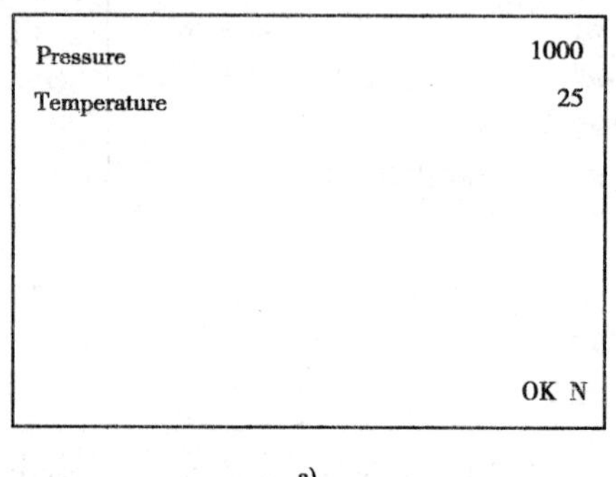

a)

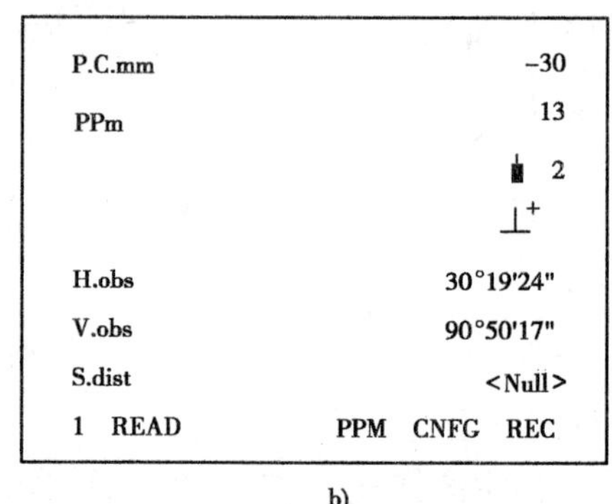

b)

图 9-64 气象改正的设置

3.回光信号检验

对于测量长距离,要进行回光信号是否合适的检验,其方法为:将望远镜瞄准棱镜中心,在测量屏幕的第二页软件上,按 AIM 软件,以检验回光信号的强弱。此时,屏幕第五行显示"Signal",右边如果显示"＊"号,表示回光信号强度合适,如图 9-65 所示。

检验完毕,按 OK 软键结束检验,或按 READ 软键进行距离测量。

4.距离测量

距离测量是与角度(水平角、垂直角)测量同时进行的,测量时,望远镜的十字丝中心瞄准觇牌中心,也就是棱镜中心。距离测量的三种显示方式(斜距、平距或高差)是预先设置参数时决定的,其中,斜距是光电测距单元的原始观测值,平距和高差是根据垂直角传感器由斜距换算而得。

瞄准目标棱镜后，按 READ 软键或按输入键，数秒钟后，屏幕显示水平度盘读数、垂直度盘读数及距离值。如图 9-66 所示为斜距值。如果事前设置为单次测距，则距离显示后自动停止测量，如果设置为重复测距，则重复测量和显示，直至认为重复观测次数已够，按 STOP 软键，使停止测量。

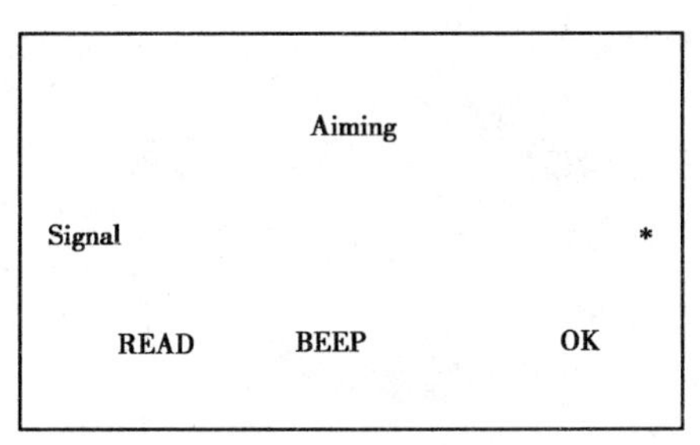

图 9-65　回光信号检验

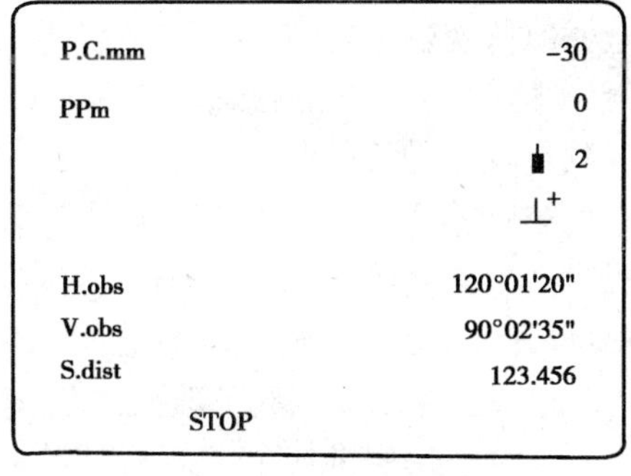

图 9-66　距离测量屏幕显示

四、全站仪的使用注意事项和维护

(一)使用注意事项

全站仪是一种结构复杂、功能齐全、价格昂贵的先进测量仪器。目前生产单位拥有的数量较少，许多单位仅有一台。如果仪器损坏或发生故障，就会给生产带来直接影响。因此必须严格遵守操作规程，正确使用。

1.新购置的仪器如果首次使用，应结合仪器认真阅读使用说明书。先把说明书全面看过，对仪器有全面的了解，然后着重学习一些基本操作，如测角、测距、测坐标等。在此基础上再掌握其它如导线坐标测量、放样测量等方法。这些已能熟练操作后，就可进一步学习掌握存储卡的使用。通过反复学习、使用和总结，就能做到“得心应手”，最大限度地发挥仪器的作用。

2.由于全站仪较重，因此在迁站时，即使很近，也应取下仪器装箱。

3.望远镜不能直接照准太阳，以免损坏测距部的发光二极管。

4.在阳光下或阴雨天气进行作业时，应打伞遮阳、遮雨。

5.仪器安置在三脚架上之前，应检查三脚架的三个伸缩螺旋是否已旋紧。在用连接螺旋将仪器固定在三脚架上之后才能放开仪器。在整个操作过程中，观测者决不能离开仪器，以避免发生意外事故。

6.仪器应保持干燥，遇雨后应将仪器擦干，放在通风处，待仪器完全晾干后才能装箱。仪器箱应保持清洁、干燥。由于仪器箱密封程度很好，因而箱内潮湿会损坏仪器。

7.仪器装箱时，应先将仪器的电源关闭，然后再取下电池。

8.运输过程中必须注意防振。长途运输最好装在原包装箱内。

(二)仪器的维护

1.仪器应经常保持清洁，用完后使用毛刷、软布将仪器上落的灰尘除去。镜头不要用手去摸，如果脏了可用吹风器吹去浮尘，再用镜头纸擦净。如果仪器出现故障，应与厂家或厂家委派的维修部联系修理，决不可随意拆卸仪器，造成不应有的损害。仪器应存放在清洁、干燥、安全的房间内，并有专人保管。

2.棱镜应保持干净，不用时要放在安全的地方，有箱子的应放在箱内，以避免碰坏。

3.电池充电时间不能超过充电器规定的充电时间。电池如果长期不用,则一个月之内应充电一次。电池的存放温度以0~40℃为宜。

五、全站仪在中线偏位检测中的应用

如图9-67,A、B为导线点,P点为检测点。由于A、B和P'的坐标均为已知,只需将三者的坐标值依次输入“测站点”、“放样点”,即可用反光棱镜很快地找出P'的位置,PP'的距离即为偏位。

测量程序如下:

1.在A点上架设全站仪,对中整平,开机建站(不同的仪器可能叫法不同),输入测站点(A点)坐标和仪器高HI,然后输入后视点(B点)坐标和棱镜高HT。

2.把棱镜架在B点(不改变原棱镜高)。

3.让全站仪照准棱镜,按测量键,如此建站完毕。

4.选择放样选项,输入待放点(P'点)坐标,仪器会准确把P'点放到实地。

5.如P'点和P点有一定距离即为偏位。

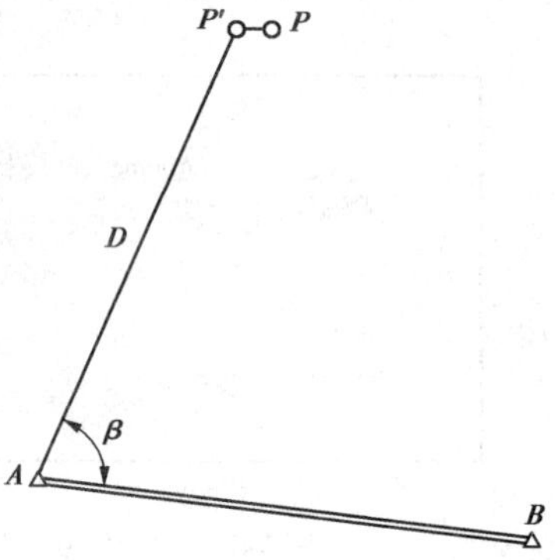

图 9-67

复习思考题

1.水准仪由哪些主要部分构成?各起什么作用?

2.水准仪测量望远镜瞄准目标时,产生视差的原因是什么?如何消除?

3.水准仪有哪些轴线?各轴线之间应满足些什么条件?如何进行检验和校正?

4.自动安平水准仪有什么特点?

5.进行水准仪的水准管轴平行于视准轴的检验和校正时,仪器首先放在相距80m的A、B点,AB间的高差$h_{AB}=+0.204$m,然后将仪器移至B点近旁,测得A、B两尺读数分别为$a=1.659$m、$b=1.466$m。试问:(1)根据检验结果,是否需要校正?(2)如何进行校正?

6.光学经纬仪由哪些主要部分构成?各起什么作用?

7.试述光学经纬仪度盘读数中测微器的原理。

8.何谓垂直度盘的指标差?在观测中如何抵消指标差?

9.何谓电子经纬仪?电子经纬仪有哪些功能?

10.经纬仪有哪些轴线?各轴线之间应满足哪些条件?为什么要满足这些条件?

11.光电测距仪的基本原理是什么?光电测距成果整理时要进行哪些改正?

12.电子全站仪名称的含义是什么?它是由哪几个主要部分组成的?

13.何谓同轴望远镜?

14.试述双轴倾斜传感器的功能和原理。

第十章　路基路面和桥梁工程质量检测仪器

[内容提要和学习要求]

本章重点讲述了现场检测路基路面平整度、弯沉值、摩擦系数、CBR值所用的仪器；现场检测桥梁结构物的强度、灌注桩完整性所用仪器的性能、工作原理、结构和操作步骤等。

通过学习，要重点掌握平整度仪的使用，蓄电池的充电方法；弯沉仪的使用、百分表的调整；摆式摩擦仪的校准及测试步骤；CBR仪的操作；回弹仪的率定和操作；钻孔取芯机的操作、钻头的维护。了解PIT桩基完整性检测仪和超声波检测仪的结构和操作步骤等。

第一节　路面平整度仪

一、用　　途

平整度是路面施工质量与服务水平的重要指标之一。不平整的路面将增大行车阻力，并使车辆产生附加振动作用。这种振动作用会造成行车颠簸，影响行车的速度和安全、驾驶的平稳和旅客的舒适。同时，振动作用还会对路面施加冲击力，从而加剧路面和汽车损坏以及轮胎的磨损。不平整的路面会积滞雨水，加速路面的破坏。因此，平整度的检测与评定是公路施工与养护的一个非常重要的环节。

测定平整度的仪器分为断面类及反应类两大类。断面类仪器测定的是路面表面凹凸情况，如常用的3m直尺及连续式平整度仪；反应类仪器测定的是路面凹凸引起车辆振动的颠簸情况。

本文介绍的XLPY—F型路面连续式平整度仪，满足了T 0932—95试验规程中规定的平整度的试验要求。与用3m直尺测量相比较，具有测量精度高、速度快、数据可靠、评定科学、操作简单、劳动强度低等优点。

二、技术参数

(一)检测功能

1.可自动测定、运算、打印均方差值σ。取样间距0.1m，取样误差＜1mm。

2.由人工送数，可自动打印出测量日期(　　年　月　日)及被测路段编号(道路号、里程桩号、取样、超差)每打印一次，小结序号自动加一。

3.自动运算并打印被测路段的单向累计值H(mm)。

4.自动运算并打印被测路段的断面曲线与基准线间的图形面积值S(cm^2)。

5.自动检测并打印被测路段长度值L(m)。

6.自动测定计算并打印正负超差数(K＋、K－)，超差标准使用可根据路面等级要求自行选定，限制在01～15范围内(mm)。

7.可自动测定计算并打印测试速度值v(km/h)。

（二）牵引方式及检测速度

可人力或机动车牵引，最小转弯半径 5m，检测速度不超过 12km/h。非检测情况（机架缩短，测量轮悬起）下牵引速度 < 25km/h。

（三）电源及功耗

镉镍碱性电池供电，功耗 < 10W。

三、仪器结构

（一）主要结构

XLPY—F 型平整度仪由机械和电器部分组成。

1. 机械部分（见图 10-1）

主要由牵引部分 1、前桥 2、车轮 3、位移传感器 4、锁紧机构 5、主架 6、测量轮 7、后桥 8、轮架 9、减震机构 10 等零部件组成。为满足运输和试验要求，整台仪器长度（主架部分）是可以调整的，主要由伸缩方管、导向机构、后架组成。测量轮由加压弹簧及提升机构、橡胶轮、距离取样机构组成。

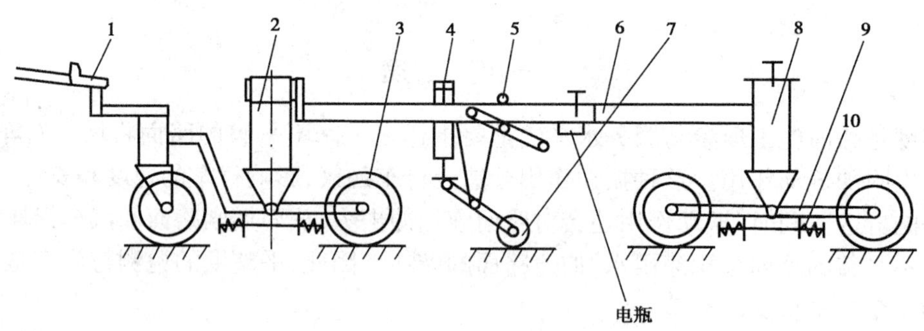

图 10-1　XLPY－F 路面平整度仪结构简图

1-牵引部分；2-前桥；3-车轮；4-位移传感器；5-锁紧机构；6-主架；7-测量轮；8-后桥；9-轮架；10-减震机构

2. 电器部分

电器部分单独装在仪器箱内，位移传感器、距离取样头、蓄电池三根电线与仪器箱相连，可随时拆装。

该仪器电器部分是以单片机 8031 微处理器为核心，外加电子锁存器、数据存储器、程序存储器和译码电路，另外再配以适当的逻辑电路组成。该仪器所用的单片机抗干扰性优于一般使用的微处理器，电源由蓄电池提供，所以它非常适用于公路工程野外质量检测。整台仪器所需各类电压均由电源通过 DC/DC 转换模块及精密稳压电路提供。输出部分，由打印机和显示器组成。

3. 面板部分及功能简介（见图 10-2）

1）接插件

仪器面板的右上角有三个接插件，分别为七芯插头座（连接机架上位移传感器）、五芯插头座（连接机架上的距离传感器）和三芯插头（连接机架上电池箱）。

2）开关

用于接通（开）或切断（关）仪器的电源电路。

3）显示器：位于仪器面板中部，为 3 位半液晶显示器。

（1）静态测试时，显示器自动显示采样值、位移传感器的数据变化。

(2)动态测试时，显示被测路段均方差值。

4)报警器

位于仪器电气机箱内，其作用是当电源输送电压不足时，蜂鸣报警，以提醒操作人员。

5)操作面板

位于仪器面板的下面，它包括一组按键和拨码盘，其功能如下：

(1)启动键：进行动、静态测试时，按下此键并释放之。

(2)停止键：测试中，需随时检测测试结果，或结束测试时未达到自动打印距离时，按此键可打印出最后结果，并显示均方差值。

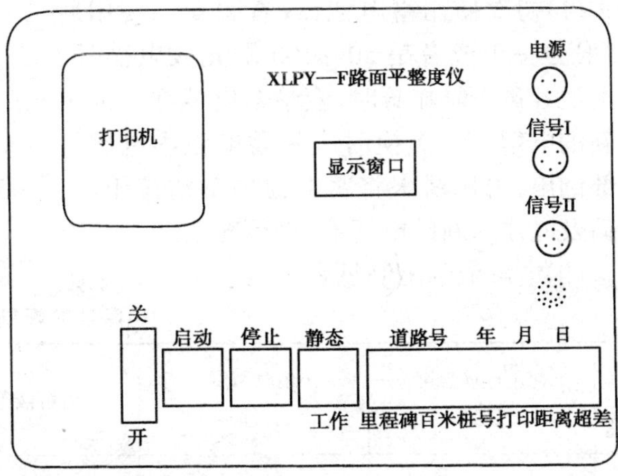

图 10-2　XLPY－F 路面平整度仪操作面板示意图

(3)动静态键：按下即为静态，用于静态调试。复原即为动态测试状态。

(4)拨码盘：九个拨码盘具有双重功能，数据分两次输入(具体见下面例题)。

①上面一行为第一次输入数据，其中(从左至右)道路号三位，年、月、日各占两位。

②下面一行为第二次输入数据，其中(从左至右)路段号为三位，分段号、取样、超差各占两位。在检测过程中，分段号自动加 1，至 99 后，从 00 开始。取样输入范围为 01～10，代表每分段测量的距离从 100～1000m，可自动打印每分段测量的数据。

例：打印格式如下：

2002 年 10 月 25 日	213	256	01
01	$L=100$	$v=12$	$\sigma=4.36$
$K+=07$	$K-=08$	$H=689$	$S=0487$

上述格式中每行数字所表示的含义分别为：

年、月、日、道路号、里程号、起始桩号(例中为 100m)

小结序号、小结长度、测速、均方差。

正超差次数、负超差次数、单向累积值、图形面积值。

四、仪器的使用

(一)使用前的准备

由于该检测项目是在野外进行长距离的测试，必须自带电源。去现场检测之前应在试验室检测蓄电池电压是否满足要求。

1.检查蓄电池电压

打开电源开关，如报警器报警说明电压不足，应停止使用，并进行充电。

2.蓄电池接线方法

该机采用镉镍碱性电池作电源，蓄电池为 GN10－(2)型镉镍电池，每节电池额定电压是 1.2V，该仪器总共使用 14 节电池，具体接线见图 10-3。

在使用中切记不可把接线位置搞错，以免加错电压损坏蓄电池。

3.蓄电池电解液的更换及配制

(1)初次使用蓄电池,或者因长期使用后(一般为一年或者是 50 ~ 100 次充放电循环)蓄电池容量下降显著时,应给蓄电池注入或更换新的电解液。更换时应将蓄电池内电解液全部倒出,再用清水将蓄电池内部清洗干净,然后及时注入新的电解液,进行充电。

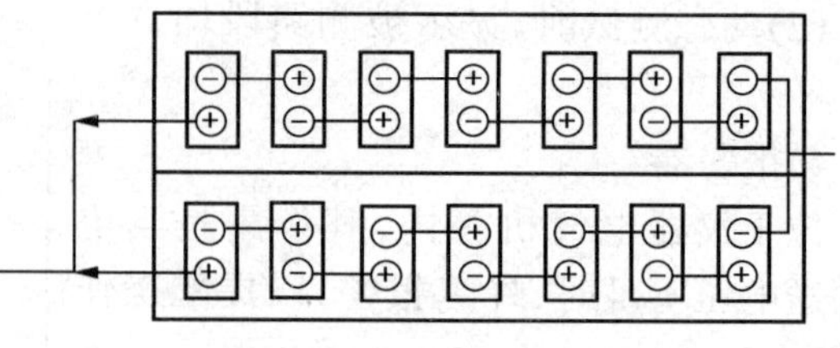

图 10-3 蓄电池接线位置图

(2)电解液的配制见表 10-1。

电解液的配制要求 表 10-1

序号	使用环境温度(℃)	相对密度(g/cm^3)	电解液组成	配制质量比(碱:水)	每公升电解液中 $LiOH \cdot H_2O$ 含量(g)
1	+10 ~ +45	1.18 ± 0.02	氢氧化钠	1:5	20
2	-10 ~ +35	1.20 ± 0.02	氢氧化钾	1:3	40
3	-25 ~ +10	1.25 ± 0.01	氢氧化钾	1:2	无
4	-40 ~ -15	1.28 ± 0.01	氢氧化钾	1:2	无

(3)电解液配制过程中应注意的事项如下:

①配制用水宜采用蒸馏水、软化水、干净的雨水和雪水,急需要时可采用城市自来水,禁用矿水和海水。

②配制第 1.2 号电解液时,先用少量电解液,将所用氢氧化钾全部溶解,再加入电解液中搅匀。

③配制 3、4 号电解液时,氢氧化钾中碳酸钾的含量不高于 4%,并禁止混入氢氧化钠。

④配制电解液时,应用玻璃、塑料、瓷器、铁器、搪瓷等耐碱容器。电解液在调好后,需静置沉淀 4h 以后,取其澄清溶液或过滤使用。

⑤配制电解液时,要戴眼镜及橡胶手套,以防碱烧伤皮肤,如遇皮肤沾有碱时,应立即用 3%的硼酸水或清水冲洗。

4.蓄电池的充电及注意事项

(1)充电

充电时,蓄电池正极接充电电源正极,蓄电池负极接充电电源负极。每只蓄电池所许充电电源电压,一般情况可按 1.9V 计;但在寒冷地区,可按 2.2V 计。每只蓄电池浮充电时所需充电电压为 1.5V,均衡充电时电源电压为 1.6V。蓄电池的充电要求见表 10-2。

蓄电池的充电要求 表 10-2

项目 \ 名称	标准充电制	过充电制	快速充电制	浮充电制
充电恒流倍率(A)	0.25C	0.25C	0.5C	不定
充电时间(h)	7	9	7	不定

(2)充电注意事项

①C 为蓄电池的额定容量,本机使用的 GN - 10(2)型蓄电池容量为 10A。

②充电时环境温度在 15~35℃范围内。

③充电和使用时应保证蓄电池中电解液的液面高于蓄电池中的极板。

5.将试验车从运输状态转换为测试状态

将车开到现场后,取下主架 6 上的固定螺栓,机架伸长就位,再用螺栓固定并放下测量轮 7,使其紧贴地面。

6.检查测量轮胎气压

气压不足时应充气。

7.连接电源

将位移传感器线、距离取样线及蓄电池三根电线与电器箱相连,连接电线时要注意方向,三芯电源线有正负之分,接反无电。

8.安装打印纸

将打印纸剪成梯形,送入打印机进纸口,接通电源按下打印机上的红键,则打印机纸便自动进入进纸口,一直到纸带顶上出纸口,放开此键即可。

(二)操作步骤

仪器工作状态,分为静态及动态两种。

1.静态测试

(1)按下动态键,使仪器进入静态工作程序(按下为静态,复位为动态)。

(2)按启动键并释放之。

(3)此时显示器应显示取样值。

(4)按停止键并释放之,结束静态测试,显示器显示 888。

静态测试主要用于放大电路的标定,一般放大电路的标定在仪器出厂前已标定好了,不需要用户打开机箱再次标定。

2.动态测试(用于现场测试)

(1)将电源开关打开,打印机空走一行,显示器应显示 888,说明机器工作正常。

(2)检查静态键,使仪器进入动态工作状态(静态键复位即为动态工作状态)。

(3)由拨码盘从左到右依次输入道路号(三位)年、月、日(各两位)。

例如:310、2003 年 7 月 5 日,则拨码盘输入为 310030705。

(4)注意:月、日不足两位应在前一位补 0。

(5)拨码盘从左到右依次输入段号(三位),分路段号、取样间距(限制为 01~10),超差标准(限制在 01~15)(各占两位)。

(6)按启动键并释放之,以上输入数字被保存下来。

(7)开动牵引车,连续式平整度仪即可开始进行动态测试。可自动进行连续测量,每分段测量结束后,打印机将打印测试结果并将均方差值送到显示器显示。

(8)中途需停止检测,可按停止键并释放之,此时打印机打印最后的测试结果。

(9)停止后,又要测试,若不更改年、月、日、道路号等,即可直接按一次启动键便可进入连续测量状态。若需修改上面的输入数据,则重复(1)~(6)的操作。

(10)试验结束后,关掉电源,取下连接电缆,将仪器置于干燥阴凉处存放。

五、使用仪器注意事项及维护

(一)使用注意事项

1.该机采用镉镍碱性蓄电池供电,应保证碱液浓度并浸没极板。充电电流不宜超过5A。

2.电解液是强碱溶液,要注意使用安全,应随时清理电池连片上的锈迹,保持接触良好,电池箱倾斜不能超过45°,更不能倒置。

3.运输、转向、停放及其它非测量状态必须将测量轮悬起,避免不必要的磨损与冲撞。

4.测试速度必须保持在12km/h以内。路面情况不好,测速应相应减慢,以免机架颠簸太大影响测量精度。

5.远距离运输应将整台连续式平整度仪放在运输车箱内。短距离运输,可直接用机动车牵引,但速度应小于25km/h为宜,以免速度过快、振动大而损坏零件。

6.与电池相连接的电线,不论在使用还是在充电时都应做到接线可靠、牢固。

(二)仪器的维护

1.平整度仪是精密电子仪器,如传感器、计算机、打印机等部件,切勿受潮,不用时要妥善保管,定期通电,以免损坏电子原件。

2.机架上的轴承和运动部件要经常加油润滑,防止生锈磨损。使用前后应检查连接螺栓是否紧固。在长途运输后尤其要认真检查。

3.测量轮的磨损会影响测量精度,行驶足够里程后,要检查其直径。测量轮的标准外径为159.20mm,不合格的测量轮要及时更换。

4.电缆线在使用时,因使用不当容易发生断路现象,此时可用万用表检查连线的通断,电缆连线的接线位置见图10-4。排除故障时,断线一定要用熔电焊焊接牢靠或换新电缆线,各线间不要接触,以免影响仪器的使用。

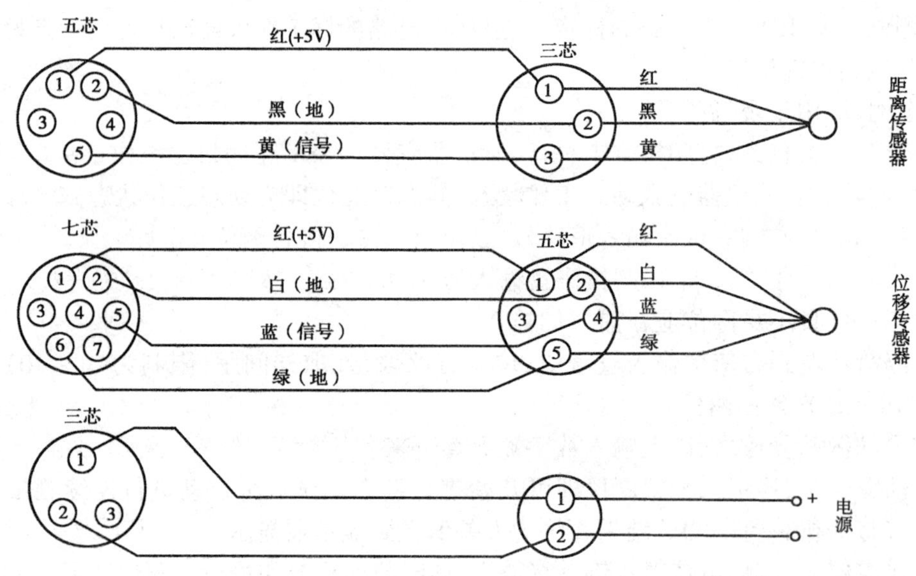

图10-4 电缆线连接图

六、常见故障排除

连续式平整度仪主要由机械和电气两部分组成。该仪器的机械部分比较简单,如发生转向不灵、轮胎漏气等故障易于排除。而电气部分,由于采用微型计算机,技术上较为复杂,一般简单故障应学会检查和排除(见表10-3),较难排除的故障应送回生产单位检修。

常见电气部分故障及排除措施　表 10-3

序号	现　象	故 障 原 因	排 除 方 法
1	开机后打印机没有走纸声，显示器不显示	电源没接通	1.检查各连接电缆是否接好，电缆线是否断线； 2.检查电池螺栓是否拧紧，接插件是否位置正确
2	开机或工作过程中，蜂鸣器报警	电池电压不足	应立即停止工作，给电池充电
3	在测量过程中，不打印、不显示结果	电缆线有断线	检查面板上的五芯电缆和机架上距离传感器的连线是否有断线，然后将断线接好或更换新线
4	测量距离和实际距离相关太大	测量轮磨耗，直径变小	应更换新测量轮
5	在测试过程中，如果输入结果出现明显的错误	电缆线有断线或位移传感器输出有问题	1.检查电板上的七芯电缆和机架上位移传感器的连线是否有断线； 2.若无断线，将仪器处于静态标定状态，检查位移传感器的输出是否正确。如位移传感器有问题请厂家维修
6	工作过程中突发干扰	有干扰	关机，然后重新开机工作
7	打印机输出结果不清楚	色带无色	给色带上色或更换新色带

第二节　贝克曼梁式弯沉仪

一、用　途

由于弯沉值能够代表路基路面整体抵抗垂直变形的能力，测定又比较直观、简便，因而已列为路基路面现场质量检测的一个常规项目。贝克曼梁式弯沉仪符合试验规程 T 0951—95 中的仪器要求，用于检测路基或路面的回弹弯沉和总弯沉，它也符合试验规程 T 0944—95 中的仪器要求，可用于测定土基和路面的回弹模量。

二、主要技术参数

1.总长：3.6m、5.4m 二种（前后臂分别为 2.4m：1.2m 和 3.6m：1.8m）。

2.杠杆比：2：1（前臂：后臂）。

3.百分表量程：10mm、50mm。

三、结构及工作原理

（一）仪器结构（见图 10-5）

该仪器主要有前臂1、后臂2、调表螺杆3、百分表4、百分表架7、支座8、测头10等零件组成。测头有各种长度,可根据测点高低调配。前后臂一般用铝合金材料制成,既轻又不易变形,前臂装有测头和水准泡,后臂装有调表螺杆,旋转它可以调整百分表的初读数。支座上装有水准器和三个调平螺钉9,转动调平螺钉可以调平弯沉仪,使纵横向保持水平。横向是否水平,可观察设在支座上的水准泡;纵向是否水平可观察弯沉仪前臂上的水准泡。

(二)工作原理

路基或路面在荷载作用下发生下沉时,弯沉仪的 A 点向下运动(见图10-6),B 点则向上运动,百分表的测杆在外力作用下也产生向上运动,表内指针就产生旋转,当 B 点读数为 L,杠杆比为2时,A 点的弯沉值为 $2L$。

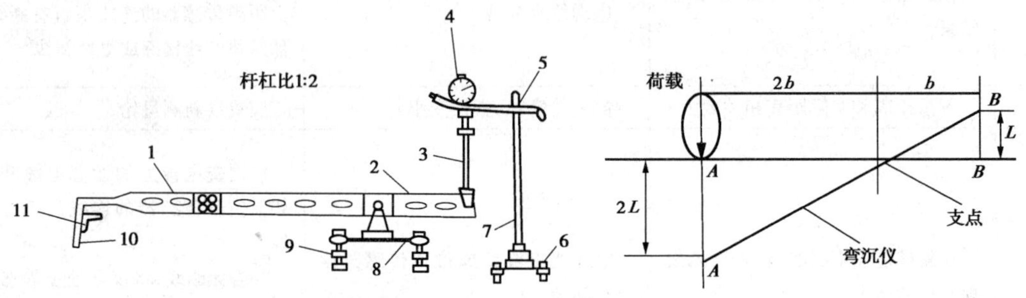

图10-5　贝克曼梁式弯沉仪结构图

1-前臂;2-后臂;3-调表螺杆;4-百分表;5-紧定螺钉;6-调节螺钉;7-百分表架;8-支座;9-调平螺母;10-测头;11-螺钉

图10-6　工作原理图

四、仪器的使用方法

(一)试验前的仪器检查

1.弯沉仪长度的选择

对半刚性基层沥青路面、水泥混凝土路面等进行弯沉测定时,当采用长度为5.4 m的弯沉仪测定,可不进行支点变形修正;如采用长度为3.6m的弯沉仪测定,需进行支点变形修正,修正方法见图10-7。

2.百分表量程的选择

测定路基的弯沉时,由于变形较大,最好选择量程大的百分表,以满足试验需要。

3.标准车的选择

测试车根据公路等级选择,高速公路、一级公路及二级公路应采用后轴100kN的BZZ－100标准车,其它等级公路可用后轴60kN的BZZ－60标准车,具体见表10-4。

测定弯沉用标准车参数　　表10-4

标准轴载等级	BZZ－100	BZZ－60
后轴标准轴载 P(kN)	100±1	60±1
一侧双轮荷载(kN)	50±0.5	30±0.5
轮胎充气压力(MPa)	0.70±0.05	0.50±0.05
单轮传压面当量圆直径(cm)	21.30±0.5	19.50±0.5
轮隙宽度	应能满足自由插入弯沉仪测头的测试要求	

4.准备工作

(1)检查并保持测定用标准车的车况及刹车性能良好、轮胎符合规定充气压力。

(2)向汽车车厢中装载铁块或集料,并在地磅上称量后轴质量,符合要求规定的轴重。汽车行驶及测定过程中,轴重不得变化。

(3)测定轮胎接地面积:在平整光滑的硬质路面上用千斤顶将汽车后轴顶起,在轮胎下方铺一张新的复写纸,轻轻落下千斤顶,即在方格纸印上轮胎印痕,用求积仪或数方格的方法测算轮胎接地面积,准确至 $0.1cm^2$。

(4)检查弯沉仪百分表测量灵敏情况。

(5)当在沥青路面上测定时,用路表温度计测定试验时气温及路表温度(一天中气温不断变化,应随时测定),并通过气象台了解前 5d 的平均气温(日最高气温与最低气温的平均值)。

(6)记录沥青路面修建或改建时材料、结构、厚度、施工及养护等情况。

(二)操作步骤

1.在测试路段布置测点,其距离随测试需要而定。测点应在路面行车道的轮迹带上,并用白漆或粉笔画上标记。

2.将试验车后轮轮隙对准测点后约 3~5cm 处的位置上。

3.将弯沉仪插入汽车后轮之间的缝隙处,与汽车方向一致,梁臂不得碰到轮胎,弯沉仪测头置于测点上(轮隙中心前方 3~5cm 处),并安装百分表于弯沉仪的测定杆上。百分表调零(将百分表的测头放在弯沉仪的调表螺杆端部,转动调表螺杆,使百分表有 4~5mm 预压缩,即百分表内的小表 2 的指针指向 4 或 5),然后转动百分表的表圈 5,使大指针 1 对准零,用手指轻轻叩打弯沉仪,检查百分表是否稳定回零。弯沉仪可以是单侧测定,也可以是双侧同时测定。

4.测定者吹哨发令指挥汽车缓缓前进,百分表随路面变形的增加而持续向前转动。当表针转动到最大值时,迅速读取初读数 L_1。汽车仍在继续前进,表针反向回转,待汽车驶出弯沉影响半径(约 3m 以上)后,吹口哨或挥动指挥旗,汽车停止。待表针回转稳定后,再次读取终读数 L_2。汽车前进的速度宜为 5km/h 左右。

(三)弯沉仪的支点修正

1.当采用长度为 3.6m 的弯沉仪对半刚性基层沥青路面、水泥混凝土路面等进行弯沉测定时,有可能引起弯沉仪支座处变形,因此测定时应检验支点有无变形。此时应用另一台检验用的弯沉仪安装在测定用弯沉仪的后方,其测点架于测定用弯沉仪的支点旁。当汽车开出时,同时测定两台弯沉仪的弯沉读数,如检验用弯沉百分表有读数,即应该记录并进行支点变形修正。当在同一结构层上测定时,可在不同位置测定 5 次,求取平均值,以后每次测定时以此作为修正值。支点变形修正的原理如图 10-7 所示。

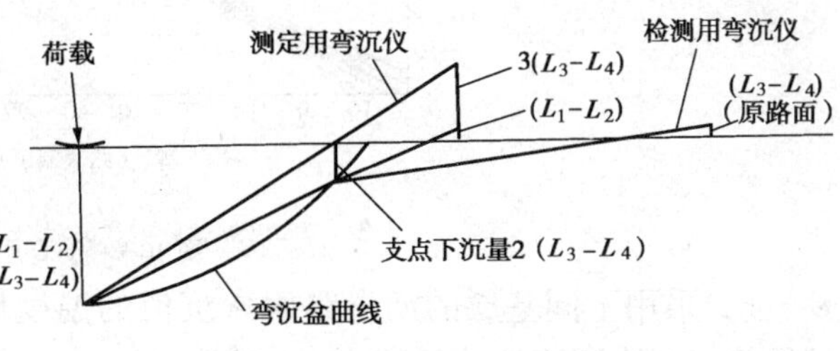

图 10-7 弯沉仪支点变形修正原理

2.当采用长度为 5.4m 的弯沉仪测定时,可不进行支点变形修正。

(四)结果计算及温度修正

1.路面测点的回弹弯沉值依式(10-1)计算:

$$L_T = (L_1 - L_2) \times 2 \tag{10-1}$$

式中：L_T——在路面温度 T 时的回弹弯沉值，0.01mm；

L_1——车轮胎中心临近弯沉仪测头时百分表的最大读数，0.01mm；

L_2——汽车驶出弯沉影响半径后百分表的终读数，0.01mm。

2.当需要进行弯沉仪支点变形修正时，路面测点的回弹弯沉值按下式(10-2)计算(适用于测定弯沉仪支座处有变形，但百分表架处路面已无变形的情况)：

$$L_T = (L_1 - L_2) \times 2 + (L_3 - L_4) \times 6 \tag{10-2}$$

式中：L_1——车轮中心临近弯沉仪测头时测定用弯沉仪的最大读数，0.01mm；

L_2——车轮驶出弯沉影响半径后测定用弯沉仪的最终读数，0.01mm；

L_3——车轮中心临近弯沉仪测头时检测用弯沉仪的最大读数，0.01mm；

L_4——车轮驶出弯沉影响半径后检验用弯沉仪的最终读数，0.01mm。

3.沥青面层厚度大于5cm的沥青路面，回弹弯沉值应进行温度修正，温度修正及回弹弯沉的计算宜按下列步骤进行。

(1)测定时的沥青层平均温度按式(10-3)计算：

$$T = (T_{25} + T_m + T_e)/3 \tag{10-3}$$

式中：T——测定时沥青层平均温度，℃；

T_{25}——根据 T_0 由图10-8决定的路表下25mm处的温度，℃；

T_m——根据 T_0 由图10-8决定的沥青中间深度的温度，℃；

T_e——根据 T_0 由图10-8决定的沥青层底面处的温度，℃。

图10-8中 T_0 为测定时路表温度与测定前5d日平均气温的平均值之和(℃)，日平均气温为日最高气温与最低气温的平均值。

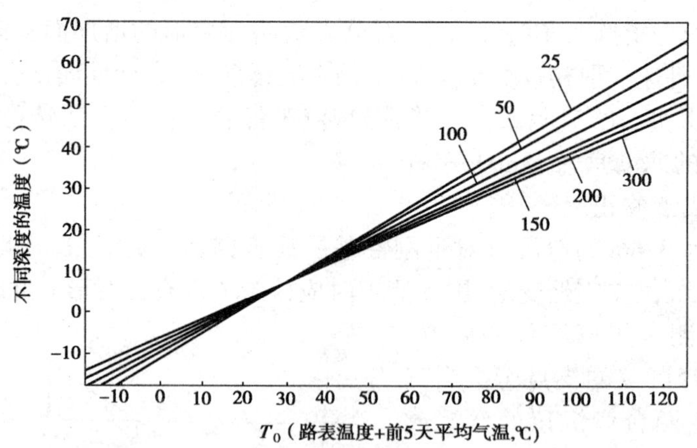

图10-8　沥青层平均温度

(2)采用不同基层的沥青路面弯沉值的温度修正系数 K，根据沥青层平均温度 T 及沥青层厚度，分别由图10-9及图10-10求取。

(3)沥青路面回弹弯沉按式(10-4)计算：

$$L_{20} = L_T \times K \tag{10-4}$$

式中：K——温度修正系数；

T_{20}——换算为20℃的沥青路面回弹弯沉值，0.01mm；

L_T——测定时沥青面层内平均温度为 T 时的回弹弯沉值，0.01mm。

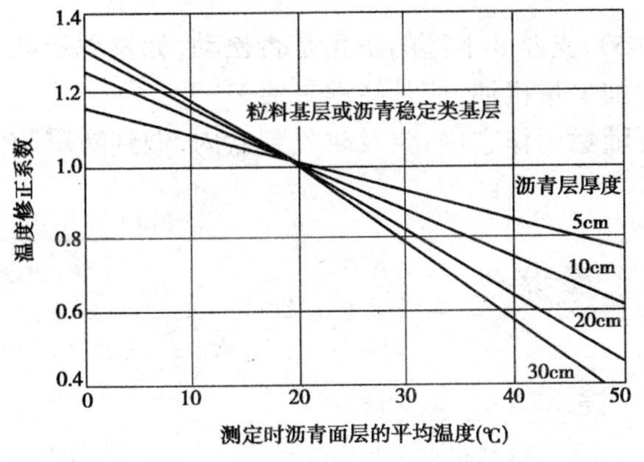

图 10-9 路面弯沉温度修正系数曲线

(适用于粒料基层及沥青稳定基层)

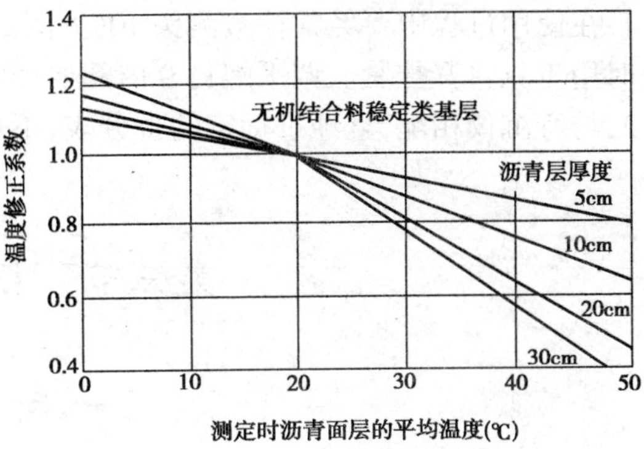

图 10-10 路面弯沉温度修正系数曲线

(适用于无机结合料稳定土半刚性基层)

4.结果评定

(1)按式(10-5)计算每一个评定路段的代表弯沉:

$$L_r = \bar{L} + Z_\alpha \times S \tag{10-5}$$

式中:L_r—— 一个评定路段的代表弯沉,0.01mm;

$\bar{L}$—— 一个评定路段内经各项修正后的各测点弯沉的平均值,0.01mm;

S—— 一个评定路段内经各项修正后全部测点弯沉的标准差,0.01mm;

Z_α——与保证率有关的系数。高速、一级公路,对于基层采用 $Z_\alpha = 2.0$,对于沥青混凝土面层 $Z_\alpha = 1.645$;二、三级公路对于路基采用 $Z_\alpha = 1.645$;对于沥青混凝土面层采用 $Z_\alpha = 1.5$。

(2)计算平均值和标准差时,应将超出 $L \pm (2 \sim 3)S$ 的弯沉特异值舍弃。对舍弃的弯沉值过大的点,应找出其周围界限,进行局部处理。

(3)弯沉代表值不大于设计要求的弯沉值时得满分;大于时得零分。

注:若在非不利季节测定时,应考虑季节影响系数。

五、使用仪器注意事项及维护

(一)使用注意事项

1.每次移动弯沉仪时,要将整个弯沉仪抬起来,不能将测头随地拖,否则会使头部的螺钉松动。

2.当把百分表固定在图 10-5 中的表架 7 时,固定百分表的螺栓不可拧得太紧,拧得太紧会使图 10-11 中的装夹套筒 6 变形,百分表的测杆 7 运动起来受阻,而使实测数据变小;固定百分表的螺栓也不可拧的太松,拧的太松百分表固定不牢,测试时会出现数据不稳定。百分表装好后,将测头放在弯沉仪的调表螺杆上,用手轻叩弯沉仪,如百分表指针仍能回原处,说明百分表安装的松紧合适。

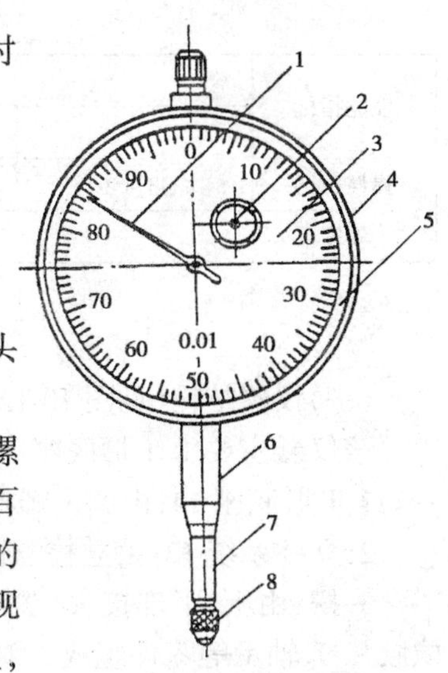

图 10-11 百分表外形图

1-指针;2-转数指针;3-表盘;4-表体;5-表圈;6-装夹套筒;7-测杆;8-测头

3.试验时一定要使百分表架 7(见图 10-5)处于垂直状态,如不垂直,可转动调节螺钉 6 进行调整。

(二)仪器的维护

1.在使用过程中要经常检查测头10(见图10-5)、支座8下部的垫角是否松动,如发现松动要及时用工具将其拧紧。调平螺钉9内圈要经常加少量机油,使其转动灵活。

2.与弯沉仪相配,且经过标定的百分表,不可随意用作它用,要及时收到盒内,做到防震防潮。

第三节　摆式摩擦仪

一、用　　途

路面抗滑性能是指车辆轮胎受到制动时沿表面滑动所产生的力。通常,抗滑性能被看作是路面的表面特征,并用轮胎与路面间的摩阻系数来表示。

手提式摆式摩擦系数测定仪(简称摆仪),是一种测定路面在潮湿条件下对摆的摩擦阻力的一个指标。它具有结构简单、操作方便,测试数据稳定等优点,并且室内、外均可使用,它符合试验规程T 0964—95中的仪器要求。测试指标是摆值 F_B,以BPN为单位,适用于测定沥青路面及水泥混凝土路面的抗滑值,用于评定路面在潮湿状态下的抗滑能力。

二、主要技术规格

1.摆动的力矩615000g·mm,其中摆质量(1500±30)g,摆的重心距离(410±5)mm。

2.橡胶片对路面的正向静压力,(22.2±0.5)N;

3.摆自倾斜5°处自由放下到摆动停止的次数,不少于70次;

4.橡胶片外边缘距摆动中心的距离508mm。

5.橡胶片尺寸6.35mm×25.4mm×76.2mm(橡胶质量要求见表10-5)。

橡胶片物理性质技术要求结构　　表10-5

性能指标	温　度(℃)				
	0	10	20	30	40
弹性(%)	43~49	58~65	66~73	71~77	74~79
硬度	55±5				

三、结构及工作原理

(一)仪器结构(见图10-12)

该仪器主要由T形底座、立柱系统、摆、释放开关、示数系统等主要部件组成。

1.T形底座14:由调平螺栓16和水准泡13组成。对仪器起调平,支承作用。

2.立柱系统12:由立柱、升降机构,导向杆及升降把手15组成,用于升降和固定摆的位置。

3.摆:由上、下部接头、摆杆、弹簧、杠杆系、卡环3、平衡锤6、举升柄5、外壳11、滑溜块8及橡胶片9、轴承等零件组成。对摆动中心有规定力矩,对路面有规定压力,它是度量路面摩擦系数的尺度。

4.释放开关2:安装于悬臂上的开关,用于保持摆杆水平位置和释放摆。

5.示数系统:由指针18、针簧片22、刻度盘19、调节螺母21、针18等零件组成。指针可直接指示出摆值。

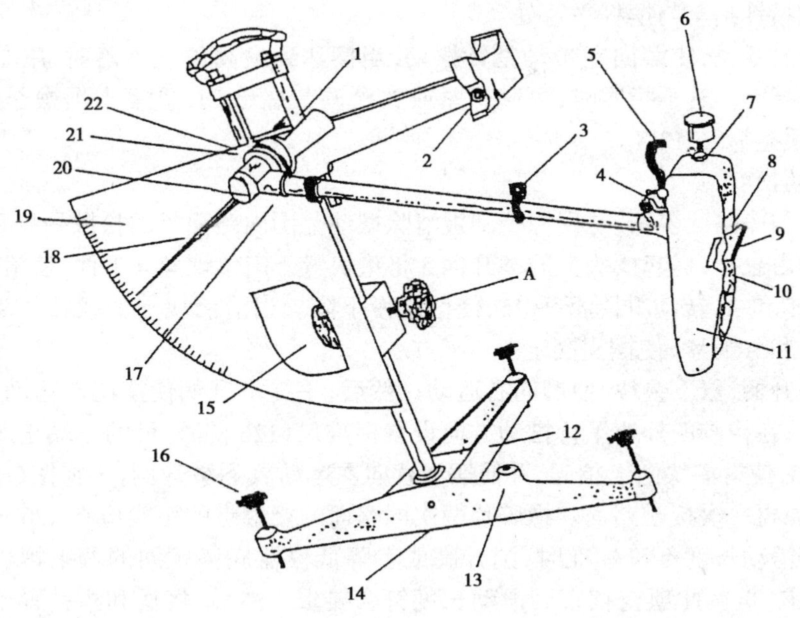

图 10-12　摆式摩擦仪结构图

1-紧固把手;2-释放开关;3-卡环;4-定位螺丝;5-举升柄;6-平衡锤;7-并紧螺母;8-滑溜块;9-橡胶片;10-止滑螺丝;11-外壳;12-立柱;13-水准泡;14-底座;15-升降把手;16-调平螺栓;17-连接螺母;18-指针;19-刻度盘;20-转向节螺盖;21-调节螺母;22-针簧片或毡垫

(二)工作原理

摆式仪是动力摆冲击型仪器。它是根据摆的位能损失等于安装于摆臂末端的橡胶片滑过路面时克服路面摩擦所做的功这一基本原理研制而成的。

四、仪器的使用方法

(一)试验前仪器的检查

1.检查橡胶片的磨损情况:当橡胶片使用后,端部在长度方向上磨损超过 1.6mm 或边缘在宽度方向上磨损超过 3.2mm,或有油污染时,应更换新橡胶片,新橡胶片应先在干燥路面上测 10 次后再用于测试。橡胶片的有效使用期为 1 年。

2.检查指针:因指针较细,又无罩壳保护,在搬运过程中极易碰弯,使用时要将其校直。

3.检查摆式仪的调零情况:转动调节螺母 21 应能显著改变指针转动时的松紧度。

(二)操作步骤

1.选点:对测试的路段按随机取样方法,决定测点所在横断面位置。测点应选在行车车道的轮迹带上,距路面边缘不应小于 1m,并用粉笔作出标记。测点位置宜紧靠铺砂法测定构造深度的测点位置,并与其一一对应。

2.仪器调平:

(1)将仪器置于测点上,并使摆的摆动方向与行车方向一致。

(2)转动调平螺钉 16 使水准泡 13 居中。

3.仪器调零:

(1)放松固定把手 1 和 A,转动升降把手 15 使摆升高并能自由摆动,然后旋紧把手 1 和 A。

(2)将摆向右运动,按下安装于悬臂上的释放开关 2,使卡环 3 进入释放开关槽,使摆处于水平位置，并把指针抬至与摆杆平行处。

(3)按下释放开关，使摆向左带动指针摆动，当摆达到最高位置下落时，用左手将摆杆接住，此时指针应指零。若不指零时，可稍旋紧或放松调节螺母 21，重复本项操作，直至指针指零。调零允许误差为 ±1BPN。

4.标定滑动长度：

(1)用扫帚扫净路面表面，并用橡胶刮板清除摆动范围内路面上的松散颗粒和杂物。

(2)让摆自由悬挂，提起摆头上的举升柄 5 将垫块置于定位螺丝 4 下面，使滑溜块 8 升高。放松紧固把手 1 和 A，转动升降把手 15，使摆缓慢下降。当滑溜块上的橡胶片 9 刚接触路面时，即将把手 1 和 A 旋紧，使摆头固定。

(3)提起举升柄，取下垫块，使摆向右运动。然后，手提举升柄使摆向左运动，直至橡胶片刚刚接触路面。在橡胶的外边平行摆动方向设置标准尺(126 mm)，尺的一端正对该点。再用手提起举升柄 5，使滑溜块向上抬起，并使摆继续向左运动放下举升柄，再将摆缓缓向右运动，使橡胶片的边缘再一次接触路面。橡胶片两次同路面的接触点的距离应在 126 mm(即为滑动长度)左右。若滑动长度不符标准时，则升高或者降低仪器底座正面的调平螺栓 16 来校正。但须调平水准泡，重复此项校核直到滑动长度符合要求。然后，将摆和指针置于水平释放位置。

校核滑动长度时应以橡胶片长度刚刚接触路面为准，不可借摆力量向前滑动，以免标定的滑块长度过长。

5.测定

(1)用喷壶的水浇洒测试路面，并用橡胶刮板刮除表面泥浆。

(2)再次洒水，并按下释放开关 2，使摆在路面上滑过，指针即可指示路面的摆值(一般第一次可不作记录)。当摆回落时，用左手接住摆杆，右手提起举升柄使滑溜块升高，并将摆向右运动，按下释放开关，使摆卡环 3 进入释放开关内，并使摆杆和指针重新置于水平释放位置。

(3)重复(2)的操作测定五次(每次均需洒水)，记录每次测定的摆值。5 次数值中最大值与最小值的差值不得大于 3BPN(即刻度盘的一格半)。如差值大于 3BPN，应检查产生的原因，并在此重复上述各项操作，至符合规定要求为止。取 5 次测定的平均值作为每个测点路面的抗滑值(即摆值 F_B)。取整数，以 BPN 表示。

(4)在测点位置上用路表温度计测记潮湿路面的温度，精确至 1℃。

(5)按以上方法，同一处测试不少于 3 点，3 个测点均位于轮迹带上，测点间距 3～5m。该处的测定位置以中间测点的位置表示。每一处均取 3 点测定结果的平均值作为试验结果，精确至 1BPN。

五、使用仪器注意事项及维护使用

1.注意事项

(1)指针调零时，一定要先放松紧固把手 1 和 A，紧固把手不松开不能转动升降把手 15。由于升降齿条齿的模数小，如果强行转动升降把手 15，很容易就把仪器内的升降齿条的齿打坏，而导致仪器不能升降。

(2)校准滑动长度时，当把摆向左或向右移动时，一定要用手提起举升柄。如不提起举升柄就将摆向左或向摆动，很容易将滑溜块撞松。

(3)仪器在搬运过程中,一定要将摆折下来,并装箱压紧,以防振动而导致摆弯曲。

(4)仪器暂时不用,应将摆处于自由悬挂状态,不要将摆水平装入卡环,以防卡环长期在外力作用下而影响弹性。

2.仪器的维护

(1)仪器使用一段时间后,要把紧固把手 A 旋下,轻轻取出升降把手 15,给把手上的上小齿轮和立杆上的齿条加点润滑油,以保证升降把手 15 能使摆轻松上升或下降。

(2)试验时,由于摆头上的橡胶片在路面摩擦时,与路面产生一定的撞击,会使摆头上的所有螺钉松动。因此要经常检查螺钉的松紧,一旦发现松动要及时拧紧,否则影响试验结果。

六、摆式仪的标定

1.标定摆的质量——放松摆杆与转向节的连接螺母 17,从仪器上取下装有滑溜块的摆。称重(W)准确至 g(应符合 1500 + 30g)。

2.标定重心装有滑溜块的摆的重心——根据摆置于刀口上的位置来确定。连结螺母 17 应固定于摆臂的末端,得到平衡点后,应旋进或旋出平衡锤,直到摆壳边部水平为止,并在平衡点位置作一记号。

3.标定摆动中心到重心的距离——把摆重新装在仪器上,并取下转向节螺盖 20,测量从摆动中心(轴承螺母中心)至重心的距离(H),准确到毫米(应符合 410 ± 5mm)。

4.力矩标定:由公式 $L = 615000\text{g}\cdot\text{mm}/$摆的质量,计算出摆的重心位置,然后将重心位置置于刀口上,改变力矩调节螺母位置。必要时,也可增减力矩调节螺母数量,但仍然应符合 1 和 3 的方法,使摆平衡,满足力矩要求。L 为力矩调节螺母重心距摆动中心的距离。

5.压力标定:

(1)将摆从仪器上取下,使滑溜块 8 的橡胶片与摆壳底板平行。旋紧滑溜块的固定螺母。用卡尺量橡胶片边缘至底板顶面的距离(取前、后两处的平均值),应为 60mm。若有出入,可调节摆下部止滑螺丝 10,使滑溜块升高或降低,以达到要求,调节后螺钉不应再动。

(2)放松滑溜块固定螺母,并使两螺母并紧,以保证滑溜块能绕自身的轴转动,而在轴上的窜动量不大于 0.2mm。

(3)将压力标定天平置于试验台上,调平,使指针指中。把三脚架置于右侧盘的后部,摆式仪放在三脚架上,用夹块将摆固定在立柱上,对准右称盘中部并压下 3 ~ 5mm,在左称盘中加 1g 砝码,使天平稳平(此时天平指针指向右方)。调节仪器底座调平螺栓 16,使指针对准右方 20mm 处,并注意保持水准泡居中。

(4)提起举升柄,将垫块放在定位螺钉 4 下,调节定位螺钉,使指针回零,橡胶片的压力即将称盘压下,指针偏斜至右方 20mm 处。然后在左侧称盘上加标定砝码(2263g),此时指针应归零,调节定位螺丝使之回零。

(5)从举升柄定位螺丝 4 下轻轻取出垫块,橡胶片的压力即将称盘压下,指针偏斜至右方 20 mm 处。然后在左侧称盘上加标定砝码(2263g),此时指针应归零。若指针不回零,则表示橡胶片对路面的压力过大(指针偏右方)或过小(指针偏左方)。取下标定砝码,用螺丝刀插入弹簧引线的槽内,旋紧或放松弹簧松紧调节螺母,使指针回零。此时应注意握紧摆杆,在旋紧和放松调节螺母的过程中,不至于人为对称盘加载。然后,重新校核压力,以达到 2263g 为止。

第四节 回 弹 仪

一、用 途

由于回弹仪轻便、灵活、价廉、不需电源、易掌握，加之相应的回弹仪检定规程及回弹法检测混凝土抗压强度的技术规程的制定和实施，使回弹仪的检测精度得到保证。因此，在公路工程试验检测中，回弹仪目前已广泛用于无损检测混凝土结构或构件抗压强度，它符合试验规程JGJ/T 23—2001 中的仪器要求。

回弹法检测混凝土抗压强度是对常规检验的一种补充，例如，试件与结构中混凝土质量不一致，对试件的检验结果有怀疑或供检验用的试件数量不足时，可采用回弹法检测，并将检测结果作为处理混凝土质量问题的一个主要依据。

另外，施工阶段，如构件拆模、预应力张拉或移梁吊装时，回弹法可作为评估混凝土强度的依据。

回弹法的使用前提，是要求被测结构或构件混凝土的内外质量基本一致。因此，当混凝土表层与内部质量有明显差异，例如遭受化学腐蚀或火灾、硬化期间遭受冻伤等或内部存在缺陷时，不能用回弹法评定混凝土强度。

二、技 术 参 数

根据仪器水平测试时的冲击能量，回弹仪分为轻型、中型、重型三种。在公路工程试验检测中常用中型回弹仪，即 ZC3 – A 型，该型号的技术参数为：

1. 冲击能量：2.207J。

2. 率定值：80 ± 2。

三、结构及工作原理

(一)主要结构

该仪器的结构见图 10-13，主要由外壳 7、弹击锤 8、弹击杆 13、弹击拉簧 16、压簧 4、中心导杆 9、挂钩 5、指示块 18、指针片 17 等零件组成。

(二)工作原理

回弹仪主要利用弹击锤的冲击能量撞击混凝土构件的表面，使其产生弹性变形。混凝土构件表面所产生的恢复力，又通过弹击杆使弹击锤向后弹回。当混凝土构件表面强度较高时，产生的瞬时弹性变形的恢复力较大，弹击锤弹回的距离就大；反之，弹回的距离就小。

当对回弹仪施压时，弹击杆 13 向机内推进，通过缓冲弹簧 14、中心导杆 9、导向法兰 19、挂钩 5、弹击锤 8 使弹击拉簧 16 被拉伸，使联接弹击拉簧的弹击锤获得恒定的冲击能量（见图 10-14）。当

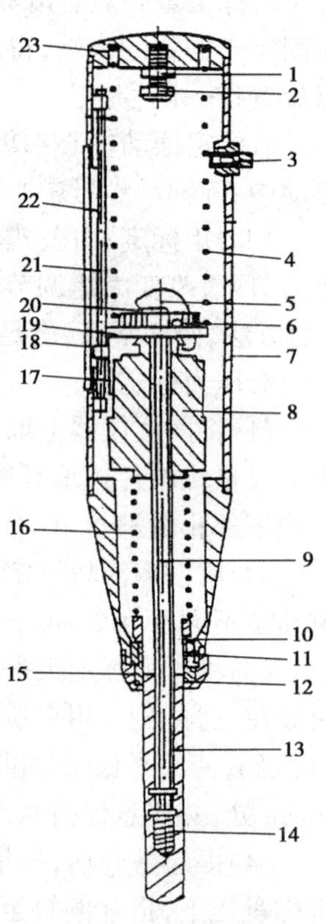

图 10-13 回弹仪结构图
1-紧固螺母；2-调零螺钉；3-按钮；4-压簧；5-挂钩；6-挂钩销子；7-外壳；8-弹击锤；9-中心导杆；10-拉簧座；11-卡环；12-密封毡圈；13-弹击杆；14-缓冲压簧；15-盖帽；16-弹击拉簧；17-指针片；18-指示块；19-导向法兰；20-挂钩压簧；21-指针轴；22-刻度尺；23-尾盖

挂钩5与调零螺钉2相碰时，弹击拉簧使弹击锤获得恒定的冲击能量。当挂钩被调零螺钉挤压张开时，弹击锤被脱钩(见图10-15)，在弹击拉簧的拉力作用下撞击弹击杆13。弹击锤释放出来的能量通过弹击杆传递给混凝土构件，使混凝土构件表面产生弹性变形。混凝土构件表面所产生的瞬时弹性变形的恢复力，又通过弹击杆使弹击锤向后弹回，带动指针片18，并通过指针块18指示出弹回的距离。因此，可以用回弹值(弹回的距离与冲击前弹击锤至弹击杆的距离之比，按百分比计算)作为与混凝土强度相关的指标之一，来推定混凝土的抗压强度。

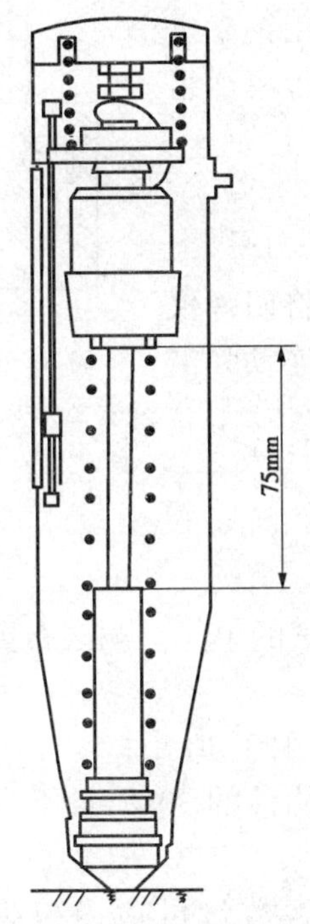

图10-14 弹击锤脱钩前的状态

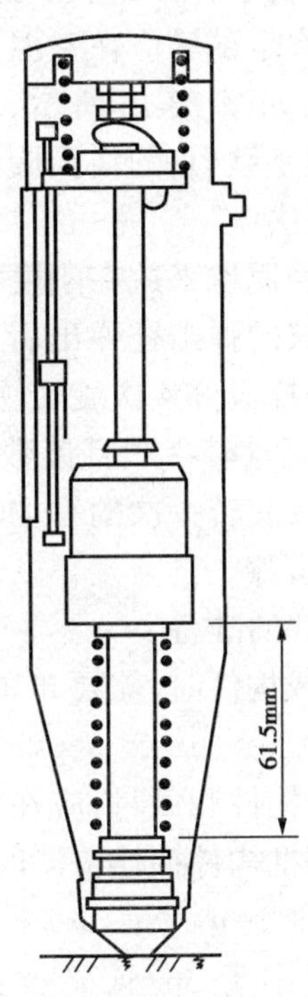

图10-15 弹击锤脱钩后的状态

压簧4主要是用来使中心导杆推动弹击杆伸出，并将挂钩与弹击锤相联接。挂钩压簧20用来保持挂钩始终处于闭合状态。缓冲压簧14主要是用来防止弹击杆与中心导杆相撞击。调零螺钉2用来调节弹击拉簧的伸长长度，使弹击锤获得恒定的冲击能量。按钮3用于回弹仪的位置不利于读数时，锁住机芯。

四、回弹仪的使用方法

(一)使用前检查

1.外观

(1)仪器外壳不允许有碰撞和摔落的任何损伤。

(2)各运动部件活动自如、可靠，不得有松动、卡滞和影响操作的现象，指针滑块示值刻线和刻度尺上的刻线应清晰、均匀。

(3)弹击杆外露球面应光滑，无裂纹、缺损和锈蚀等。

(4)刻度尺上“100”刻线，应与机壳刻度槽“100”刻线相重合。

2. 回弹仪的率定

回弹仪基本上是由一些没有联接，又有相对运动的零件组装而成，它的操作、拿起放下及运输的方法不正确，都会改变仪器内部各零件的间隙尺寸及摩擦力的大小，最终影响回弹值。为使测试数据准确，回弹仪有下列情况之一时，应进行率定试验：

(1)进行测试前需率定；

(2)测定过程中对回弹值有怀疑时。

如率定试验结果不再符合规定的 80±2，应对回弹仪进行常规保养后再率定，如仍不合格，应送检定单位校验。

回弹仪的率定试验应在室温为 20±5℃的条件下进行，用钢砧进行率定，其结构如图 10-16 所示，由护筒 4、毛毡 1、底座 3、压块 2 组成，压块表面很坚硬，它的洛氏硬度应为 HRC60±2。

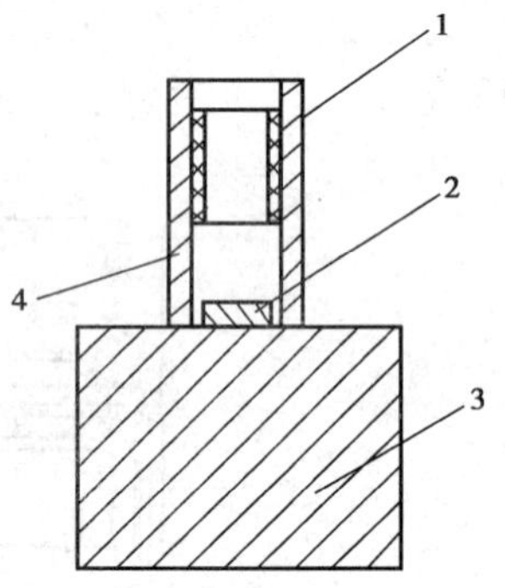

图 10-16　钢砧结构图

1-毛毡；2-压块；3-底座；4-护筒

(3)率定方法：

①将钢砧稳固地平放在刚度大的混凝土实体上。

②将回弹仪的弹击杆弹出后，放入套筒内，用力均匀地将回弹仪向下弹击，弹击杆应分 4 次旋转，每次旋转约 90°，每个方向连续弹击 3 次，取其中最后连续 3 次且读数稳定的回弹值进行平均。

③弹击杆每旋转一次的平均率定值均应符合 80±2。

(二)操作步骤

1. 被测构件的准备

检测结构或构件时，需要布置测区，因为测区是进行测试的单元。测区布置应符合下列规定：

(1)按单个构件测试时，应在构件上均匀布置测区，且不少于 10 个；

(2)当对同批构件抽样检测时，构件抽样数不小于同批构件的 30%，且不少于 10 件；每个构件测区数不少于 10 个；

(3)对长度小于 3m 且高度低于 0.6m 的构件，其测区数量可适当减少，但不应少于 5 个。

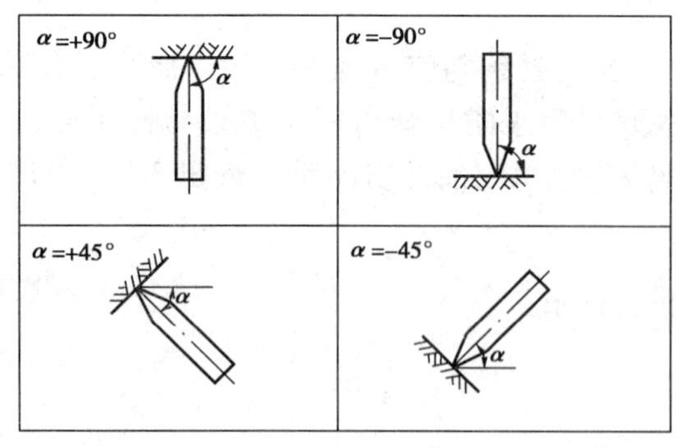

图 10-17　回弹仪测试角度示意图

2. 构件的测区要求

(1)测区应选在使回弹仪处于水平方向检测构件混凝土浇筑侧面。当不能满足这一要求时，可使回弹仪非水平方向检测混凝土浇筑侧面、底面或表面。如图 10-17 所示。

(2)测区离构件边缘的距离宜大于 0.5m；

(3)测区宜选在构件的两个对称可测面上，也可选在一个可测面上，且应均匀分布。在构件的重要部位及薄弱部位必须布置测区，并应避开钢筋密集区和预埋件(如波纹管)；

(4)测区尺寸宜为 20cm×20cm，每一测区宜测 16 个测点，相邻两测点间距离不宜小于 3cm。

(5)测试面应清洁、平整、干燥，不应有接缝、饰面层、粉刷层、浮浆、油垢、蜂窝和麻面等。必要时，可用砂轮片清除杂物和磨平不平整处，并擦净残留粉尘。

(6)对弹击时产生颤动的薄壁、小构件应进行固定。

3.回弹值的测试

(1)将弹击杆弹出

将弹击杆顶住混凝土的表面,轻压仪器,使按钮松开,放松压力使弹击杆伸出,挂钩挂上弹击锤。

(2)测试

①使仪器的轴线始终垂直与混凝土的表面垂直并缓慢均匀施压,待弹击锤脱钩冲击弹击杆后,弹击锤带动指针向后移动至某一位置时,指针块上的示值刻线在刻度尺上示出一定数值即为回弹值。

②使仪器继续顶住混凝土表面进行读数并记录回弹值。如条件不利于读数,可按下按钮,锁住机芯,将仪器移至它处读数。

③将弹击杆缩回,逐渐对仪器减压,使弹击杆自仪器内伸出,待下一次使用。

4.碳化深度的测定

回弹值测试完毕后,应在有代表性的位置上测量碳化深度值,测点不应少于构件测区数的30%,取其平均值作为该构件每一测区的碳化深度。当碳化深度极差大于2.0时,应在每一测区测量碳化深度。

测量碳化深度时,可用合适的工具在测区的表面形成直径约为15mm的孔洞,其深度略大于混凝土的碳化深度,清除洞中粉末和碎屑后(注意不能用液体冲洗孔洞)立即用1%酚酞酒精溶液滴在混凝土孔洞内壁的边缘处。当已碳化与未碳化界面清楚时,再用深度测量工具垂直测量未变色部分的深度(没碳化部分变成玫瑰红色),该距离即为混凝土的碳化深度值,测量不得少于3次,取其平均值。每次读数准确至0.5mm。

5.检测数据的处理

(1)测区回弹值的计算

当回弹仪水平方向测试混凝土浇筑侧面时,应从每一测区的16个回弹值中剔除其中3个最大值和3个最小值,取余下的10个回弹值的平均值作为该测区的平均回弹值,取一位小数。计算公式为:

$$\overline{N}_{\mathrm{s}} = \sum N_{\mathrm{i}}/10 \tag{10-6}$$

式中:$\overline{N}_{\mathrm{s}}$——测区平均回弹值,计算至0.1;

N_{i}——第 i 个测点的回弹值。

(2)测试角度的修正

当回弹仪非水平方向测试混凝土浇筑侧面时,应将测得数据按公式(10-7)进行修正,计算非水平方向测定的修正回弹值,如表10-6。

$$\overline{N} = \overline{N}_{\mathrm{S}} + \Delta N \tag{10-7}$$

式中:$\overline{N}$——经非水平测定修正的测区平均回弹值;

$\overline{N}_{\mathrm{S}}$——回弹仪实测的测区平均回弹值;

ΔN——由表10-6查出的不同测试角度的回弹值修正值,准确至0.1。

(3)测试面修正

当回弹仪水平方向测试混凝土浇筑表面或底面时,应将测得数据参照公式(10-6)求出测区平均回弹值$\overline{N_S}$后,按式(10-8)进行修正。

非水平方向测定的修正回弹值 表 10-6

$\overline{N_S}$	与水平方向所成的角度							
	+90°	+60°	+45°	+30°	-30°	-45°	-60°	-90°
20	-6.0	-5.0	-4.0	-3.0	+2.5	+3.0	+3.5	+4.0
30	-5.0	-4.0	-3.5	-2.5	+2.0	+2.5	+3.0	+3.5
40	-4.0	-3.5	-3.0	-2.0	+1.5	+1.5	+2.5	+3.0
50	-3.5	-3.0	-2.5	-1.5	+1.0	+1.0	+2.0	+2.5

注:表中未列入 $\overline{N}$ 的可用内插法求得。

$$\overline{N}=\overline{N}_S+\Delta N \tag{10-8}$$

式中:$\overline{N}$——经非侧面测定修正的测区平均回弹值;

$\overline{N}_S$——回弹仪测混凝土浇筑表面或底面时测区的平均回弹值;

ΔN——按表 10-7 查出的不同浇筑面的回弹修正值。

如果测试仪器既非水平方向而又非混凝土浇筑侧面,则应对回弹值先进行角度修正,然后进行浇筑面修正。

不同浇筑面的回弹值修正值 表 10-7

$\overline{N_S}$	ΔN	
	表面	底面
20	+2.5	-3.0
25	+2.0	-2.5
30	+1.5	-2.0
35	+1.0	-1.5
40	+0.5	-1.0
45	0	-0.5
50	0	0

注:表中未列入的$\overline{N_S}$可用内插法求得。

4.碳化深度计算

每一测区的平均碳化深度值按式(10-9)计算:

$$\overline{L}=\sum_{i=1}^{n}L_i/n \tag{10-9}$$

式中:$\overline{L}$——测区的平均碳化深度值,计算至 0.5mm;

L_i——第 i 次测量的碳化深度值,mm;

n——测区的碳化深度值次数。

如平均碳化深度值小于或等于 0.5mm 时,按无碳化深度处理(即平均碳化深度为 0);如大于或等于 6mm 时,取 6mm;对于新浇混凝土龄期不超过 3 个月者,可视为无碳化。

5.测区混凝土强度计算

在没有条件通过试验建立实际的测强曲线时,每个测区混凝土的抗压强度 f_{ni} 可按平均回弹值 N 及平均碳化深度 L 由表 10-8 查出,或按式(10-10)计算混凝土抗压强度:

测区混凝土抗压强度值换算表

表 10-8

平均回弹值 N	测区混凝土抗压强度值 R_{ni}(MPa)												
	平均碳化深度值 L(mm)												
	0	0.5	1.0	1.5	2.0	2.5	3.0	3.5	4.0	4.5	5.0	5.5	6.0
20	10.3	9.9											
21	11.4	10.0	10.5	10.1									
22	12.5	12.0	11.5	11.0	10.6	10.2	9.8						
23	13.7	13.1	12.6	12.1	11.6	11.1	10.7	10.2	9.8				
24	14.9	14.3	13.7	13.2	12.6	12.1	11.6	11.2	10.7	10.3	9.8		
25	16.2	15.5	14.9	14.3	13.7	13.1	12.6	12.1	11.6	11.1	10.7	10.3	9.9
26	17.5	16.8	16.1	15.4	14.8	14.2	13.7	13.1	12.6	12.1	11.6	11.1	10.7
27	18.9	18.1	17.4	16.7	16.0	15.8	14.7	14.1	13.6	13.0	12.5	12.0	11.5
28	20.3	19.5	18.7	17.9	17.2	16.5	15.8	15.2	14.6	14.0	13.4	12.9	12.4
29	21.8	20.9	20.1	19.2	18.5	17.7	17.0	16.3	15.7	15.0	14.4	13.8	13.3
30	23.3	22.4	21.5	20.6	19.8	19.0	18.2	17.5	16.8	16.1	15.4	14.8	14.2
31	24.9	23.9	22.9	22.0	21.1	20.3	19.4	18.7	17.9	17.2	16.5	15.8	15.2
32	26.5	25.5	24.4	23.5	22.5	21.6	20.7	19.9	19.1	18.3	17.6	16.9	16.2
33	28.2	27.1	26.0	25.0	23.9	23.0	22.0	21.2	20.3	19.5	18.7	17.9	17.2
34	30.0	28.8	27.6	26.5	25.4	24.4	23.4	22.5	21.6	20.7	19.9	19.1	18.3
35	31.8	30.5	29.8	28.1	27.0	25.9	24.9	23.8	22.9	21.9	21.0	20.2	19.4
36	33.6	32.3	31.0	29.7	28.5	27.4	26.3	25.2	24.2	23.2	22.3	21.4	20.5
37	35.5	34.1	32.7	31.4	30.1	28.9	27.8	26.6	25.6	24.5	23.5	22.6	21.7
38	37.5	36.0	34.5	33.1	31.8	30.0	29.3	28.1	27.0	25.9	24.8	23.8	22.9
39	39.5	37.9	36.4	34.9	33.5	32.2	30.9	29.6	28.4	27.8	26.2	25.1	24.1
40	41.6	39.9	38.3	36.7	35.3	33.8	32.5	31.2	29.9	28.7	27.5	26.4	25.4
41	43.7	41.9	40.2	38.6	37.0	35.6	34.1	32.7	31.4	30.1	28.9	27.8	26.6
42	45.9	44.0	42.2	40.5	38.9	37.8	35.8	34.4	33.0	31.6	30.4	29.1	28.0
43	48.1	46.1	44.3	42.5	40.8	39.1	37.5	36.0	34.6	33.2	31.8	30.6	29.3
44		48.3	46.4	44.5	42.7	41.1	39.5	37.9	36.4	34.9	33.3	32.0	30.7
45			48.5	46.6	44.7	42.9	41.1	39.5	37.9	36.4	34.9	33.5	32.1
46				48.7	46.7	44.8	43.0	41.3	39.6	38.0	36.5	35.0	33.6
47					48.8	46.8	44.9	43.1	41.3	39.7	38.1	36.5	35.1
48						48.8	46.8	44.9	43.1	41.4	39.7	38.1	36.6
49							48.8	46.9	45.0	43.1	41.4	39.7	38.1
50								48.8	46.8	44.9	43.1	41.4	39.7
51									48.7	46.8	44.9	43.1	41.8
52										48.6	46.8	44.8	43.0
53											48.6	46.5	44.6
54												48.3	46.4
55													48.1

$$f_{ni}=0.025\overline{N}^{2.0108}\times 10^{-0.0358\overline{L}} \tag{10-10}$$

式中：f_{ni}——测区混凝土抗压强度，精确至 0.1MPa；

$\overline{N}$——测区混凝土平均回弹值，精确至 0.1；

$\overline{L}$——测区混凝土平均碳化深度，mm，精确至 0.1mm。

6.结构或构件的混凝土强度推定值($f_{cu,e}$)确定

(1)当该结构或构件测区数小于 10 个时：

$$f_{cu,e}=f^{c}_{cu,min}$$

式中：$f^{c}_{cu,min}$——构件中最小测区混凝土强度换算值。

(2)当该结构或构件测区强度值中出现小于 10.0 MPa 时：

$$f_{cu,e}<10\ \text{MPa}$$

(3)当该结构或构件测区数不小于 10 个或按批量检测时，应按下式计算：

$$f_{cu,e}=mf_{cu}-1.645sf_{cu}$$

式中：sf_{cu}——结构或构件测区混凝土强度换算值的标准差(MPa)，精确至 0.01MPa；

mf_{cu}——结构或构件测区混凝土强度换算值的平均值(MPa)，精确至 0.1 MPa；

(4)对按批量检测的构件，当该批构件混凝土强度标准差出现下列情况之一时，则该批构件全部按单个构件检测：

①当该批构件混凝土强度平均值小于 25MPa 时：

$$sf_{cu}>4.5\text{MPa}$$

②当该批构件混凝土强度平均值不小于 25MPa 时：

$$sf_{cu}>5.5\text{MPa}$$

五、回弹仪的使用注意事项及维护

(一)回弹仪使用注意事项

1.要做到轻拿轻放，携带时一定要注意防震动。

2.在正常的测试情况下，应使弹击杆继续顶住水泥混凝土表面读取回弹值，不要经常性地按下按钮锁住机芯读取数据(因按钮内的弹簧刚度很小)。

3.测试时，不要用力将回弹仪的弹击杆撞击水泥混凝土表面，在这种情况下测试出的回弹值不仅偏高，而且会改变仪器各零件的配合间隙和摩擦力的大小，影响回弹仪的精度。

(二)回弹仪的维护

1.回弹仪有下列情况之一时，应进行常规保养：

(1)弹击超过 2000 次；

(2)对测试值有怀疑时；

(3)率定值不符要求。

2.常规保养方法：

(1)使弹击锤脱钩后，取出机芯，然后卸下弹击杆、缓冲压簧、弹击锤(连同弹击拉簧和拉环座)、刻度尺、指针轴和指针；

(2)用清洗剂清洗机芯的中心导杆、弹击拉簧、拉簧座、弹击杆及其内孔，缓冲压簧、刻度尺、卡环以及机壳的内壁和指针导槽等；经过清洗后的零部件，除中心导杆薄薄地抹上一层清

洁机油外,其他部件均不得抹油;

(3)应保持弹击拉簧前端钩入拉簧座的原孔位;

(4)不得旋转尾盖上已定位紧固的调零螺丝;

(5)不得自制或更换零部件;

(6)保养后、应按第四(一)2 条的要求进行率定试验。

3.回弹仪每次使用完毕后应及时进行日常保养。

(1)使弹击杆伸出机壳,清除弹击杆(包括其前球端面)以及刻度尺表面和外壳上的污垢、尘土。

(2)回弹仪不用时,应将弹击杆压入机壳内,弹击后应使弹击锤脱钩,按下按钮,锁住机芯,将回弹仪装入箱内,存放在干燥阴凉处。

六、常见故障及排除

(一)回弹值达不到 80±2

1.把回弹仪拆开后,把弹击拉簧重新挂在靠内圈的拉簧座孔内,使弹击拉簧变紧。

2.回弹仪用久了,弹击拉簧的弹性减弱,此时可将厂家随机配备的新弹击拉簧换上。

(二)弹击锤与挂钩不分离

把回弹仪的尾盖拧开,把压簧取出,用手轻压挂钩,弹击锤与挂钩就分开了。

七、回弹仪检定规程

回弹仪有下列情况之一时,应送法定检定单位检定,检定合格的回弹仪应具有检定合格证书才能使用,其有效期为半年。

1.新回弹仪启用前;

2.超过检定有效期限;

3.累积弹击次数超过 6000 次;

4.主要零件更换后;

5.经常规保养后率定值不合格;

6.遭受严重撞击或其它损害。

本规程适用于新建、使用中和修理后的标称能量为 2.207J,示值系统为指针直读式的中型回弹仪(以下简称回弹仪结构见图 10-13 所示)的检定。

(一)技术要求

1.在回弹仪明显的位置上,应有下列标志:名称、型号、制造厂名(或商标)、出厂编号、出厂日期和计量器许可证证号及 CMC 标志等。

2.仪器外壳不允许有碰撞和摔落的明显损伤。

3.各运动部件活动自如、可靠,不得有松动、卡滞和影响操作的现象,指针滑块示值刻线和刻度尺上的刻线应清晰、均匀。

4.弹击杆外露球面应光滑,无裂纹、缺损和锈蚀等。

5.刻度尺上"100"刻线,应与机壳刻度槽"100"刻线相重合。

6.标准状态的仪器水平弹击时的冲击能力应为 2.207+0.100J,其主要技术要求见表10-9。允许误差不得大于该表的规定。当回弹仪满足表 10-9 的技术要求时,回弹仪量程为 20~55 分度数的示值误差不应超过 1.5 分度数。

回弹仪检定技术要求 表 10-9

序 号	项 目	技 术 要 求	允 许 误 差
1	机壳刻度槽“100”刻线位置	与回弹仪检定器中盖板定位缺口侧面重合	在刻线宽度范围内(刻线宽0.4mm)
2	指针长度(mm)	20.0	±0.2
3	指针摩擦力(N)	0.65	±0.15
4	弹击杆尾部外观	无环带及缺损	—
5	弹击杆端部球面半径(mm)	25.0	±1.0
6	弹击拉簧外观	直	—
7	弹击拉簧刚度(N/m)	785.0	±40.0
8	弹击拉簧脱钩位置	刻度尺“100”刻线处	在刻线宽度范围内(刻线宽0.4mm)
9	弹击拉簧工作长度(mm)	61.5	±0.3
10	弹击锤冲击长度(mm)	75.0	±0.3
11	弹击锤起跳位置	刻度尺“0”处	±1
12	钢砧上的率定值	80	±2

(二)检定条件和检定器具

回弹仪检定器、回弹仪弹击拉簧检定仪等,应放置于平稳的工作台上,室内应清洁、干燥,室温宜控制在5~35℃。其要求及条件见表10-10。

检 定 要 求 表 10-10

序 号	名 称	要 求
1	回弹仪检定器	①锁紧、夹持机构使用方便,可靠夹具不得损伤被测器具; ②定位架及盖板刻度尺的尺寸应准确; ③钢砧质量及硬度应符合国家标准(GB 9138—88)要求。
2	回弹仪弹击拉簧检定仪	①1kg专用砝码共6个;每个专用砝码质量允差$\pm 1\times 10^{-3}$; ②专用尺一把,测量范围0~80mm;分度值为1mm; ③底座平稳,横架游标与专用尺相互垂直且上下移动自如
3	专用游标卡尺	分度值为0.02mm,测长范围0~150mm
4	半径样板	共5个,r分别为24.0,24.5,25.0,25.5,26.0(mm)
5	测力计	量程为0~1N,分度值0.02N

检定器见图10-18。

(三)检定项目和检定方法

检定应按下列各顺序进行,与出现不符和规程六(一)条1.2.3相应的技术要求时,应停止检定。可以调整、修理的项目经调整、修理后应符合相应的技术要求时,方可继续检定。

1.外观

目力观察和检测操作。

2.机壳刻度槽上“100”刻线位置

卸去机壳,将机壳置于回弹仪检定器(以下简称检定器)(图10-18)的机壳定位槽6内、移动定位板I7、夹紧机壳,然后锁紧手柄I9、将盖板4翻盖于机壳上,目测盖板定位缺口侧面与机壳刻度槽“100”刻线是否重合。

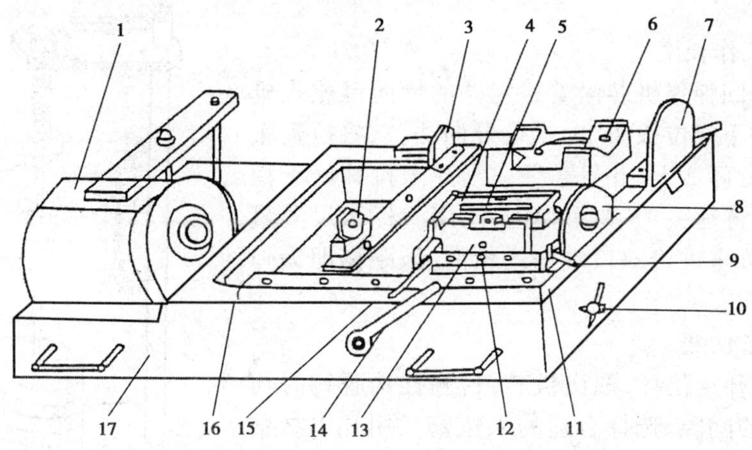

图 10-18 回弹仪检定器

1-钢砧；2-定位环；3-定位板；4-盖板；5-加长指针；6-机壳定位槽；7-定位板 I；8-尾盖支架；9-手柄 I；10-手柄 II；11-机芯定位槽；12-定位按钮；13-压紧螺钉；14-弹击手柄；15-锤夹；16-锁紧按钮；17-底座

3.指针长度

从检定器上取出机壳，卸下指针，用游标卡尺检查指针示值刻线在指针块上的位置，示值刻线应在指针块中央，并且无偏斜。用游标卡尺外量爪夹住指针，测量指针水平投影总长度，将此长度减去示值刻线至指针边缘的距离，即为指针长度。

4.指针摩擦力

将指针装入机壳，用测力计的拨针端部缺口竖直挂住指针块的端面棱部，使之沿刻度尺增值方向轻轻移动，读取的测力计读数即为指针的摩擦力。

5.弹击杆端部球面半径及尾部外观

用半径样板光隙法检定弹击杆端部球面半径，目测弹击杆尾部外观。

6.弹击拉簧刚度

用回弹仪弹击拉簧检定仪测量(图 10-19)。从机芯中取拉簧座、拉簧、弹击锤等 3 联件，将拉簧座、弹击锤分别卡在定位板 2 及横架游标 5 上，用调零螺线 4 调整横架游标至零位。然后分别加砝码(2kg，4kg，6kg)，并相应读取每次加荷后刻度尺上的拉伸长度 L_1、L_2、L_3，按式(10-11)计算弹击拉簧刚度的平均值 m_{ki}。

$$m_{ki}=\frac{1}{3}\left(\frac{2}{L_1}+\frac{4}{L_2}+\frac{6}{L_3}\right)\times g \tag{10-11}$$

式中：L_1, L_2, L_3——分别加砝码 2kg，4kg，6kg 时弹击拉簧的伸长度(mm)；

g——检定地点的重力加速度值。

变换弹击拉簧角度，重复上述步骤共 3 次，得 m_{k1}、m_{k2}、m_{k3}，取三者得平均值，即得该弹击拉簧的刚度 K(N/m)

$$K=\frac{1}{3}\sum_{i=1}^{3}m_{ki}$$

亦可用弹簧拉压试验机测量拉簧刚度，操作原则同上。

7.弹击锤脱钩位置

当机芯复位并装入机壳后，将弹击杆压缩至外露长约 1/3 时，用手将指针上拨至刻度约为

"90"的位置,继续压缩至弹击锤击发,锁住按钮,目测指针示值停留的位置。

8.弹击拉簧工作长度

按图10-18将回弹仪机芯沿着检定器的导向键放入机芯定位槽内11,按下定位按钮12,锁住导向法兰,将拉簧座沿口向上置于定位环2上,并且盖住。当弹击拉簧处于稳定的自由状态时,将锤夹15夹紧弹击锤,用游标卡尺测量由弹击锤面到拉簧座进簧缺口端面的距离,该距离即为弹击拉簧工作长度。

9.弹击锤冲击长度

放松锤夹,打开定位环,取出机芯,目测挂钩脱钩时与导向法兰上平面的间隙,选择合适的限位塞尺用凡士林粘贴在导向法兰上,使得按下挂钩时弹击锤处于即将脱钩的状态。随即将机芯按六(三)8条方法放入机芯槽内,后端装上压簧,并将尾盖装入尾盖支架8上,转动弹击手柄14至机芯槽不能前进为止,锁紧手柄II10,用游标卡尺测量弹击杆与弹击锤两冲击面的距离,该距离即为弹击锤的冲击长度。

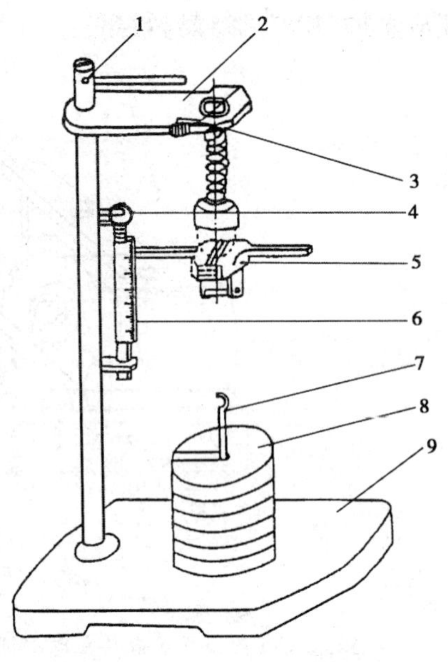

图10-19　回弹仪弹击拉簧检定仪

1-压紧螺母;2-定位板;3-定位按钮;4-调零螺母;5-横架游标;6-专用尺;7-砝码钩;8-专用力值砝码;9-底座

10.弹击锤起跳位置

按图10-18松开手柄II10使机芯槽退至原位,取出限位塞尺盖上盖板,转动弹击手柄14至导向法兰离盖板上的加长指针有一段距离后停止。拨动加长指针使指针示值刻线对准盖板刻度"0",连续转动弹击手柄14使弹击锤击发。此时,若指针起跳,则表示起跳位置未满足要求,若不起跳,可将指针沿增值方向拨至"1"处,此时指针起跳表示弹击锤起跳位置满足要求。

11.钢砧的率定值

在加长指针的摩擦力符合表10-9要求的情况下,按四(一)2条方法测量率定值。每测量1次转动弹击杆1个方位,共测量6次,每次的率定值均应符合80+2的要求。

(四)检定结果的处理及检定周期

1.经检定符合规程要求的回弹仪应发给检定证书,不符合本规程要求的回弹仪,应发给检定结果通知书。检定记录格式见表10-11。

2.检定周期为半年。

检定记录格式　　表10-11

送检单位＿＿＿＿＿＿制造厂＿＿＿＿＿＿

出厂编号＿＿＿＿出厂日期＿＿＿＿仪器型号＿＿＿＿湿度＿＿＿℃

序　号	检　定　项　目	检定结果	标　称　值	示值误差
1	机壳刻度槽刻线位置		刻度尺"100"刻线	
2	指针摩擦力(N)		0.65	
3	指针长度(mm)		20.0	
4	弹击杆尾部外观		无环带,平	
5	弹击杆端部球面半径(mm)		25.0	

续上表

序号	检定项目	检定结果	标称值	示值误差
6	弹击拉簧外观		直	
7	弹击拉簧钢度(N/m)		785.0	
8	弹击锤脱钩位置		刻度尺“100”刻线	
9	弹击拉簧工作长度(mm)		61.5	
10	弹击锤冲击长度(mm)		75.0	
11	弹击锤起跳位置		刻度尺“0”刻线	
12	钢砧的率定值		80	

第五节　CBR 测定仪

一、用　　途

CBR 又称加州承载比，是 California Bearing Ration 的缩写，由美国加利福尼亚州公路局首先提出来的，用于评定路基土和路面材料强度指标。

我国现行柔性和水泥混凝土路面设计规范，对路面、路基的设计参数系采用回弹模量指标。在国外多采用 CBR 作为路面材料和路基土的设计参数，为了促进国际学术交流，在参考国外的情况后，我国将 CBR 指标列入了《公路路基设计规范》(JTJ 013—95)，作为路基填料选择的依据。

路基填料最小强度要求见表 10-12。

路基填料最小强度和最大粒径要求　　表 10-12

项目分类		路面底面以下深度(cm)	填料最小强度(CBR)(%)		填料最大料径(cm)
			高速公路及一级公路	二级及二级以下公路	
填土路基	上路床	0~30	8	6	10
	下路床	30~80	5	4	10
	上路堤	80~150	4	3	15
	下路堤	150 以下	3	2	15
零填及路堑路床		0~30	8	6	10

在《公路沥青路面设计规范》中，规定了级配砾石或天然砂砾用做路面填料时要满足的强度。最小强度要求见表 10-13。

级配砾石或天然砂砾用做基面填料的最小强度和压实度　　表 10-13

项目分类		填料最小强度(CBR)(%)	压实度(%)
基　层		≥160	≥98
底基层	轻交通道路	≥40	≥96
	中等交通道路	≥60	

从以上规范可以看出，CBR 试验的目的，就是测出路基土和路面材料强度指标，以确定填料是否满足设计要求。CBR 测定仪是 CBR 试验(T 0134—93)的专用设备。

二、技 术 参 数

1. 应力环最大量程:50kN。

2. 贯入杆贯入速度:1～1.25mm/min。

3. 贯入杆直径:50mm。

4. 试筒直径:152mm。

三、主要结构与工作原理

(一)结构(见图 10-20)

该机主要由框架 1、测力环 2、涡轮减速箱 5、升降台 7 和贯入杆 8 等组成。

(二)工作原理

当涡轮减速箱 5 内的涡杆带动涡轮正转或反转时,升降台 7 就上升或下降,测力环 2 变形的大小,即反映试件的受力大小。把贯入杆 8 放入试件 4 内,并放在升降台上,升降台上升至贯入杆端部与测力环接触,试件就受到荷载。升降台上升距离越多,贯入杆贯入到试件的深度越大(可从百分表 3、10 上读出),试件所受的荷载也越大(从百分表 11 上读出)。

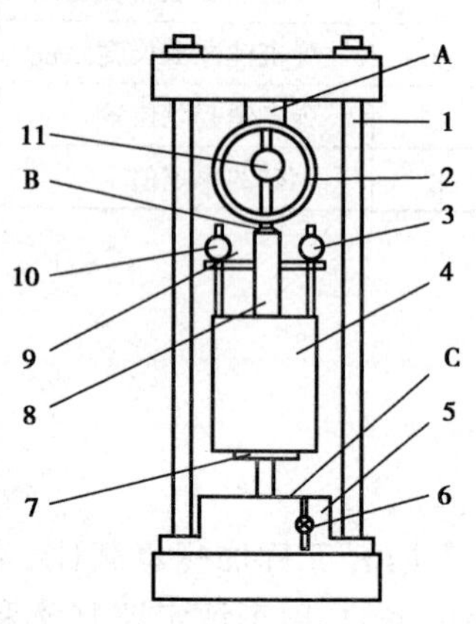

图 10-20 CBR 仪结构示意图

1-框架;2-测力环;3-百分表;4-试件;5-蜗轮减速箱;6-摇把;7-升降台;8-贯入杆;9-百分表固定架;10-百分表;11-百分表

四、仪器的使用方法

(一)使用前的检查

1. 检查测力环的量程

在做 CBR 试验仪时,对测力环的量程,应根据试验对象来选择。如做路基土试验,应选择量程小(量力校正系数在 20N/0.01mm 左右)的测力环,如做路面基层材料试验,应选择量程大的测力环。测力环的量程选的不好,将直接影响测试精度。测力环量程选的太大,受力后反应不灵敏,易引起误差;量程选的太小,不能满足试验要求。一般的选择原则是:当试件受到最大荷载时,测量值落在量程的 20%～80%之间。

2. 检查百分表 3、10、11 是否经过计量部门校准

CBR 仪上的百分表要经过计量部门校准才能使用,以确保测试精度。而且不能随便用于其它场所,必须做到专机专用。

3. 检查升降台升降方向

将仪器接通电源,按动升降台的上升按钮,观察升降台的运动方向。

4. 检查仪器的浮动装置是否灵活

为使试件受载时受到的是垂直力,在 CBR 测定仪的 A、B 处应各有一个浮动装置,检查该浮动装置是否灵活。如不灵活,在相对运动处加一点机油,或用工具进行适当的调整,使浮动装置运动灵活。

(二)操作步骤

1. 测定泡水膨胀量步骤

(1)按路基施工时的最佳含水量及压实度要求在试筒内制作试件。

(2)在试件制好后,取下试件顶面的破残滤纸,放张好滤纸,并在上面安装附有调节杆的多

孔板(如图 10-21),在多孔板上加 4 块荷载板(如图 10-22)。

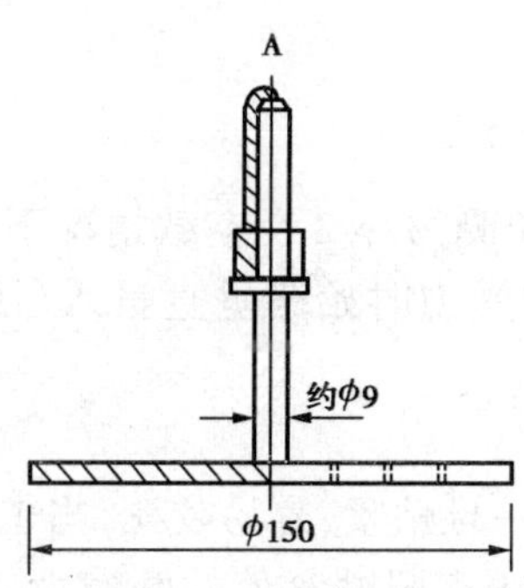

图 10-21　带调节杆的多孔板

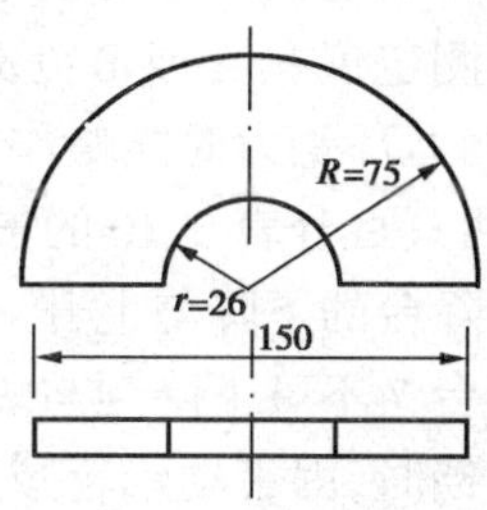

图 10-22　荷载板

(3)将试筒与多孔板一起放入槽内(先不放水),把膨胀量测定架 1(如图 10-23)放在试筒上,并在测定架上安装百分表 2,使百分表的测量杆对准多孔板 A 端的中心,并读取百分表初读数(表头预压缩要大于 1mm,以确保表头与多孔板 A 端接触)。

(4)向水槽内放水,使水自由浸到试件顶部和底部,在泡水期间,槽内水面应保持在试件顶面以上约 25mm,试件泡水 4 昼夜。

(5)泡水终了时,读取试件上百分表 2 的终读数,并计算膨胀量。

(6)从试筒上拿掉膨胀量测定装置,从水槽中取出试筒,倒出试件顶面的水,静置 15min,让其排水,卸去荷载板、多孔板和滤纸,并称其质量,以计算试件的湿密度。

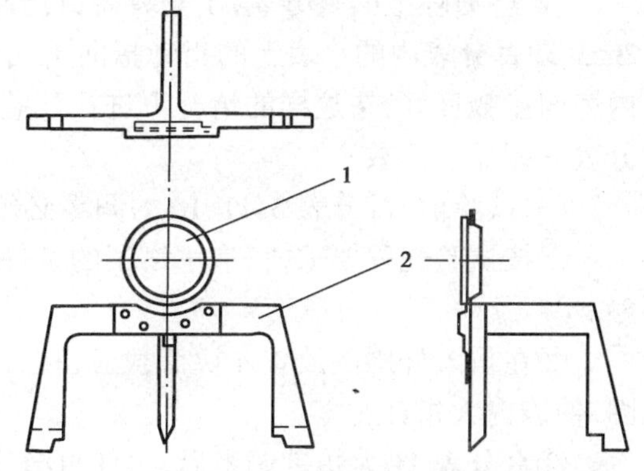

图 10-23　膨胀量测定装置

1-膨胀量测定架;2-百分表

2.贯入试验步骤

(1)试件泡过水后,将放在试筒内的试件一起放到 CBR 试验仪的升降台上,并在试件顶面放上一张新的滤纸,把贯入杆放在试件顶面的中心位置,用手转动摇把 6,使升降台上升,当贯入杆顶部快要与应力环接触,用手调整浮动装置 A、B,使贯入杆与试件顶面全面接触,在贯入杆周围放置 4 块荷载板。

(2)将百分表 3、10 装入百分表固定架 9 内。使两只百分表的表头与荷载板表面接触,并使百分表有一定的预压缩量(一般大于 1mm)。

(3)转动摇把 6,使升降台上升,先在贯入杆上施加 45N 荷载,然后将测力和测变形的百分表的指针对准零点(转动表盘外壳,使大指针对准零)。

(4)按动升降按钮,使贯入杆以 1 ~ 2.5mm/min 的速度压入试件,记录第一个贯入量 30×10^{-2}mm 左右(看表 3、10 的读数)时测力计内百分表 11 的读数。

(5)使贯入杆继续压入试件,读取贯入量为某些整读数(如 70×10^{-2}mm、110×10^{-2}mm、150×10^{-2}mm、200×10^{-2}mm)等,测力计内百分表 11 的读数。并注意使贯入量为 250×10^{-2}mm 时,测力计内百分表能有 5 个以上的读数。一直加载到贯入量大于 500×10^{-2}mm。

(6)整理数据,求出材料的 CBR 值。

五、使用仪器注意事项及维护

(一)使用注意事项

1.CBR 测定仪的浮动装置

CBR 测定仪在 A 或 B 处必须有一个灵活的球面装置,使测力环 2 在空载情况下能作自由浮动,在测力环受力时能略作自由倾斜移动,以保证贯入杆受力时始终垂直贯入(压入)试件内,使得两只百分表 3、10 的贯入深度基本保持一致。

2.升降台的下降与上升

升降台 7 不可下降到与蜗轮减速箱 5 的平面 C 贴合。一旦贴紧,容易咬死,当工作台换入自动上升档时,因带动蜗轮减速箱旋转的电机功率较小,无法克服贴紧处的摩擦力,就会使电机烧坏。正确的状态应使升降台 7 距蜗轮变速箱上平面 20～40mm。

3.百分表的安装与与调整

(1)百分表固定架 9 与贯入杆 8 的联接一定要牢固,两者之间不能有任何松动。一旦有松动现象,会影响百分表 3、10 的读数。

(2)应力环上的百分表 11 安装后,百分表的测量杆与应力环内表面接触后,要预压缩 1 或 2mm(即百分表内的小表上的指针指向 1 或 2),有了预压缩才能说明百分表的测量杆与应力环内表面接触良好,在这样的情况下进行试验,才能保证试件受到荷载作用,应力环一旦变形,百分表立即显示读数。

(3)试验前,百分表 3、11、10 的调零必须按如下步骤进行:

①按试验规程要求,将泡水终了的试件放到仪器的工作台上,使贯入杆与试件顶面全面接触。

②在贯入杆周围放置 4 块荷载板,在贯入杆上施加 45N 荷载后,才能转动百分表 11 的外圈,使表内大指针对零。

③百分表 11 大指针调零后,再使百分表 3、10 的测量杆与荷载板顶面接触。

④然后再转动 3、10 两只百分表的外壳,使表内的大指针对零。再用手轻击荷载板,立即松手,查看百分表 3、10 的大指针是否稳定回到零点。如大指针能稳定回到零点,说明百分表 3、10 安装的较好;如不能回到零点,说明固定百分表 3、10 的螺钉拧的太紧或太松,要重新安装。拧得太紧使百分表套筒所受的装夹力过大而变形,百分表的测杆在套筒内上下运动不灵活,导致示值不稳定,此时可减小装夹力。拧得太松,整个百分表在固定架内有晃动,测试的数据就不准确,此时要加大装夹力。总之,百分表安装的如何,对试验结果的影响是很大的。

(二)仪器的维护

1.湿度比较大的地区,CBR 测定仪长期不用,要将测力环从仪器上取下放入盒内,以防受潮,测力环锈蚀了,会影响测力环的弹性变形。

2.百分表长期不用,要将固定百分表的螺钉松开,让百分表处于原位。

六、常见故障与排除

1.升降台升降方向不对

按动升降台上升按钮,如升降台不是上升,而是下降,说明电源插头的接线不对。此时只要把电源插头拆开,把任意两根相线换一下位置,再重新接上,再按动升降台的上升或下降按钮,升降台的运动方向就能按要求正确运动。

2.按动按钮电机不转

首先检查保险丝是否完好,如保险丝完好,再检查电机或减速箱。

第六节　HZ—15 型混凝土钻孔取芯机

一、用　　途

利用钻孔取芯机,从结构物中钻取芯样,以检测强度或观察混凝土裂缝、接缝、分层、孔洞或离析等缺陷,普遍认为它是一种直观、可靠和准确的方法。

常见的钻芯机有:轻便型取芯机(钻芯直径 φ12 ~ 75mm)、轻型钻机(钻芯直径 φ12 ~ 200mm)、重型钻机(钻芯直径 φ200 ~ 450mm)和超重型钻机(钻芯直径 φ330 ~ 700mm)。

二、技术参数

型号:HZ—15 型;

最大钻孔取芯直径:φ150mm;

最大钻孔取芯深度:400mm;

钻孔方向:垂直向下;

进给方式:手动;

主轴转速:500 ~ 1000r/min;

钻头形式:人造金刚石薄壁钻头(见图 10-24);

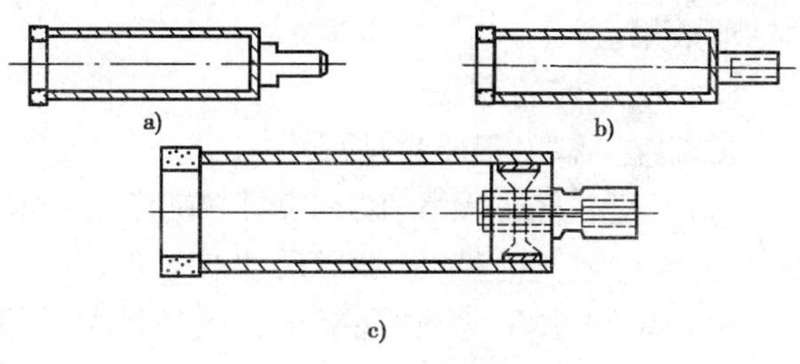

图 10-24　空心薄壁钻头构造示意图

a)直柄式;b)螺纹式;c)胀卡式

配套电机:单相串激电动机;

功率:2 ~ 2.5kW;

电压:220V。

三、仪器的结构

(一)仪器基本功能

为了满足钻孔和取芯工作的需要,不论哪种钻芯机都应具备以下 5 个基本功能:

1.向钻芯头传递压力,推动钻头前进或后退;

2.驱动钻头旋转,并应具有一定范围的转速,以便保证所需要的线速度;

3.为了冷却钻头及冲洗钻孔过程中产生的磨削碎屑,应不断供给冷却水;

4.钻机应具有足够的刚性和稳定性;

5.钻机移动、安装和拆卸方便。

(二)钻芯机组成

为了满足上述 5 个条件,钻芯机一般包括以下几个部分(钻芯机结构见图 10-25):

1.机架部分:主要由底座 8、立柱 6 所组成,底座上一般均安装四个调整水平用的支承螺丝 9 和两个行走轮 7。

2.进给部分:由滑块导轨、升降齿条 5、齿轮、进给手柄 4 等组成。当把升降座上的锁紧螺钉松开后,利用进给手柄可使升降座安全匀速的上下移动,以保证钻头在允许行程内的前进或后退。

3.变速器:由壳体、变速齿轮、变速手柄和旋转水封等组成。

4.给水部分:在钻芯过程中,必须供应一定流量的冷却水,水经过水嘴后流入水套内,再经过水套进入主轴中心孔,然后经过连接头最后由钻头端部排出。

5.动力部分:单相串激电动机装在减速箱上,减速箱固定在升降机构上,使减速箱能带动其主轴下面的钻头作上下移动和转动,以达到钻孔或取芯的目的。

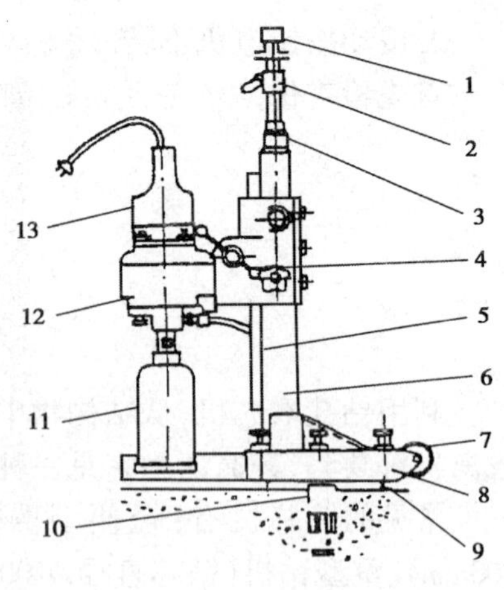

图 10-25 钻芯机构造示意图

1-紧固螺钉;2-支撑杆;3-堵盖;4-进给手柄;5-升降齿条;6-立柱;7-行走轮;8-底座;9-支承螺钉;10-电动机;11-变速器;12-钻头;13-膨胀螺栓

四、仪器的使用方法

混凝土芯样的钻取是钻芯测强过程的首要环节,是技术性很强的工作。芯样质量的好坏,钻头和钻机的使用寿命以及工作效率,都与操作者的熟练程度和经验有关。因此,熟练的操作技术,合理调节各部位装置,将会获得较好的钻取效果。

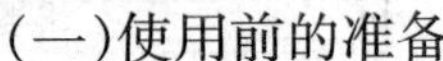

(一)使用前的准备

1.调查了解工程质量情况

(1)工程名称或代号,以及设计、施工、建设单位名称;

(2)结构或构件种类、外形尺寸及数量;

(3)混凝土强度等级,混凝土的成型日期,所用的水泥品种,粗集料粒径,砂石产地及配合比;

(4)混凝土试块的抗压强度;

(5)结构或构件的现场质量状况以及施工或使用中存在的质量问题;

(6)有关的结构设计图和施工图。

2.钻芯机具准备及钻头直径的选择

一般根据被测构件的体积及钻取部位确定钻芯的深度,据此选择合适的钻机及钻头。

应根据检测目的选择适宜尺寸的钻头。当钻取的芯样是为了进行抗压强度试验时,则芯样的直径与混凝土粗集料粒径之间应保持一定的比例关系。在一般情况下,芯样直径为粗集料的3倍。在钢筋过密或因取芯位置不允许钻取较大芯样的特殊情况下,钻芯直径可为粗集料的2倍。在工程中的梁、柱、板、基础等现浇混凝土结构中,一般使用粗集料的最大粒径为32mm或40mm,这样采用内径为100mm或150mm的钻头已可满足要求。

3.芯样数量的确定

取芯的数量,应视检测的要求而定。进行强度检测时,一般可分为以下两种情况:

(1)单个构件进行强度检测时,在构件上的取芯个数一般不少于3个;当构件的体积或截面积较小时,取芯过多会影响结构承载能力,这时可取2个。

(2)对构件某一指定局部区域的质量进行检测时,取芯数量应视这一区域的大小而定,如某一区域遭受冻害、火灾、化学腐蚀或质量可疑等情况,这时检测结果仅代表取芯位置的质量,而不能据此对整个构件或结构物强度作出整体评价。至于检查内部缺陷的取芯试验更应视具体情况而定。

4.取芯位置的选择

取芯时会对结构混凝土造成局部损伤,因此在选择芯样位置时要特别慎重。其原则是:应尽量选择在结构受力较小的部位。对于一些重要构件或者一些构件的重要区域,尽量不在这些部位取芯,以免对结构安全造成不利影响。

在一个混凝土构件中,由于施工条件、养护情况及不同位置的影响,各部分的强度并不是均匀一致的。在选择钻芯位置时,应考虑这些因素,以使取芯位置混凝土的强度具有代表性。如有条件时,应首先对结构混凝土进行超声或超声回弹综合法测试出强度,然后根据检测目的与要求来确定钻芯位置。

(二)操作步骤

1.为保证钻机安全、正常地工作,使用前要熟悉钻机的结构和使用方法。

2.把钻机各部分擦干净,立柱的齿条部位加 20 号机械油(GB443—64)润滑。

3.将钻机安放稳固(钻机的稳固方法有:配重法、真空吸附法、顶杆支撑法和膨胀螺栓法等)并调至水平。

4.钻机固定好后,将水嘴接上水源。

5.按要求打孔的尺寸装上钻头。

6.接通电路,打开电源开关,空运转几分钟,并转动进给手柄,检查是否灵活,动作可靠,如各部件动作灵活时方可进行操作。使钻头慢慢接触混凝土表面。当混凝土表面不平时,下钻更应特别小心,待钻头入槽稳定后,方可适当加压进钻。

7.在进钻过程中应保持冷却水的畅通,水流量宜为 3~5L/min,出口水温不宜过高。冷却水的作用:一是防止金刚石温度升高烧毁钻头,二是及时排除钻孔中产生的大量混凝土碎屑,以利钻头不断切削新的工作面和减少钻头的磨损。水流量的大小与进钻速度和直径成正比,以达到料屑能快速排出,又不致四处飞溅为宜。当钻头钻至芯样要求长度后,退钻至离混凝土表面 20~30mm 时停电停水,然后将钻头全部退出混凝土表面。如停电停水过早,则容易发生卡钻现象,尤其在深孔作业时更应特别注意。

8.钻芯结束移开钻机后,用带弧度的钢钎插入圆形槽并用锤敲击,此时由于弯矩的作用,使芯样在底部与结构断离,然后将芯样提出。取出的芯样应及时编号,并检查外观质量情况,作好记录后,妥善保管,以备切割成标准尺寸的芯样试件。

9.为了保证安全操作,取芯机操作人员心须穿戴绝缘鞋并佩戴其它防护用品。

五、仪器使用注意事项及维护

(一)使用注意事项

1.钻机钻孔时,应手感阻力不大,切削平稳,钻时进给速度为 4~5cm/min 左右,但钻孔接近完毕时,由于切削力的改变,钻机有些震动,此时要适当降低进给速度,当切削完毕时,应立即快速提升钻头直至刃口脱离工件,并关闭钻机和切断水源。

2.整个钻进过程必须保持水充分冷却。从钻进物体槽中观察,如无水溢出,即表示供水不足,需停钻进行检查,但当钻削将完毕时,水流入下层而不外溢,此属正常。

3.钻孔中,和钻进结束快速提升钻头时,不得停机,而应待钻头脱离工件时,停止主轴旋转,再将钻头提升。

4.钻进中,如发现钻头受卡,应迅速将钻头提升一段,然后再慢慢钻入,切忌硬性钻进而打坏钻头。

5.如钻进过程中,电机温度超过 70℃,应暂时停机,待冷却后再使用。

6.拨动开关旋钮，正向转动操作手柄，使钻头慢慢接触混凝土表面，待钻头刃部入槽后，方可加压进钻。

7.使用新的钻头，如在进钻过程中，出现钻头不能钻进，该钻头表面金刚石部分没有全部露出，需用强磨耗材料(如耐火砖，砂轮等)开刃，使钻头表面层金刚石完全露出。此时，用手摸表面，有毛糙感，方可进钻。

(二)仪器的维护

1.如钻进过程中有些振动，钻进结束后，必须仔细检查连接部位，及时调整紧固。

2.钻机应保持清洁。当钻进完毕，应将钻机各部位擦干净后，并加机油润滑各运动部位，放在防尘干燥处，用塑料薄膜罩在上面。

3.钻头装入主轴前，应在两件联接螺纹处加入钙基润滑脂，再拧紧，以方便拆卸。

4.长期停止工作的钻机，再重新使用时，必须测试绕阻与机壳间的绝缘电阻，其数值应不小于 5MΩ。

5.钻头刃口磨损和崩裂严重应更换钻头，以免在钻削过程中损坏电机而不能继续作业。

6.必须定期检查电源线、插头、开关、碳刷、换向器，以免使用时发生事故。

7.必须定期检查减速箱内润滑油情况，并随时加以补充；轴承处加钙—钠基润滑脂(ZGN－1 或 ZGN－2)；齿轮上加 3 号钙基润滑脂(ZG－3)。

六、一般故障及排除

见表 10-14。

钻孔取芯机的故障原因及排除方法　　表 10-14

故障现象	产生原因	排除方法
电机不运转或运转不良	1.没有电源 2.接头松了 3.电刷接触不良或已经磨损 4.开关接触不良或不动作 5.转子有断线 6.转子变形 7.轴承损坏	修复电源 检查所有接头 更换 修理或更换 更换 更换 更换
电机表面过度发热	1.作业时间过长 2.绕阻潮湿 3.电源电压下降	停机休息 干燥电机 调整电源电压
电机发生严重火花(环火)	1.电枢短路局部发热，点焊脱落 2.碳刷与换向器接触不良 3.碳刷磨损	修复 砂磨换向器及碳刷 更换
水封处严重漏水	密封圈坏了	更换密封圈

第七节　桩基 P.I.T 检测仪

一、用　　途

随着钻孔灌注桩设计和施工技术的发展，它的使用也越来越广泛，但由于灌注桩的成桩过程是在桩位的地面下或水下完成，施工工序多，质量控制难度大，极易出现事故。我国《公路桥涵施工技术规范》(JTJ 041—2000)中规定：钻孔灌注桩一般选有代表性的桩用无破损法进行检测，重要工程或重要部位的桩宜逐根进行检测。因此，灌注桩的质量检测技术迅速地发展，基桩低应变检测的应用相当广泛，桩基 P.I.T 检测仪符合国家建设部已颁布的《建筑基桩检测技术规范》(JGJ 106—2003)中的仪器要求，是公路和建筑工程常用的检测桩完整性的仪器。

该仪器适用于检测桩身混凝土的完整性，推定缺陷类型及在桩身中的位置，也可以对桩长进行校核，对桩身混凝土强度等级做出估计等。

二、技术参数

锤重：由 PDI 公司提供重 900dp(2 磅)或者是 2700 克(6 磅)；

加速度的率定值：190～200g/volt；

波速：小于 100 或大于 20000 的值不被采纳；

最大储存容量：3600 IDno；

最大桩身允许长度：300m。

三、仪器的结构组成及工作原理

(一)结构组成

P.I.T(PILE INTEGRITY TESTER)仪由美国 PDI 公司制造，包括 Collector(信息采集器)、力锤、传感器、充电器和触笔等。

Collector(信号采集器)有如下接口与按钮：ON(仪器开关)、CONTRAST(对比度调节钮)、CHARGER(充电器接口)、SERIAL(数据传输接口)、POWER(充电电源接口)、A(传感器接口)和触笔接口。Collector 为最先进的、高科技水平的信号采集系统，这一设备小巧灵便，电子噪声低并且具有 16 位模数/数(A/D)转换，采集器采用“触笔式屏幕”，非常灵敏。触摸不同的方块区，就引起特定的动作。软件版本的日期显示在屏幕的右上角，用户随时可以与桩基公司(PDI)联系，得到更新的软件，以便增强采集器的功用。

(二)工作原理

反射波法源于应力波理论，基本原理是在桩顶进行竖向激振，弹性波沿着桩身向下传播，在桩身存在明显波阻抗界面(如桩底、断桩或严重离析等部位)或桩身截面积变化(如缩径或扩径)部位，将产生反射波(见图 10-26)。经接收、放大滤波和数据处理，可识别来自桩身不同部位的反射信号。据此计算桩身波速、判断桩身完整性和混凝土强度等级。

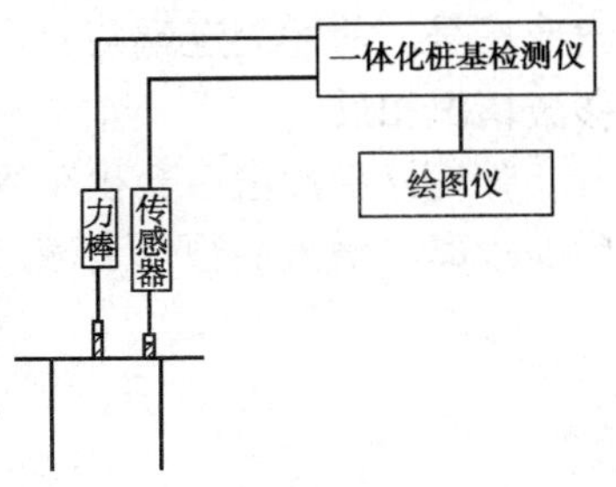

图 10-26　反射波检测系统

当桩嵌入土体中，将受到桩周围土的阻尼影响，桩的动力特性满足一维波动方程，即：

$$\frac{\partial^2 V}{\partial^2 X} - \frac{1}{v_{\mathrm{p}}^2} \times \frac{\partial^2 V}{\partial t} - \frac{n}{EA} \times \frac{\partial V}{\partial t} = 0 \tag{10-12}$$

式中：V——质点振动位移；

X——振动质点到振源的距离；

t——质点振动的时间；

n——阻尼系数；

A——桩的截面积；

v_p——纵波在桩中的传播速度，$v_p = E/\rho$；

ρ——桩的质量密度；

E——杨氏弹性模量。

当纵波在无限长直杆内传播时，它将沿某一方向前进，把能量输送到无限远处，若杆长有限，当波和杆端面相遇时，根据边界条件，能量将在端部边界产生反射或透射。

单桩动测的应力波法中典型的端面边界是固定端边界和自由端边界。通过对以上方程求解，可分析边界的波场情况。

在固定端边界，入射波和反射波的位移大小相等、方向相反，叠加的结果互相抵消，总波场在固定端处的位移恒为零。由此可知，固定端使入射波的正向位移改转为负向位移。而对于应力波，情况恰恰相反，入射应力波和反射应力波传播方向相反，在固定端处反射应力与入射应力的大小和方向均相同，总应力为入射应力的两倍。

自由端边界和固定端边界相反。位移波在边界处大小和方向相同，总位移为入射位移的两倍；应力波在边界处大小和方向相反，即在自由端的反射形成拉压互变。

基桩检测中常会遇到桩几何尺寸为扩颈或缩颈现象。我们可以假设为两个物理性质不同的半无限直杆在交界处共轴连接（见图 10-27）。

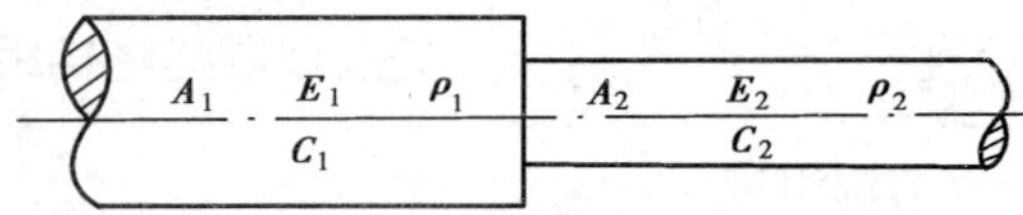

图 10-27　弹性波在两个共轴半无限长直杆中传播的交界

依据交界面处位移连续、速度连续及内力连续条件，可得到力反射与透射系数及位移反射与透射系数，并令 $d = \dfrac{V_{p_1} E_2 A_2}{V_{p_2} E_1 A_1}$，$d$ 被称为阻抗匹配系数。d 反映了两杆连接处的突变特性，如果密接两杆的性质完全相同，即两杆材料和断面都一样，或者材料和断面虽不同，但 $d = 1$（可称为阻抗匹配），此时如同无交界面存在一样，入射波安全透射到杆件 2 中，界面上无反射存在。当减小杆件 2 的刚度时，以致 $d < 1$，反射位移波和入射位移波形同号；当增加杆件 2 的刚度时，以致 $d > 1$，反射位移波形和入射位移波形反号。前述固定端与自由端边界相当于 $d \to \infty$ 与 $d \to 0$ 的情况。对于应力波情况，则与位移波情况相反。

弹性杆受冲击后会出现纵波和横波，当有界面时，还会出现弹性表面波即瑞利波，它随与界面距离的增大而很快衰减。纵波、横波及瑞利波的波速 v_p、v_s 及 v_R 分别为：

$$v_p = \sqrt{\frac{E(1-\mu)}{C(1+\mu)(1-2\mu)}} \tag{10-13}$$

$$v_s = \sqrt{\frac{E}{2(1+\mu)\rho}} \tag{10-14}$$

$$v_R = \frac{1}{K} v_s \tag{10-15}$$

式中：μ——杆材料的泊松比。

K 值随 μ 而变，当 $\mu = 0.2 \sim 0.3$（相当于混凝土的泊松比），$K = 1.08 \sim 1.03$。纵波 v_p 与瑞利波 v_R 的关系可由以上二式导得

$$v_p = \beta v_R \tag{10-16}$$

$$\beta = K\sqrt{\frac{2(1-\mu)}{1-2\mu}} \tag{10-17}$$

由试验资料可知,质量良好的混凝土中的 $v_p = 3600 \sim 4600 \mathrm{m/s}$。

当在桩顶施加瞬时外力 $F(t)$时,桩内只存在下行波,波在不同的波阻抗面上发生反射,可导出应力波在桩体中运行的时间及其对不同结构介质桩的纵波速度:

$$v_p = 2L / \Delta t_b \tag{10-18}$$

式中:L——桩长;

Δt_b——桩底反射波到达时间。

当桩身存在缺陷或断桩时,各界面反射波使曲线变得很复杂,依上述边界情况及波场分析,对波形进行认真分析并选出可靠的缺陷反射时间 Δt,从而得到缺陷部位距桩顶的距离:

$$L' = v_{pm} \Delta t_b / 2 \tag{10-19}$$

式中:v_{pm}——同一工地内多根已测合格桩桩身纵波速度平均值;

L'——缺陷部位距桩顶的距离。

四、仪器的使用和现场检测

(一)功能键介绍

仪器屏幕是"触摸式屏幕",所有的数据输入和控制都可以通过这种快速和便捷的方式完成。屏幕不断变化并显示不同的要求;触摸不同的方块区,就引起特定的功用。

打开仪器后,根据不同的光线条件调节对比度。在屏幕的左上角是"用户名"的方框,可以在任何时候改变用户名称,这将显示一个新的屏幕;屏幕的右上角是"单位"选择框,有"公制"与"英制"两种。然后按屏幕的任何其它部位都将进入"主菜单"(Main Menu)屏幕,并保持当前的用户名称不变。

1.主菜单

屏幕被划分为几个方框,每一个方框都有一个标题,触摸每个方框后,就会提示出相应于那个功能的动作要求。功能描述如下:

(1)Title(标题)

显示当前的标题和日期。按方框中的任何部位,屏幕更为详细地显示三个标题和日期。为了编辑三个标题中的任何一个,按其标题左边的方框,就会出现一个新的"键盘屏幕"。按你所需要字母的相应方框,字母就显示出来。如果标题需要数字或符号(+ - * / =或空格)按"NUMBERS(数字)"键,则显示数字屏幕。按"S"然后按"Alt",可以在各词之间键入空格。如果出错,可以用底部栏的"<"键消除出错的字母。当标题输入完成后,按一下右下方的"ENTER"键。按左下方的"ESC"键,则退出标题输入并维持以前的标题不变。

(2)Date(日期)

时间是一个 24h 的时钟(如,14:00 是 2P.M.)。如果需要改变,按"EDIT TIME DATE(编辑时间和日期)"方框。日期和时间显示在几个方框内,按键并使要改变的方框闪亮。用"+"(增大)或"-"(减小)键改变显示的值,按 ENTER,则接受改变值,或按 ESC 退出则编辑无效。

(3)Idno(序号)

这个数字表示当前的储存位置。如果现在要采集新的数据,Idno 将总是处于一个可获得的位置。如果在室内重新处理数据,那么这个就是要被分析的数据位置;通过按 IDno 方框,这个位置可以被改编[只要再重新处理数据(Reprocess)的状态],显示了当前的数据后,用提供的数字键输入新的数值。按规定,ENTER 接收新的数值,或者 ESC 返回不变。

(4)Nblow(锤击数)

这一输入表示了一组数据所需要的最多敲击次数。一般 3 次或 6 次已足够了,最大允许值是 12 次。如果想要改变这个值,按一下这个方框。

(5)List(列表)

数据一旦被采集到以后,数据储存在哪些位置是极其有用的,按 List 键:如果在数据处理状态(Reprocess),则 List 屏幕显示自当前 Idno 位置开始的 4 根桩的数据;如果数据在采集状态(Collect),则 List 屏幕显示以当前试桩结束的 4 根桩的数据。Idno 的位置总是与输入的标题描述同时显示。按 PgUp 键可以显示下一页的数据;按 PgDn 键可以显示上一页的数据。清单的第一页(FIRST)和最后一页(LAST)也被标明;如果显示的是 FIRST,那么你只能按 PgDn 键,因为按 PgUp 键没有意义,显示一组数据的 Idno;按不同的 Idno 方框,则显示相应的数据组。接下去,如果你希望调出方框显示测试数据,只要按 GOTO 键,采集器将立即从那组数据进入第一锤的数据,或简单的按一下 ESC 键,则返回 MAIN MENU(主菜单)。

(6)LEng(桩身长度)

此为桩身全长。按此方框,用闪显的数字键盘作修改,其单位既可以是英尺也可以是米。最大的允许长度是 300m。

(7)WSpd(波速)

桩身材料的波速以 ft/s(英尺/秒)或者以 m/s(米/秒)输入。混凝土典型的取值范围是 3000~5000m/s(10000~15000ft/s),建议初始值为 4000m/s(13000ft/s)。采集器根据给定的值,自动确定长度单位(英尺或米)(大于 6000 的值,则长度单位为英尺),并且这些长度单位与所有的输出相关(如,绘图)。小于 100 或者大于 20000 的值不被采纳。

(8)SEnd(数据传送)

按此键,允许数据从采集器传送到另一台计算机中,以供储存或做进一步处理,此两项工作仅供选择,不作要求。但必须首先用所提供的串行输出电缆,将采集器与计算机相连。两台设备的 BAUD 率必须相配,可以用与上述所描述的 List 功能相同的方式选择数据组传送。

(9)BAUD(波特率设置)

此为经过串行输出连接器与绘图仪、串行打印机或计算机相连的数据传输速度。此速度必须与目标设备的速度相匹配,以便数据的成功传输与接收。按 BAUD 键,然后从六个所提示的选择中,挑选合适的速度,一般选择 56000。

(10)PAth(路径设置)

按此方框可以选择:VEL ONLY(只显示速度信号——此作为只采集加速度信号时,通常优先显示的结果);VEL + FOR(当使用带传感器的锤时,既显示速度又显示力的信号——只适用于既配备了力又配备了加速传感器的设备系统);ACC ONLY(只显示原始的加速度数据信号)。

(11)Mode(状态设置)

这一方框是选择采集数据信号(SAVE AVG),还是对以存储的数据信号进行全新处理(RE-PROC),选择所希望的状态进行操作。

(12)ACal(传感器的标定值设置)

这一功能通过数据键,输入传感器的标定值。大多数传感器的率定值为 16 至 20g/volt。当测量力又测量速度时,必须输入正确的标定值,这样能比较它们的相对大小;对于测量速度的情况,20g/volt 值就满足要求。

(13)AGain(电子放大倍数)

这是附加的电子放大倍数设置,为的是放大微弱的信号。如果由于敲击轻或桩身质量大而输入信号太弱,那么增大这个值有助于触发采集器(Collector),并对数据信号提供附加的分辨率。可以采用 1~50 的值。

(14)Collect(采集)

在数据采集状态(SAVE AVG),这是要求用户准备接受新的数据信号输入。按此键,将进入数据采集屏幕。对于数据预处理状态(REPROC),按此键将进入下一组数据并进行分析(增大 IDno)。

(15)Last(上一次)

按此键进入上一次分析的那一锤(在采集状态),或分析前一组数据(减小 IDno)(在重处理状态)。

2.数据采集屏幕

在 MAIN MENU(主菜单)屏幕当中,按下了 Collect 键(在数据采集状态)后,就会出现数据采集屏幕。在肯定了传感器确实与桩顶粘结牢了以后,就可以用锤敲击桩顶,输入信号进入采集器。对于每一次锤击,会迅速地看到信号显示在屏幕上。第一锤同样产生"平均信号(AVG)",并显示在屏幕底部,同时显示以 Nblow 为平均的锤击次数;例如:如果 Nblow 是 3,那么第一锤以后,你应该在屏幕的右下部看到"AVG1/3",在第二锤后你可看到"AVG2/3",第三锤后,可看到"AVG3/3"。应该按需要的锤击次数输入,但不能超过上述给定的数值 Nblow。此时在屏幕的顶部可以看到"COMPLETE(结束)"的提示。

每一次锤击,在信号左边都显示一个数值。这个值是最大允许信号的的百分数,如果这个值很大,那么信号可能已经被扭曲(对大于 97 的值),如果你敲击得太重的话,下一锤也有被扭曲的危险;为了避免这种危险的情况,不必敲击的太重,或者返回 MAIN MENU 减小 AGain(或 FGain)。如果这个值太小,那么最先进的 16 位模/数转换器的分辨率也不够,可敲击的稍重一点,或者增大 AGain(在 MAIN MENU 中)。30~80 是一个较好的取值范围。

在屏幕底部,显示着桩的有效时间 $2L/c$ 的图形,它是以在 MAIN MENU 中输入的桩长 Leng 和波速 WSpd 为依据。顶部(桩的左端)与信号的起初端齐平,根据桩长和地基土的强度,你可能看到此时的桩尖部分(桩的右端),也可能看不到。要调整好数据信号的质量,这是非常重要的。锤击信号应该是:①连续不断的;②回到零线附近;③信号中特别不能有较大的"回荡"(高频信号),并且所有的锤击信号相互间应该及时的校准。

无论什么原因,如果大多数锤击信号不好,最好是 START AGAIN(重新开始)。如果大多数锤击信号可以被采用,可以用 SELECT(选择)功能键删除不好的信号。按了 SELECT 键后,新出现的方框屏幕叠加在屏幕的右侧,提醒你是否将那一锤计入平均值中;按此方框则从平均值中删除这一不好的锤击信号,如果要想重新设置这一"已被删除的锤击信号",则再按一次方框。如果有大于三锤的信号(屏幕的最大容量),按一下"More Date(更多的信号)"方框就会出现其余信号的采集过程。第一锤和最后一锤的信号被标明着,这样就知道那一锤处于哪一组数据信号中。

如果决定直接返回 MAIN MENU,那么采集和显示的数据将不被储存,并有一个信息提示你将丢失这组数据信号。

当所有的数据信号是可以采用的(或者不好的信号由 SELECT 功能键删除了),按 ANALYZE(分析)键,继续数据信号的分析。你将进入 ANALYSIS SCREEN(分析屏幕),并且只有在此时,这组数据信号才被"永久"地储存起来。

3.分析屏幕

在采集了新的数据信号或者重新处理了 Last(最后)或 Next(下一个)的锤击信号以后,准备更为全面的查验这些数据信号。在这一屏幕上,以展开的形式显示平均的结果。由 Leng 和 WSpd 模拟的桩长以水平线条(桩顶在左侧)表示,并每隔 10ft 或 4m,用“记号”标明[时间标记 T1(左)和 T2(右)也被显示]。在模拟图的下方,显示工程名称和桩名,并标明信号的 IDno 位置。

从这个屏幕可以直接调整初始假设的波速和/或者桩长。如果信号混有不希望想要的高频成分,可以用低通功能键(LO)对记录信号进行光滑。

进行了低通以后,如果看到了桩尖反射,那么就可以对信号进行放大。在确定了桩尖以后,Magn 放大适用全时程(长度),建议在同一个工地,对于相同长度的桩选择相同的放大倍数,或者单独改变,直到桩尖反射基本上与输入的大小相同,与输入信号大小基本相同的桩尖反射被认为是“弥补”了桩身分布的地基土的阻尼影响。桩身中部反射的波形的确切判断可以参阅其它的参考资料,用户可以充分利用这些资料,这样就能对各种横截面变化的影响有完整的了解。

信号按上述要求处理以后,就可以采用 OTHER(其它)功能键;按 ESC 键,你可以返回 MAIN MENU。按 ADJUST 功能键,可以对信号进行其它的调整。Pivot 键允许信号“旋转”;如果曲线渐变地高出零点基准线,那么设置一个负的 Pivot 值(如:“-10”)将使曲线降低。一个正的 Pivot 值将使曲线升高。Pivot 为 10,近似的表示调整了全比例的 10%。

第二个调整是 MOVE TIME LINES。使相应的时间标 T1 或 T2 的方框闪亮,就可以切换左边的 T1 或右边的 T2 时间标。如果移动任意一条时间标,那么时间就会改变,这时就会在屏幕的顶部显示一个新的波速和/或一个新的桩长,以便于对桩长或波速做进一步的调整。

第三个调整是 Magn DELAY(放大延迟)。信号的早期部分不需要放大,因为放大是对地基土阻力累计效果的补偿。地表以上的桩身部分不应该修正。按此功能键由三种选择:①从桩顶以下 20%桩身长度的深度处,首先开始放大;②最后由 Magn DELAY 输入新的当前深度(英尺或米);③用户可以输入一个全新的深度值。每次修改了 Leng 以后,都会提示输入 Magn DELAY。

如果在分析屏幕上作了任何(标题、波速、桩长……)修改,那么在被允许返回 MAIN MENU 前,屏幕上将出现一个提示,询问是否要保留原始信号数据或者以新的修改值代替原始值。

最后,由于检测了足够多的桩以后,在储存了 IDno3600 以后采集器就会充满,然后信号采集屏幕上显示一个信息。

在显示了结果并且/或者已将数据传送到你一台计算机中做进一步处理以后,此时储存的数据不必永久地保留在采集器中,采集器可用 SEND 键中的 CLEAR(清除)键清除。通过以上处理后,将数据传送至电脑中,可做进一步分析,然后通过打印机打印出桩身检测图形。

(二)检测前的准备

检测前的准备工作仪包括 P.I.T Collector 的参数设置、现场桩的准备、锤和传感器的安装。

1.每次在现场检测前需对 P.I.T Collector 进行检查,其中包括:检查仪器电量,每次充满电的仪器可使用约 8h;检查仪器所处状态(Reprocess 数据预处理状态和 Collect 数据采集状态)的选择;桩身数据的输入(桩径、桩长、桩的编号等);锤敲击次数的设置(常用 3 次);另外还有检测参数的设置等。

2.安装传感器:将传感器与 Collector 标有“Input”(输入)的快速连接器相连。注意:传感器与标有“A”的接口相连。

3.选择锤:如果冲击后有一个快速上升的脉冲(即短时程),锤产生的应力波就会在阻抗变化处给出一个清晰的反射。因此,锤的端部应有一个非常坚硬的平面。一般而言,较大的锤产生较长的冲击时程,和较缓慢的上升脉冲,最好使用较小的锤;另一方面,高摩阻力的长桩有时需要较大的冲击,便于识别桩尖反射。

4.锤的冲击必须施加在非常干净和坚硬的混凝土平面上。因此对桩顶表面进行适当的准备:这包括清除污秽的混凝土,将不平整的桩顶面磨出一小块光滑的面,这样就可安装传感器和用锤敲击顶面。注意:冲击不应损坏桩顶,因为这样会产生不好的信号。如果桩顶被用力敲击,就会在信号中产生"振荡"。如果信号较弱或桩身较大,试着增大电子增益(放大倍数),以使用该硬件的全量程。所有上述因素的结合就能产生最好的数据信号,因此也就会得到最准确的数据信号解释。

5.传感器必须被紧紧的安装在桩顶面,这样在冲击(和反射)过程中,它就能测到向下的响应。为了得到最好的结果,传感器应该是轻型的,并被粘结在桩顶面。为了保证真正的粘结,桩顶面应该是"干净"的(没有灰尘和碎渣)。这样,胶合剂只在桩顶面和传感器之间粘结。注意:厚厚的软层粘结剂可能滤掉和扭曲信号,因此不提倡这样做,为了获得好的测试结果必须对桩进行适当的处理(清除、磨平)。

(三)现场检测

1.检测步骤

(1)激振点的选择。实心桩的激振点位置应选在桩中心,测量传感器安装位置宜为距桩中心 2/3 半径处;空心桩的激振点与传感器安装位置宜在同一水平面上,且与桩中心连线形成的夹角宜为 90°,激振点与传感器安装位置宜为桩壁厚的 1/2 处。

(2)采集数据。输入各参数后,用锤敲击桩顶输入信号,同一激振点敲击三次,以三次平均值作为采集结果后保存入数据采集器。为提高检测的分辨率,应使用小能量激振,并选用高截止频率的传感器和放大器。

(3)采集好数据后,可直接在采集器中分析,也可将数据带回传送至计算机中进行分析。

2.检测注意事项

(1)检测前必须检查采集器所处状态(采集模式或预处理模式),并随时观察仪器的电量。

(2)桩头必须凿去浮浆并将激振点磨平。

(3)传感器的安装与激振点的选择应避开钢筋笼的主筋影响。

(4)激振方向应沿桩轴方向。

(5)根据桩径大小,桩心对称布置 2~4 个检测点,每一个检测点记录的有效信号不宜少于 3 个。

(6)检测的同时,检查判断实测信号是否反映桩身完整性特征。

(7)信号不应失真和产生零漂,信号幅值不应超过测量系统量程。

(8)判别桩身浅部缺陷,可同时采用横向激振和水平速度型传感器接收,进行辅助判定。

(9)每一根被检测的单桩均应进行二次及以上重复测试,出现异常波形应在现场及时研究,排除影响测试的不良因素后再重复测试,重复测试的波形与原波形具有相似性。

3.实测曲线判读解释的基本方法

由于桩身缺陷种类复杂,实测曲线判读人员的技术水平有限,实测资料的解释是一项较为困难的工作。下面通过对桩身各种常见缺陷的反射波特征,结合一些典型的实测波形(如图 10-28),对反射波法的实测曲线的解释方法加以归纳。

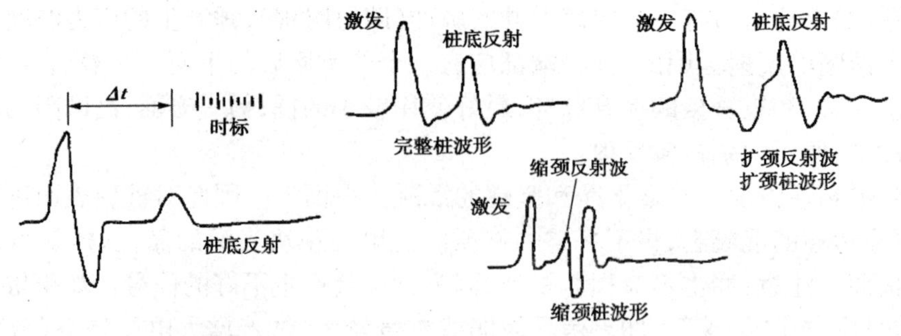

图 10-28　反射波法实测记录

(1)缺陷存在可能性的判断

判断桩身缺陷存在与否,需要分辨实测曲线中有无缺陷的反射信号及分辨桩底反射信号。这对缺陷的定性及定量解释是有帮助的。桩底反射明显,一般表明桩身完整性好,或缺陷轻微、规模小。另外,可按公式(10-16)换算桩身平均纵波速 v_{pm},从而评价桩身是否有缺陷及其严重程度。缺陷段参考波速值见表 10-15。

缺陷段参考波速值　　表 10-15

缺陷种类	离　析	断　层	缩 扩 颈	裂缝(空洞)
纵波速度 v_p(m/s)	1500 ~ 2700	600 ~ 1000	正常桩混凝土纵波速	≤500

此外,还应分析地层资料,排除由于桩周土层波阻抗变化过大等因素造成的“假反射”现象。

缺陷位置计算 $L_c = \Delta t v_p/2$。v_p 可由其它同类完整桩计算或由混凝土强度等级估算。

缺陷厚度 $L_c = \Delta t' v_{po}/2$。v_{po}为缺陷段的纵波速,$\Delta t'$ 为缺陷段顶、底面反射波的波至时差。

(2)多次反射及多层反射问题

当实测曲线中出现多个反射波之时,应判别它是同一缺陷面的多次反射,还是桩间多处缺陷的多层反射。前者即缺陷反射波在桩顶面与缺陷面间来回反射,主要特征是反射波至时间成倍增加(倍程),反射波能量有规律递减;后者往往杂乱,不具有上述规律性。

多次反射现象出现,一般表明缺陷在浅部,或反射系数较大(如断桩),它是桩身存在严重离析或断裂(断层)的有力证据。多层反射不只表明缺陷可能有多处,而且由下层缺陷反射波在能量上的相对差异,可推测上部缺陷的性质及相对规模。

(四)影响基桩质量检测波形的因素分析

1.露出于桩头的钢筋对波形的影响

由于灌注桩要考虑到承台的设置,桩头均有钢筋露头,这对实测波形有一定影响,严重时会影响反射信息的识别。这是因为在桩头激振时,钢筋所产生的回声极易被检波器接收,之后又与反射信息叠加在一起。克服这一影响因素的方法是,将检波器用细砂或粘土屏蔽起来,使检波器收不到声波信息。图 10-29 是某工程桩屏蔽前后的实测波形。可以看出屏蔽后实测波形反射信息易辨。图中 t 是桩间反射旅行时间,t_b 是桩底反射旅行时间。

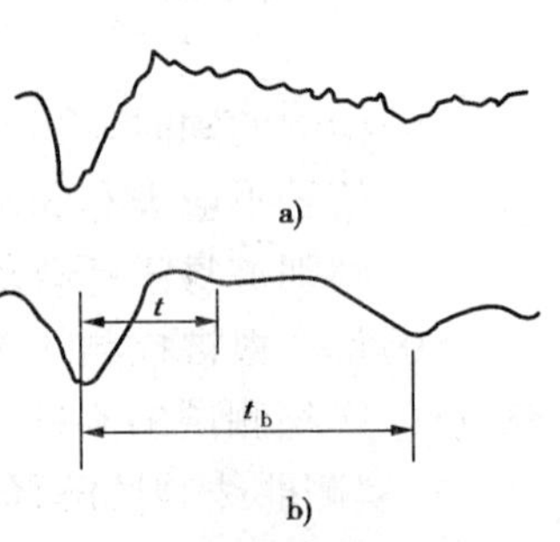

图 10-29　实测波形
a)屏蔽前;b)屏蔽后

2.桩头破损对波形的影响

预制桩在贯入过程中,桩头可能产生破损,灌注桩桩头表面松散,这将使弹性波能量很快衰减,从而削弱了桩间及桩底反射信息,影响了波形的识别。有效途径是:将破损处或松散处铲去。

影响基桩质量检测波形的因素较多,工作中应逐一排除,以便桩间、桩底反射信息的识别,避免产生误判。

五、仪器的维修与保养

由于采集器是电子仪器,价格也很昂贵。在使用中要注意保护好仪器。采集器是不防水的,尽管在屏幕和底盖四周垫有密封圈,但是水和尘土仍有可能进入仪器内。

1.屏幕

屏幕是液晶显示屏,应慎重保护,避免冲击,操作过程中只能由手指或触笔按键。不要将采集器直接放在阳光下,液晶显示面板如果在阳光的直接照射下,容易失效甚至损坏。

由于测试环境的原因,屏幕需要进行清洁,建议只能用水湿润的柔软巾条擦拭,不能用粗糙肮脏的工业清洁剂擦拭。

2.换主电池

为了给采集器换主电池,要揭开电池盒的盖板,露出电池。从电池盒中取出电池并拨开插头连接器,接上新的电池组并关上电池盒盖。注意:电池是特别的 6V、2.5A HR 快速可充式 C 镍络电池组。一般的 C 电池组不可以替代这些电池。只能用 PDI 公司提供的电池组。

3.换碱性电池

因为在电源板上有两节碱性电池,所以,当关掉信号采集器时,既存在储存其中数据被保留住。这些电池的寿命月两年。更换方法:旋去底板和电池组盖板的螺丝,掀去两层盖板,从盒子中取出电池组。碱性电池位于电源板的右下角,这是一般 1.5V AA 碱性电池。注意电池正负极的方向。

4.换保险丝

保险丝被安置在采集器的电源板上。旋开底板和电池盖板上的螺丝,即露出电源板。将两块盖板移开,并将电池组取出,保险丝位于电池板的左上角,即可拔出更换。注意要准备充足的备用保险丝。

第八节　HF－D 超声波检测仪

一、用　　途

超声脉冲检测法是检测混凝土灌注桩连续性、完整性、均匀性以及混凝土强度等级的有效方法。它能直观而且准确的检测出桩内混凝土因灌注质量问题所造成的夹层或断桩、孔洞、蜂窝、离析等内部缺陷,并能测出混凝土灌注均匀性及强度等性能指标,是当前灌注桩检测的重要方法之一。

二、仪器的主要技术性能

(1)工作频率范围:10Hz ~ 1MHz;

(2)时间读测范围:0.1μs ~ 6800μs;

(3)时间读出精度:0.1μs;

(4)读出方法选择:手动、自动;

(5)消除范围 TO:0~100μs;

(6)发射电压选择:200V,500V,1000V;

(7)衰减调节范围:80DB;

(8)衰减步级 0:1DB;

(9)穿透距离:用 12.5kHz,在 C30 混凝土(无缺陷)上穿透距离不小于 7m;

(10)电源:交流 220V+10% 50Hz+4%直流 12V±1V;

(11)消耗功率:40V;

(12)连续工作时间:4h;

(13)使用环境条件:温度 0~40℃,相对湿度小于 80%,避免强电磁场干扰。

三、仪器组成及工作原理

(一)仪器组成

由超声波检测仪(又叫主机)、声波发射转能器、声波接收换能器、记录显示装置、数据采集处理系统(微机处理系统)、打印机等部件组成。

(二)工作原理

在桩内预埋若干根声测管作为检测通道,将超声脉冲发射换能器(有称发射探头)和超声脉冲接收换能器(有称接收探头)置于声测管中,管中需要充满清水作为耦合剂。由仪器中的脉冲信号发生器发出一系列周期性电脉冲,加在发射换能器的压电体上,转换成超声脉冲,该脉冲穿过待测的桩体混凝土,并为接收换能器所接受,再转换成电信号。由仪器中的测量系统测出超声脉冲穿过混凝土所需的时间、接受波幅值或衰减接收脉冲主频率、接受波波形及频谱参数。然后由数据处理系统,按判定软件对接受信号的各种参数进行综合判断和分析,即可对混凝土各种内部缺陷的性质、大小、位置做出判断,并绘出混凝土总体均匀性和强度等级的评价指标。

四、检测方法及判断内部缺陷参量

(一)检测方法

1.双孔检测

在桩内预埋两根以上的管道,把发射探头和接收探头分别置于两根管道中(图 10-30),检测时超声脉冲穿过两管道之间的混凝土。这种检测方法的实际有效范围为超声脉冲从发射换能器到接收换能器所穿过的范围。

随着两换能器沿桩的纵轴方向同步升降,使超声脉冲扫过桩的整个纵剖面,从而得到各项声参数沿桩的纵剖面的变化数据。为了扩大在桩横截面上的有效检测控制面积,必须使声测管的布置合理。双孔测量时,根据两探头相对高程的变化,可分为平测、斜测、扇形扫测等方式(如图 10-30 所示),在检测时视实际需要灵活掌握。

2.单孔检测

在某些特殊情况下,例如,在钻孔取芯后需要进一步了解芯样周围混凝土的质量,以扩大钻探检测的观察范围。这时,只有一个孔道(见图 10-31a)可以供检测使用,可采用单孔测量方式,单孔检测方式需专用的一发两枚探头,即把一个发射和两个接收压电体装在一个探头内,中间以隔声体隔离,声波从发射端发出经耦合水穿过混凝土表层,再经耦合水到达上下两个接

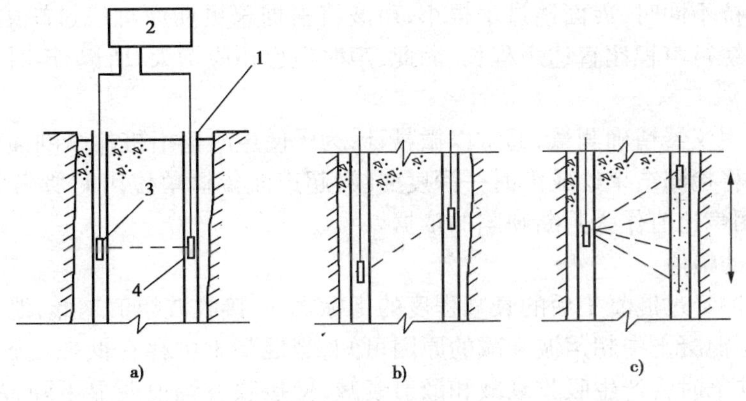

图 10-30　双孔检测方法

a)双孔平测；b)双孔斜测；c)扇形扫射；

1-声测管；2-超声仪；3、4-发射和接受换能器

收压电体，从而测出超声波脉冲沿孔壁混凝土传播时的各项参数。

运用这一检测方式时，必须运用信号分析技术，以排除管中的混响干扰以及各种反射信号叠加的影响。当孔道中有钢质管时，由于钢管影响超声波在孔壁的绕行，故不宜使用此法检测，单孔检测时的有效检测范围，一般认为约为一个波长的深度。

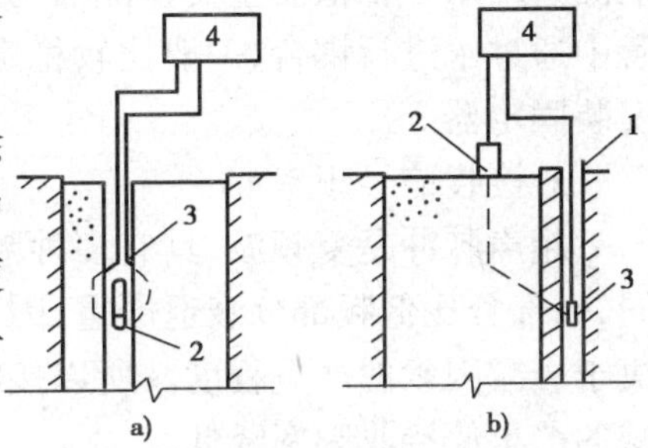

图 10-31　单孔检测与桩外孔检测

1-声测管；2-发射探头；3-接收探头；4-超声波检测仪

3.桩外孔检测

当桩的上部结构已施工，或桩的内部未预埋测管时，可在桩外的土层中钻一孔作为检测通道(见图 10-31b)，由于超声波在土中衰减很快，因此发射的孔应尽量靠近桩身，当土层较薄，检测时在桩顶放置一发射功率较强的低频平探头，沿桩的轴向下发射超声脉冲，接收探头从桩外孔中慢慢放下，超声波脉冲沿桩身混凝土向下传播，并穿过桩与测孔之间的土层。通过孔中的耦合水进入接收换能器，逐点测出声时、波高等参数。当遇到断桩或夹层时，该处以下各点声时明显增大，波高急剧下降。这种方式可测桩长受仪器发射功率的限制，一般只能测到 10～15m，而且只能判断夹层、断桩、缩颈、凸肚等缺陷。

以上三种方式中，双孔检测是灌注桩超声波检测法的基本形式，其它两种方式在检测和结果分析上都比较困难，只能作为特殊情况下的补救措施。

(二)判断内部缺陷的物理参量

超声脉冲穿过桩体混凝土后，被接收换能器所接收，该接收信号带有混凝土内部的许多信息，如何把这些信息离析出来，予以定量化，并建立这些物理参量与混凝土内部缺陷度及强度等级和均匀性等质量指标的定量关系，是当前采用超声波脉冲检测桩的关键问题。目前已被用于判断内部缺陷的物理参量有以下四项：

1.声时

即超声波脉冲穿过混凝土所需的时间，如果两声测管基本平行，则当混凝土质量均匀，没有内部缺陷时，各横截面所测得的声时值基本相同。但当存在缺陷时，由于缺陷区的泥、水、空气等内含物的声速远小于完好混凝土的声速，所以使穿越时间明显增大，而且当缺陷中的物质

与混凝土的声阻抗不同时，界面透过率很小，声波将根据惠更斯原理绕过缺陷继续传播，波形呈折线状。由于绕行声程比直达声程长，因此，声时值也相应增大，所以，声时值是缺陷的重要判断参数。

声时值可以用仪器精确测量，通常以微秒计，为了使声时值沿桩的纵剖面变化状况形象直观。在检测中常将检测结果绘成声时—深度曲线，超声波传播单位声时所需要的声程即为声速，因此也可以用声速值作为判断缺陷的依据。

2.接收信号的幅值

它是超声脉冲穿过混凝土后的衰减程度的指标之一，接收波幅值越低，混凝土对超声脉冲的衰减越大，根据混凝土中超声波衰减的原因可知，当混凝土中存在低强度区、离析区以及存在夹泥、蜂窝等缺陷时将产生吸收衰减和散射衰减，使接收波幅值明显下降，从而在缺陷背后形成一个声阴影幅值可直接在接收波上观察测量，也可用仪器中的衰减器测量，测量时通常用首波（即接收信号的前面半个或一个周期）的波幅为准，后继的波往往受其它叠加波的干扰，影响测量结果。幅值测量受换能器与试体耦合条件的严重影响，在灌注桩检测中，换能器在声测管中通过水进行耦合，一般比较稳定，但要注意使探头在管中处于居中位置，为此应在探头上安装固定器。

3.接收信号频率

超声脉冲是复频波，具有多种频率成分，当它们穿过混凝土后，各频率成分的衰减程度不同，高部分比低频部分衰退严重，因而导致接收信号的主频率向低频端漂移，其漂移的多少取决于衰减因素的严重程度。所以接收频率实质是衰减值的一个表征量，当遇到缺陷时，由于衰减的严重使接收频率降低。

接收频率的测量一般以首波第一个周期为准，可直接在接收波的示波图形上作简易测量。近年来，为了更准确地测量频率的变化规律，已采用频谱分析的方法，所获得的频谱所包含的信息比简易方法所测量的接收首波频率所带的信息更为丰富，更为准确，是发展方向之一。

4.接收波波形

由于超声脉冲在缺陷界面的反射和折射，形成波线不同的波束，这些波束由于传播路径不同，或由于界面上产生波型转换而形成横波等原因，使得到达接收换能器时间不同。因而使接收波成为许多同相位波束的叠加波，导致波形畸变。实践证明，凡超声波在传播过程中遇到缺陷，其接收波形往往产生畸变，所以波形畸变可作为判断缺陷的参考依据。

五、测 试 步 骤

（一）HF－D 仪器功能键介绍

联好各部件接线，接入 220V 交流电或 12V 直流电，确保接线无误（特别是换能器接口，严禁空线跨接）。首先按下主机交流或直流开关，此时开关下方指示灯亮起，再打开计算机面板和开关。按下打印机电源开关几秒钟，直到电源指示灯亮起，此时整个系统处于工作状态。

屏幕显示：

HF－D 超声波仪

打印及评判

数据管理

脱机查看数据

DOS

这时可用↑和↓健选择,然后用回车键确认。厂名、仪器名显示完后,按任一健进入使用状态。

1.计算机操作键说明

ESC	退出系统
	采集(TAB)
F1	系统帮助信息
O	系统菜单
W	平滑
R	打印
T	输入 TO(TO = 显示)
Y	输入首波振幅
U	频率输入
OOS	把数据存盘
D	自动、手动衰减转换(DB = 显示)
L	输入长度(cm)
X	输入首波时间
C	双通道时一二通道转移字符 1 或 2 显示
V	改变发射电压(Votage = 显示)
B	改变波形先是倍率
N	调出存盘数据
A	消除干扰键
H	自动测试的首波电平毫伏数控制
M	一发双收测井专用
E	设定存盘长度
+	背景色、前景色转换
←	波形左移
→	波形右移
↑	增大波形移动步长
↓	减小波形移动步长
FN + →	游标向右健(或 END 键)(同时按住两个键 FN 键和→键)
DM + —	游标向左移动(或 HOWE 键)
FN + ←	游标向右移动(或 HOME 键)
FN + ↑	增大游标移动步长(或 PGUP 键)
空格↓	单、双通道转换(# 号显示。ch1.ch2,单通道时的第一、第二通道、ch1 + 2 双通道)
←ENTER	回车确认

2.计算机使用键说明

F1:显示系统用键符号说明。

W:对当前通道波形作平滑处理,消除噪声,以便观察。

系统提供了两种处理方法:逐点平均法;数字滤波法。具体设定方法见系统菜单说明。

R:打印当前通道的数据。

按 R 键后,再按 1,后按 2。

按 1 是打印下面的数据:

YEAR:1994 MONTH:4 DAY:6(年:1994 月:4 日:6)

TIME:14:43:23.43(时间:14 点 43 分 23.43 秒)

RECORD:A0001 测点编号 CH1(双通道的第一通道)

MOB = 16dB VOLTAGE = 200V LENGH = 10cm T0 = 12.3μs γ = 34mv XTO = 24.0μs

(手动衰减值为 16dB,MDB 表示手动,ADB 表示自动,发射电压为 200V,试件长度为 10cm,TO 为 12.3μs,首波振幅为 34mv,首波起始于 24.0μs)

v_P = 4.166666km/s　　　　　f = 3.240441e + 0.4Hz

速度为 4.166666km/s,波的频率 3.240441 × 10^4(32.40441kHz)。

按 2 在 1 的基础再打出波形,在打印波形时,可按 P 键中断打印。

STTME(打印时缩小的倍率,即打印时,该通道的显示缩小倍率)

T:按 T 键,这时会响两声,输入当前通道的 TO 值后按 ENTER 键。

Y:把游标移到首波最大振幅处,按 Y 键,这时会响一声,表示输入完成。

U:把游标移到首波开始处,按 U 键,这时会响一声,表示第一个值输入完成。把游标移到后五个波结束处,按 U 键,这时会响两声,表示输入完成。

S:按 S 键,后再按 1、2、3、4、5、6。先按 3,会响两声,输入要存储的测点编号头,再按 ENTER 键,双通道要求输入两个编号。在这之后,如果按 S1,表示把数据存档,如果按 S2,表示把数据和波幅存档。如果按 S4,表示想从原编号继续往下编号。按 S 键,按 3,输入文件头;按 S 键,按 5,输入编号。例如:原来是从 7A310030 断开,则按 3 键,输入 7A31。按 S 键,按 5,输入 031 然后再采集,存盘,则编号为 7A310031。如果按 6,表示现在是误操作,实际并不想存盘。

D:刚开机在手动衰减模式,按 D 键后,进入自动衰减模式,再次按 D 键,回到手动衰减模式,这时可用上下箭头调整手动衰减的分贝值,回车键确认。

L:按 L 键,键入试件长度(单位:cm)后回车。

X:把游标移到首波开始处,按 X 键,这时会响一声,表示输入完成;

C:双通道时,按 C 键从一个通道转到一个通道。

B:每按一次,波形显示的缩小倍率按 0,1,2,4,8 倍的顺序变化。

空格:每按一次,当前通道在单通道 1、单通道 2、双通道之间变换。

N:按 N 键,这时会响两声,弹出一个窗口,然后就可以用 F4 来使光标落到要观看的文件名上,按回车就可以观察该数据了,在这窗口内还可以用 PGUP、PGDN 来翻页。

H:按 H 键,输入值(该值是指即从自动测试时的首波开门电平,即当波高要大于多少毫伏时才认为是首波),回车。开机时该值设定为 20mV。

A:按 A 键,输入值(该值即从 0 点起到无噪声可测试读点结束,例如:在首波前有一噪声干扰,噪声从 0μm 到 100μm,且幅度比较大,影响自动测量。此时按 A 键,输入一个大于 100μm 的值。

E:如果觉得存储 64k 的波形太长,可用 E 键来减少波形的存储长度。按 E 键,然后输入存储长度(单位:0 = μm)。注意这长度是从 0μm 开始,有 TO 则减去 TO。存储长度显示在屏幕右下脚。

±:刚开机时,屏幕上是白色的底色,黑色的字符和波形。按下+键,可变波形为各种色彩(十六种),按下一键,改变屏幕底色色彩(十六种)。

0:按0键,就会弹出如下所示的选单

—设定新值
—返回

F设定探头类型 —当前值(这是为自动测试更准而设)
—50kHz
—100 kHz
—500 kHz
—返回

H设定自动时首波高度 —当前值
—设定新值
—返回

M设定一发双收状态— —当前值
—设定为一发双收
—设定为普通状态
—返回

V设定发射电压— —当前值
—设定为200V
—设定为500V
—设定为1000V
—返回

按0,选菜单,设定平滑处理类型— —当前值
—设定为平均法
—设定为平均法的次数——当前值
—设定新值
—返回
—设定为数字滤波法
—设定数字滤波法长度——当前值
—设定新值
—返回
—返回

按0,选菜单,设定自动调整衰减状态— 当前值(在自动状态可用上下键来加大或减少衰减量,其它键停止自动调整衰减)
—设定为自动调整
—设定为普通状态

按0,选菜单,设定发射状态— —当前值(在连续发射状态,按任一个键停止自动调整衰减)
—设定为单位发射
—返回

按0,选菜单,设定深度参数— —设定方向—当前值

—设定为从上到下

—设定为从下到上

—返回

按0,选菜单,设定初始深度— —当前值

—设定新值

—返回

按0,选菜单,设定间距— —当前值

—设定新值

—返回

—返回

现在以设定发射状态来说明如何使用选单,首先按O,就会弹出一个选单,然后用上下箭头把亮条移动到“设定发射状态”,按回车,弹出选单

当前为单次发射

设定为单次发射

设定为连续发射

用上、下箭头把亮条移动到“设定为连续发射”,按回车,就好了。按ESC键退回上级选单。

(二)操作步骤

打开电源(主机→打印机→计算机),等待封面显示完毕后,按空格键,此时屏幕下方显示三排字符。然后按下面的步骤操作。

1.根据测试介质的状况(大小、品质)选择发射电压(开机时发射电压为200V)。改变发射电压的方法是:按V键,回车。发射电压按200V→500V→1000V→200V的顺序变化。

2.根据测试换能器确定是否需要消除TO(一发射双接收换能器一般不可以消除TO)。以一通道为例,此时可将发射和接收两换能器辐射面搽上黄油或凡士林后压紧。按计算机空格键,将通道指示符#置于CH1左侧。

表示此时第一通道工作。按D键两次使增益选择置于手动(按一下D键),这时屏幕出现波形,按B键波形扩展开或压缩。按FN+→使标尺移到首波的起点处,此时标尺方框显示出的数值即为系统的TO。把TO存放计算机的方法是,按T键,计算机响一长音,按数字键输入TO值(单位为0.1μs),回车。TO就存入计算机了。如果要用二通道或双通道,按照上面步骤对二通道处理一次。

3.根据测试介质的状况,选择好噪声值,按TAB键采集。此时屏幕的波形出现,若无波形可按←键向后寻找波形,若还无波形,减小噪声值后再采集,双通道时,通过C键来确定当前通道是1或2,2显示在CH+2的后面,再通过D键及↑↓键来改变1或2通道的噪声值,直到波形出现并且首波幅度大小适中。

4.把测试的长度输入计算机。方法是:按L键,计算机响一长音,按数字键输入测试的长度单位为厘米。计算机接收到的值显示在L=的后面。双通道时,按C键来改变是1或2通道,然后再分别输入测试长度。

5.手动测试时,首先观看波形的干扰、噪声是否太大,如果太大可按W键,再按数字键输入平滑的次数,回车。在此之后进行采集时,计算机会自动进行平滑处理。按“FN+→”使标

尺移动至首波起点处(若移动速度太快或太慢,可按"↑、↓"键。使标尺的步时速度适合)。按X键,计算机发出一短音(这是为了进行频谱分析,如果不需频谱分析可不按U键)。将标尺移到首波的波峰点,在屏幕左方的方框内的数字即为该值(单位为毫伏),按Y键便存入计算机。这时当前通道的坐标的第二象限会有一根短横线,这根线的高度就是首波的幅度。移动波形五个周期至标尺处,按U键,计算机发出响声,这时计算机对前五个周期进行频谱分析把主题显示在屏幕上,如果不需要进行频谱分析可不按U键。

6.自动测试时,调节dB值接收到首波幅度大于20mv,或设定H值,按D键,把所要测量的通道置于自动档。计算机会自动测出首波起点、首波幅度,并显示在屏幕上。

7.每测点测试结束,要把测试结果存入计算机时,先输入文件头(最多4个字符),方法是按S键,再按3键,计算机响两声,然后输入文件头(输入过程BCAKSPACE键修改),回车(双通道要输入两个文件头)。按0,在设定深度参数中,设定好方向和初始深度及间距。按S键,再按1或2键(1表示只在深度参数中,设定方向和初始深度及间距。按S键,再按1或2键),1表示只存入数据,2表示存入数据及采集到波形。计算机会按照文件头,自动编号。

以后只要测一次,按一次S、1或2即可。

8.打印当前数据的方法是:按R键,再按1键或2键。1是打印当前的数据。2是打印当前的数据及波形。在打印波形时可按P键中断。由于打印机内有一个缓冲区,所以按下P键后打印机还要打印一段才会停止。如果要立即停止打印,可在按P键之后关闭打印机。

9.当测试结束,应先关闭打印机电源,再关计算机电源,最后关主机电源。并将计算机屏幕关上,拔下电源插头。

10.当测试结束时,也可按ESC键,回车,此时退出超声仪状态,计算机可独立使用。

(三)数据管理

由于每次测试的数据比较多,如果对DOS命令比较熟悉,可用DOS命令来完成该软件中的COPY、DELECT等绝大部分功能,仅仅利用该软件中的修改数据和查阅数据两项功能。该管理软件一次只能管理5000个数据,如果要管理更多的数据,请按后面的说明操作。

(1)进入数据管理的方法是:在开机时选择"数据管理",会自动进入。或在C:\SQ状态,输入NSORT,回车。计算机进入数据管理软件,屏幕上显示出许多数据编号和两行文字:

数据管理工具(H转换,F查找,C拷贝,D拷贝X某X)

(E删除,W删除X到X,V修改,M查阅);C;第0页

C表示是机内数据(A:表示软盘内数据)。

当使用某一功能时,只要按该功能的大写字母即可。例如:要使用拷贝功能,只要按住C键即可,具体用键如下;

ESC:退出数据管理

H:如果当时列出的是机内的数据,按下H键,计算机便列出软盘上的数据,再按一次H键,重新列出机内的数据。

+:由于数据较多,所以一屏幕显示不下,要分几页。+键功能就是向后翻页。

=:向前翻页。注意页数从0开始。

F:如果数据太多,超过了5000个,计算机无法一次装入,这时可用查功能来找出你想要的数据。方法是:按F键,输入文件头,*,回车(所以每次测试应记住文件头)。例如:有一批数据R16A0001~R16A0450,翻页到底也没看见。按F键,输入RA16,*,回车。计算机就会找出这批数据。

C:转移单个数据时,按 C 键,输入要转移编号前的数字(该数字显示在屏幕上数据编号的前面),回车。如果当前的数据是机内,则数据被转移到软盘上,机内的数据仍然存在。

T:转移多个连续数据时,按 T 键,输入开始的数据编号前的数字回车,再输入结尾的数据编号前的数字回车,即可。

D:删除单个数据时,按 D 键,输入要删除的数据编号前的数字(该数字显示在屏幕上数据编号的前面),回车。如果当前的数据是机内的,则删除的数据机内的数据。如果当前的数据是软盘上的,则删除的数据是软盘上的数据。

W:查阅或修改单个数据时,按 W 键,输入要查阅或修改的数据编号前的数字,回车。这时计算机屏幕中间偏有右下的位置会出现一张表,表如下:

TO = 12(0.1μs)

VOLTAGE = 200V

DB = 28dB

LENGH = 20cm

X = 58μs

Y = 27mv

F = 37996Hz

DATA

DATA 处可能为 DAT + GRAPHICS 对应的中文如下:

TO = 12(0.1μs)

发射电压 = 200V

DB = 28dB

测试长度 = 20cm

首波起点 = 58cm

首波幅度 = 27mv

主频 = 37996Hz

数据

"数据"说明该数据中只存了数据。如果为"DATA + GRAPHICS"即"数据 + 波形",说明该数据中存在数据和波形。如果要对数据进行修改,只需要按英文单词第一个字母,然后输入新的值,回车。例如:要修改发射电压。按 V 键,输入 500,回车。发射电压就改为 500V。修改完可按 W 键来保存数据。

然后按 ESC 键退出修改状态。如果在按 ESC 键之前没有按 W 键保存过数据,屏幕上会显示是否存盘?

Y 是,N 否

如果你要存盘,就按 Y 键,按其它键就退出修改状态。

V:查阅多处连续数据时,按 V 键,输入开始的数据编号前的数字回车,再输入结尾的数据编号前的数字回车。屏幕上显示出:

(km/s)

A0001 200 1.2 40 24 3.748126E + 4

4.531722

A0002 200 1.2 40 23 3.748126E+4

4.627589

(数据编号 发射电压 TO 衰减 首波幅度 主频波速)

显示满一屏后,按 Q 键退出查阅,按其它键,继续显示下一屏。

M:修改多个连续数据时,按 M 键,输入要修改的开始数据编号前的数字,回车,再按结束数据编号前的数字,回车。这时计算机屏幕偏右下的位置会出现一张表,表如下:

TO=(0.1μs)

VOLTGE=OV

DB=0dB

LENGH=0cm

X=0μs

$Y=O_MV$

F=1Hz

如果要对数据进行修改,只需按英文单词的第一个字母,然后输入新的值回车。

例如:要把所有的发射电压修改为 500V,按 V 键,输入 500V,回车。发射电压就改为 500V。修改完可按 W 键来保存数据,然后按 ESC 键退出修改状态。

E:删除多个连续数据时,按 E 键,输入开始的数据编号前的数字回车,再输入结尾的数据编号前的数字回车,即可。

(2)当机内数据很多时,进行 COPY、COPY x TO x 操作时,速度会很慢。如果要加快速度,可用另外一个工具进行帮助。在 C:\SQ〉状态,输入 ZIP A 输入的文件名、文件头,回车(输入的文件名要少于 8 个字符)。这样就生成了一类很特殊的压缩文件。例如:ZIP A NAN-JIN16A1,回车,这时就把 16A10001~16A999 变成名为 NANJING.ARJ 的文件(原来的数据仍然存在数据管理中,可用 F,*.ARJ,回车,来找出)。但不能对文件进行查阅和修改。如果要恢复压缩文件中的数据,在 C:\SQ〉状态,输入 ZIP E 压缩文件名,回车。如果压缩文件在软盘上,在 C:\SQ〉状态,输入 ZIP。

EA:压缩文件名,回车。这样数据就恢复到机内了。注意“A”:和压缩文件名之间没有空格。

(四)打印及评判

进入打印工具的方法是:在开机时选择“打印及评判”,自动进入。或在 C:\SQ〉状态,输入 SQPRINT,回车,计算机就进入打印工具软件。屏幕上显示出许多数据编号和两行文字“1 打印数据 2 打印表格 3 显示表格 4 综合评判 5 打印 PSD 曲线 6 退出”。

按 1 屏幕出现:输入数据编号。

例如:要打印文件头为 71A1 的数据,输入 71A1*,回车。有关*的用法可参看前面的部分。你想输出文件吗? Y 是输出文件,N 是不输出到文件,0 输出到文件。

(输出到文件是为方便建立自己的报告。)

请输入文件名

开始打印,按 P 键中断

你要打印另外的数据吗?

是,否?

打印出的数据如下：

YEAR:1994　MONTH:2　DAY:7　PCORD:A0001 TO = 23.4μs　VOLTAGE = 500V　LENGH = 110cm

DB = 29Db　Y = 95mv　X - TO = 224.3μs

VP = 4.904146km/s　F = 3.5335693 + 14gHz

2 是打印数据表格和声时、声速曲线。按 2，屏幕出现：

请输入打印时的比例　1，正常；2，缩小一倍；3，缩小两倍；4，缩小四倍。

1.只打印数据　2.只打印表格　3.打印数据和表格

输入开始的数据编号（如是双通道要输入两个）

输入结束的数据编号（如果双通道要输入两个）

在曲线表格中的两条虚线分别是 AP + 6DB 和 VP - 2UB（平均均方根速度）

3 是显示表格。操作和打印表格一样。

4 是打印综合评判结果。按 4，屏幕出现：

输入数据编号（例如：71 *）

经过计算，显示出：

平均速度 = 4.486786km/s

平均均方根速度 = 0.253146km/s

离散系数 = 0.052884km/s

最大速度 = 5.179776km/s

最小速度 = 4.21779km/s

桩的等级是 B

按 ENTER 键，如果要打印，按 P 键。

你是否要评判另一数据，是，否。

5 是打印 PSD 曲线。按 5，然后步骤同 2。

六、仪器使用注意事项

1.运输及使用时，应小心轻放，防震、潮、晒、冻、高温。

2.严禁发射电压直接输入，否则损坏机器。

3.外接直流电源电压不得超过 13V，严禁正负端正反接。

4.退出超声仪程序后用 ESC（回车），方可关机，或重新启动机器。开机先开主机、打印机、计算机，关机则相反。不允许带电拔插头。

5.请勿改变打印机 DIP 开头。请勿改动计算机内的程序（如：AUTOEXE.BAT，CONFIG.SYS）。

6.请勿用 DEBUG，AT86，SOFTICE 等工具对软件进行分析，否则会引起故障。

7. 在使用前应把机内软件做一备份（SQ 子目录中的文件，包括根目录中的 CONFIG.SYS，AUTOEXEC.BAT）。

8.每次开机后发射电压由高调低时应多按 Tab 键采集几次，以保证数据数量。

9.如果要输入符号的位置在符号所在键的上排，则要按住 shift 键，再按符号所在键（例如：*，输入时，按住 shift 键不放，再按 8 键），在输入时尽量不按错，如果按错请继续操作到该步骤结束，再重复一遍该操作。如果听见连续尖叫声，请关机重来。

七、简单故障排除方法

1.如果操作错误或设备本身错误(如:软盘没插入、打印机没连好),屏幕上会出现几条黑色字符,破坏了原有的屏幕,这时请按 R 键,如果立即又出现了几条同样的字符,请关机重来。

2.如果发现机器一起动就死机,应检查有无改动 COMFIG . SYS 和 AUTOEXEC. BAT,及时正确地连接主机和计算机,然后再开机,如果仍不起动,则有可能是病毒感染了机内软件。可以找专业人员清除病毒。

3.如果显示 PRINERROR,打印机未联结上或打印机故障,应联好打印机或持保修卡修理打印机。

4.打印结果的年、月、日是采集数据时的系统时间。如果采集时的系统时间错误将导致打印结果的年、月、日错误。查阅及修改系统时间的方法如下:

在 C:\SQ>状态输入 TIME,回车。屏幕显示如下:

current time is 3:07:34.39pm(当前时间为　下午 3 点零 7 分 34.39 秒)

enter new time:(输入新的时间:)

如果不改动,可按回车。否则输入新的时间。例如:修改为 17 点零 5 分 1 秒输入 17:05:1,回车。

在 C:\SQ>状态输入 DATE,回车。屏幕显示如下:

current date is 09-01-1994(当前日期为 1994 年 9 月 1 日)

enter new date (mm-dd-yy):(输入新的日期:)

如果不需改动,可按回车。否则输入新的日期。例如:修改为 1995 年 2 月 12 日输入 2-12-1995,回车。

5.如果机内的声波仪软件损坏或被病毒感染,可用随机的软盘修复。

6.如果打印中程序被中断,出现先行黑条,其中有:

Devide by 0,应该查对数据。看数据是否正确,如:X=0、Y=0、L=0 等。把数据修改后,再继续打印。

复习思考题

1.XLPY-F 型路面平整度仪中,蓄电池(图 10-3 中)能否将正、负极两根线连接在一起,为什么?

2.XLPY-F 型路面平整度仪的测量轮 7(见图 10-1),在运输时,它处于何种状态?如磨损了,对测量精度是否有影响?测量轮的标准直径是多少?

3.XLPY-F 型路面平整度仪是三芯电源线,有正负之分,如接反了,将会导致何种结果?

4.弯沉仪(见图 10-5)中的水准器不居中时,如何调整?百分表架 7 如不垂直,如何调整?

5.弯沉仪(见图 10-5)上的调表螺杆 3 有何作用?

6.百分表装入表架 7 上(见图 10-5),固定百分表的螺栓拧得太紧或太松,对测试结果有何影响?如何检查百分表的松紧度?

7.简述摆式摩擦仪的工作原理?

8.摆式摩擦仪是如何调平、调零和标定滑块长度的?

9.摆式摩擦仪的橡胶片有效使用期是多长时间?

10.摆式摩擦仪升降把手 15 转动时,必须松开紧固把手 1 和 A,为什么?

11. 回弹仪主要由哪些零件组成?

12. 简述回弹仪的工作原理?

13. 回弹仪的率定值是多少? 如何率定?

14. 为何要求钻孔取芯机在钻取芯样时,一定要给钻头加冷却水?

15. 钻孔结束后,能否立即停车? 应该如何操作?

16. 新买来的钻机,钻头的金刚石部分如没有全部露出,如何使钻头的金刚石完全露出?

17. P.I.T仪的组成及工作原理是什么?

18. 简述现场检测的操作步骤及注意事项。

19. P.I.T仪的传感器(探头)如何安装在桩头上?

20. 用 P.I.T仪检测桩的完整性,首先需对桩头做哪些处理工作?

21. 超声波检测仪的组成及工作原理是什么?

22. 超声波检测仪由哪些部分组成?

23. 使用超声检测仪检测桩身完整性时的注意事项有哪些?

附录

教学大纲参考意见

一、课程性质

本课程是公路工程专业的一门实践性很强的专业基础课。

二、课程描述

本课程涉及的试验检测仪器有:天平、量具类仪器;土工类仪器;砂石类仪器;压力机、万能试验机;水泥、水泥混凝土类仪器;沥青、沥青混合料类仪器;测量仪器;路基路面检测仪器;桥涵质量检测仪。主要讲授它们的用途、技术参数、结构与工作原理,仪器的正确使用(包括仪器使用前的检核;操作步骤;使用中注意的问题)及仪器的维护。

三、课程目标

在学完本课程之后,学生能够:

1.利用所学的知识,根据试验与检测规范要求,正确合理地选择仪器的类型及规格型号。

2.能够掌握常用试验与检测仪器的使用与维护。

3.了解国内外的路基路面及桥涵质量检测仪器的使用。

四、分单元基础和技能目标

在学完单元的教学内容之后,学生能够:

(一)绪论

1.描述本课程的研究内容与特点。

2.描述本课程与路桥工程质量的关系。

3.描述试验检测仪器的分类和组成。

(二)天平、量具

1.了解杠杆式天平、电子天平、游标卡尺、百分表的结构和工作原理。

2.叙述仪器的检校和操作步骤。

3.叙述仪器的选用原则。

4.叙述仪器在使用中的注意事项及维护。

5.正确检校电子天平。

6.正确选用游标卡尺和百分表量程。

7.正确使用仪器。

(三)土工类仪器

1.了解液塑限联合测定仪、电动击实仪、电动脱模器、直剪仪、固结仪和烘箱的结构，工作原理。

2.叙述液塑限联合测定仪、电动击实仪的检校。

3.叙述液塑限联合测定仪在使用过程中的注意事项。

4.正确使用仪器

（四）砂、石类仪器

1.了解摇筛机、磨耗机、砂当量仪、切割机、磨光机的结构与工作原理。

2.叙述摇筛机、砂当量仪在使用中的注意事项及维护。

3.叙述摇筛机、砂当量仪的操作步骤。

4.正确使用仪器。

（五）压力机、万能压力试验机

1.描述千斤顶的结构及工作原理。

2.了解 2000kN 压力机、1000kN 万能压力机结构及工作原理。

3.掌握压力机的刻度盘的指针调零步骤。

4.叙述压力机的操作步骤、使用中的注意事项。

5.了解液压油的品质及选用。

6.掌握压力机的操作。

（六）水泥、水泥混凝土类仪器

1.描述稠度仪的结构及工作原理。

2.了解水泥净浆搅拌机、水泥胶砂搅拌机、水泥胶砂振实台、水泥胶砂抗折试验机的结构原理。

3.描述水泥净浆搅拌机，水泥胶砂搅拌机的叶片与搅拌锅的空隙，测量方法及调整。

4.叙述水泥胶砂振实台的检校。

5.叙述仪器的操作步骤，使用中需注意的问题与维护。

6.叙述水泥负压筛的维护。

7.正确使用仪器。

（七）沥青仪器

1.了解延度仪、针入度、软化点仪的结构原理。

2.叙述延度仪、针入度、软化点仪温度检校方法，使用中注意的事项及维护。

4.正确使用仪器。

（八）沥青混合料仪器

1.了解马歇尔击实仪、沥青混合料拌和机、马歇尔稳定度仪的结构原理。

2.叙述马歇尔击实仪、沥青混合料拌和机、马歇尔稳定度仪的操作方法、使用中注意的事项及维护。

3.正确使用仪器。

（九）测量仪器

1.了解微倾式水准仪的构造、自动安平式水准仪的结构特点。

2.描述自动安平水准仪补偿器的检验、校正及调整。

3.电子水准仪的使用与检校。

4.会安装、检验和使用红外测距仪。

5.了解 J_6 级经纬仪的基本构造，与 J_2 级经纬仪的区别。

6.叙述 J_2 级经纬仪的检验、校正及维护。

7.掌握度盘偏心差的检查与校正。

8.正确使用电子经纬仪。

9.了解全站仪的基本结构。

10.叙述全站仪使用注意事项及维护。

11.会使用全站仪。

12.掌握对中杆水准气泡校正。

(十)路基路面和桥梁工程质量检测仪器

1.了解连续式平整度仪、弯沉仪、摩擦系数的测定仪、CBR 仪、取芯机、超声波仪超声仪、混凝土钻孔灌注桩完整性测定仪的结构及工作原理。

2.叙述连续式平整度仪、弯沉仪、摩擦系数的测定仪、CBR 仪、取芯机、回弹仪的操作方法，使用中注意事项。

3.描述摩擦系数的测定仪调平、调零及校核滑块长度的方法。

4.描述 CBR 仪的应力环工作原理。

五、课 时 分 配

序　号	课　题　时　数	教 学 课 时		
		小计	讲课	试验
(一)	绪论	2	2	
(二)	天平、量具	4	2	2
(三)	土工类仪器	6	2	4
(四)	砂石类仪器	6	2	4
(五)	压力机、万能压力机	6	2	4
(六)	水泥、水泥混凝土类	8	4	4
(七)	沥青仪器	4	2	2
(八)	沥青混合料类仪器	4	2	2
(九)	测量仪器	8	4	4
(十)	路基路面和桥梁工程质量检测类仪器	10	4	6
(十一)	机动	6		
	合计	64	26	32

六、技能训练目标

序　号	项　　目		课　时　数
1	使用检校维护保养	杠杆式天平	2
2		电子天平	
3		百分表和游标卡尺	
4		液塑限仪	4
5		电动击实仪	
6		直剪仪和固结仪	
7		电动脱模器	
8		烘箱	
9		摇筛机	4
10		磨耗机	

续上表

序号	项目		课时数
11	使用检校维护保养	砂当量仪	4
12		切割机	
13		磨光机	
14		200kN 压力机	4
15		300kN 压力机	
16		千斤顶	
17		1000kN 万能压力机	
18		水泥净浆搅拌机、稠度仪	4
19		水泥胶砂搅拌机	
20		水泥胶砂振实台	
21		水泥胶砂抗折试验机	
22		水泥标准养护箱、沸煮箱	
23		水泥负压筛	
24		延度仪、针入度仪、软化点仪	2
25		含蜡量测定仪	
26		薄膜烘箱	
27		旋转薄膜烘箱	
28		闪燃点测定仪	
29		马歇尔仪、马歇尔击实仪	2
30		沥青混合料搅拌机	
31		微倾式水准仪	4
32		自动安平水准仪	
33		光学经纬仪	
34		全站仪	
35		平整度仪	2
36		弯沉仪	
37		摩擦系数测定仪	
38		CBR 仪	
39		钻孔取芯机	
40		回弹仪	4
41		超声波仪	
42		钢筋保护层厚度测定仪	
43		混凝土钻孔灌注桩完整性测定仪	

七、几点说明

(一)对本课程讲授对象及讲授重点的说明

本课程讲授对象主要为试验与检测专业的高职班学生,根据公路与桥梁专业的需要和学生的可接受性，本课程讲授重点应放在仪器的使用、检校和保养，仪器的结构不作细述。

(二)对本课程技能要求的几点说明

在技能训练中，重点让学生掌握常用仪器的使用、检校和保养。在有条件的情况下，要单独准备旧的或使用精度不高的仪器，让学生进行拆装，以提高学生分析问题和解决问题的能力。

(三)其它说明

根据本专业学生已有知识的实际情况，在教学过程中，尽量结合实物现场进行讲授或采用多媒体课件，以弥补学生看机械图能力的不足，增强学生的感性认识。总之，应用灵活多变的教学方法和教学手段，提高学生学习兴趣，增强理论联系实际的机会，以提高教学效果。本大纲适用课时的波动范围为 60 ~ 70 课时。

参 考 文 献

1 中华人民共和国行业标准.公路土工试验规程(JTJ 051—93).北京:人民交通出版社,1998
2 中华人民共和国行业标准.公路工程集料试验规程(JTJ 058—2000).北京:人民交通出版社,2000
3 中华人民共和国行业标准.公路工程石料试验规程(JTJ 054—94).北京:人民交通出版社,1995
4 中华人民共和国行业标准.公路工程无机结合料稳定材料试验规程(JTJ 057—94).北京:人民交通出版社,1994
5 中华人民共和国行业标准.公路工程沥青及沥青混合料试验规程(JTJ 054—2000).北京:人民交通出版社,2000
6 中华人民共和国行业标准.土工试验专用仪器校验方法(SL110 ~ 118-95).北京:中国水利水电出版社,1996
7 严家伋.道路建筑材料.北京:人民交通出版社,1996
8 姜志青.道路建筑材料.北京:人民交通出版社,2002
9 郜连河.道路建筑材料.北京:人民交通出版社,1999
10 洪毓康.土质学与土力学.北京:人民交通出版社,1996
11 徐培华,陈达忠.路基路面试验检测技术.北京:人民交通出版社,2001
12 金桃,张美珍.公路工程检测技术.北京:人民交通出版社,2002
13 聂让,许金良,邓云潮主编.公路施工测量手册.北京:人民交通出版社,2000
14 顾孝烈,鲍峰,程效军主编.测量学(第二版).上海:同济大学出版社,1999
15 赵亚军主编.天平、砝码、秤检定与维护.北京:中国计量出版社,2000
16 何贡主编.常用量具手册.中国计量出版社,1999
17 江苏省高速公路建设论文集.北京:人民交通出版社,2003

面向21世纪交通版
交通高等职业技术教育教材

（交通土建专业用）

教 材 名 称	主 编	主 审
工程测量	李仕东（烟台师范学院交通学院）	李全文（四川交通职业技术学院）
道路建筑材料	姜志青（吉林交通职业技术学院）	程兴新（陕西交通职业技术学院）
土质与土力学	孟祥波（烟台师范学院交通学院） 朱建德（烟台师范学院交通学院）	杨甲奇（四川交通职业技术学院）
基础工程	陈晏松（湖北交通职业技术学院）	王经羲（安徽交通职业技术学院）
桥涵水力水文	俞高明（安徽交通职业技术学院）	舒国明（河北交通职业技术学院）
公路设计	金仲秋（浙江交通职业技术学院） 夏连学（河南交通学校）	程兴新（陕西交通职业技术学院）
公路施工技术	俞高明（安徽交通职业技术学院）	李加林（广东交通职业技术学院）
桥涵设计	白淑毅（广东交通职业技术学院）	于敦荣（烟台师范学院交通学院）
桥涵施工技术	王常才（安徽交通职业技术学院）	黄成光（云南交通职业技术学院）
公路工程建设招标与投标	文德云（湖南交通职业技术学院）	梁志锐（广西交通职业技术学院）
公路工程造价	陆春其（南京交通职业技术学院）	单　阳（江西交通职业技术学院）
公路工程项目管理	陈　烈（四川交通职业技术学院）	张洪滨（吉林交通职业技术学院）
公路施工组织设计	马敬坤（河北交通职业技术学院）	殷青英（青海交通职业技术学院）
公路工程检测技术	金　桃（贵州交通职业技术学院） 张美珍（山西交通职业技术学院）	李玉珍（南京交通职业技术学院）
公路工程监理基础	李文不（四川交通职业技术学院）	俞高明（安徽交通职业技术学院）
公路养护技术与管理	彭富强（湖南交通职业技术学院）	梁志锐（广西交通职业技术学院）
道路工程制图	刘松雪（吉林交通职业技术学院） 樊琳娟（南京交通职业技术学院）	朱胜利（陕西交通职业技术学院）
道路工程制图习题集	曹雪梅（四川交通职业技术学院） 樊琳娟（南京交通职业技术学院）	朱胜利（陕西交通职业技术学院）

续上表

教 材 名 称	主 编	主 审
工程力学	孔七一(湖南交通职业技术学院)	王晓农(南京交通职业技术学院)
结构力学	李 轮(新疆交通学校) 蒋丽珍(江西交通职业技术学院)	韩东萍(宁夏交通学校)
道路工程专业英语	薛廷河(浙江交通职业技术学院)	李 强(安徽交通职业技术学院)
交通工程学基础	张郃生(河北交通职业技术学院)	卢仲贤(人民交通出版社)
工程机械与施工用电	王定祥(湖南交通职业技术学院) 郭远辉(四川交通职业技术学院)	徐永杰(烟台师范学院交通学院)
城市道路设计	王连威(吉林交通职业技术学院)	吴继锋(江西交通职业技术学院)
公路工程 CAD 基础教程	郑益民(烟台师范学院交通学院)	
结构设计原理	孙元桃(宁夏交通学校)	郭发忠(浙江交通职业技术学院)
工程地质	齐丽云(吉林交通职业技术学院) 徐秀华(福建交通职业技术学院)	李瑾亮(四川交通职业技术学院)
公路施工技术	黄成光(云南交通职业技术学院)	于敦荣(烟台师范学院交通学院)
桥梁施工组织与管理基础	王 洁(安徽交通职业技术学院) 王常才(安徽交通职业技术学院)	黄成光(云南交通职业技术学院)
道路建筑材料试验指导书	姜志青(吉林交通职业技术学院)	程兴新(陕西交通职业技术学院)
公路概论	高红宾(河北交通职业技术学院)	王连威(吉林交通职业技术学院)
公路建设环境与保护	田 平(河北交通职业技术学院) 钟建民(山西交通职业技术学院)	刘天玉(重庆交通学院)
公路建设法规概论	田 文(河北交通职业技术学院)	张柱庭(北京交通干部管理学院)
公路检测仪器使用与维护	李玉珍(南京交通职业技术学院) 余素萍(广东交通职业技术学院)	张翠玉(湖北交通职业技术学院)
公路工程施工招标与投标文件编制示例	文德云(湖南交通职业技术学院)	

人民交通出版社公路图书介绍

人民交通出版社公路图书部是该社公路图书核心出版部门，现承担国家级重点图书“交通科技丛书”，“现代桥梁技术丛书”，“当代交通领域重要著作丛书”以及“面向二十一世纪交通版高等学校教材”等重点图书的出版任务。联系电话：010－85285983

一、面向21世纪交通版高等学校教材

1.交通工程总论（徐吉谦） …… 32元
2.交通工程专业英语（裴玉龙） …… 28元
3.交通运输工程导论（姚祖康） …… 22元
4.国家规划教材·交通工程学（任福田） …… 42元
5.道路通行能力分析（陈宽民） …… 27元
6.交通流理论（王殿海） …… 21元
7.交通系统仿真技术（刘运通等） …… 26元
8.公路网规划（裴玉龙） …… 27元
9.停车场规划设计与管理（关宏志） …… 30元
10.交通工程设施设计（李峻利主编） …… 35元
11.交通工程设计理论与方法（马荣国） …… 40元
12.智能运输系统概论（杨兆升） …… 25元
13.国家规划教材·交通管理与控制（第二版）（杨佩昆） …… 25元
14.运输经济学（严作人） …… 40元
15.道路交通工程系统分析方法（王　炜） …… 28元
16.交通工程专业生产实习指导书（朱从坤） …… 7元

※　※　※　※　※　※

17.道路建筑材料（李立寒） …… 35元
18.道路勘测设计（第二版）（杨少伟） …… 40元
19.土质学与土力学（第三版）（高大钊） …… 26元
20.路基设计原理与计算（李峻利） …… 40元
21.公路土工合成材料应用原理（黄晓明） …… 22元
22.GPS测量原理及其应用（胡伍生） …… 28元
23.公路经济学教程（袁剑波） …… 23元
24.专业英语（第二版）（李　嘉） …… 30元
25.路基路面工程检测技术（李宇峙） …… 46元
26.测量学（第二版）（许娅娅） …… 34元
27.公路工程地质（三版）（窦明健） …… 23元
28.道路结构力学（上、下）（郑传超、王秉纲） …… 50元
29.城市道路设计（吴瑞麟） …… 22元
30.工程项目招标与投标（周　直） …… 33元（估价）
31.道路管理与系统分析方法（黄小明） …… 34元（估价）
32.公路小桥涵勘测设计（孙家驷） …… 25元（估价）
33.公路环境与景观设计（刘朝辉） …… 30元
34.高速公路（第二版）（方守恩） …… 21元
35.公路工程造价编制与管理（沈其明） …… 31元
36.水泥与水泥混凝土（申爱琴） …… 30元

※　※　※　※　※　※

37.桥梁工程（土木、交通工程）（邵旭东） …… 58元
38.桥梁钢—混凝土组合结构设计原理（黄　侨） …… 26元
39.桥梁检测与加固（王国鼎） …… 27元
40.高等桥梁结构理论（项海帆）（研） …… 35元
41.桥梁结构试验（章关永） …… 22元
42.桥梁抗震（叶爱君） …… 15元
43.桥涵水文（高冬光） …… 24元
44.高等钢筋混凝土结构（周志祥）（研） …… 27元
45.基础工程（第三版）（王晓谋） …… 33元
46.大跨度桥梁结构计算理论（李传习） …… 18元
47.钢桥（徐君兰） …… 16元

※　※　※　※　※　※

48.桥梁计算示例丛书—桥梁地基与基础（赵明华） …… 16元
49.桥梁计算示例丛书—悬索桥（徐君兰） …… 16元
50.桥梁计算示例丛书—混凝土简支梁（板）桥（易建国） …… 27元
51.桥梁计算示例丛书—拱桥（第二版）（王国鼎） …… 36元
52.《道路勘测设计》毕业设计指导（许金良） …… 30元

※　※　※　※　※　※

53.工程项目融资（赵　华） …… 29元
54.管理信息系统（李友根） …… 31元
55.公路工程定额原理与估价（石勇民） …… 34元
56.工程风险管理（邓铁军） …… 21元

※　※　※　※　※　※

57.现代工程机械发动机与底盘构造（陈新轩） …… 38元
58.施工机械概论（王　进） …… 35元

二、面向21世纪交通版交通高等职业技术教育路桥专业教材

1.公路工程施工招标投标文件编制示例（文德云） …… 38元
2.公路环境建设与管理（田　平） …… 26元
3.公路概论（高红宾） …… 22元
4.公路工程CAD基础教程（郑益民） …… 26元
5.道路建筑材料（姜志青） …… 29元
6.毕业设计与毕业答辩指导（上） …… 15元
7.毕业设计与毕业答辩指导（下） …… 17元
8.工程地质（齐丽云等） …… 23元
9.公路工程检测技术（金桃等） …… 28元
10.公路工程施工监理基础（李文不） …… 24元
11.公路隧道施工（黄成光） …… 59元
12.工程机械与施工用电（王定祥） …… 33元
13.公路工程建设招标与投标（文德云） …… 30元
14.交通工程学基础（张邰生） …… 19元
15.道路工程制图（刘松雪） …… 29元
16.道路工程制图习题集（曹雪梅） …… 28元
17.工程测量（李仕东） …… 24元
18.工程力学（孔七一） …… 26元
19.公路施工组织设计（马敬坤） …… 16元
20.道路工程专业英语（薛廷河） …… 19元
21.公路工程项目管理（陈　烈） …… 27元
22.土质与土力学（孟祥波） …… 21元
23.结构力学（李　轮） …… 25元
24.公路工程造价（陆春其） …… 24元
25.城市道路设计（王连威） …… 24元
26.公路养护技术与管理（彭富强） …… 16元
27.结构设计原理（孙元桃） …… 23元
28.公路设计（金仲秋） …… 36元
29.桥涵施工技术（王常才） …… 39元
30.基础工程（陈晏松） …… 19元
31.桥涵设计（白淑毅） …… 26元
32.桥涵水力水文（俞高明） …… 28元
33.公路施工技术（俞高明） …… 26元
34.汽车安全检测（杜兰卓） …… 25元

三、交通职业技术院校路桥专业教学参考书

1.试题集及题解第二版（1～4辑） …… 全套108元
2.《地质与土质》实习实验指导 …… 12元
3.课程设计指导 …… 27元
4.桥梁施工组织与管理基础（王洁） …… 21元
5.道路建筑材料试验指导书（姜志青） …… 18元

四、高等学校教材

1.交通土建工程制图（第二版）（和丕壮） …… 38元
2.交通土建工程制图习题集（第二版）（和丕壮） …… 20元
3.地铁与轻轨（张庆贺） …… 39元
4.高等学校会计（谢军占） …… 30元
5.土木工程水文学（叶镇国） …… 26元
6.土木工程水文学原理及习题解法指南（叶镇国） …… 33元

7.拱桥连拱计算(第二版)(王国鼎) …………………… 35元
8.桥梁建筑美学(盛洪飞) …………………… 56元
9.交通土木工程测量(张坤宜) …………………… 33元
10.公路桥梁电算(第二版)(杨炳成) …………………… 35元
11.桥梁桩基计算与检测(赵明华) …………………… 24元
12.软土工程施工技术与环境保护(杨林德) …………………… 28元
13.预应力混凝土结构设计原理(李国平) …………………… 25元
14.土木工程计算机绘图基础(尚守平) …………………… 39元
15.交通工程学(第二版)(李作敏) …………………… 28元
16.施工企业经营管理(陈传德) …………………… 24元
17.工程项目管理(周直) …………………… 20元
18.道路规划与设计(李清波) …………………… 46元
19.现代工程机械液压与液力系统(颜荣庆) …………………… 39元
20.桥梁施工及组织管理(上)(99版)(黄绳武) …………………… 36元
21.桥梁施工及组织管理(下)(99版)(苏寅申) …………………… 29元
22.结构稳定与稳定内力(李存权) …………………… 23元
23.公路计算机辅助设计(符锌砂) …………………… 30元
24.公路实用勘测设计(何景华) …………………… 19元
25.无粘结与部分预应力结构(房贞政) …………………… 19元
26.水泥混凝土路面施工与施工机械(何挺继) …………………… 30元
27.现代公路施工机械(何挺继) …………………… 45元
28.工程机械机电液一体化(焦生杰) …………………… 28元

五、公路施工现场技术人员培训教材

1.公路施工技术 …………………… 65元
2.公路施工测量技术 …………………… 42元
3.公路工程定额与统计 …………………… 25元
4.公路工程试验与检测 …………………… 30元
5.公路工程材料与管理 …………………… 38元
6.公路施工安全技术 …………………… 30元

六、机场工程系列教材(全套)112元

1.机场排水设计(岑国平)
2.机场施工与管理(黄灿华)
3.机场地势设计优化与CAD技术(楼设荣)

七、高速公路从业人员培训教程

1.收费岗位 …………………… 23元(估价)
2.养护岗位 …………………… 33元(估价)
3.路政岗位 …………………… 32元(估价)
4.机电岗位 …………………… 30元(估价)

八、公安部、建设部实施畅通工程科技丛书

1.城市交通管理规划指南 …………………… 30元
2.城市道路交通设计指南 …………………… 30元
3.城市交通管理评价体系 …………………… 30元

九、丛书类

公路桥梁设计丛书

1.悬索桥设计(雷俊卿)(第十一届全国优秀科技图书获奖书目) 56元
2.桥梁通用构造及简支梁桥(胡兆同) …………………… 25元
3.刚架桥(邬晓光) …………………… 23元
4.预应力混凝土连续梁桥设计(徐　岳) …………………… 55元
5.斜拉桥(刘士林) …………………… 50元

公路建设百问丛书

1.隧道设计与施工百问(李宁军) …………………… 27元
2.桥梁施工百问(刘吉土) …………………… 52元
3.公路建设管理知识百问(杨　琦) …………………… 30元
4.桥梁检测与维修加固百问(徐　犇) …………………… 25元
5.公路工程概预算百问(邢凤岐) …………………… 18元
6.公路工程质量问题及防治措施百问(王国清) …………………… 35元
7.桥梁设计百问(邵旭东) …………………… 27元
8.公路设计百问(李嘉) …………………… 38元
9.公路施工项目管理知识百问(廖正环) …………………… 22元

交通科技丛书

1.水泥混凝土路面设计与施工(王秉纲) …………………… 48元
2.混凝土搅拌理论与设备(冯忠绪) …………………… 22元
3.水泥混凝土路面设计理论与方法(姚祖康) …………………… 38元
4.道路安全工程(郭忠印) …………………… 55元
5.高速公路软土地基处理技术(中交一勘院) …………………… 30元
6.路面管理系统原理(潘玉利) …………………… 38元
7.沥青路面施工与维修技术(郝培文) …………………… 35元
8.高等级公路半刚性基层沥青路面(沙庆林) …………………… 78元
9.高速公路收费系统理论与方法(刘伟铭) …………………… 45元
10.水泥混凝土路面滑模施工技术(傅智) …………………… 58元
11.乳化沥青与稀浆封层技术(乳化沥青学组) …………………… 26元
12.沥青路面施工机械与机械化施工(筑机学会) …………………… 45元
13.中国智能运输系统体系框架(国家ITS专题组) …………………… 90元
14.悬索桥结构非线性分析理论与方法(潘永仁) …………………… 26元
15.道路交通组织优化(翟忠民) …………………… 56元
16.停车场规划设计与管理(关宏志) …………………… 30元

现代桥梁技术丛书

1.斜拉桥(第二版)(林元培) …………………… 38元
2.预应力混凝土梁拱组合体系桥梁(金成棣) …………………… 48元
3.桥梁深水基础(刘自明) …………………… 68元

当代交通领域重要著作丛书

1.沥青及沥青混合料路用性能(沈金安) …………………… 68元
2.路面分析与设计(黄仰贤·美,余定选译) …………………… 70元

高速公路丛书

1.高速公路规划与设计(编委会) …………………… 27元
2.高速公路路基设计与施工(编委会) …………………… 46元
3.高速公路交通工程及沿线设施(编委会) …………………… 42元
4.高速公路建设管理(编委会) …………………… 62元
5.高速公路立交工程(编委会) …………………… 48元
6.高速公路路面设计与施工(编委会) …………………… 72元
7.高速公路环境保护与绿化(刘书套) …………………… 23元
8.高速公路运营管理(第二版)(编委会) …………………… 38元
9.高速公路养护管理(编委会) …………………… 38元

厦门海沧大桥建设丛书

1.建设与管理(一) …………………… 50元
2.科研·试验·专用技术标准(二) …………………… 60元
3.桥梁景观(三) …………………… 42元
4.东航道悬索桥(四) …………………… 70元
5.西航道连续刚构桥(五) …………………… 25元
6.互通立交·引桥·引道(六) …………………… 32元
7.交通工程·桥路面铺装(七、八) …………………… 66元
8.摄影专集 …………………… 118元

公路机械化施工与养护技术丛书

1.石料生产技术(姚望科) …………………… 34元
2.公路工程机械化施工(费建国) …………………… 39元
3.高等级公路养护技术与养护机械(郭贵平) …………………… 42元
4.沥青路面机械化施工技术与质量控制(邵明建) …………………… 16元
5.高速公路机械化施工及组织管理(廖正环) …………………… 23元
6.公路机械化施工现代管理技术(王国安) …………………… 13元

公路行业名师文丛

1.可与共学(姚祖康) …………………… 60元
2.聚珍求索(张登良) …………………… 78元

同望工程师系列丛书

1.公路工程投标实务与快速报价分析(张铁成) …………………… 48元
2.公路工程造价与快捷编标(修订版)(张铁成) …………………… 59元

岩土工程丛书

1.工程降水设计施工基础渗流理论(吴林高) …………………… 30元
2.深基础工程特殊技术问题(史佩栋) …………………… 72元

十、培训教材类

公路工程监理培训教材

1.合同管理(雷俊卿) …………………………… 24元
2.工程费用监理(张建仁) ……………………… 15元
3.监理概论(刘健新) …………………………… 18元
4.工程质量监理(李宇峙) ……………………… 17元
5.工程进度监理(邬晓光) ……………………… 16元

公路工程试验检测技术培训教材

1.公路几何线形检测技术(王文锐) ………… 13元
2.路基路面试验检测技术(徐培华) ………… 29元
3.桥涵工程试验检测技术(胡大琳) ………… 26元
4.隧道工程试验检测技术(吕康成) ………… 15元
5.交通工程试验检测技术(陈红) …………… 17元

十一、手册、指南及法规文件汇编类

公路桥涵设计手册

1.基本资料(毛瑞祥主编) ……………………… 46元
2.涵洞(顾克明主编) …………………………… 32元
3.拱桥(上)(石绍甫主编) …………………… 50元
4.拱桥(下)(顾安邦主编) …………………… 36元
5.墩台与基础(江祖铭主编) ………………… 42元
6.梁桥(上)(徐光辉主编) …………………… 52元
7.梁桥(下)(刘效尧主编) …………………… 52元
8.预应力技术及材料设备(刘效尧主编) …… 28元
9.桥梁附属构造与支座(金吉寅主编) ……… 46元
10.桥位设计(高冬光主编)……………………… 42元

公路设计手册

1.路基(第二版)(交通部) …………………… 78元
2.路面(第二版)(姚祖康主编) ……………… 46元

公路施工手册

1.基本作业(杨理准主编) ……………………… 46元
2.桥涵(上)新版(公路一局) ……………… 132元
3.桥涵(下)新版(公路一局) ……………… 143元
4.工程材料 ……………………………………… 128元
5.路基(路桥集团第二工程局) …………… 138元

其它手册、指南、文件汇编

1.公路工程概预算手册(沈其明) ………… 78元(估价)
2.现代工程测量仪器应用手册(冯晓) …… 62元(估价)
3.桥梁施工违规纠正手册(苏权科) ………… 45元
4.水泥混凝土路面养护维修手册 …………… 32元
5.高速公路养护管理手册(手册编委会) …… 98元
6.现代混凝土配合比设计手册(张应立) …… 92元
7.湖北省京珠高速公路桥梁养护技术手册 … 50元
8.公路水泥混凝土路面施工技术规范实施与应用指南(傅　智) 44元
9.公路机械化施工手册(何挺继) …………… 98元
10.混凝土全过程质量管理手册(张应立) …… 49元
11.公路排水设计手册(姚祖康)……………… 26元
12.英汉道路工程词汇(第四版)(黄兴安) … 118元
13.县乡公路手册(广州公路局)……………… 88元
14.公路工程施工监理手册(第二版)(部公路司) ……… 120元
15.公路机务管理手册(中国筑机学会)……… 50元
16.公路工程建设项目计量与支付手册(邬晓光) … 72元
17.路桥施工计算手册(周水兴)……………… 92元
18.交通土建软土地基工程手册(河海大学) … 138元
19.交通工程手册(公路学会)………………… 88元
20.筑路机械手册(何挺继主编) …………… 175元
21.国外公路工程机械技术性能手册 ……… 32元
22.公路施工项目管理手册(陈传德主编) … 60元
23.公路设计交通安全审查手册(冯桂炎) … 36元
24.实用土木工程手册(第三版)(杨文渊) … 98元
25.简明公路施工手册(第二版)(杨文渊) … 78元
26.公路施工测量手册(聂让等)……………… 43元
27.简明工程机械施工手册(杨文渊主编)…… 68元
28.公路小桥涵手册(河北交规院)…………… 30元
29.公路工程混合料配合比设计与试验技术手册(徐培华) … 50元
30.公路设计工程师手册(刘伯莹、姚祖康) … 82元
31.道路勘测设计软件开发与应用指南(朱照宏)……… 78元
32.沥青路面道路质量评估及养护指南(路桥总公司译) 12元
33.公路工程质量通病防治指南(部公路司)……… 72元
34.西部通县公路建设技术指南(部公路司)……… 50元
35.公路工程招标与投标指南(王清池等)………… 45元
36.山区高速公路勘察设计指南(中交一勘院)…… 48元
37.公路工程造价指南(杨子敏)…………………… 68元
38.公路设计指南(陈胜营)………………………… 30元
39.桥梁监理工程师指南(增订版)(王文涛)…… 26元
40.公路路基路面施工监理指南(修订版)(熊焕荣)…… 31元
41.桥梁与隧道施工监理指南(刘吉士)………… 33元
42.河北公路建设技术指南(河北交通厅公路管理局)…… 50元
43.道路交通安全指南(刘运通)…………………… 58元
44.公路交通安全设施标准汇编…………………… 92元
45.公路工程国内招标文件范本(2003年版)(上、下册) … 92元
46.公路工程勘察设计招标文件范本……………… 68元
47.公路工程勘察设计招标资格预审文件范本 …… 16元
48.公路建设招标投标法规文件汇编……………… 24元
49.公路建设管理法规文件汇编(2002版)(部公路司)…… 90元
50.公路基本建设与交通工程概预算编制办法及各省补充规定汇编 ……………………………………… 29元
51.高速公路连网收费暂行技术要求 …………… 40元

十二、特别推荐

1.公路建设项目环境后评价分析(董小林)………… 26元
2.国外沥青路面设计方法总汇(沈金安)…………… 80元
3.悬索桥上部结构施工(周昌栋) ………………… 60元
4.湖北省军山长江公路大桥技术总结 …………… 86元
5.公路小桥涵设计示例(刘培文)……………… 31元(估价)
6.公路挡土墙施工(陈忠达) ……………………… 29元
7.《中华人民共和国道路交通安全法》通释(张世诚) …… 16元
8.合安高速公路工程建设论文集 ………………… 40元
9.高等级公路路基路面养护技术(徐培华)………… 32元
10.公路桥梁荷载试验(谌润水)…………………… 58元
11.边坡工程处治技术(赵明阶)…………………… 38元
12.公路与桥梁水毁防治(高冬光)………………… 42元
13.九景高速公路论文集 …………………………… 50元
14.工程施工组织设计编制与管理(李　辉) ……… 30元
15.公路钢桥腐蚀与防护(任必年)………………… 33元
16.湖北省京珠高速公路建设论文集(湖北交通厅)…… 90元
17.江苏省高速公路建设论文集(连徐、宁靖盐)(江苏交通厅) ………………………………………… 70元
18.桥梁施工成套机械设备(李自光) ……………… 68元
19.山区高速公路建设与管理(云南公路学会)…… 68元
20.压实与摊铺(美卓戴纳派克公司)……………… 58元
21.超长大桥梁建设的序幕(刘建新译)…………… 35元
22.岩土工程的回顾与前瞻(高大钊)……………… 56元
23.高速公路沥青路面早期破坏现象及预防(沙庆林)…… 45元
24.黄土地区高速公路施工新技术 ………………… 30元
25.公路建设单位会计实务(刘晓燕)……………… 42元
26.桥梁结构空间分析设计方法与应用(戴公连)………… 25元
27.高墩大跨连续刚构桥(马宝林)………………… 25元
28.灌注桩检测与处理(张宏)……………………… 22元
29.现代公路勘测设计实用技术(第二版)(刘培文)…… 53元
30.八一大桥建设与管理 …………………………… 40元
31.全国优秀公路勘察设计技术交流成果汇编(部公路司) … 68元
32.公路旧桥加固技术与实例(谌润水等)………… 38元
33.真空排水预压法加固软土技术(娄　炎)……… 20元